MATHEMATIK
DER
LEBENSVERSICHERUNG

VORLESUNGEN

VON

DR. ALFRED BERGER
A. O. PROF. AN DER UNIVERSITÄT IN WIEN

WIEN
VERLAG VON JULIUS SPRINGER
1939

ISBN 978-3-7091-5839-5 ISBN 978-3-7091-5843-2 (eBook)
DOI 10.1007/978-3-7091-5843-2
Softcover reprint of the hardcover 1st edition 1939

Vorwort.

Der Inhalt dieses Buches geht auf Vorlesungen zurück, die ich seit einer Reihe von Jahren über das Gebiet der Versicherungsmathematik an der Universität und an der Technischen Hochschule in Wien gehalten habe. Hinsichtlich der Abgrenzung des in dieser Veröffentlichung behandelten Stoffes ist folgendes zu bemerken: Die genannten Vorlesungen sind in der Regel durch je vier Wochenstunden im Winter- und Sommersemester gehalten worden. Hierzu kamen je zwei Übungsstunden für beide Semester und überdies fallweise auch Spezialvorlesungen über einzelne Gebiete der Versicherungsmathematik und Versicherungstechnik, namentlich über die Theorie des Risikos und über Gewinntheorie. Das Gebiet der mathematischen Statistik der Personenversicherung wurde unter Rücksicht auf die Interessen der Sozialversicherung meist jedes zweite Jahr in einer zweistündigen Vorlesung durch zwei Semester behandelt.

Gegenüber diesem recht umfassenden Programm ist in diesen hiermit veröffentlichten Vorlesungen nur die Mathematik der Lebensversicherung behandelt worden. Die einschlägigen Kapitel der Wahrscheinlichkeitstheorie und der mathematischen Statistik sind hier nicht aufgenommen. Auch das weite Gebiet der ganz in der Praxis wurzelnden Versicherungstechnik in engerem Sinne, welches ich in meinen „Prinzipien der Lebensversicherungstechnik" (Berlin 1923, 1925) behandelt habe, wurde hier nicht weiter berücksichtigt. Damit ist zum Unterschiede von bekannten Darstellungen (CZUBER, BROGGI, LANDRÉ, GALBRUN, STEFFENSEN u. a.) eine Beschränkung des Stoffes gegeben, wie sie vielleicht der Neubearbeitung des zweiten Teiles des englischen Textbooks durch E. F. SPURGEON am nächsten kommt, zumindest soweit dies den üblichen synthetischen Aufbau der Versicherungsmathematik betrifft. Ich habe aber geglaubt, hier die Zinstheorie, allerdings nur in jenem Umfange, wie er sich für die Lebensversicherungsmathematik als notwendig erweist, mit aufnehmen zu sollen, weil die deutsche Literatur dieses Spezialgebietes hier dem Bedarf der Versicherungsmathematik noch nicht ganz angepaßt erscheint und die Belastung des Umfanges dieser Vorlesungen hierdurch nur ganz geringfügig war. Soweit die elementare Versicherungsrechnung und die erwähnten synthetisch aufbauenden Kapitel der Versicherungsmathematik in Betracht kommen, wurde natürlich im großen ganzen an den bewährten Linien der zahlreich vorliegenden Lehrbücher und Kompendien festgehalten. Ich habe mich aber dabei stets bemüht, das methodisch Wichtige gehörig zu unterstreichen, ohne hierbei die Bedürfnisse der Praxis, die es doch stets mit dem speziellen Fall zu tun bekommt, aus dem Auge zu verlieren. Letzteres insbesondere dann, wenn die üblichen Verfahren aus den Formeln noch nicht die letzten Reste dort herausgeholt zu haben schienen, wo oft eine geringfügige Umformung ins Gewicht fallende Arbeitsersparnis bedeutet.

Weit mehr aber, als dies in früheren Veröffentlichungen geschehen ist, habe ich auf die einheitliche Entwicklung der Versicherungsmathematik mit Hilfe der Funktionalgleichungen der Prämienreserve Bedacht genommen. Es scheint mir hier von größter Bedeutung, daß auf diesem Wege die Versicherungsmathematik gänzlich des Charakters einer bloßen Formelsammlung entkleidet wird und daß das auf diesem Wege gegebene analytische Verfahren den gedanklichen Apparat der Versicherungsmathematik beherrscht. Das mathematische Bild der Gewinn- und Verlustrechnung, wie es durch die genannten Funktionalgleichungen vermittelt wird, soll hierbei nicht nur die dauernde Zusammenfassung des Ganzen in dem Sinne gewährleisten, als sich ihm alle Einzelfälle mühelos einordnen lassen, sondern auch stets der Ausdruck dafür sein, daß wir es mit einer der Praxis dienenden Disziplin zu tun haben. Darüber noch hinausgehend, habe ich mich aber bemüht, neben dem Bild des Gewinn- und Verlustkontos in seinen zahlreichen Verwandlungen auch den risikotheoretischen Gesichtspunkt, soweit er ganz durch versicherungsmathematische Überlegungen gegeben ist, voll zur Geltung zu bringen. Damit ist auch schon gesagt, daß ich Abschweifungen in das Gebiet der höheren Risikotheorie vermieden habe. Es hat sich gezeigt, daß risikotheoretische Probleme zu wiederholten Malen ganz in den Gedankenkreis elementarer versicherungsmathematischer Betrachtung zurückgebracht werden konnten. Der Gewinn für die eigentliche Versicherungsmathematik ist dann immer sehr erheblich. Ich darf hoffen, auch mit diesen Vorlesungen hierzu etwas beigetragen zu haben.

Es lag nicht in meiner Absicht, diesem Buch auch die Theorie der Invaliditätsversicherung, soweit diese für die Lebensversicherung von Wichtigkeit ist, anzuschließen, da eine Darstellung dieses Gegenstandes im Abschnitt V des zweiten Bandes meiner „Prinzipien“ vorliegt.

Entsprechend dem Charakter dieser akademischen Vorlesungen habe ich für den behandelten Stoff in Betracht kommende Literatur an Lehrbüchern und Kompendien in einem Verzeichnis am Schlusse zusammengestellt, ohne hierbei auch nur im entferntesten einige Vollständigkeit zu erstreben. Für die überaus große Zahl der den Gegenstand betreffenden Spezialabhandlungen muß ich auf die zur Verfügung stehenden Literaturbehelfe verweisen.

Sehr erwünscht wäre es mir gewesen, entsprechend dem durch Übungen ergänzten Vorlesungsprogramm auch die einzelnen Kapitel dieses Buches durch der Praxis entnommene Beispiele ergänzen und näher erläutern zu können. Ich mußte jedoch hiervon Abstand nehmen, um den Umfang des Buches nicht über das gesteckte Ausmaß zu vergrößern.

Herrn R. JANICEK bin ich für die Hilfe bei der Korrektur sehr verpflichtet. Dem Verlag Julius Springer habe ich wiederholt für alles bewiesene Entgegenkommen zu danken.

Wien—Ober St. Veit, im Februar 1939.

Inhaltsverzeichnis.

Einleitung.

Die Mathematik der Lebensversicherung soll alle Begriffe und Methoden zur systematischen Entwicklung und Darstellung bringen, welche für den Aufbau und die Führung einer Lebensversicherungsgesellschaft im Hinblick auf die mit Hilfe der Mathematik zu erledigenden Fragen von Interesse sein können. In diesem Umfange wäre aber das Programm weit über den Rahmen dieser Vorlesungen hinaus abgegrenzt. Dies aus zwei Gründen. Es kann nicht Aufgabe einer systematischen Darstellung sein, in der Erfassung der zahllosen, gerade auf diesem Gebiet immer wieder in anderer Form gestellten Einzelfragen ein vernünftiges Maß zu überschreiten, wenn nur im allgemeinen das prinzipiell Wichtige erfaßt und behandelt wird. Es scheint aber auch nicht vertretbar, hier Angelegenheiten zur Sprache zu bringen, die zwar durchaus versicherungsmathematischer Art sind, aber entweder durch die da und dort gegebene — meist durch die Gesetzgebung bedingte — verschiedene Art ihrer Behandlung oder aber sonst nach Inhalt und Umfang in eine systematische Erörterung des prinzipiell Wichtigen nicht unterzubringen sind.

Damit ist schon zum Ausdruck gebracht, daß die eigentlichen Fragen der Lebensversicherungs*technik* in diesen Vorlesungen nicht zur Sprache gelangen werden. Es mag sein, daß hier die Grenze zwischen Lebensversicherungsmathematik und Lebensversicherungstechnik keinesfalls so scharf gezogen werden kann, daß eine saubere Trennung der Begriffe möglich erscheint. Bei einer durchaus der Praxis dienenden Disziplin wäre dies auch keinesfalls anzustreben. Es darf aber gesagt werden, daß die Aufgaben der eigentlichen Versicherungstechnik bei weitem nicht jene einheitliche Behandlung nach ein für allemal richtig und zweckmäßig erkannten Methoden erkennen lassen, wie dies bei den Problemen der eigentlichen Versicherungsmathematik der Fall ist. Und es kann weiter gesagt werden, daß zahlreiche Fragen der Versicherungstechnik — wir nennen in diesem Zusammenhang z. B. die Methode der ausreichenden Prämien und der ausreichenden Deckungskapitale — nach einer langen Reihe von Jahren, in denen ihre Beantwortung umstritten war, aus dem Gebiet der Versicherungstechnik in das der Versicherungsmathematik übernommen worden sind, weil die übereinstimmende Anerkennung der Richtigkeit der zu ihrer Beantwortung notwendigen prinzipiellen Voraussetzungen inzwischen erfolgt ist.

Damit ist keinesfalls behauptet, daß alle versicherungstechnischen Fragen in ihrer Behandlung freier und weniger zwingend in den Antworten gegeben werden können als Angelegenheiten, die ganz streng nach den mathematischen Gesetzen zu erledigen sind. Wohl aber gibt es in der Versicherungstechnik eine ganze Reihe von Prinzipien, deren Geltung vor Beantwortung einer Frage ausdrücklich stipuliert werden muß. Über die Geltung derselben kann aber meist nur nach Zweckmäßigkeitsgründen, also im Hinblick auf die Erfordernisse der Praxis entschieden werden. Das ist anders im Bereich der Versicherungsmathematik. Hier ist es stets nur ein Prinzip, nach welchem alle Betrachtungen eingestellt werden, das Prinzip von der Gleichheit von Leistung und Gegenleistung.

Mit dieser Feststellung ist aber auch das Gebiet der Versicherungsmathematik genau umschrieben. Wir werden hier alle Fragestellungen einzuordnen haben, welche sich allein unter Heranziehung des genannten Prinzips, welches auch Prinzip der Äquivalenz benannt wird, erledigen lassen. Dies sei noch etwas näher ausgeführt. Im Grunde kann jeder Lebensversicherungsvertrag auf ein über eine gewisse Zeit erstrecktes Spielsystem zurückgeführt werden, wobei die Bedingung erfüllt sein muß, daß dieses Spielsystem gerecht ist, d. h. daß die bei diesem vorliegende, über die ganze Spieldauer erstreckte Gewinnerwartung des Versicherers gleich ist der über dieselbe Zeit erstreckten Gewinnerwartung des Versicherten. Ist das Spiel nur über die Zeiteinheit erstreckt oder wird von dem Einfluß des Kapitalzinses auf die Bewertung der voraussichtlichen Gewinne und Verluste ganz abgesehen, dann kommen die Betrachtungen der Versicherungsmathematik ganz auf rein wahrscheinlichkeitstheoretische Untersuchungen zurück. Das Äquivalenzprinzip stammt also ganz aus Überlegungen, die der Wahrscheinlichkeitstheorie eigen sind, und beherrscht, wie schon angeführt, den ganzen Apparat der Versicherungsmathematik. Damit ist auch eine vollständig geschlossene Theorie derselben und alle jene Resultate zu erhalten, die auf die Annahme der Geltung dieses Prinzips für jeden beliebigen Zeitmoment hinauskommen.

Man weiß aber, daß diese Annahme in der Praxis nicht stichhält. Denn aus der Wahrscheinlichkeitstheorie geht hervor, daß das Äquivalenzprinzip nur bedingt, d. h. nur unter der Voraussetzung eines großen Versicherungsbestandes gelten wird und daß daher Abweichungen, je nach der Größe des Bestandes und seiner speziellen Zusammensetzung mit größerer oder geringerer Wahrscheinlichkeit zu erwarten sein werden. Man weiß aber weiter, daß nicht zu verlangen sein wird, daß die den Berechnungen zugrunde zu legenden Annahmen, als welche für uns der Zins, die Sterblichkeit und die Verwaltungskosten in Betracht zu kommen haben, auch bei aller Sorgfalt ihrer Herstellung über einen längeren Zeitraum — und nur solche kommen für Lebensversicherungen in Betracht — als unveränderlich angenommen werden können und daß man daher auch neben den zufälligen mit systematischen Abweichungen von der Erwartung zu rechnen haben wird. Die Berücksichtigung dieser Abweichungen findet zunächst im Äquivalenzprinzip keinen Platz. Hier müssen andere systematische Maßnahmen aushelfen, aus welchen in der Lebensversicherungstechnik die Behandlung des Gewinnproblems entstanden ist.

Daneben können aber auch andere, die Lebensversicherung betreffende Fragen ein Abgehen vom Äquivalenzprinzip dann erzwingen, wenn ihre Behandlung im Rahmen der Wahrscheinlichkeitstheorie nicht zweckmäßig oder nicht möglich erscheint. Dies ist z. B. der Fall bei der Bemessung der Abfindungswerte an die Versicherten bei vorzeitiger Lösung des Versicherungsvertrages. Nach dem derzeitigen Stande der Angelegenheit und den heutigen statistischen Hilfsmitteln ist man hier von einer Bearbeitung dieser Frage unter Zugrundelegung des Äquivalenzprinzips noch recht weit entfernt. Auch hier wird daher die Versicherungstechnik unter Heranziehung anderer Prinzipe ihren eigenen Weg zu gehen haben. Und so ist es auch vielfach bei anderen Fragen.

Daß übrigens das Äquivalenzprinzip durchaus nicht eine starre Regel bedeutet und daher der Rahmen der Versicherungsmathematik selbst eine entsprechende Änderung erfahren kann, wenn die Geltung des Prinzips erweitert wird, ist deutlich zutage getreten, als die Frage der Behandlung der Verwaltungskosten der Lebensversicherung nach einer Lösung verlangte. Wir haben gesehen, daß die Gleichheit von Leistung und Gegenleistung im Rahmen eines Versicherungsvertrages als regulierendes Prinzip für die Höhe der beiderseitigen Zahlungen bewährt ist und das Fundament für dieses Verfahren auf dem Gebiete der Wahrscheinlichkeitstheorie verankert ist. Es bleibt aber noch die Frage zu entscheiden, was unter den beiderseitigen Leistungen verstanden sein soll. Sind hier die Kosten der Verwaltung, die der Versicherer zu bestreiten hat, und die Teile der Prämienleistung, die der Versicherte zur Deckung dieser Verwaltungskosten beizutragen hat, dem Äquivalenzprinzip unterzuordnen oder nicht? Es wurde schon gesagt, daß diese Frage heute zugunsten einer Erweiterung des Äquivalenzprinzips entschieden ist, zumindest soweit das Gebiet des Deutschen Reiches, der skandinavischen und einiger anderer Staaten in Betracht kommt. Die weit reichenden Folgerungen materieller Art aus dieser Erweiterung des Prinzips stehen in diesem Buche nicht zur Erörterung. Es läßt sich übrigens leicht zeigen, daß bei voller Allgemeinheit der Problemstellung die genannte Erweiterung des Prinzips nicht auch eine besondere Abänderung der mathematischen Erledigung der einschlägigen Fragen bedingt.

Damit scheint also der Kreis der in diesen Vorlesungen zu behandelnden Fragen genügend abgegrenzt. Eine besondere Frage betrifft aber noch die Art ihrer Behandlung. Wir werden sehen, daß in der Versicherungsmathematik verschiedene, scheinbar gänzlich voneinander abliegende Problemstellungen zu denselben Resultaten führen und daß es stets eine Erweiterung der Erkenntnis bedeutet, dieselbe Frage von verschiedenem Standpunkt aus und auch mit verschiedenen mathematischen Hilfsmitteln zu behandeln. Dies gilt nicht nur von den einzuschlagenden Methoden, sondern der so zu erzielende Gewinn besteht auch vielfach in einer Verschärfung der angewendeten Begriffe. Besonders reizvoll aber ist es, da und dort die Möglichkeit zu sehen, auch bei relativ verwickelteren Problemen die Lösung ganz unmittelbar als richtig zu erkennen. Hier liegen die Antworten oft näher als bei analogen Fragen der Wahrscheinlichkeitstheorie. Der Grund hierfür liegt aber wieder in dem Umstande, daß in der Versicherungsmathematik häufig mit an sich komplizierteren, aber ständig gebrauchten und daher vollständig klar gewordenen Begriffsbildungen operiert wird, die eine Antwort oft da unmittelbar zu geben gestatten, wo die mathematische Analyse, sofern sie diese Begriffe nicht benutzt, stets erst nach einem Umweg zum Ziele gelangt. Es ist hier insbesondere der Begriff der Prämienreserve und des versicherungsmathematischen Risikos, welchen immer wieder neue und anschauliche Bedeutungen abzugewinnen sind.

Hierin liegt auch der Grund, warum die Behandlung von Fragen der Versicherungsmathematik von möglichst verschiedenem Standpunkt aus immer nützlich ist und warum gerade die Theorie des versicherungsmathematischen Risikos in einem solchen Rahmen zur Erweiterung der Erkenntnisse und Verschärfung der Begriffe durchaus nicht zu entbehren ist.

Gegenüber der oft nicht unbeschwerlichen Wanderung durch alle Einzelfragen der Versicherungsmathematik ist es recht bemerkenswert, daß sich hier der ganze, zur Darstellung zu gelangende Gegenstand aus einer ganz geringen Anzahl von grundlegenden Betrachtungen ergibt. Damit hängt es dann auch zusammen, daß die Behandlung der Probleme in größtmöglicher Allgemeinheit hier sehr großen Gewinn verspricht, wie dies besonders aus der Theorie der einschlägigen Funktionalgleichungen der Versicherungsmathematik zu erkennen ist. Aber auch diese Funktionalgleichung ist stets anschaulich. Immer ist sie das Bild eines Gewinn- und Verlustkontos und daher ihr Inhalt stets klar zu übersehen.

Das ist anders überall dort, wo das Bestreben nach einer möglichsten Ökonomie der numerischen Berechnung — ein bei dem großen Ziffernverbrauch der Versicherungsrechnung sehr zu berücksichtigender Umstand — die einzuschlagende Methode zu beherrschen hat. Es darf aber gesagt werden, daß dann auch durch eine solche, der numerischen Rechnung dienende Umformung der mathematischen Formeln die unmittelbare Einsicht in die Richtigkeit derselben fast immer verlorengeht, und dies schon in relativ sehr einfachen Fällen. Dies ist namentlich immer dort der Fall, wo als numerische Hilfswerte für die Rechnung die sogenannten diskontierten Zahlen verwendet werden. Sie sind vielfach ein ganz unentbehrliches Hilfsmittel, stets aber dann zur Darstellung von Versicherungswerten ungeeignet, wenn mehr auf das Verstehen der Formeln und den Zusammenhang zwischen denselben als auf bequeme numerische Rechnung Gewicht zu legen ist.

Berücksichtigt man endlich, daß das Bestreben, die versicherungsmathematischen Formeln als Bilder einer Gewinn- und Verlustrechnung zu deuten — sie werden hierbei als Differential- und Differenzengleichungen bzw. Rekursionsformeln oder als Integral- und Summengleichungen auftreten —, mit den an sich ganz gleichwertigen Ansätzen im Sinne der Theorie des mathematischen durchschnittlichen Risikos nicht ganz konform ist, so wird man nicht überrascht sein, für die mathematischen Ausdrücke einer Theorie der Lebensversicherung eine Vielfältigkeit zu erhalten, die im Hinblick auf praktische Gründe, je nachdem es sich um Einzelrechnung oder um tabellarische Rechnungen für viele Positionen handelt, noch außerordentlich vermehrt werden kann.

Damit hängt es auch zusammen, wenn im folgenden dieselbe Frage immer wieder aufs neue und unter einem anderen Gesichtswinkel behandelt wird und wenn die Anwendung elementarer Methoden und die Anwendung der höheren Analysis nicht immer so getrennt verläuft, wie es im Sinne eines systematischen Aufbaues des Ganzen ermöglicht werden könnte.

Das Prinzip der gleichbleibenden Überschüsse, wie es die deutsche Versicherungstechnik seit seiner Begründung durch GEORG HÖCKNER beeinflußt hat und heute auch beherrscht, erscheint im Rahmen dieser Vorlesungen bei Ausschaltung der Gewinntheorie dem Prinzip der Äquivalenz in seiner erweiterten Gestalt, d. h. unter Einbeziehung der Verwaltungskosten als dritter Rechnungsgrundlage neben der Sterblichkeit und dem Zins völlig eingeordnet. Die Notwendigkeit eines besonderen Hinweises war daher an keiner Stelle gegeben.

I. Zinstheorie.

§ 1. Allgemeines.

Wir nehmen es als gegebene Tatsache, daß ein Kapital im Zusammenhange mit seinen im Wirtschaftsleben zu erfüllenden Funktionen Zins produziert. Für das Studium der Zusammenhänge zwischen Kapital und dem im Laufe der Zeit produzierten Zins soll ersteres für einen bestimmten Zeitpunkt stets als Einheit angenommen werden, und es soll immer gelten, daß der Zins um so höher ist, je höher das Kapital ist, das ihn erzeugt.

Der totale, von einem Kapital in einer bestimmten Zeit produzierte Zins wird offenbar von der Höhe des Kapitals, von der für die Verzinsung in Betracht kommenden Zeit und von einer Festsetzung der Höhe der Zinsvergütung für die Einheit des Kapitals in der Einheit der Zeit abhängen. Man nennt diesen auf die Einheit des Kapitals in der Zeiteinheit entfallenden *Zinsbetrag* die *Zinsrate* oder den *Zinssatz.* Für die Vergütung des Zinses soll stets angenommen sein, daß diese am Ende der Zeitintervalle erfolgt, welche für die aufeinanderfolgenden Zinszahlungen vereinbart sind. Man spricht dann von einer ganzjährig, halbjährig, vierteljährig usw. im nachhinein oder dekursiv erfolgenden Verzinsung. Weiter soll stets angenommen sein, daß am Ende dieser Intervalle, an den Zinsterminen, der entfallende Zins sofort wieder dem auf Zins angelegten Kapital zugeschlagen wird, so daß weiter stets das Kapital und der erzielte Zins veranlagt bleiben. Man spricht dann von zusammengesetztem oder Zinseszins. Die Zinsrate soll stets für die Einheit des Kapitals gelten im Unterschiede zu ihrer Festsetzung als Prozentsatz, demnach bezogen auf 100 Einheiten des Kapitals.

Wenn die Zahlung der Zinsen am Ende der Jahre erfolgt, so ist die *tatsächliche Zinsrate* mit der sogenannten *nominellen Zinsrate* identisch. Dies ist anders, wenn für eine bestimmte nominelle Zinsrate die Zahlung der Zinsen in unterjährigen Zahlungen, also etwa halbjährig, festgesetzt ist. In diesem Falle wird ja schon nach einem halben Jahre der der halben nominellen Rate entsprechende Zins dem Kapital zugeschlagen und samt diesem für das weitere Halbjahr veranlagt, so daß der erzielte *effektive Zins* jetzt höher ist, als die nominelle Rate angibt. Im Hinblick auf die Möglichkeit der Zinszahlung in unterjährigen Raten ist daher stets streng zwischen nominellem und effektivem Zins zu unterscheiden.

Für die Zinsrechnung sind die folgenden internationalen Bezeichnungen in Anwendung:

P Barwert oder gegenwärtiger Wert eines Kapitals.
S Endwert eines Kapitals.
n Anzahl der ganzen Jahre.
i Rate des effektiven Zinses.
j Rate des nominellen Zinses.
v Gegenwärtiger Wert der nach einem Jahre fälligen Einheit.
d Diskont für die Einheit für ein Jahr. Effektive Diskontrate.
δ Zinsintensität.

§ 2. Endwert und Barwert.

Nachdem i der effektive Zinssatz für ein Jahr ist, wächst die Summe 1 in einem Jahr auf den Betrag $1 + i$ und die Summe P auf den Betrag $P(1 + i)$. Daher wächst die Summe 1 nach zwei Jahren auf den Betrag

$(1+i)^2$ und nach n Jahren auf den Betrag $(1+i)^n$. Zwischen Endwert und Barwert besteht sonach die Relation

$$S = P(1+i)^n, \tag{1}$$

aus welcher

$$P = \frac{S}{(1+i)^n}, \tag{2}$$

$$n = \frac{\log S - \log P}{\log(1+i)}, \tag{3}$$

$$i = \left(\frac{S}{P}\right)^{\frac{1}{n}} - 1 \tag{4}$$

folgen. Nachdem $1+i$ der Endwert von 1 nach einem Jahre und 1 der Barwert der nach einem Jahre fälligen Summe $1+i$ ist, ergibt sich der Barwert des nach einem Jahre fälligen Betrages 1 mit

$$v = \frac{1}{1+i}. \tag{5}$$

Und nachdem $(1+i)^n$ der Endwert von 1 nach n Jahren und 1 der Barwert der nach n Jahren fälligen Summe $(1+i)^n$ ist, ergibt sich der Barwert des nach n Jahren fälligen Kapitals 1 mit v^n, und es gilt für den Endwert S und den Barwert P auch die Relation

$$P = S v^n. \tag{6}$$

Jeder nominellen Zinsrate entspricht bei $m$teljähriger Zahlung des Zinses eine effektive Zinsrate. Ist die nominelle Rate j, dann wächst das Kapital 1 nach dem ersten Jahres-$m$tel auf den Betrag $1 + j/m$, nach dem zweiten Jahres-$m$tel auf den Betrag $(1 + j/m)^2$ und nach dem letzten Jahres-$m$tel auf den Betrag $(1 + j/m)^m$. Der durch die Einheit des Kapitals bei $m$teljähriger Verzinsung in einem Jahre produzierte Zins ist daher

$$i = \left(1 + \frac{j}{m}\right)^m - 1, \tag{7}$$

und hieraus ergibt sich weiter

$$j = m\left\{(1+i)^{\frac{1}{m}} - 1\right\}, \tag{8}$$

und

$$m \log\left(1 + \frac{j}{m}\right) = \log(1+i). \tag{9}$$

Aus je zwei der drei Größen i, j, m ist daher stets die dritte zu erhalten. Sind also von den Größen effektive Zinsrate, nominelle Zinsrate und Art der unterjährigen Zahlung zwei gegeben, so ist die dritte stets mitbestimmt. Verfügen wir über m im Sinne von $m \to \infty$, so bezeichnet man in diesem speziellen Falle die nominelle Zinsrate j mit δ, und wir erhalten

$$\lim_{m \to \infty} \left\{\left(1 + \frac{j}{m}\right)^m - 1\right\} = e^\delta - 1 = i. \tag{10}$$

Hieraus ist zu ersehen, daß die effektive Zinsrate, die einer gegebenen nominellen Zinsrate entspricht, mit wachsendem m zunimmt, und zwar vom Betrage j bis zum Betrage i. Aus Relation (10) aber folgt für die Zinsintensität

$$\delta = \log_e (1 + i) = \frac{\log_{10} (1 + i)}{0{,}4342945}, \tag{11}$$

wenn unter Zinsintensität die nominelle Zinsrate für $m \to \infty$ verstanden wird. Anderseits nimmt der Ausdruck (8) für die nominelle Zinsrate für $m \to \infty$ von i bis auf $\log_e (1 + i)$ ab. Denn als Grenzwert des Ausdrucks (8) wird für $m \to \infty$ der Wert $\log_e (1 + i)$ erhalten. Als Grenzwert der nominellen Zinsrate folgt demnach auch auf diesem Wege der Ausdruck (11) für die Zinsintensität.

Es folgt also, daß für einen vorgegebenen Fall der Zins durch die effektive Zinsrate i, durch die nominelle Zinsrate j unter Rücksicht auf ein bestimmtes m oder endlich durch die Zinsintensität δ bestimmt sein kann. Die drei Größen aber sind durch die Relation

$$1 + i = \left(1 + \frac{j}{m}\right)^m = e^\delta \tag{12}$$

miteinander verbunden.

In den nachfolgenden beiden Tabellen sind die Werte der effektiven Zinsraten bei halbjähriger, vierteljähriger, monatlicher und kontinuierlicher Zuschreibung des Zinses einer Anzahl von nominellen Zinsraten gegenübergestellt und umgekehrt.

Tabelle 1.

Nominelle Zinsrate	Effektive Zinsrate			
	$m = 2$	$m = 4$	$m = 12$	$m = \infty$
0,025	0,025156	0,025236	0,025288	0,025315
0,03	0,030225	0,030339	0,030416	0,030455
0,035	0,035306	0,035462	0,035567	0,035620
0,04	0,040400	0,040604	0,040742	0,040811
0,045	0,045506	0,045765	0,045940	0,046028
0,05	0,050625	0,050945	0,051162	0,051271
0,055	0,055756	0,056145	0,056406	0,056541
0,06	0,060900	0,061364	0,061678	0,061837

Tabelle 2.

Effektive Zinsrate	Nominelle Zinsrate			
	$m = 2$	$m = 4$	$m = 12$	$m = \infty$
0,025	0,024846	0,024769	0,024718	0,024693
0,03	0,029778	0,029668	0,029595	0,029559
0,035	0,034699	0,034550	0,034451	0,034401
0,04	0,039608	0,039414	0,039285	0,039221
0,045	0,044505	0,044260	0,044098	0,044017
0,05	0,049390	0,049089	0,048889	0,048790
0,055	0,054264	0,053901	0,053660	0,053541
0,06	0,059126	0,058695	0,058411	0,058269

Aus den angestellten Betrachtungen ergibt sich, daß sich für den Endwert S eines durch n Jahre auf Zins angelegten Kapitals P

$$S = P(1+i)^n = P\left(1+\frac{j}{m}\right)^{mn} = P e^{n\delta} \tag{13}$$

ergibt, je nachdem ganzjährige, $m$teljährige oder kontinuierliche Verzinsung zugrunde gelegt wird, vorausgesetzt, daß die einmal angenommene Zinsrate für die ganze Dauer der Verzinsung unveränderlich gilt.

In Formel (13) ist n als ganzzahlig vorausgesetzt. Die Ausdehnung der Gültigkeit der Formel auf eine Dauer, die nicht einer ganzen Anzahl von Jahren, oder bei unterjähriger Verzinsung nicht einer ganzen Zahl von Jahres-$m$teln entspricht, ist nur im Wege einer ausdrücklichen Festsetzung über die Bedeutung des einem Jahresbruchteil entsprechenden Zinses möglich. Wenn die nominelle Zinsrate j bei $m$teljähriger Zahlung des Zinses gegeben ist und die Verzinsungsdauer einer ganzen Anzahl von Jahres-$m$teln entspricht, dann ist in dem Ausdruck für den Endwert des Kapitals

$$P\left(1+\frac{j}{m}\right)^{mn+t} = P(1+i)^{n+\frac{t}{m}}$$

t eine ganze Zahl. Hierbei ist der in dem Jahresbruchteil t/m erzielte Zins durch

$$(1+i)^{\frac{t}{m}} - 1$$

gegeben. Die Formel ist in diesem Falle vollständig korrekt. Sie legt nahe, für einen beliebigen Jahresbruchteil $1/p$ den hierauf zu verrechnenden Zins mit

$$(1+i)^{\frac{1}{p}} - 1$$

festzusetzen. Unter dieser Festsetzung ist dann in der Tat die Formel (13) ganz allgemein, d. h. für jeden Wert von n gültig. Für eine beliebige Verzinsungsperiode n ist demnach der totale Zins unter der gemachten Festsetzung durch

$$S - P = P[(1+i)^n - 1] = P\left[\left(1+\frac{j}{m}\right)^{mn} - 1\right] = P[e^{n\delta} - 1] \tag{14}$$

gegeben. Man muß sich aber immer dessen bewußt bleiben, daß bei allgemeinem n von der Voraussetzung einer bestimmten ganzjährigen oder unterjährigen Verzinsung für den letzten in Betracht kommenden Jahresbruchteil im allgemeinen abgegangen werden muß, wenn Formel (14) gelten soll.

In ganz analoger Weise, wie man für eine bestimmte Zeitperiode unter Zugrundelegung einer effektiven jährlichen Zinsrate, einer nominellen Zinsrate bei unterjähriger Zahlung oder der Zinsintensität durch Hinzufügung des produzierten Zinses zum Anfangswert eines Kapitals zu seinem Endwert gelangt, kann man durch Abzug des *Diskonts* von einem zu einem späteren Termin fälligen Betrag zu seinem Barwert oder diskontierten Wert gelangen. Auch hier wird man bei ganzjähriger Diskontierung von einer *effektiven Diskontrate*, bei m teljähriger Diskontierung von einer *nominellen Diskontrate* und bei kontinuierlicher Diskontierung von einer *Diskontintensität* zu sprechen haben.

Ist die nominelle Diskontrate bei m teljähriger Verrechnung des Diskonts f, dann ist der gegenwärtige Wert einer nach $1/m$ Jahr fälligen Summe 1 durch $1 - f/m$ gegeben. Die nach einem Jahre fällige Summe 1 hat dann den Gegenwartswert $(1 - f/m)^m$. Der totale Diskont für ein Jahr ist demnach bei m teljähriger Diskontierung und einer nominellen Diskontrate f

$$1 - \left(1 - \frac{f}{m}\right)^m.$$

Wird die effektive Diskontrate mit d bezeichnet, so erhält man die Beziehungen

$$d = 1 - \left(1 - \frac{f}{m}\right)^m, \quad 1 - d = \left(1 - \frac{f}{m}\right)^m, \quad f = m\left\{1 - (1 - d)^{\frac{1}{m}}\right\}. \tag{15}$$

Zwischen den nominellen und effektiven Diskontraten bestehen dann im Hinblick auf eine bestimmte Art der m teljährigen Verrechnung des Diskonts ganz analoge numerische Verhältnisse wie zwischen den bezüglichen Zinsraten.

Bei wachsendem m nimmt die einer gegebenen effektiven Diskontrate entsprechende nominelle Rate zu. Für $m \to \infty$ erhält man

$$\lim_{m \to \infty} m\left\{1 - (1 - d)^{\frac{1}{m}}\right\} = -\log_e(1 - d) = \delta'. \tag{16}$$

Sei dann S' der Endwert, P' der Barwert einer Summe und $S' - P'$ die als Diskont zu bezeichnende Differenz der beiden. Für vorgegebene Werte von d, f und δ' erhält man dann auf Grund von Betrachtungen, die den bei der Verzinsung angestellten ganz analog sind, die ohne weiteres verständlichen Formeln

$$P' = S'(1 - d)^n = S'\left(1 - \frac{f}{m}\right)^{mn} = S' e^{-n\delta'}, \tag{17}$$

woraus sich wieder

$$S' - P' = S'[1 - (1 - d)^n] = S'\left[1 - \left(1 - \frac{f}{m}\right)^{mn}\right] = S'(1 - e^{-n\delta'}) \tag{18}$$

ergibt.

Es liegt aber in der Definition der beiden Prozesse der Verzinsung und der Diskontierung, daß für einen Endwert S, der aus einem Anfangswert P durch Verzinsung entstanden ist, umgekehrt durch Diskontierung wieder

der Wert P resultiert. Wir erhalten sonach durch Vergleich der Relationen (13) und (17) unter Identifizierung von P mit P' und S mit S'

$$(1+i) = \left(1+\frac{j}{m}\right)^m = e^\delta = (1-d)^{-1} = \left(1-\frac{f}{m}\right)^{-m} = e^{\delta'}. \qquad (19)$$

Im übrigen ergibt sich die Theorie des Diskonts aus der Theorie der Verzinsung unmittelbar aus der Annahme, daß der Gegenwartswert einer Summe für einen bestimmten Zinssatz berechnet wieder denselben Betrag ergeben muß, wenn er zum gleichen Zinssatz veranlagt wird. Aus dieser Forderung ergibt sich für die Diskontrate unmittelbar

$$1-d = \frac{1}{1+i} = v,$$

wenn der Abzinsungsfaktor $1/1+i$ mit v bezeichnet wird. Der Faktor $1+i$ wird dementsprechend Aufzinsungsfaktor benannt. Unter Diskontieren zu einer bestimmten Zinsrate versteht man daher die Auffindung des Barwertes einer Summe zu der dieser Zinsrate entsprechenden Diskontrate. Aus den Relationen (19) ergeben sich für korrespondierende Raten von Zins und Eskompt die Relationen

$$\left.\begin{aligned} i-d &= i\,d \\ j-f &= \frac{j\,f}{m} \\ \delta &= \delta' \end{aligned}\right\} \qquad (20)$$

Es ist demnach insbesondere zu vermerken, daß die einem bestimmten effektiven Zinssatz entsprechende *Zins-* und *Diskontintensität einander gleich* sind. Dieses Resultat ist anschaulich unmittelbar einzusehen, wenn man so überlegt: Wenn eine Summe P unter dem Einfluß des Zinses in einem $m$tel Jahr auf S anwächst, so erhalten wir die nominelle Zinsrate für ein Jahr durch den Ausdruck $m.(S-P)/P$, während sich die nominelle Diskontrate durch $m.(S-P)/S$ darstellt. Geht aber $m \to \infty$, so gilt $S \to P$. Die beiden Ausdrücke für die nominelle Zins- und Diskontrate werden dann gleich und entsprechen in diesem Grenzfall der Zins- bzw. Diskontintensität. Zu bemerken ist noch, daß zufolge der Definition von v der Gegenwartswert einer nach n Jahren fälligen Summe S entweder $S(1+i)^{-n}$ oder $S.v^n$ geschrieben werden kann. Aus der Relation

$$1-d = \frac{1}{1+i}$$

folgt dann

$$d = \frac{i}{1+i}.$$

Der reziproke Wert von v wird allgemein als Aufzinsungsfaktor für ein Jahr mit r bezeichnet. Für die Größen i, d, j, f, v und δ aber gelten eine Reihe von Relationen, welche im folgenden angeführt sind:

$$\left.\begin{aligned}
i &= e^{\delta} - 1 = \delta + \frac{\delta^2}{2!} + \frac{\delta^3}{3!} + \dots \\
&= (1 - d)^{-1} - 1 = d + d^2 + d^3 + \dots \\
&= \left(1 + \frac{j}{m}\right)^m - 1 = j + \frac{m-1}{m}\,\frac{j^2}{2!} + \frac{(m-1)(m-2)}{m^2}\,\frac{j^3}{3!} + \dots \\
&= \left(1 - \frac{f}{m}\right)^{-m} - 1 = f + \frac{m+1}{m}\,\frac{f^2}{2!} + \frac{(m+1)(m+2)}{m^2}\,\frac{f^3}{3!} + \dots \\
&= \frac{1}{v} - 1 \\
d &= 1 - e^{-\delta} = \delta - \frac{\delta^2}{2!} + \frac{\delta^3}{3!} - \dots \\
&= 1 - \frac{1}{1+i} = 1 - v = v\,i \\
&= \frac{i}{1+i} = i - i^2 + i^3 - \dots \\
&= 1 - \left(1 - \frac{f}{m}\right)^m = f - \frac{m-1}{m}\,\frac{f^2}{2!} + \frac{(m-1)(m-2)}{m^2}\,\frac{f^3}{3!} - \dots \\
&= 1 - \left(1 + \frac{j}{m}\right)^{-m} = j - \frac{m+1}{m}\,\frac{j^2}{2!} + \frac{(m+1)(m+2)}{m^2}\,\frac{j^3}{3!} - \dots \\
\delta &= \log_e (1 + i) = \frac{\log (1+i)}{\log e} = i - \frac{i^2}{2} + \frac{i^3}{3} - \dots \\
&= -\log_e (1 - d) = d + \frac{d^2}{2} + \frac{d^3}{3} + \dots \\
&= m \log_e \left(1 + \frac{j}{m}\right) = j - \frac{j^2}{2\,m} + \frac{j^3}{3\,m^2} - \dots \\
&= -m \log_e \left(1 - \frac{f}{m}\right) = f + \frac{f^2}{2\,m} + \frac{f^3}{3\,m^2} + \dots \\
&= -\log_e v \\
j &= m\left(e^{\frac{\delta}{m}} - 1\right) = \delta + \frac{1}{m}\,\frac{\delta^2}{2!} + \frac{1}{m^2}\,\frac{\delta^3}{3!} + \dots \\
&= m\left[(1 + i)^{\frac{1}{m}} - 1\right] = i - \frac{m-1}{m}\,\frac{i^2}{2!} + \frac{(m-1)(2m-1)}{m^2}\,\frac{i^3}{3!} - \dots \\
&= m\left[(1 - d)^{-\frac{1}{m}} - 1\right] = d + \frac{m+1}{m}\,\frac{d^2}{2!} + \frac{(m+1)(2m+1)}{m^2}\,\frac{d^3}{3!} + \dots \\
&= m\left[\left(1 - \frac{f}{m}\right)^{-1} - 1\right] = f + \frac{1}{m} f^2 + \frac{1}{m^2} f^3 + \dots \\
f &= m\left(1 - e^{-\frac{\delta}{m}}\right) = \delta - \frac{1}{m}\,\frac{\delta^2}{2!} + \frac{1}{m^2}\,\frac{\delta^3}{3!} - \dots \\
&= m\left[1 - (1 + i)^{-\frac{1}{m}}\right] = i - \frac{m+1}{m}\,\frac{i^2}{2!} + \frac{(m+1)(2m+1)}{m^2}\,\frac{i^3}{3!} - \dots \\
&= m\left[1 - \left(1 + \frac{j}{m}\right)^{-1}\right] = j - \frac{1}{m} j^2 + \frac{1}{m^2} j^3 - \dots \\
&= m\left[1 - (1 - d)^{\frac{1}{m}}\right] = d + \frac{m-1}{m}\,\frac{d^2}{2!} + \frac{(m-1)(2m-1)}{m^2}\,\frac{d^3}{3!} + \dots
\end{aligned}\right\} \quad (21)$$

$$\left.\begin{aligned} v = e^{-\delta} &= 1 - \delta + \frac{\delta^2}{2!} - \frac{\delta^3}{3!} + \dots \\ &= (1+i)^{-1} = 1 - i + i^2 - i^3 + \dots \\ &= 1 - d \\ &= \left(1 + \frac{j}{m}\right)^{-m} = 1 - j + \frac{m+1}{m}\frac{j^2}{2!} - \frac{(m+1)(m+2)}{m^2}\frac{j^3}{3!} + \dots \\ &= \left(1 - \frac{f}{m}\right)^{m} = 1 - f + \frac{m-1}{m}\frac{f^2}{2!} - \frac{(m-1)(m-2)}{m^2}\frac{f^3}{3!} + \dots \end{aligned}\right\} \quad (21)$$

Durch Addition der beiden ersten unter (21) für δ gegebenen Reihen erhält man

$$2\delta = (i + d) - \frac{1}{2}(i^2 - d^2) + \frac{1}{3}(i^3 + d^3) - \dots$$

und in erster Annäherung

$$\delta = \frac{1}{2}(i + d),$$

ein Ausdruck, der für Werte von i unter 0,07 bis auf vier Dezimalen genau ist.

Zur Kenntnis zusammengehörender Werte von i, v, d und δ ist folgende Tabelle nützlich:

Tabelle 3.

i	v	d	δ
0,02	0,980392	0,019608	0,019803
0,025	0,975610	0,024390	0,024693
0,03	0,970874	0,029126	0,029559
0,035	0,966184	0,033816	0,034401
0,04	0,961538	0,038462	0,039221
0,045	0,956938	0,043062	0,044017
0,05	0,952381	0,047619	0,048790
0,055	0,947867	0,052133	0,053541
0,06	0,943396	0,056604	0,058269

In den bisherigen Betrachtungen war der Zinssatz für die ganze Zinsperiode stets unveränderlich angenommen. Unter der Voraussetzung kontinuierlicher Verzinsung ergibt sich für den Endwert eines Kapitals S ein sehr einfacher Ausdruck auch unter der Annahme, daß die Zinsintensität für eine erste Zinsperiode den konstanten Wert δ_1, für eine zweite den Wert $\delta_2, \dots,$ für eine $k$te den Wert δ_k besitzt. Sind diese Zinsperioden durch $n_1, n_2, \dots, n_k$ gegeben, so ist für ein Anfangskapital P am Ende der ersten, zweiten, ..., $k$ten Zinsperiode das bezügliche Endkapital

$$S_1 = P e^{n_1 \delta_1}, \quad S_2 = S_1 e^{n_2 \delta_2} = P e^{n_1 \delta_1 + n_2 \delta_2},$$

$$S = S_k = S_{k-1} e^{n_k \delta_k} = P e^{n_1 \delta_1 + n_2 \delta_2 + \dots + n_k \delta_k}.$$

Setzt man daher

$$\delta = \frac{1}{n}(n_1\delta_1 + n_2\delta_2 + \ldots + n_k\delta_k), \quad n = n_1 + n_2 + \ldots + n_k,$$

so erhält man

$$S = P e^{n\delta}. \tag{22}$$

Es entspricht sonach dem Endwert ein Kapital, welches aus dem Anfangswert mit einer für die ganze Dauer n gleichbleibenden Zinsintensität ermittelt wurde, die sich als arithmetisches Mittel der für die einzelnen Zinsperioden geltenden Intensitäten $\delta_1, \delta_2, \ldots, \delta_k$ unter Benutzung der $n_1, n_2, \ldots, n_k$ als Gewichte ergibt. Ist aber die Zinsintensität δ_t als von der Zeit t abhängig angenommen, dann ergibt sich als arithmetisches Mittel

$$\delta = \frac{\int_0^n \delta_t\,dt}{\int_0^n dt} = \frac{1}{n}\int_0^n \delta_t\,dt,$$

und man erhält als Endwert des Kapitals

$$S_t = P e^{\int_0^t \delta_t dt} \quad \text{und} \quad S = P e^{\int_0^n \delta_t dt}. \tag{23}$$

Hierbei muß δ_t als integrabel vorausgesetzt sein. Als Auf- und Abzinsungsfaktoren kommen daher in diesem allgemeinen Falle die Größen

$$e^{\int_0^n \delta_t dt} \quad \text{bzw.} \quad e^{-\int_0^n \delta_t dt} \tag{24}$$

in Betracht.

§ 3. Eine andere Auffassung des Zinsproblems.

Zu einer mehr an physikalische Betrachtungen angelehnten Darstellung des Verzinsungsvorganges gelangt man, wenn man von folgenden Überlegungen ausgeht: Es sei eine durch die Zahl y gegebene Menge vorhanden, welche sich mit der Zeit t vermehrt oder auch vermindert. Die Geschwindigkeit, mit der diese Vermehrung oder Verminderung vor sich geht, sei aber stets proportional der jeweils vorhandenen Menge y. Dann gilt für die Geschwindigkeit y' ein Gesetz der Form

$$y' = \alpha y,$$

wobei der Faktor α positiv oder negativ ist, je nachdem es sich um eine Vermehrung oder Verminderung handelt. y selbst ist aber dann durch die Exponentialfunktion

$$y = c\,e^{\alpha t}$$

gegeben.

Handelt es sich im speziellen um ein Kapital, welches unter dem Einfluß des Zinses einer Vermehrung oder auch Verminderung ausgesetzt ist, und ist der Wert des Kapitals für einen Zeitpunkt t mit $f(t)$ bezeichnet, so gilt

$$f'(t) = f(t) \, . \, \delta_t, \tag{25}$$

nachdem die Geschwindigkeit der Kapitalsänderung stets durch die Höhe des Kapitals und durch die Intensität der Zinswirkung bestimmt ist. Aus (25) aber folgt

$$\frac{d}{dt} \log_e f(t) = \delta_t$$

und damit

$$\log_e f(t) = \int_0^t \delta_t \, dt$$

und

$$f(t) = e^{\int_0^t \delta_t dt} \, . \tag{26}$$

Die Größe δ_t kann hierbei als in positivem oder negativem Sinne wirkend angenommen werden. Wir haben hier den vollständigen Anschluß an Betrachtungen, wie sie auch beim Studium des Zerfalles von Radium oder bei Bestimmung des barometrischen Luftdruckes in seiner Abhängigkeit von der Höhe über dem Erdboden, bei der Abkühlung eines Körpers in einem umgebenden Medium niedrigerer Temperatur oder bei gewissen chemischen und elektrischen Prozessen zur Ermittlung des zugrunde liegenden Naturgesetzes anzustellen sind. Ganz ähnliche Betrachtungen werden auch später für das Studium des Verlaufes der Sterblichkeit mit zunehmendem Alter anzustellen sein. Betrachtet man dann die durch (26) definierte Größe als den allgemeinen Aufzinsungs- bzw. Abzinsungsfaktor, so sind für die spezielle Annahme der Konstanz der Zinsintensität über das ganze Zeitintervall ohne weiteres die im § 2 gewonnenen Resultate zu erhalten. Die Relation (26) aber drückt aus, daß, wenn die Zinsintensität für einen beliebigen Zeitpunkt t durch die integrierbare Funktion δ_t ausgedrückt werden kann, die Einheit unter dem Einfluß der Verzinsung in der Zeit t auf den Ausdruck (26) anwächst. Und umgekehrt ist für ein negatives δ_t durch (26) der Barwert der zum Zeitpunkt t fälligen Summe 1 gegeben.

Aus der Relation $(1 + i)^n = 2$ erhält man zur Bestimmung der Zeit, welche für die Verdopplung eines Kapitals unter der Wirkung des effektiven Zinssatzes i nötig ist, den Ausdruck

$$n = \frac{\log_e 2}{\log_e (1 + i)}, \tag{27}$$

der unter Rücksicht auf $\log_e 2 = 0{,}693146$ und die Reihenentwicklung

$$\log_e (1 + i) = i - \frac{i^2}{2} + \frac{i^3}{3} - \cdots$$

als angenäherten Wert von n

$$n = \frac{0{,}69}{i} \tag{28}$$

ergibt. Genauer ist der Ausdruck

$$\frac{1}{\log_e(1+i)} = \frac{1}{i\left(1 - \frac{i}{2} + \frac{i^2}{3} - \ldots\right)} = \frac{1}{i}\left(1 + \frac{i}{2} - \frac{i^2}{12} + \ldots\right)$$

und daher wegen

$$\frac{1}{\log_e(1+i)} \cong \frac{1}{i}\left(1 + \frac{i}{2}\right)$$

auch

$$\tilde{n} = \frac{1}{i}\,0{,}693146 + 0{,}346573 \quad \text{oder} \quad \tilde{n} = \frac{1}{i}\,0{,}693 + 0{,}347.$$

§ 4. Der mittlere Zahlungstermin.

Es seien die Summen $S_1, S_2, \ldots, S_k$ am Ende der durch $n_1, n_2, \ldots, n_k$ gegebenen Termine fällig, und es sei für eine gegebene effektive Zinsrate i der Termin gesucht, zu welchem die gesamte zu zahlende Summe auf einmal erlegt werden kann. Dann gilt

$$(S_1 + S_2 + \ldots + S_k)\, v^n = S_1 v^{n_1} + S_2 v^{n_2} + \ldots + S_k v^{n_k}$$

und

$$n = \frac{\log(S_1 + S_2 + \ldots + S_k) - \log(S_1 v^{n_1} + S_2 v^{n_2} + \ldots + S_k v^{n_k})}{\log(1+i)}. \tag{29}$$

Zu einer Annäherung von n gelangt man, wenn der Ausdruck (29)

$$n = -\frac{1}{\delta}\log_e \frac{S_1 e^{-n_1\delta} + S_2 e^{-n_2\delta} + \ldots + S_k e^{-n_k\delta}}{S_1 + S_2 + \ldots + S_k}$$

$$= -\frac{1}{\delta}\log_e \frac{S_1\left(1 - n_1\delta + \frac{1}{2}n_1^2\delta^2 - \ldots\right) + S_2\left(1 - n_2\delta + \frac{1}{2}n_2^2\delta^2 - \ldots\right) + \ldots}{S_1 + S_2 + \ldots + S_k}$$

geschrieben wird. Man erhält hieraus

$$n = -\frac{1}{\delta}\log_e\left[1 - \left(\frac{\Sigma n S}{\Sigma S}\delta - \frac{\Sigma n^2 S}{\Sigma S}\cdot\frac{\delta^2}{2} + \ldots\right)\right]$$

$$= \frac{1}{\delta}\left[\left(\frac{\Sigma n S}{\Sigma S}\delta - \frac{\Sigma n^2 S}{\Sigma S}\cdot\frac{\delta^2}{2} + \ldots\right) + \frac{1}{2}\left(\frac{\Sigma n S}{\Sigma S}\delta - \frac{\Sigma n^2 S}{\Sigma S}\cdot\frac{\delta^2}{2} + \ldots\right)^2 + \ldots\right]$$

$$= \frac{\Sigma n S}{\Sigma S} - \frac{\delta}{2}\left[\frac{\Sigma n^2 S}{\Sigma S} - \left(\frac{\Sigma n S}{\Sigma S}\right)^2\right] + \ldots$$

und sonach als erste Annäherung

$$\tilde{n} = \frac{\Sigma n S}{\Sigma S} \tag{30}$$

und als bessere Näherung

$$\tilde{n} = \frac{\Sigma n S}{\Sigma S} - \frac{\delta}{2}\left[\frac{\Sigma n^2 S}{\Sigma S} - \left(\frac{\Sigma n S}{\Sigma S}\right)^2\right]. \tag{31}$$

Allerdings ist auch der exakte Wert (29) für die numerische Rechnung durchaus geeignet. Die Näherung (30) gibt stets zu große Werte für n, wobei der Schuldner begünstigt erscheint. Denn nachdem das arithmetische Mittel einer Reihe von positiven Größen immer größer ist als das geometrische Mittel aus denselben Größen, so gilt

$$\frac{S_1 v^{n_1} + S_2 v^{n_2} + \ldots + S_k v^{n_k}}{S_1 + S_2 + \ldots + S_k} > v^{\frac{n_1 S_1 + n_2 S_2 + \ldots + n_k S_k}{S_1 + S_2 + \ldots + S_k}}$$

oder

$$(S_1 v^{n_1} + S_2 v^{n_2} + \ldots + S_k v^{n_k}) >$$
$$> (S_1 + S_2 + \ldots + S_k)\, v^{\frac{n_1 S_1 + n_2 S_2 + \ldots + n_k S_k}{S_1 + S_2 + \ldots + S_k}}. \quad (32)$$

Aus dieser Ungleichung aber folgt, daß die Summe der Barwerte der Beträge $S_1, S_2, \ldots, S_k$ größer ist als der zum Termin

$$\tilde{n} = (n_1 S_1 + n_2 S_2 + \ldots + n_k S_k) : (S_1 + S_2 + \ldots + S_k)$$

berechnete Barwert der Summe der Beträge $S_1, S_2, \ldots, S_k$. Die Größe $\tilde{n}$ ist daher größer als die Größe n. Man nennt n den mittleren Zahlungstermin der an den Terminen $n_1, n_2, \ldots, n_k$ fälligen Beträge $S_1, S_2, \ldots, S_k$.

§ 5. Die Zeitrente.

Unter einer *Rente* versteht man eine Folge von Zahlungen, die am Anfang oder am Ende einer aufeinanderfolgenden Reihe von Zeitintervallen gleicher Größe geleistet werden. Sind diese Zahlungen unbedingt zu leisten, bestimmt sich ihr Wert demnach nur unter Rücksicht auf den Zins, so spricht man von einer Zeitrente. Die einzelnen Zahlungen heißen *Rentenbeträge*. Erfolgen die Zahlungen am Anfang der Zeitintervalle, so heißt die Rente *vorschüssig*, wenn sie am Ende der Zeitintervalle erfolgen, *nachschüssig* zahlbar. Erfolgt die erste Zahlung erst nach Ablauf eines bestimmten Zeitraumes, so heißt die Rente *aufgeschoben*, sonst *unmittelbar*. Die Zahlungen selbst können für ganzjährige, halbjährige, vierteljährige, monatliche oder sonstwie bestimmte gleiche Zeitintervalle oder aber von Moment zu Moment — kontinuierlich — erfolgen. Erfolgt die Zahlung über eine zeitlich unbegrenzte Dauer, so spricht man von einer *ewigen Rente*. Unter Barwert einer Zeitrente versteht man die Summe der Barwerte aller Rentenzahlungen für den Anfang des ersten Zeitintervalls, unter Endwert einer Zeitrente die Summe der Endwerte aller Rentenzahlungen für das Ende des letzten Zeitintervalls der Dauer der Rente.

Man bezeichnet die Endwerte der nachschüssigen Renten mit s, die Barwerte mit a. Die Dauer n wird durch einen Index $_{\overline{n|}}$ zum Ausdruck gebracht und die Art der unterjährigen Zahlung der Rente für $p$tel-jährige Termine durch den Index (p). Die vorschüssige Rente wird mit a bezeichnet, welches also stets von dem a als Bezeichnung für die nachschüssige Rente zu unterscheiden ist. Die kontinuierlich zahlbare Rente wird durch einen — angezeigt. Hiernach sind die folgenden Bezeichnungen und Begriffe festgelegt:

$$s_{\overline{n}|},\quad s^{(p)}_{\overline{n}|},\quad \bar{s}_{\overline{n}|},\quad a_{\overline{n}|},\quad a^{(p)}_{\overline{n}|},\quad \bar{a}_{\overline{n}|},\quad \mathrm{a}_{\overline{n}|}.$$

Eine um m Jahre aufgeschobene Rente wird mit

$$_{m|}a_{\overline{n}|} \quad \text{und} \quad _{m|}\mathrm{a}_{\overline{n}|}$$

bezeichnet. Die ewige Rente erhält statt des Index $_{\overline{n}|}$ den Index ∞.

Aus den gewählten Bezeichnungen ergibt sich ohne weiteres die Richtigkeit der Relationen:

$$\mathrm{a}_{\overline{n}|} = 1 + a_{\overline{n-1}|},$$

$$\mathrm{a}^{(p)}_{\overline{n}|} = \frac{1}{p} + a^{(p)}_{\overline{n-\frac{1}{p}}|},$$

$$_{m|}a_{\overline{n}|} = a_{\overline{n+m}|} - a_{\overline{m}|},$$

$$a_\infty = a_{\overline{n}|} + {_{n|}a_\infty}.$$

Um den Endwert einer bei einer effektiven Zinsrate von i in $p$tel-jährigen Intervallen am Ende derselben zahlbaren Zeitrente für n Jahre vom Betrage 1 pro Jahr, d. h. $1/m$ pro Intervall zu ermitteln, bestimmt man den Endwert der einzelnen Rentenzahlungen für das Ende der Dauer n. Die einzelnen Zahlungen haben dann den Endwert

$$\frac{1}{p}(1+i)^{n-\frac{1}{p}},\quad \frac{1}{p}(1+i)^{n-\frac{2}{p}},\quad \ldots,\quad \frac{1}{p},$$

und der Endwert der Rente ist sonach

$$s^{(p)}_{\overline{n}|} = \frac{1}{p}\left[(1+i)^{n-\frac{1}{p}} + (1+i)^{n-\frac{2}{p}} + \ldots + 1\right] = \frac{(1+i)^n - 1}{p\left[(1+i)^{\frac{1}{p}} - 1\right]} = \frac{(1+i)^n - 1}{j}. \tag{33}$$

Zur Bestimmung des Barwertes dieser Rente aber ist offenbar anzusetzen

$$a^{(p)}_{\overline{n}|} = \frac{1}{p}\left[v^{\frac{1}{p}} + v^{\frac{2}{p}} + \ldots + v^n\right] = v^{\frac{1}{p}}\cdot\frac{1 - v^n}{p\left(1 - v^{\frac{1}{p}}\right)} = \frac{1 - v^n}{j}. \tag{34}$$

Die beiden Resultate können aber auch durch folgende Überlegung erhalten werden: Ein Kapital 1 wirft für das Ende jedes Jahres-$p$tels an Zins den Betrag $(1+i)^{\frac{1}{p}} - 1$ ab und für ein Jahr den Betrag $p\left[(1+i)^{\frac{1}{p}} - 1\right]$, wobei dieser $p$teljährig zahlbar ist. Der ganze vom Kapital in n Jahren abgeworfene Zins ist aber $(1+i)^n - 1$. Es muß daher gelten

$$s^{(p)}_{\overline{n}|}\cdot p\left[(1+i)^{\frac{1}{p}} - 1\right] = (1+i)^n - 1$$

und daher

$$s_{\overline{n|}}^{(p)} = \frac{(1+i)^n - 1}{j}.$$

Anderseits ist der Barwert des vom Kapital 1 in n Jahren bei p teljähriger Zinszahlung abgeworfenen Zinses gleich dem Barwert einer p teljährig zahlbaren Rente auf die Beträge $p\left[(1+i)^{\frac{1}{p}} - 1\right]$ und daher

$$a_{\overline{n|}}^{(p)} \cdot p\left[(1+i)^{\frac{1}{p}} - 1\right] = 1 - v^n,$$

woraus

$$a_{\overline{n|}}^{(p)} = \frac{1 - v^n}{j}.$$

Aus dem erhaltenen Barwert (34) der durch n Jahre in p teljährigen Raten von je $1/p$ zahlbaren temporären Rente ergibt sich der Barwert der ewigen Rente mit $1/j$. Nachdem aber der Barwert der durch n Jahre aufgeschobenen, in gleicher Weise zahlbaren ewigen Rente $v^n \,.\, 1/j$ ist, ergibt sich der Barwert der durch n Jahre zahlbaren temporären Rente mit

$$\begin{aligned} a_{\overline{n|}}^{(p)} &= a_{\infty}^{(p)} - v^n \,.\, a_{\infty}^{(p)} \\ &= \frac{1}{j} - v^n \,.\, \frac{1}{j} = \frac{1 - v^n}{j}. \end{aligned}$$

Wir haben bisher stets angenommen, daß die Rentenzahlung für eine ganze Anzahl von aufeinanderfolgenden gleichen Intervallen gedacht ist, daß also np eine ganze Zahl darstellt. Um sich von dieser Beschränkung freizumachen, wird in der Regel die formale Gültigkeit der Formeln (33) und (34) auch für eine nicht ganze Anzahl von Intervallen angenommen. Die Dauer der Rentenzahlung wäre dann mit $n + 1/mp$ anzunehmen, wenn $1/mp$ den $m$ten Bruchteil des Intervalls $1/p$ bedeutet. Formel (34) ergibt dann

$$\left.\begin{aligned} a_{\overline{n+\frac{1}{mp}|}}^{(p)} &= \frac{1 - v^{n+\frac{1}{mp}}}{j} = \frac{1 - v^n}{j} + \frac{v^n - v^{n+\frac{1}{mp}}}{j} \\ &= a_{\overline{n|}}^{(p)} + v^{n+\frac{1}{mp}} \,.\, \frac{(1+i)^{\frac{1}{mp}} - 1}{j}. \end{aligned}\right\} \quad (35)$$

Hieraus folgt aber, daß die restliche Zahlung am Ende des letzten Intervalls der Größe $1/mp$ durch

$$\frac{(1+i)^{\frac{1}{mp}} - 1}{(1+i)^{\frac{1}{p}} - 1} \cdot \frac{1}{p}$$

definiert wird und daher zur Rentenzahlung im Betrage von $1/p$ im selben Verhältnis steht, wie der für das Intervall $1/mp$ erzielte Zins zum Zins für das Intervall $1/p$. Unter dieser Voraussetzung sind demnach die Formeln (34) und, wie man genau so überlegt, auch (33) für jedes ganze und gebrochene n gültig. In der Praxis wird aber in der Regel die Höhe der letzten Zahlung mit $1/mp$ angenommen, so daß sich als Barwert der Rente

$$a_{\overline{n}|}^{(p)} + \frac{1}{mp} \cdot v^{n + \frac{1}{mp}}$$

ergibt.

Die Betrachtung der beiden Formeln (33) und (34) ergibt übrigens, daß der Zähler dem totalen Betrag des Zinses bzw. des Diskonts für die ganze Dauer n entspricht, während der Nenner durch die nominelle Zinsrate unter der Annahme $p$teljähriger Zahlung der Rentenbeträge im Betrage von $1/p$ bestimmt ist. Hiernach ist der Endwert einer unmittelbaren Zeitrente von 1 pro Jahr unter einer effektiven Zinsrate von i gleich dem totalen Zins für die Dauer n dividiert durch die entsprechende nominelle Zinsrate, wobei der Zins unterjährig zu denselben Terminen zu vergüten ist, zu denen die Rentenzahlungen erfolgen. Und ganz Analoges gilt für den Barwert, wenn nur im Zähler statt des totalen Zinses der totale Diskont für die Dauer n eingesetzt wird.

Aus den Formeln (33) und (34) erhält man durch Verfügung über p die entsprechenden Werte bei jeder Art der Zahlung der Rente entsprechend einem effektiven Zinssatz von i. Ist aber statt dieses die nominelle Zinsrate im Hinblick auf $m$teljährige Verzinsung gegeben, so hat man eben i durch die entsprechenden Werte dieser nominellen Rate auszudrücken. Es ergeben sich so ohne weiteres die drei Formelgruppen:

$$\left.\begin{array}{lll}
\text{Rente zahlbar} & \text{Endwert} & \text{Barwert} \\
p\text{teljährig} & s_{\overline{n}|}^{(p)} = \dfrac{(1+i)^n - 1}{j} & a_{\overline{n}|}^{(p)} = \dfrac{1 - v^n}{j} \\
1/1\text{jährig} & s_{\overline{n}|} = \dfrac{(1+i)^n - 1}{i} & a_{\overline{n}|} = \dfrac{1 - v^n}{i} \\
\text{kontinuierlich} & \bar{s}_{\overline{n}|} = \dfrac{(1+i)^n - 1}{\log_e (1+i)} & \bar{a}_{\overline{n}|} = \dfrac{1 - v^n}{\log_e (1+i)} \\
p\text{teljährig} & s_{\overline{n}|}^{(p)} = \dfrac{\left(1 + \frac{j}{m}\right)^{mn} - 1}{p\left[\left(1 + \frac{j}{m}\right)^{\frac{m}{p}} - 1\right]} & a_{\overline{n}|}^{(p)} = \dfrac{1 - \left(1 + \frac{j}{m}\right)^{-mn}}{p\left[\left(1 + \frac{j}{m}\right)^{\frac{m}{p}} - 1\right]} \\
1/1\text{jährig} & s_{\overline{n}|} = \dfrac{\left(1 + \frac{j}{m}\right)^{mn} - 1}{\left(1 + \frac{j}{m}\right)^{m} - 1} & a_{\overline{n}|} = \dfrac{1 - \left(1 + \frac{j}{m}\right)^{-mn}}{\left(1 + \frac{j}{m}\right)^{m} - 1} \\
m\text{teljährig} & s_{\overline{n}|}^{(m)} = \dfrac{\left(1 + \frac{j}{m}\right)^{mn} - 1}{j} & a_{\overline{n}|}^{(m)} = \dfrac{1 - \left(1 + \frac{j}{m}\right)^{-mn}}{j}
\end{array}\right\} \quad (36)$$

Rente zahlbar	Endwert	Barwert
kontinuierlich	$\bar{s}_{\overline{n}\rvert} = \dfrac{\left(1+\dfrac{j}{m}\right)^{mn} - 1}{m \log_e\left(1+\dfrac{j}{m}\right)}$	$\bar{a}_{\overline{n}\rvert} = \dfrac{1-\left(1+\dfrac{j}{m}\right)^{-mn}}{m \log_e\left(1+\dfrac{j}{m}\right)}$
p teljährig	$s^{(p)}_{\overline{n}\rvert} = \dfrac{e^{n\delta}-1}{p\left(e^{\frac{\delta}{p}}-1\right)}$	$a^{(p)}_{\overline{n}\rvert} = \dfrac{1-e^{-n\delta}}{p\left(e^{\frac{\delta}{p}}-1\right)}$
1/1jährig	$s_{\overline{n}\rvert} = \dfrac{e^{n\delta}-1}{e^{\delta}-1}$	$a_{\overline{n}\rvert} = \dfrac{1-e^{-n\delta}}{e^{\delta}-1}$
kontinuierlich	$\bar{s}_{\overline{n}\rvert} = \dfrac{e^{n\delta}-1}{\delta}$	$\bar{a}_{\overline{n}\rvert} = \dfrac{1-e^{-n\delta}}{\delta}$

(36)

Erfolgt aber die Rentenzahlung zu den gleichen Zeitpunkten wie die Verzinsung, dann ist aus der Formel

$$a^{(m)}_{\overline{n}\rvert} = \frac{1-\left(1+\dfrac{j}{m}\right)^{-nm}}{j} = \frac{1}{m}\,\frac{1-\left(1+\dfrac{j}{m}\right)^{-nm}}{\dfrac{j}{m}} = \frac{1}{m}\,a_{\overline{nm}\rvert}$$

sofort zu entnehmen, daß die Rente, berechnet bei $m$teljähriger Verzinsung zur nominellen Rate j und $m$teljähriger Zahlung, gleich ist der Rente vom Betrage $1/m$, berechnet zum effektiven Zinssatz j/m, jedoch für nm Jahre. Damit hängt es aber zusammen, daß eine Tafel, welche die End- und Barwerte der Zeitrenten für verschiedene Zinsfüße zu entnehmen gestattet, auch bei $m$teljähriger Verzinsung brauchbar bleibt, wenn nur auch die Zahlung der Zeitrente in $m$teljährigen Raten erfolgt.

Nachdem aber der Wert einer in $m$teljährigen Raten vom Betrage $1/m$ zahlbaren Nachhineinrente gleichwertig ist mit dem Betrag einer ganzjährig zahlbaren Nachhineinrente auf die Beträge $s^{(m)}_{\overline{1}\rvert}$, so folgt auch die Richtigkeit der Relationen

$$a^{(m)}_{\overline{n}\rvert} = s^{(m)}_{\overline{1}\rvert} \cdot a_{\overline{n}\rvert}, \quad s^{(m)}_{\overline{n}\rvert} = s^{(m)}_{\overline{1}\rvert} \cdot s_{\overline{n}\rvert}$$

und aus ihnen wegen

$$s^{(m)}_{\overline{1}\rvert} = \frac{(1+i)-1}{j} = \frac{i}{j}$$

auch

$$a^{(m)}_{\overline{n}\rvert} = \frac{i}{j}\,a_{\overline{n}\rvert}, \quad s^{(m)}_{\overline{n}\rvert} = \frac{i}{j}\,s_{\overline{n}\rvert}. \tag{37}$$

§ 6. Die kontinuierliche Rente.

Wenn in dem Ausdruck für die $p$teljährig zahlbare Rente $p \to \infty$ wird, erhält man den Ausdruck für die *kontinuierlich zahlbare Rente.* In diesem Falle wird aus dem Ausdruck

$$a_{\overline{n}|}^{(p)} = \frac{1}{p} \frac{1 - e^{-\delta n}}{e^{\frac{\delta}{p}} - 1},$$

unter Vollziehung des Grenzüberganges wegen

$$p\left(e^{\frac{\delta}{p}} - 1\right) = \delta + \frac{1}{p}\frac{\delta^2}{2!} + \frac{1}{p^2}\frac{\delta^3}{3!} + \ldots,$$

$$\bar{a}_{\overline{n}|} = \frac{1 - e^{-\delta n}}{\delta}, \tag{38}$$

wofür auch

$$\bar{a}_{\overline{n}|} = \frac{1 - v^n}{\delta} = \frac{1 - \left(1 + \frac{j}{m}\right)^{-mn}}{\delta} \tag{39}$$

zu schreiben ist, wenn unter

$$\delta = \log_e(1 + i) \quad \text{bzw.} \quad \delta = m \log_e\left(1 + \frac{j}{m}\right)$$

verstanden wird.

Als Integralausdruck erhält man für die kontinuierliche, temporäre Rente

$$\bar{a}_{\overline{n}|} = \int_0^n e^{-\delta t}\, dt = \frac{e^{-\delta t}}{-\delta}\Bigg|_0^n = \frac{1 - e^{-\delta n}}{\delta} \tag{40}$$

und für die gleiche, aber m Jahre aufgeschobene Rente

$${}_{m|}\bar{a}_{\overline{n}|} = \int_m^{n+m} e^{-\delta t}\, dt = \frac{e^{-\delta t}}{-\delta}\Bigg|_m^{n+m} = e^{-\delta m}\frac{1 - e^{-\delta n}}{\delta}. \tag{41}$$

Die Beziehung zwischen der kontinuierlichen und der $m$teljährig zahlbaren Zeitrente erhält man am einfachsten unter Benutzung der Euler-MacLaurinschen Formel

$$\frac{1}{m}(u_0 + u_{1/m} + \ldots + u_n) = \int_0^n u_x\, dx +$$

$$+ \frac{1}{2m}[u_0 + u_n] - \frac{1}{12m^2}[(u_x')_0 - (u_x')_n] + \frac{1}{720}[(u_x''')_0 - (u_x''')_n] - \ldots,$$

welche unter Erreichung genügender Genauigkeit beim zweiten Glied abgebrochen wird. Man erhält dann für $u_x = v^x$ und unter Berücksichtigung von $\log_e v = -\delta$

$$\bar{a}_{\overline{n}|} = a_{\overline{n}|}^{(m)} + \frac{1}{2m}(1 - v^n) - \frac{\delta}{12m^2}(1 - v^n) \tag{42}$$

und für $m = 1$

$$\bar{a}_{\overline{n}|} = a_{\overline{n}|} + \frac{1}{2}(1 - v^n) - \frac{\delta}{12}(1 - v^n). \tag{43}$$

Aus (42) und (43) aber ergibt sich

$$a_{\overline{n}|}^{(m)} = a_{\overline{n}|} + \frac{m-1}{2m}(1-v^n) - \frac{\delta(m^2-1)}{12m^2}(1-v^n). \tag{44}$$

Wird hier das letzte Glied vernachlässigt, so erhält man

$$a_{\overline{n}|}^{(m)} = a_{\overline{n}|} + \frac{m-1}{2m}(1-v^n), \tag{45}$$

wobei der konstante Faktor des letzten Gliedes für $m = 2, 4, 12, \infty$, bzw. die Werte 0,25, 0,375, 0,458, 0,5 annimmt.

In Analogie zu Formel (37) erhält man aus

$$a_{\overline{n}|} = \frac{1-v^n}{i}, \quad \bar{a}_{\overline{n}|} = \frac{1-e^{-\delta n}}{\delta} = \frac{1-v^n}{\delta}$$

die Relation

$$\bar{a}_{\overline{n}|} = a_{\overline{n}|}\frac{i}{\delta} = a_{\overline{n}|}\frac{i}{\log_e(1+i)}. \tag{46}$$

§ 7. Renten auf veränderliche Beträge.

Wenn die aufeinanderfolgenden Rentenbeträge durch eine geometrische Reihe definiert werden, dann erhält man für den Barwert dieser Zeitrente der Dauer n

$$\left.\begin{aligned} &kv + krv^2 + kr^2v^3 + \ldots + kr^{n-1}v^n = \\ &= kv\frac{1-r^nv^n}{1-rv} = k\frac{1-r^nv^n}{1+i-r}. \end{aligned}\right\} \tag{47}$$

Der Barwert der ewigen Rente ist unter gleichen Voraussetzungen

$$\frac{k}{1+i-r}$$

und wird unendlich groß, wenn $r \gtreqless 1 + i$.

Ist $r < 1 + i$, und wird $rv = v'$ gesetzt, so kann der Ausdruck (47)

$$\frac{k}{r}v'\frac{1-v'^n}{1-v'} = \frac{k}{r}a'_{\overline{n}|}, \quad i' = \frac{1+i}{r} - 1$$

geschrieben werden. Ist aber $r > 1 + i$, und wird $rv = 1 + i''$ gesetzt, so wird aus (47)

$$kv\frac{1-(1+i'')^n}{1-(1+i'')} = kv\,s''_{\overline{n}|}, \quad i'' = \frac{r}{1+i} - 1.$$

In beiden Fällen ist demnach der Ausdruck für die geometrisch steigende Rente zum Zinssatz i in einen Wert einer gleichbleibenden Zeitrente, jedoch berechnet zu einem anderen Zinssatz i' bzw. i'' übergeführt. Das kann bei Benutzung von Zifferntabellen für die letztgenannten Barwerte die numerische Berechnung sehr erleichtern. Natürlich ist das Verfahren nur brauchbar, wenn die Größe r um Bruchteile größer oder kleiner als 1 ist. In dem Falle $r = 1 + i$ erhält man den Rentenwert nk/r. Ist aber $r > 1 + i$, so wird i' negativ, so daß der Barwert der einzelnen aufeinanderfolgenden Zahlungen eine steigende Reihe bildet. In beiden Fällen ist natürlich der Barwert einer ewigen Rente unendlich groß.

Für eine Zeitrente, deren Rentenbeträge in arithmetischer Reihe zu- oder abnehmen, sei der Barwert

$$a = vp + v^2(p+q) + v^3(p+2q) + \ldots + v^n[p+(n-1)q]$$

und daher auch

$$av = v^2p + v^3(p+q) + \ldots + v^n[p+(n-2)q] + v^{n+1}[p+(n-1)q].$$

Durch Subtraktion ergibt sich

$$\begin{aligned} iva &= vp + v^2q + v^3q + \ldots + v^nq - v^{n+1}[p+(n-1)q], \\ &= pv(1-v^n) + qva_{\overline{n|}} - nqv^{n+1} \end{aligned}$$

und hieraus

$$a = pa_{\overline{n|}} + q\frac{a_{\overline{n|}} - nv^n}{i}. \tag{48}$$

Für unendlich wachsendes n wird der Barwert der temporären Rente $1/i$ und der Ausdruck

$$nv^n = \frac{1}{\frac{1}{n} + i + \frac{n-1}{2!}i^2 + \frac{(n-1)(n-2)}{3!}i^3 + \ldots}$$

wird 0. Es ergibt sich sonach aus (48) für den Barwert der ewigen Rente, beginnend mit dem Betrag p und jährlich um den Betrag q steigend,

$$\frac{p}{i} + \frac{q}{i^2}. \tag{49}$$

Als spezielle Fälle ergeben sich aus (48) und (49) für $p = 1$ und $q = 1$

$$(|a)_{\overline{n|}} = a_{\overline{n|}} + \frac{a_{\overline{n|}} - nv^n}{i} = \frac{\text{a}_{\overline{n|}} - nv^n}{i}$$

und

$$(|a)_\infty = \frac{1}{i} + \frac{1}{i^2},$$

wobei für die vom Anfangsbetrage 1 um die Differenz 1 arithmetisch steigende Rente die Bezeichnung $(|a)_{\overline{n|}}$ gebraucht ist.

Man sieht weiter unmittelbar, daß der Barwert einer im vorhinein zahlbaren Zeitrente, deren Beträge den aufeinanderfolgenden Binomialkoeffizienten gleichkommen, durch

$$(1+v)^n$$

gegeben ist. Der Barwert einer ewigen, im nachhinein zahlbaren Zeitrente auf die Beträge

$$r,\quad \frac{r(r+1)}{2},\quad \ldots$$

ist aber offenbar

$$(1-v)^{-r} - 1 = \frac{1}{i^r v^r} - 1.$$

Zur Ableitung des Wertes (48) kann man auch das folgende Verfahren einschlagen. Es ist

$$a_{\overline{n}|} = e^{-\delta} + e^{-2\delta} + \ldots + e^{-n\delta}$$

und hieraus durch Differentiation nach δ

$$-\frac{d\,a_{\overline{n}|}}{d\,\delta} = e^{-\delta} + 2\,e^{-2\delta} + \ldots + n\,e^{-n\delta}.$$

Nachdem aber

$$a_{\overline{n}|} = \frac{1 - e^{-\delta n}}{e^{\delta} - 1},$$

so ist auch

$$-\frac{d\,a_{\overline{n}|}}{d\,\delta} = \frac{(1 - e^{-\delta n})\,e^{\delta} - n\,e^{-\delta n}\,(e^{\delta} - 1)}{(e^{\delta} - 1)^2} = \frac{1 - v^n}{i^2}\,e^{\delta} - \frac{n\,v^n}{i}.$$

Anderseits ist der gesuchte Wert

$$\begin{aligned} a &= v\,p + v^2 p + \ldots + v^n p + v^2 q + 2\,v^3 q + \ldots + (n-1)\,v^n q, \\ &= p\,a_{\overline{n}|} + v\,q\,[v + 2\,v^2 + \ldots + (n-1)\,v^{n-1}], \\ &= p\,a_{\overline{n}|} - v\,q\,\frac{d\,a_{\overline{n-1}|}}{d\,\delta} \end{aligned}$$

und demnach auch

$$\begin{aligned} a &= p\,a_{\overline{n}|} + q\,\frac{1 - v^{n-1}}{i^2} - q\,\frac{(n-1)\,v^n}{i}, \\ &= p\,a_{\overline{n}|} + q\,\frac{a_{\overline{n}|} - n\,v^n}{i} \end{aligned}$$

wie oben.

Einen Fall, der sehr viele Spezialfälle enthält, bekommt man dadurch, daß man den allgemeinen Rentenbetrag einer ganzen, rationalen Funktion

$$c_0 + c_1 t + c_2 t^2 + \ldots + c_k t^k \qquad (50)$$

gleichsetzt, wobei für die aufeinanderfolgenden n Rentenbeträge $t = 1, 2, \ldots, n$ zu setzen ist. Der Barwert dieser Rente ist dann durch

$$\sum_{1}^{n} e^{-\delta t}\,(c_0 + c_1 t + c_2 t^2 + \ldots + c_k t^k) \qquad (51)$$

gegeben. Zwecks Berechnung dieses Barwertes ist nur zu beachten, daß die aufeinanderfolgenden Ableitungen der Zeitrente durch

$$\begin{aligned} -\frac{d\,a_{\overline{n}|}}{d\,\delta} &= e^{-\delta} + 2\,e^{-2\delta} + \ldots + n\,e^{-n\delta}, \\ \frac{d^2\,a_{\overline{n}|}}{d\,\delta^2} &= e^{-\delta} + 2^2\,e^{-2\delta} + \ldots + n^2\,e^{-n\delta}, \\ -\frac{d^3\,a_{\overline{n}|}}{d\,\delta^3} &= e^{-\delta} + 2^3\,e^{-2\delta} + \ldots + n^3\,e^{-n\delta}, \end{aligned}$$

. . . .

gegeben sind, so daß diese unter Rücksicht auf ihr Vorzeichen den Barwerten der Zeitrenten auf die Beträge $1, 2, 3, \ldots, n$; $1^2, 2^2, 3^2, \ldots, n^2$; $1^3, 2^3, 3^3, \ldots, n^3$ usw. entsprechen. Sind demnach die Ableitungen der Zeitrente nach δ bekannt, so sind damit auch die Barwerte der angeführten Renten mitbestimmt. Man erhält aber diese Ableitungen leicht aus folgendem, durch fortlaufende Differentiation nach δ erhaltenen Schema:

$$(e^\delta - 1)\, a_{\overline{n}|} = 1 - e^{-n\delta},$$

$$(e^\delta - 1)\frac{d\, a_{\overline{n}|}}{d\,\delta} + e^\delta\, a_{\overline{n}|} = n\, e^{-n\delta},$$

$$(e^\delta - 1)\frac{d^2 a_{\overline{n}|}}{d\,\delta^2} + 2\, e^\delta \frac{d\, a_{\overline{n}|}}{d\,\delta} + e^\delta\, a_{\overline{n}|} = -n^2 e^{-n\delta},$$

$$(e^\delta - 1)\frac{d^3 a_{\overline{n}|}}{d\,\delta^3} + 3\, e^\delta \frac{d^2 a_{\overline{n}|}}{d\,\delta^2} + 3\, e^\delta \frac{d\, a_{\overline{n}|}}{d\,\delta} + e^\delta\, a_{\overline{n}|} = n^3 e^{-n\delta},$$

$$\ldots\ldots\ldots\ldots\ldots\ldots\ldots\ldots\ldots\ldots\ldots\ldots\ldots$$

Hieraus aber erhält man für die $m$te Ableitung in symbolischer Schreibweise

$$-\frac{d^m a_{\overline{n}|}}{d\,\delta^m} + e^\delta\left[1 + \frac{d}{d\,\delta}\right]^m a_{\overline{n}|} = (-1)^{m-1}\, n^m\, e^{-n\delta} \tag{52}$$

und für die speziellen Fälle $m = 1, 2, 3, \ldots$

$$i\,\frac{d\, a_{\overline{n}|}}{d\,\delta} = n\, v^n - (1 + i)\, a_{\overline{n}|},$$

$$i\,\frac{d^2 a_{\overline{n}|}}{d\,\delta^2} = -n^2 v^n - (1 + i)\left(2\frac{d\, a_{\overline{n}|}}{d\,\delta} + a_{\overline{n}|}\right),$$

$$i\,\frac{d^3 a_{\overline{n}|}}{d\,\delta^3} = n^3 v^n - (1 + i)\left(3\frac{d^2 a_{\overline{n}|}}{d\,\delta^2} + 3\frac{d\, a_{\overline{n}|}}{d\,\delta} + a_{\overline{n}|}\right),$$

$$\ldots\ldots\ldots\ldots\ldots\ldots\ldots\ldots\ldots\ldots\ldots\ldots,$$

so daß die Ableitungen schrittweise aus den jeweils bereits bekannten Werten ermittelt werden können. Für den gesuchten Barwert der Zeitrente aber erhält man den Ausdruck

$$c_0 a_{\overline{n}|} - c_1 \frac{d\, a_{\overline{n}|}}{d\,\delta} + c_2 \frac{d^2 a_{\overline{n}|}}{d\,\delta^2} - \ldots + (-1)^k c_k \frac{d^k a_{\overline{n}|}}{d\,\delta^k}. \tag{53}$$

Wenn man berücksichtigt, daß der Ausdruck $n^m v^n \to 0$ geht, wenn $n \to \infty$, so sind in das Verfahren die ewigen Renten auf die durch die Polynome (50) definierten Größen mit einbegriffen.

Zu einfacheren Entwicklungen aber gelangt man, wenn das obige Verfahren für die kontinuierlichen Renten auf die durch die Polynome definierten Beträge in Anwendung gebracht wird. Der Barwert einer solchen Rente ist dann durch

$$\int_0^n e^{-\delta t}\,(c_0 + c_1 t + c_2 t^2 + \ldots + c_k t^k)\, d\,t \tag{54}$$

gegeben. Durch Anwendung der Formel für die partielle Integration erhält man aber

$$\int_0^n t^m e^{-\delta t} dt = -\frac{t^m e^{-\delta t}}{\delta}\Bigg|_0^n + \frac{m}{\delta}\int_0^n t^{m-1} e^{-\delta t} dt,$$

$$= \frac{1}{\delta}\left[m\int_0^n t^{m-1} e^{-\delta t} dt - n^m e^{-\delta n}\right].$$

Bezeichnet man daher die nach t^m steigende kontinuierliche Rente mit $\overset{(m)}{(|\bar{a})}_{\overline{n}|}$, so gilt für diese die Rekursionsformel

$$\overset{(m)}{(|\bar{a})}_{\overline{n}|} = \frac{1}{\delta}\left[m \overset{(m-1)}{(|\bar{a})}_{\overline{n}|} - n^m e^{-\delta n}\right]. \tag{55}$$

Damit ist aber die Möglichkeit der Berechnung von (54) ohne weiteres gegeben. Für $n \to \infty$ aber ergibt sich aus der Rekursionsformel (55)

$$\overset{(m)}{(|\bar{a})}_{\infty} = \frac{m!}{\delta^m} \tag{56}$$

als Barwert der ewigen, kontinuierlich zahlbaren Rente auf die durch t^m definierten Beträge und damit auch der Barwert für jede in der Form

$$\int_0^\infty e^{-\delta t}(c_0 + c_1 t + c_2 t^2 + \ldots + c_k t^k)\, dt$$

darstellbare Rente.

§ 8. Das reine Sparkapital.

Ein Sparkapital, das nach Ablauf von n Jahren in der Höhe 1 bezahlt werden soll, kann entweder durch Zahlung einer Barsumme in entsprechender Höhe oder durch laufende, über die Dauer n verteilte Zahlungen sichergestellt werden. In letzterem Falle können die aufeinanderfolgenden Zahlungen z. B. zu Beginn von gleichen, die Dauer n erfüllenden Zeitintervallen erfolgen. Bei Gleichheit dieser Intervalle also etwa ganzjährig oder unterjährig durch Zahlungen untereinander gleicher Beträge. Für alle hier in Betracht kommenden Begriffsbildungen besteht eine weitreichende Analogie zu denen in der eigentlichen Kapitalversicherung vorkommenden, wenn sie auch bei der letzteren unter wesentlich allgemeineren Voraussetzungen erhalten werden. Es sei daher zum Abschluß dieses Abschnitts über die Zinstheorie das auf spätere Betrachtungen Bezügliche kurz zusammengestellt, zumal sich alles aus dem bisher Gesagten ohne weiteres ergibt.

Die einmalige Barzahlung für eine nach n Jahren fällige Summe 1 sei unter Zugrundelegung eines Zinssatzes i mit $A_{\overline{n}|}$ bezeichnet. Erfolgen die Zahlungen aber zu Beginn der aufeinanderfolgenden gleichen Zeitintervalle in gleich hohen Beträgen, so seien diese bei ganzjähriger Zahlung mit $P_{\overline{n}|}$, bei $m$teljähriger Zahlung mit $P_{\overline{n}|}^{(m)}$ bezeichnet. Wir nennen diese Zahlungen die *Einmalprämie* bzw. die *laufenden Prämien* für die Sparsumme 1. Es ist dann offenbar

$$A_{\overline{n}|}(1+i)^n = 1,$$
$$A_{\overline{n}|} = v^n. \tag{57}$$

Und weiter

$$P_{\overline{n}|}[(1+i)^n + (1+i)^{n-1} + \ldots + (1+i)] = 1,$$

woraus sich

$$P_{\overline{n}|} = \frac{1}{s_{\overline{n+1}|} - 1} \tag{58}$$

ergibt. Nachdem aber der Barwert der laufenden Prämien auch durch

$$P_{\overline{n}|} \,.\, \ddot{a}_{\overline{n}|} = A_{\overline{n}|}$$

gegeben ist, erhält man auch

$$P_{\overline{n}|} = \frac{v^n}{\ddot{a}_{\overline{n}|}}. \tag{59}$$

Der Barwert der durch n Jahre aus der Einheit fließenden ganzjährigen Zinsen ist $a_{\overline{n}|} \,.\, i$ oder auch $\ddot{a}_{\overline{n}|} \,.\, d$, wenn an Stelle von i am Ende der Jahre d am Anfang der Jahre vergütet wird. Hieraus folgt

$$1 = \ddot{a}_{\overline{n}|}(d + P_{\overline{n}|})$$

und damit

$$P_{\overline{n}|} = \frac{1}{\ddot{a}_{\overline{n}|}} - d = \frac{1}{1 + a_{\overline{n-1}|}} - d. \tag{60}$$

In der Tat gelten für den Ausdruck (58) auch die folgenden Umformungen

$$\frac{1}{s_{\overline{n+1}|} - 1} = \frac{1}{(1+i)\, s_{\overline{n}|}} = \frac{v^n}{(1+i)\, a_{\overline{n}|}}$$
$$= \frac{v^n}{\ddot{a}_{\overline{n}|}} = \frac{1 - i\, a_{\overline{n}|}}{\ddot{a}_{\overline{n}|}} = \frac{1}{\ddot{a}_{\overline{n}|}} - d.$$

Unter der Annahme $m$teljähriger Zahlung der Prämie aber erhält man

$$\left.\begin{aligned} P_{\overline{n}|}^{(m)} &= \frac{1}{\frac{1}{m}(1+i)^n + s_{\overline{n}|}^{(m)} - \frac{1}{m}} = \frac{v^n}{\ddot{a}_{\overline{n}|}^{(m)}} \\ &= \frac{1}{\ddot{a}_{\overline{n}|}^{(m)}} - m\left(1 - v^{\frac{1}{m}}\right). \end{aligned}\right\} \tag{61}$$

Für den Grenzfall $m \to \infty$, also für kontinuierliche Zahlung der Prämien ergäbe sich

$$\bar{P}_{\overline{n}|} = \frac{1}{\bar{s}_{\overline{n}|}} = \frac{v^n}{\bar{a}_{\overline{n}|}} = \frac{1}{\bar{a}_n} - \delta. \tag{62}$$

Nach einer früher gemachten Bemerkung läßt sich aber die unterjährig zahlbare Zeitrente als ganzjährig zahlbare Zeitrente auffassen, bei welcher bei Vorhineinzahlung zu Beginn der ganzjährigen Intervalle der Barwert der ein Jahr betreffenden unterjährigen Zahlungen in Betracht kommt. Es ist daher

$$a_{\overline{n|}}^{(m)} = a_{\overline{n|}} \,.\, a_{\overline{1|}}^{(m)},$$

während man durch den direkten Ansatz

$$\left.\begin{aligned} a_{\overline{1|}}^{(m)} &= \frac{1}{m}\left(1 + v^{\frac{1}{m}} + \ldots + v^{\frac{m-1}{m}}\right) = \frac{1}{m}\,\frac{1-v}{1-v^{\frac{1}{m}}} \\ &= \frac{d}{m}\,\frac{1}{1-\left(\frac{1}{1+i}\right)^{\frac{1}{m}}} = \frac{d}{m}\,\frac{1+(1+i)^{\frac{1}{m}}-1}{(1+i)^{\frac{1}{m}}-1} = d\,\frac{1+\frac{j}{m}}{j} \end{aligned}\right\} \quad (63)$$

erhält. Der für den Beginn des Jahres berechnete Zinsenverlust bei $m$teljähriger Zahlung ist aber durch

$$\frac{1}{m}\,P_n^{(m)}\left[\left(1-v^{\frac{1}{m}}\right) + \left(1-v^{\frac{2}{m}}\right) + \ldots + \left(1-v^{\frac{m-1}{m}}\right)\right] = P_{\overline{n|}}^{(m)}\left(1 - a_{\overline{1|}}^{(m)}\right)$$

gegeben, so daß sich

$$P_{\overline{n|}}^{(m)} = P_{\overline{n|}} + P_{\overline{n|}}^{(m)}\left(1 - a_{\overline{1|}}^{(m)}\right)$$

ergibt. Demnach im Hinblick auf (63)

$$P_{\overline{n|}}^{(m)} = \frac{P_{\overline{n|}}}{a_{\overline{1|}}^{(m)}} = P_{\overline{n|}}\,\frac{j}{d\left(1+\frac{j}{m}\right)}. \quad (64)$$

Für kontinuierliche Zahlung aber ergibt sich aus (64)

$$\overline{P}_{\overline{n|}} = P_{\overline{n|}}\,\frac{\delta}{d}. \quad (65)$$

Bei Betrachtung des Prozesses der Kapitalansammlung im Wege der Zahlung von Prämien und unter Rücksicht auf die Wirkung des Zinses ergibt sich eine für alles Folgende sehr wichtige Größe, die wir *Prämienreserve, Deckungskapital* oder *Deckungsrücklage* nennen.

Sie entspricht für einen innerhalb der Dauer t liegenden Zeitpunkt — t sei ganzzahlig angenommen — einfach den vom Beginn bis zu diesem Zeitpunkt aufgezinsten vereinnahmten Prämien. Für diese Größe ist aber auch noch eine andere Auffassung naheliegend. Denn offenbar muß der Betrag dieser Prämienreserve zum Zeitpunkt t im Verein mit dem Barwert der noch für die Dauer $n-t$ zu zahlenden Prämien gerade hinreichen, um den am Termin n zur Auszahlung gelangenden Betrag 1 sicherzustellen. Man nennt die erstere Auffassung die retrospektive, die zweite die prospektive Definition der Prämienreserve. Wird diese mit ${}_tV_{\overline{n}|}$ bezeichnet, so erhält man im ersten Falle

$$ {}_tV_{\overline{n}|} = P_{\overline{n}|}(s_{\overline{t+1}|} - 1) = \frac{s_{\overline{t+1}|} - 1}{s_{\overline{n+1}|} - 1} = \frac{s_{\overline{t}|}}{s_{\overline{n}|}}. \tag{66} $$

Im zweiten aber ergibt sich

$$ {}_tV_{\overline{n}|} = v^{n-t} - P_{\overline{n}|}\,\mathrm{a}_{\overline{n-t}|}\,. \tag{67} $$

Weil aber

$$ v^{n-t} = 1 - i\,a_{\overline{n-t}|} = 1 - d\,\mathrm{a}_{\overline{n-t}|} $$

und daher

$$ {}_tV_{\overline{n}|} = 1 - (P_{\overline{n}|} + d)\,\mathrm{a}_{\overline{n-t}|}\,, $$

so erhält man wegen

$$ P_{\overline{n}|} = \frac{1}{\mathrm{a}_{\overline{n}|}} - d $$

auch

$$ {}_tV_{\overline{n}|} = 1 - \frac{\mathrm{a}_{\overline{n-t}|}}{\mathrm{a}_{\overline{n}|}}. \tag{68} $$

Aus der letzteren Formel aber ergibt sich

$$ 1 - \frac{\mathrm{a}_{\overline{n-t}|}}{\mathrm{a}_{\overline{n}|}} = \frac{\mathrm{a}_{\overline{n}|} - \mathrm{a}_{\overline{n-t}|}}{\mathrm{a}_{\overline{n}|}} = \frac{v^{n-t}\,\mathrm{a}_{\overline{t}|}}{\mathrm{a}_{\overline{n}|}} = \frac{s_{\overline{t}|}}{s_{\overline{n}|}}, $$

womit die Identität der beiden Darstellungen der Prämienreserve nachgewiesen ist.

Bei Vorliegen unterjähriger Prämienzahlung sind genau analog gebaute Formeln zu erhalten. Nicht ohne weiteres zu übersehen ist aber die Tatsache, daß für $m$teljährige Zahlung und ganzjährige Zahlung der Prämien die Prämienreserven nach einer ganzen Anzahl von Jahren einander gleich sind. Dies folgt jedoch sogleich aus der Rechnung

$$ \left. \begin{aligned} {}_tV^{(m)}_{\overline{n}|} &= P^{(m)}_{\overline{n}|}\,(1+i)^{\frac{1}{m}}\,s^{(m)}_{\overline{t}|} \\ &= \frac{(1+i)^{\frac{1}{m}}\,s^{(m)}_{\overline{t}|}}{(1+i)^{\frac{1}{m}}\,s^{(m)}_{\overline{n}|}} = \frac{s^{(m)}_{\overline{t}|}}{s^{(m)}_{\overline{n}|}} = \frac{s_{\overline{t}|}}{s_{\overline{n}|}} = {}_tV_{\overline{n}|} \end{aligned} \right\} \tag{69} $$

Aus den Formeln

$$ P_{\overline{n}|} = \frac{1}{(1+i)\,s_{\overline{n}|}}, \quad s_{\overline{n}|} = (1+i)^{n-1} + (1+i)^{n-2} + \ldots + 1 $$

folgt ohne weiteres, daß eine Verminderung der Zinsrate eine Erhöhung der Prämien bewirkt. Für die Prämienreserve ist die Abhängigkeit vom Zinssatz nicht so leicht einzusehen. Wenn man aber von der Darstellung

$$ {}_1V_{\overline{n}|} = (1+i)\,P_{\overline{n}|} = \frac{1}{s_{\overline{n}|}} \tag{70} $$

Gebrauch macht, so folgt

$$1 - {}_tV_{\overline{n}|} = \frac{a_{\overline{n-t}|}}{a_{\overline{n}|}} = \frac{a_{\overline{n-1}|}}{a_{\overline{n}|}} \cdot \frac{a_{\overline{n-2}|}}{a_{\overline{n-1}|}} \cdot \ldots \cdot \frac{a_{\overline{n-t}|}}{a_{\overline{n-t+1}|}}$$
$$= (1 - {}_1V_{\overline{n}|})(1 - {}_1V_{\overline{n-1}|}) \ldots (1 - {}_1V_{\overline{n-t+1}|})$$

Aus (70) folgt aber sogleich, daß eine Abnahme der Zinsrate eine Zunahme der Prämienreserve nach einem Jahre bewirkt. Die Produktdarstellung für das Komplement der Prämienreserve läßt dann erkennen, daß die Prämienreserve bei abnehmendem Zinssatz zunimmt.

Für kontinuierliche Prämienzahlung und Verzinsung gelten die Relationen

$$\overline{P}_{\overline{n}|} \cdot \bar{a}_{\overline{n}|} = e^{-\delta n}, \quad \overline{P}_{\overline{n}|} = P_{\overline{n}|} \frac{\delta}{d}, \quad \overline{P}_{\overline{n}|} = \frac{1}{\bar{a}_{\overline{n}|}} - \delta, \quad \overline{P}_{\overline{n}|} \cdot \bar{s}_{\overline{n}|} = 1.$$

Für die prospektive Prämienreserve erhält man

$$\left.\begin{aligned} {}_t\overline{V}_{\overline{n}|} &= v^{n-t} - \overline{P}_{\overline{n}|}\,\bar{a}_{\overline{n-t}|} = 1 - \left(\overline{P}_{\overline{n}|} + \delta\right) \bar{a}_{\overline{n-t}|} = 1 - \frac{\bar{a}_{\overline{n-t}|}}{\bar{a}_{\overline{n}|}} \\ &= \frac{\bar{a}_{\overline{n}|} - \bar{a}_{\overline{n-t}|}}{\bar{a}_{\overline{n}|}} = \frac{e^{-\delta(n-t)}\,\bar{a}_{\overline{t}|}}{\bar{a}_{\overline{n}|}} = \frac{\bar{a}_{\overline{t}|}\,v^n}{\bar{a}_{\overline{n}|}\,v^t} = \frac{\bar{s}_{\overline{t}|}}{\bar{s}_{\overline{n}|}} \end{aligned}\right\} \quad (71)$$

und für die retrospektive Prämienreserve

$${}_t\overline{V}_{\overline{n}|} = P_{\overline{n}|} \frac{e^{\delta t} - 1}{\delta} = \frac{\bar{s}_{\overline{t}|}}{\bar{s}_{\overline{n}|}}. \quad (72)$$

Die Gleichheit der beiden folgt auch aus der Definition der retrospektiven Prämienreserve

$${}_t\overline{V}_{\overline{n}|} = \overline{P}_{\overline{n}|} \int_0^t e^{\delta(t-s)}\, ds$$

im Verein mit der für $t = n$ geltenden Relation

$$1 = \overline{P}_{\overline{n}|} \int_0^n e^{\delta(n-s)}\, ds.$$

Denn aus beiden folgt nach Multiplikation der zweiten mit v^{n-t} und Subtraktion

$$v^{n-t} - {}_tV_{\overline{n}|} = \overline{P}_{\overline{n}|}\, e^{\delta t} \int_t^n e^{-\delta s}\, ds = \overline{P}_{\overline{n}|}\, e^{\delta t} \frac{e^{-\delta t} - e^{-\delta n}}{\delta} = P_{\overline{n}|}\, \bar{a}_{\overline{n-t}|}$$
$${}_tV_{\overline{n}|} = v^{n-t} - P_{\overline{n}|}\, \bar{a}_{\overline{n-t}|}.$$

II. Sterblichkeitstheorie.

§ 9. Allgemeines.

Die Bewertung von Zahlungen, die zu verschiedenen Zeitpunkten erfolgen, wird im Rahmen der Zinstheorie unter Berücksichtigung einer einzigen *Rechnungsgrundlage,* des Zinses, vollzogen. In der Lebensversicherungsmathematik stehen aber alle Bewertungen von fälligen Beträgen noch unter dem Einfluß einer zweiten Rechnungsgrundlage, indem hier alle Zahlungen auch von der Bedingung des Erlebens eines bestimmten Termins oder von dem Ableben innerhalb einer bestimmten Zeitspanne abhängig erscheinen. Es ist also hier neben dem *Zins* als *erster Rechnungsgrundlage* auch die *Sterblichkeit* als *zweite Rechnungsgrundlage* zu berücksichtigen.

Um die letztere der formelmäßigen und numerischen Berechnung zugänglich zu machen, ist es zweckmäßig, gewisse Maßzahlen der Sterblichkeit zu benutzen, welche in verschiedenster Art Verwendung finden. Sie sind aber alle auf ein einziges Fundamentalmaß zurückzuführen, welches wir als Erlebenswahrscheinlichkeit bezeichnen. Wenn eine Person, welcher wir das Alter x zuschreiben, mit (x) bezeichnet wird, so definieren wir dieses Maß wie folgt:

Für alle positiven Werte x, y, für welche $x \leqq y \leqq \omega$ ist, wird die Wahrscheinlichkeit, daß (x) das Alter y erlebt, durch eine Zahl $p(x,y)$ gemessen, die von x und y abhängt.

Hierbei bedeutet ω ein Grenzalter, von dem man aus der Erfahrung weiß, daß es niemand erlebt, und welches man auch ins Unendliche rücken lassen kann. Es ist daher weiter anzunehmen:

Die Wahrscheinlichkeit $p\,(x,\omega)$, daß (x) das Alter ω erlebt, ist 0.

Wenn es sich aber um zwei verschiedene Personen der Alter x und x' handelt, dann soll auch gelten:

Die Wahrscheinlichkeit $p\,(x,y)$, daß eine Person des Alters x das Alter y, und die Wahrscheinlichkeit $p'\,(x',y')$, daß eine Person des Alters x' das Alter y' erreicht, sind voneinander unabhängig.

Nachdem aber die Lebensversicherung nur im Rahmen einer möglichst großen Gesamtheit gleichartiger Personen möglich ist, definieren wir diese Gleichartigkeit durch die weitere Forderung, daß diese dann angenommen wird, wenn für irgend zwei Personen dieser Gesamtheit

$$p\,(x,\,y) = p'\,(x',\,y')$$

erfüllt ist, sobald $x = x'$ und $y = y'$.

Aufgabe der statistischen Forschung ist es, für die so definierten Überlebenswahrscheinlichkeiten für die einzelnen Alter Werte zu ermitteln, die zur Beurteilung der in einem bestimmten Versicherungsbestand zu erwartenden Sterblichkeitsverhältnisse tauglich erscheinen. Sie hat die aus den fortlaufenden Beobachtungen zu ermittelnden Erfahrungen mit der verwendeten „zweiten Rechnungsgrundlage" zu vergleichen und aus den systematischen und zufälligen Abweichungen der beiden die Schlüsse über den Wert der verwendeten Rechnungsgrundlage zu ziehen.

Die eingeführte Definition der *Überlebenswahrscheinlichkeit* hat natürlich nur den Charakter einer Rechnungsregel unter der Voraussetzung einer Gesamtheit gleichartiger Personen, niemals aber den einer Aussage über ein bestimmtes einzelnes Individuum. Aus der Überlebenswahrscheinlichkeit $p(x, y)$ läßt sich aber auf Grund der Regeln der Wahrscheinlichkeitstheorie sofort der Begriff der *Sterbenswahrscheinlichkeit* erhalten. Ist nämlich $q(x; y, z)$ die Wahrscheinlichkeit, daß (x) zwischen den Altern y und z stirbt, so ist diese Wahrscheinlichkeit durch

$$q(x; y, z) = p(x, y) - p(x, z) \tag{1}$$

gegeben. Und für den speziellen Fall $y = x$, $z = x + 1$ erhält man

$$q_x = q(x; x, x + 1) = 1 - p(x, x + 1) = 1 - p_x,$$

wo p_x die Wahrscheinlichkeit bedeutet, daß (x) das Alter $x + 1$ erlebt, und q_x die Wahrscheinlichkeit bedeutet, daß x nach Erreichung des Alters x aber vor Erreichung des Alters $x + 1$ stirbt. Hierbei gilt $p(x, x) = 1$.

In Relation (1) muß die rechte Seite positiv sein und es gilt daher

$$\frac{p(x, z)}{p(x, y)} \leqq 1.$$

Nach dem Multiplikationssatz der Wahrscheinlichkeiten folgt daher auch, daß

$$\frac{p(x, z)}{p(x, y)}$$

die Wahrscheinlichkeit bedeutet, daß y das Alter z erlebt. Es ist daher

$$\frac{p(x, z)}{p(x, y)} = p(y, z). \tag{2}$$

Der Ausdruck (2) ist daher von x ganz unabhängig, und wenn C eine Konstante bedeutet, so kann für einen beliebigen Wert x_0 auch gesetzt werden

$$p(x_0, y) = C\,l(y).$$

$l(y)$ ist dann eine positive, mit y nicht zunehmende Funktion von y, die für $y = \omega$ verschwindet. Es ist daher auch

$$p(y, z) = \frac{l(z)}{l(y)}. \tag{3}$$

Die Funktion $l(x)$ heißt die *Zahl der Lebenden* des Alters y. Sie hat hier nur die Bedeutung einer rechnerischen Hilfsfunktion und braucht keinesfalls ganzzahlig zu sein. *Bedeutet daher $p(x, y)$ die Überlebenswahrscheinlichkeit, so existiert eine positive, nicht zunehmende Funktion $l(y)$ des Alters y, genannt die Zahl der Lebenden des Alters y, so daß*

$$l(y) = p(x, y)\, l(x).$$

Die Funktion $l(y)$ definiert die *fingierte Absterbeordnung der Lebenden* des Alters x. Nach ihrer Ableitung stellen wir fest, daß $l(x)$ nur bis auf einen konstanten Faktor bestimmt ist und daß $l(x)$ mit wachsendem x nicht zunimmt. Überdies ist $l(x)$ niemals negativ. Denn aus $p(x, y) \leqq 1$ folgt $l(y) \leqq l(x)$ und aus $p(x, y) \geqq 0$, daß $l(x)$ nur positiv oder nur negativ sein kann. Für das Grenzalter ω aber gilt $p(\omega, \omega + m) = 0$ und daher auch

$$l(\omega + m) = 0, \quad m \geqq 0.$$

Aus $l(\omega) \geqq l(\omega + m)$ ergibt sich daher $l(\omega) \geqq 0$ und allgemein $l(x) > 0$.

Wir fragen nun nach der wahrscheinlichen Anzahl der Überlebenden des Alters y, die aus einer Anzahl L von Lebenden, denen das Alter x zukommt, hervorgehen. Ist dann $\varphi(n)$ die Wahrscheinlichkeit dafür, daß das Alter y von n Personen erreicht wird, so ist die gesuchte Anzahl durch

$$\sum_{n=0}^{n=L} n\,\varphi(n)$$

gegeben. Weil aber

$$\varphi(n) = \binom{L}{n} p^n (1 - p)^{L-n}, \quad p = p(x, y),$$

so ergibt sich

$$\sum_{n=0}^{n=L} n \binom{L}{n} p^n (1 - p)^{L-n} = L \,.\, p. \tag{4}$$

Damit ist auch die Anzahl der aus L im Altersintervall von x bis y Sterbenden mit

$$L(1 - p) = L \,.\, q$$

bestimmt. Die Wahrscheinlichkeit

$$q = q(x, y) = 1 - p(x, y) = 1 - p$$

gilt sonach dafür, daß ein x-Jähriger das Alter y nicht erreicht.

Faßt man die Wahrscheinlichkeiten p und q als Grenzwerte von Beobachtungsdaten auf, die durch ein statistisches Verfahren erhalten wurden, so gilt, wenn D die aus L Lebenden des Alters x im Altersintervall von x bis y hervorgegangene Anzahl der Toten bezeichnet,

$$\lim_{L\to\infty} \frac{D}{L} = q, \quad \lim_{L\to\infty} \frac{L - D}{L} = 1 - \lim_{L\to\infty} \frac{D}{L} = 1 - q = p. \tag{5}$$

Für die Beurteilung der Zuverlässigkeit der Werte p und q sind im übrigen die Theoreme der Wahrscheinlichkeitstheorie (Sätze von TCHEBYCHEFF, BERNOULLI) maßgebend.

§ 10. Die Absterbeordnung.

Aus dem Inhalt des § 9 geht hervor, daß die Ermittlung der Wahrscheinlichkeiten p und q gleichwertig ist mit der Ermittlung der Anzahl der Lebenden $L(x + t)$ des Alters $x + t$, die aus $L(x)$ Lebenden des

Alters x im Zeitintervall t hervorgegangen sind. Es handelt sich also um die Bestimmung der Werte $L(x+t)$, ausgehend von einer Gesamtheit $L(x)$ für jedes t, wobei $x \leqq x+t \leqq \omega$. Mit ω ist wieder das Grenzalter bezeichnet, über welches hinaus Lebende nicht mehr in Betracht kommen.

Nimmt man an, daß man imstande ist, im Wege von Volkszählungen und der Führung von Totenregistern zu ermitteln, wie die Zahlenfolge der $L(x)$, ausgehend von einer Gesamtheit $L(0)$, gleichzeitig geborener Personen verläuft, dann wäre durch eine solche Zahlenfolge die *Absterbeordnung* oder *Dekrementententafel* der Lebenden für eine ganz bestimmte Generation von gleichzeitig Geborenen erhalten. Beschränkt man sich hierbei auf ganzzahlige Werte von x, so wären die Werte $L(1), L(2), \ldots, L(\omega)$ durch jährliche Auszählung der noch vorhandenen Lebenden, die aus $L(0)$ hervorgegangen sind, zu erhalten. Dasselbe wäre zu erreichen, wenn für die einzelnen Altersklassen die aus $L(0)$ hervorgegangenen Toten festgestellt würden, demnach in den aufeinanderfolgenden Jahren die Zahl der Gestorbenen, denen dann ein Alter zwischen x und $x+1$ zuzuschreiben ist, statistisch erhoben würde. Wird diese Anzahl mit $D(x)$ bezeichnet, so ergeben sich zwischen diesen Zahlen und den Zahlen der Lebenden $L(x)$ die Beziehungen

$$D(x+m) = L(x+m) - L(x+m+1) \quad (m \text{ ganzzahlig}), \tag{6}$$

$$\sum_0^m D(x+k) = L(x) - L(x+m+1),$$

und weil für $x+m > \omega$

$$L(x+m) = D(x+m) = D(x+m+1) = \ldots = 0,$$

so ist auch

$$\sum_0^\omega D(x+k) = L(x). \tag{7}$$

Hieraus ist zu ersehen, daß sich die Zahlen der Lebenden $L(x)$ auch aus den Totenzahlen $D(x)$ entnehmen lassen. Ein solches Verfahren für die Ermittlung der Absterbeordnung einer Generation hätte aber, ganz abgesehen von der Unmöglichkeit seiner Durchführung, auch kaum einen praktischen Wert, da sich hier die statistischen Ermittlungen auf einen sehr langen Zeitraum erstrecken müßten und daher von den säkularen Änderungen der Sterblichkeitsverhältnisse beeinflußt wären. Für die Erhebung der Maßzahlen der jetzigen Sterblichkeitsverhältnisse käme daher ein solches Verfahren keinesfalls in Betracht.

Will man daher im Wege einer Absterbeordnung zu einer Darstellung der gegenwärtigen Sterblichkeit einer Gesamtheit gelangen, so kann dies offenbar nur so geschehen, daß man die Sterbens- oder Erlebenswahrscheinlichkeiten von gleichzeitig Lebenden ermittelt und aus ihnen eine

Absterbeordnung herleitet, der dann natürlich nur ein rein formaler Wert zukommen kann.

Sind demnach für eine Gesamtheit gleichzeitig Lebender die Erlebenswahrscheinlichkeiten $p(0, x)$ oder, was wegen der Relation

$$p(0, y) = p(0, x)\, p(x, y), \quad 0 < x < y$$

auf dasselbe hinausläuft, die einjährigen Erlebenswahrscheinlichkeiten

$$p(x-1, x)$$

für alle ganzzahligen x ermittelt, dann gilt wegen

$$l(x) = l(0)\, p(0, x)$$

auch

$$l(x) = l(0) \prod_{1}^{x} p(x-1, x), \tag{8}$$

wobei $l(0)$ für Alter 0 beliebig angenommen werden kann.

Nur die auf Grund der *Sterbenswahrscheinlichkeiten gleichzeitig Lebender* ermittelte Absterbeordnung hat für unsere Zwecke Bedeutung. Hierbei kann das untersuchte Material aus der Gesamtbevölkerung oder aus versicherten Personen entnommen sein. Im Rahmen einer solchen Absterbeordnung werden dann die Anzahl der Lebenden für die einzelnen ganzzahligen Alter mit l_x, die Anzahl der Toten für die einjährigen Zeitintervalle mit $d_x = l_x - l_{x+1}$, die einjährigen Sterbenswahrscheinlichkeiten mit

$$q_x = \frac{d_x}{l_x} = \frac{l_x - l_{x+1}}{l_x}$$

und die einjährigen Erlebenswahrscheinlichkeiten mit

$$p_x = \frac{l_{x+1}}{l_x} = 1 - q_x$$

bezeichnet.

Für ein nicht ganzzahliges Alter $x + t$, wobei $0 < t < 1$, hat die (8) entsprechende Relation

$$l(x+t) = l(0)\, p(x, x+t) \prod_{1}^{x} p(x-1, x)$$

erst nach Festsetzung der Größe $p(x, x+t)$ einen Sinn, da doch die Absterbeordnung nur die bezüglichen Größen für ganzzahlige x ausweist. Anders ist dies natürlich, wenn für die Zahlen $l(x)$ oder $p(0, x)$ ein für jedes in Betracht kommende x zumindest innerhalb eines bestimmten Altersintervalls geltender mathematischer Ausdruck zur Verfügung steht, durch den dann innerhalb des genannten Intervalls die Anzahlen der Lebenden oder die Erlebenswahrscheinlichkeiten für jedes x definiert sind.

Die Absterbeordnung enthält die Zahlen der Lebenden l_x für alle in Betracht kommenden ganzzahligen Alter x. Es ist aber klar, daß für einen bestimmten Zeitpunkt für eine gegebene Gesamtheit von Lebenden die Anzahl l_x aller Personen, denen zu diesem Zeitpunkt das exakte Alter x zukommt, durch statistische Erhebungen nicht festgestellt werden kann. Wohl aber ließe sich für diesen Zeitpunkt die Anzahl der Lebenden der Gesamtheit ermitteln, denen ein Alter zwischen x und $x + 1$ zuzuschreiben ist. Man sieht wieder, daß auch aus diesem Grunde der Absterbeordnung der l_x rein formale Bedeutung zukommt. In diesem Sinne spricht man auch von einer *fingierten Absterbeordnung der Lebenden.*

Zur Ermittlung der Anzahl der Lebenden, denen ein Alter zwischen x und $x + 1$ zukommt, macht man von der Annahme Gebrauch, daß sich die Geburten gleichmäßig über die Jahre verteilen und sich an den Sterblichkeitsverhältnissen der betrachteten Gesamtheit im Laufe der Zeit nichts ändert. Bei gleichmäßiger Aufteilung der Geburten ist aber die auf das unendlich kleine Zeitintervall dt entfallende Geburtenzahl durch $l_0 dt$ gegeben. Die auf ein ganzes Jahr entfallende Geburtenzahl ist dann wieder l_0. Unter der Annahme, daß für eine lange Reihe von Jahren stets l_0 Geburten zu verzeichnen sind und sich an den Sterblichkeitsverhältnissen nichts ändert, werden demnach von $l_0 dt$ Geborenen das Alter $x + t$ eine Anzahl von $l_{x+t} dt$ Personen erleben, wobei wieder x ganzzahlig und $0 < t < 1$ angenommen sein soll. Eine statistische Erhebung aller zwischen den Altern x und $x + 1$ stehenden wird daher für einen bestimmten Zeitmoment die Zahl

$$L_x = \int_0^1 l_{x+t}\, dt \tag{9}$$

ergeben. Den so zusammengefaßten Anzahlen der Lebenden L_x kommen alle Alter zwischen x und $x + 1$ zu. Wir sind damit in Übereinstimmung mit der Anzahl der Toten d_x, die zwischen den Altern x und $x + 1$ hervorgehend aus l_x Lebenden beobachtet werden und denen daher ebenfalls ein Alter zwischen x und $x + 1$ zuzuschreiben ist.

Man kann dem Ausdruck (9) noch einen anderen Sinn beilegen. Denn der Integralausdruck bedeutet die von der Gesamtheit der Lebenden, denen ein Alter zwischen x und $x + 1$ zukommt, im Laufe eines Jahres durchlebte Zeit. Die Zahl L_x bedeutet daher einen Mittelwert, wenn angenommen ist, daß jede dieser L_x Personen ein Jahr zu durchleben hat. Auf die mittels der L_x zu bildenden statistischen Maßzahlen wird im nächsten Paragraphen zurückzukommen sein.

Auf Grund der Relation (9) wären die Größen L_x nur unter der Voraussetzung zu erhalten, daß die l_x durch einen integrierbaren mathematischen Ausdruck gegeben sind. Unter der Annahme, daß sich die Todesfälle gleichmäßig auf die einzelnen Jahre verteilen, erhält man die Näherung

$$\left.\begin{aligned} L_x &= \int_0^1 l_{x+t}\,dt \cong \int_0^1 (l_x - t\,d_x)\,dt \\ &\cong l_x - \frac{1}{2} d_x = l_{x+1/2} = \frac{1}{2}(l_x + l_{x+1}), \end{aligned}\right\} \tag{10}$$

ein Resultat, auf welches die Praxis in der Regel zurückzugreifen hat.

§ 11. Die Sterbetafel und die Sterblichkeitsmaße.

Aus den Resultaten des § 10 geht hervor, daß die Kenntnis der *Sterbenswahrscheinlichkeiten* q_x oder der *Lebenswahrscheinlichkeiten* p_x für alle Alter etwa von 0 bis 100 ohne weiteres die Ableitung der *Absterbeordnung* der l_x zuläßt. Man hat nur zu diesem Behufe von einer willkürlichen Basis oder Wurzel der Tafel, etwa $l_0 = 100000$ auszugehen und hieraus die fortlaufenden Zahlen l_x und damit auch die Zahlen d_x durch fortgesetzte Multiplikation mit den einjährigen Erlebenswahrscheinlichkeiten p_x zu erhalten. In der Regel wird eine solche „*Sterbetafel*" noch durch eine Reihe anderer, für die Praxis zweckdienlicher Maßzahlen für die Sterblichkeit ergänzt. Dazu kommen dann noch Tabellen, welche die Erlebens- und Sterbenswahrscheinlichkeiten nicht nur für die einjährigen Zeitintervalle, sondern für eine beliebige ganzjährige Dauer entnehmen lassen.

Werden die Zahlen der zwischen den Altern x und $x+1$ Verstorbenen und die Zahlen der Lebenden, denen ein Alter zwischen x und $x+1$ zukommt, aus den Totenregistern bzw. aus den Resultaten der Volkszählungen erhalten, so ergibt sich als einjähriges Sterblichkeitsmaß für das Alter x das *zentrale Sterblichkeitsverhältnis* m_x. Es ist definiert durch

$$m_x = \frac{d_x}{L_x} \cong \frac{d_x}{l_x - \frac{1}{2} d_x} = \frac{2\,q_x}{2 - q_x}, \tag{11}$$

während umgekehrt

$$q_x \cong \frac{2\,m_x}{2 + m_x}. \tag{12}$$

Hierbei gilt

$$p_x = 1 - q_x = 1 - \frac{d_x}{l_x} = \frac{l_{x+1}}{l_x}; \quad p_x + q_x = 1.$$

Unter der Annahme der gleichmäßigen Verteilung der Todesfälle über die einzelnen Jahre ist auch

$$p_x \cong \frac{2 - m_x}{2 + m_x}. \tag{13}$$

Aus der Dekremententafel der l_x sind die Erlebenswahrscheinlichkeiten für beliebige ganzzahlige Zeitintervalle n bzw. $n + t$ zu entnehmen. Man bezeichnet sie mit ${}_n p_x$ bzw. ${}_{n+t}p_x$ und erhält

$$\left.\begin{aligned} {}_n p_x &= \frac{l_{x+n}}{l_x} = \frac{l_{x+1}}{l_x} \cdot \frac{l_{x+2}}{l_{x+1}} \cdot \ldots \cdot \frac{l_{x+n}}{l_{x+n-1}} \\ &= p_x \cdot p_{x+1} \cdot \ldots \cdot p_{x+n-1} \\ {}_{n+t}p_x &= \frac{l_{x+n+t}}{l_x} = \frac{l_{x+n}}{l_x} \cdot \frac{l_{x+n+t}}{l_{x+n}} = {}_n p_x \cdot {}_t p_{x+n}. \end{aligned}\right\} \tag{14}$$

Mit ${}_{n|}q_x$ wird die Wahrscheinlichkeit bezeichnet, daß eine $x$jährige Person im $n + 1$ten Jahr ab heute, demnach zwischen den Altern $x + n$ und $x + n + 1$ stirbt. Für diese Größe ergibt sich sonach

$$ {}_{n|}q_x = \frac{d_{x+n}}{l_x} = \frac{l_{x+n}}{l_x} \cdot \frac{d_{x+n}}{l_{x+n}} = {}_n p_x \cdot q_{x+n}. \tag{15}$$

Nach dem Additionssatz der Wahrscheinlichkeitstheorie ist aber auch

$$ {}_{n|}q_x = {}_n p_x - {}_{n+1}p_x = \frac{l_{x+n} - l_{x+n+1}}{l_x} = \frac{d_{x+n}}{l_x}. \tag{16}$$

Die Wahrscheinlichkeit, daß eine Person des Alters x innerhalb der nächsten n Jahre, also zwischen den Altern x und $x + n$ stirbt, wird mit ${}_{|n}q_x$ bezeichnet, und es ist

$$\left.\begin{aligned} {}_{|n}q_x &= \frac{l_x - l_{x+n}}{l_x} = 1 - {}_n p_x \\ = \sum_0^{n-1} {}_{t|}q_x &= \frac{1}{l_x} \sum_0^{n-1} d_{x+t} = \frac{l_x - l_{x+n}}{l_x}. \end{aligned}\right\} \tag{17}$$

Die Wahrscheinlichkeit aber, daß das Ableben von (x) zwischen den Altern $x + n$ und $x + n + m$ eintritt, ist

$$\left.\begin{aligned} {}_{n|m}q_x &= \frac{l_{x+n} - l_{x+n+m}}{l_x} = {}_n p_x - {}_{n+m}p_x \\ &= {}_n p_x \cdot {}_{|m}q_{x+n} = \frac{l_{x+n}}{l_x} \cdot \frac{l_{x+n} - l_{x+n+m}}{l_{x+n}} = \frac{l_{x+n} - l_{x+n+m}}{l_x} \\ &= \sum_n^{n+m-1} {}_{t|}q_x = \frac{1}{l_x} \sum_n^{n+m-1} d_{x+t} = \frac{l_{x+n} - l_{x+n+m}}{l_x}. \end{aligned}\right\} \tag{18}$$

Der Index 1 wird bei den Erlebens- und Sterbenswahrscheinlichkeiten unterdrückt. Es ist daher ${}_1 q_x = q_x$ und ${}_1 p_x = p_x$.

Wenn wir annehmen, daß die l_x für jeden in Betracht kommenden Wert von x als Funktion von x definiert sind, dann sind auch die Erlebens- und Sterbenswahrscheinlichkeiten für jedes x und ganz beliebige Zeitintervalle mitbestimmt. Aus l_x Lebenden des Alters x gehen dann

$l_{x+1/m}$ Lebende des Alters $x + 1/m$ hervor. Die Anzahl der Toten in dem Intervall x bis $x + 1/m$ ist dann $l_x - l_{x+1/m}$ und die bezügliche Sterbenswahrscheinlichkeit

$$\frac{l_x - l_{x+1/m}}{l_x}.$$

Die *nominelle Sterblichkeitsrate*

$$\frac{l_x - l_{x+1/m}}{l_x} \cdot m = \frac{l_x - l_{x+1/m}}{\frac{1}{m} l_x}$$

ist dann unter der Annahme gebildet, daß die Sterblichkeit des $x$jährigen für das ganze Altersintervall von x bis $x + 1$ dieselbe ist wie im ersten Jahres-$m$tel von x bis $x + 1/m$. Lassen wir m über alle Grenzen wachsen, so erhält man

$$\left.\begin{aligned} &\lim_{m\to\infty} \frac{l_x - l_{x+1/m}}{\frac{1}{m} l_x} = -\frac{1}{l_x}\frac{d\,l_x}{dx} = -\frac{d}{dx}\log l_x = \mu_x \\ &-\frac{dl_x}{l_x} = \mu_x\, d\,x; \qquad (\log = \log_e). \end{aligned}\right\} \tag{19}$$

Man bezeichnet das so erhaltene Sterblichkeitsmaß μ_x als *Sterbensintensität* oder *Sterblichkeitskraft*. Die Anzahl der Toten für das unendlich kleine Altersintervall von x bis $x + dx$ ist dann durch $-dl_x = l_x\mu_x d_x$ definiert. Natürlich ist das negative Zeichen bei der Ableitung der l_x auf den Umstand zurückzuführen, daß l_x eine niemals zunehmende Funktion ist.

Für das Altersintervall von $x + t$ bis $x + t + dt$ ergibt sich als Anzahl der Toten $l_{x+t}\mu_{x+t}\,dt$, und die Anzahl der Toten d_x für das Altersintervall von x bis $x + 1$ ist daher

$$d_x = \int_0^1 l_{x+t}\mu_{x+t}\,dt. \tag{20}$$

Hieraus erhält man für die Sterbenswahrscheinlichkeit

$$q_x = \frac{1}{l_x}\int_0^1 l_{x+t}\,\mu_{x+t}\,dt = \int_0^1 {}_tp_x\,\mu_{x+t}\,dt. \tag{21}$$

Die Sterbensintensität μ_x hat nicht den Charakter einer Wahrscheinlichkeit, sondern den einer Wahrscheinlichkeitsdichte. Für die Wahrscheinlichkeit des Ablebens von (x) im Altersintervall $x + t$ bis $x + t + dt$ ist der Ausdruck ${}_tp_x\,\mu_{x+t}\,dt$, woraus wieder durch Integration von 0 bis 1 für die Sterbenswahrscheinlichkeit der Ausdruck (21) folgt.

Da das Ableben von x auf der Altersstrecke von x bis ω erfolgen muß, so gilt unter Rücksicht auf ${}_tp_x = 0$ für $x + t > \omega$

$$\int_0^{\omega - x} {}_tp_x \, \mu_{x+t} \, dt = \int_0^{\infty} {}_tp_x \, \mu_{x+t} \, dt$$

$$= -\frac{1}{l_x} \int_0^{\infty} \frac{d\, l_{x+t}}{dt} \, dt = 1.$$

Ganz analog erhält man jetzt

$$_{n|}q_x = \int_n^{n+1} {}_tp_x \, \mu_{x+t} \, dt = -\frac{1}{l_x} \int_n^{n+1} \frac{d\, l_{x+t}}{dt} \, dt$$

$$= \frac{l_{x+n} - l_{x+n+1}}{l_x} = \frac{d_{x+n}}{l_x}$$

und

$$_{n|m}q_x = \int_n^{n+m} {}_tp_x \, \mu_{x+t} \, dt = \frac{l_{x+n} - l_{x+n+m}}{l_x}.$$

Aus der Definition der Sterbensintensität

$$\mu_x = -\frac{d}{dx} \log l_x, \quad \mu_{x+t} = -\frac{d}{dt} \log l_{x+t}$$

folgt durch Integration zwischen den Grenzen 0 und t

$$\log \frac{l_{x+t}}{l_x} = -\int_0^t \mu_{x+t} \, dt$$

und

$$_tp_x = e^{-\int_0^t \mu_{x+t} dt} \tag{22}$$

und speziell für $t = 1$

$$\log p_x = -\int_0^1 \mu_{x+t} \, dt, \quad p_x = e^{-\int_0^1 \mu_{x+t} dt}.$$

Aus (22) folgt aber

$$l_{x+t} = l_x \, e^{-\int_0^t \mu_{x+t} dt}.$$

Ist μ_x mit x monoton wachsend, eine Annahme, die für den größten Teil der Sterbetafel zutrifft, dann ist für $\mu_x > \alpha > 0$, wo α eine Konstante bedeutet, nach Relation (22)

$$_tp_x \leqq e^{-\alpha t} \tag{23}$$

und daher auch

$$l_{x+t} \leqq l_x e^{-\alpha t}.$$

Aus (22) folgt dann aber auch für einen Mittelwert ξ des Alters zwischen x und $x + 1$

$$p_x = e^{-\mu_\xi} \quad \text{und} \quad q_x = 1 - e^{-\mu_\xi}.$$

Unter der gleichen Voraussetzung über μ_x folgt aus der Relation

$$-\log p_x = \operatorname{col} p_x = \int_0^1 \mu_{x+t}\, dt$$

$$\mu_x \leqq \operatorname{col} p_x \leqq \mu_{x+1} \tag{24}$$

und wegen

$$\operatorname{col} p_x = -\log(1 - q_x) = q_x + \frac{1}{2} q_x^2 + \frac{1}{3} q_x^3 + \ldots$$

$$< q_x + q_x^2 + q_x^3 + \ldots = \frac{q_x}{1 - q_x} = \frac{q_x}{p_x}$$

auch

$$q_x < \operatorname{col} p_x < \frac{q_x}{p_x},$$

woraus sich im Hinblick auf (24) auch

$$q_{x-1} < \mu_x < \frac{q_x}{p_x} \tag{25}$$

ergibt.

Für die numerische Berechnung der μ_x aus den Werten der l_x oder d_x wird in der Praxis allgemein eine Näherung auf Grund der Darstellung der l_x durch eine Parabel vierter Ordnung verwendet. Für vorläufige Zwecke genügt wohl auch oft die Approximation mittels der Näherung des Differentialquotienten durch

$$\frac{d f(x)}{d x} = \frac{1}{2}[f(x+1) - f(x-1)],$$

aus welcher sich

$$\mu_x = -\frac{d l_x}{d x} \cdot \frac{1}{l_x} \cong \frac{l_{x-1} - l_{x+1}}{2 l_x} = \frac{d_{x-1} + d_x}{2 l_x} \tag{26}$$

ergibt. Ist aber näherungsweise

$$l_x = a + b x + c x^2 + d x^3 + e x^4, \tag{27}$$

dann ergibt sich für die Ableitung

$$\frac{d l_x}{d x} = b + 2 c x + 3 d x^2 + 4 c x^3$$

und wenn das Koordinatensystem in den Punkt x verlegt wird

$$\left(\frac{d l_x}{d x}\right)_0 = b$$

und weiter

$$l_{-1} = a - b + c - d + e,$$
$$l_{+1} = a + b + c + d + e,$$
$$l_{-1} - l_{+1} = -2b - 2d,$$
$$l_{-2} = a - 2b + 4c - 8d + 16e,$$
$$l_{+2} = a + 2b + 4c + 8d + 16e,$$
$$l_{-2} - l_{+2} = -4b - 16d$$

und daher

$$8(l_{-1} - l_{+1}) = -16b - 16d,$$
$$8(l_{-1} - l_{+1}) - (l_{-2} - l_{+2}) = -12b.$$

Es folgt sonach

$$\mu_0 = -\left(\frac{1}{l_x}\frac{dl_x}{dx}\right)_0 = -\left(\frac{1}{l_x}\right)_0 b,$$

und man erhält für die Sterbensintensität μ_x den angenäherten Ausdruck

$$\mu_x = \frac{8(l_{x-1} - l_{x+1}) - (l_{x-2} - l_{x+2})}{12\,l_x} \tag{28}$$

und auch

$$\mu_x \cong \frac{7(d_{x-1} + d_x) - (d_{x-2} + d_{x+1})}{12\,l_x}. \tag{29}$$

Unter Zugrundelegung von Parabeln zweiter oder dritter Ordnung würde sich für μ_x ganz analog ergeben

$$\mu_x \cong \frac{l_x - l_{x+1}}{l_x} = q_x$$

und

$$\mu_x \cong \frac{l_{x-1} - l_{x+1}}{2\,l_x}.$$

Nimmt man über die einzelnen Intervalle von x bis $x + 1$ lineare Änderung der μ_x an, so gilt

$$\int_0^1 [\mu_x + t(\mu_{x+1} - \mu_x)]\,dt = \frac{1}{2}(\mu_x + \mu_{x+1}) = \mu_{x+1/2},$$

so daß auch

$$\operatorname{col} p_x \cong \mu_{x+1/2}$$

gesetzt werden kann.

Aus der Beziehung

$$-\frac{dl_x}{dx}\,dx = l_x\,\mu_x\,dx$$

folgt durch Integration zwischen den Grenzen x_1 und x_2

$$l_{x_1} - l_{x_2} = \int_{x_1}^{x_2} l_x\,\mu_x\,dx$$

und unter Anwendung des ersten Mittelwertssatzes der Integralrechnung

$$\int_{x_1}^{x_2} l_x \mu_x \, dx = \mu_{x_1+\Theta(x_2-x_1)} \int_{x_1}^{x_2} l_x \, dx, \quad 0 < \Theta < 1.$$

Wird dann der Mittelwert der Sterbensintensität

$$\mu_{x_1+\Theta(x_2-x_1)} = m(x_1, x_2)$$

gesetzt, so ergibt sich

$$m(x_1, x_2) = \frac{\int_{x_1}^{x_2} l_x \mu_x \, dx}{\int_{x_1}^{x_2} l_x \, dx} = \frac{l_{x_1} - l_{x_2}}{\int_{x_1}^{x_2} l_x \, dx}. \tag{30}$$

Man nennt die Größe $m(x_1, x_2)$ den *Sterblichkeitskoeffizienten* für das Altersintervall (x_1, x_2). Denkt man sich Zähler und Nenner von (30) durch die Altersstrecke $x_2 - x_1$ dividiert, so steht im Zähler von (30) eine mittlere Anzahl von im Intervall (x_1, x_2) auf ein Jahr entfallenden Toten und im Nenner eine mittlere Anzahl von darauf zu beziehenden Lebenden. Für die spezielle Festsetzung $x_1 = x$, $x_2 = x + 1$ geht diese Größe in den Ausdruck für das zentrale Sterblichkeitsverhältnis $m_x = d_x / L_x$ über.

Durch Differentiation von

$$L_x = \int_0^1 l_{x+t} \, dt$$

nach x ergibt sich

$$\frac{d}{dx} L_x = \frac{d}{dx} \int_0^1 l_{x+t} \, dt = \frac{d}{dt} \int_0^1 l_{x+t} \, dt = l_{x+1} - l_x = -d_x,$$

so daß auch

$$m_x = -\frac{1}{L_x} \frac{dL_x}{dx} \tag{31}$$

gesetzt werden kann. Man erhält daher zwischen den Größen m_x und L_x formal dieselbe Relation wie zwischen den Größen μ_x und l_x. Wird aber unter der Annahme linearer Veränderlichkeit der l_x im Intervall von x bis $x + 1$

$$L_x \cong l_{x+1/2}$$

gesetzt, so ist auch

$$m_x \cong -\frac{1}{l_{x+1/2}} \frac{d l_{x+1/2}}{dx} = \mu_{x+1/2} \cong -\log p_x.$$

Wir vermerken endlich, daß sich aus

$$l_{x+1} < L_x < l_x$$

auch

$$q_x < m_x < \frac{q_x}{p_x}$$

ergibt.

Für das Folgende viel gebraucht werden die Ableitungen der Sterbenswahrscheinlichkeiten ${}_tp_x$ nach x und nach t. Man erhält für die erstere

$$\frac{d}{dx}\,{}_tp_x = \frac{d}{dx}\frac{l_{x+t}}{l_x} = \frac{1}{l_x^2}\left(l_x\frac{d}{dx}l_{x+t} - l_{x+t}\frac{d\,l_x}{dx}\right) = {}_tp_x(\mu_x - \mu_{x+t}), \quad (32)$$

während für die Ableitung nach t

$$\frac{d}{dt}\,{}_tp_x = \frac{d}{dt}\frac{l_{x+t}}{l_x} = -\,{}_tp_x\,\mu_{x+t} \quad (33)$$

erhalten wird.

Es sei nochmals bemerkt, daß die Sterbensintensität μ_x nicht als Wahrscheinlichkeitsgröße aufzufassen ist. Man entnimmt dies schon aus dem Umstand, daß z. B. für das Alter 0 diese Größe durch

$$\mu_0 = \frac{1}{l_0}\left(l_0 - l_{1/365}\right).365$$

approximiert werden kann. In der Tat ist aber für dieses Alter die Sterblichkeit so hoch, daß für μ_0 stets ein Betrag > 1 erhalten wird.

Unter der Annahme linearer Änderung von μ_x im Intervall x bis $x + 1$ erhält man

$$p_x = e^{-\mu_{x+1/2}}.$$

$$q_x = 1 - p_x = \mu_{x+1/2} - \frac{1}{2}\mu^2_{x+1/2} + \frac{1}{6}\mu^3_{x+1/2} - \cdots$$

Setzt man daher mit genügender Annäherung für kleine μ_x

$$q_x \cong \frac{\mu_{x+1/2}}{1 + \frac{1}{2}\mu_{x+1/2}},$$

so wird hieraus auch

$$p_x \cong \frac{2 - \mu_{x+1/2}}{2 + \mu_{x+1/2}},$$

$$\mu_{x+1/2} \cong \frac{q_x}{1 - \frac{q_x}{2}} = \frac{2\,(l_x - l_{x+1})}{l_x + l_{x+1}} \quad (34)$$

erhalten.

Neben den so erhaltenen statistischen Maßzahlen für die Sterblichkeit kommt noch dem Begriffe der *wahrscheinlichen Lebensdauer* und der sogenannten *Lebenserwartung* eine gewisse Bedeutung, wenn auch weniger im Rahmen versicherungsmathematischer Betrachtungen zu. Man versteht unter der wahrscheinlichen Lebensdauer jenes Zeitintervall, innerhalb dessen sich die Anzahl l_x der Lebenden des Alters x auf die Hälfte herabmindert. Unter der ferneren mittleren Lebensdauer eines $x$jährigen aber versteht man die Zeit, die eine $x$jährige Person im Durchschnitt einer großen Zahl von Beobachtungen noch zu durchleben hat. Die verschiedenen Beziehungen dieser Größe mit den bereits entwickelten statistischen Sterblichkeitsmassen sollen im nächsten Paragraphen besprochen werden.

§ 12. Die Lebenserwartung.

Nach der eben gegebenen Definition ist die Lebenserwartung eines $x$jährigen durch den Ausdruck

$$\bar{e}_x = \int_0^{\omega-x} {}_tp_x\,dt = \int_0^{\infty} {}_tp_x\,dt \tag{35}$$

definiert. Wendet man auf den zweiten Integralausdruck partielle Integration an, so ist hierfür auch

$$\bar{e}_x = t\,{}_tp_x\Big|_0^{\infty} + \int_0^{\infty} t\,{}_tp_x\,\mu_{x+t}\,dt = \int_0^{\infty} t\,{}_tp_x\,\mu_{x+t}\,dt$$

zu erhalten. Die Interpretation des letzten Ausdrucks aber ergibt, daß die Lebenserwartung auch als wahrscheinlichster Wert von t aufgefaßt werden kann, wobei t die Zeitspanne bedeutet, die ein heute $x$jähriger künftig noch bis zu seinem Ableben im Durchschnitt aller Möglichkeiten des Absterbens zu den verschiedensten Zeitpunkten vor sich hat.

Wir gelangen zu einer etwas anderen Darstellung der Lebenserwartung vermittels einer Größe

$$T_x = \sum_0^{\infty} L_{x+t} = \int_0^{\infty} l_{x+t}\,dt, \tag{35a}$$

$$T_x \cong \sum_1^{\infty} l_{x+t} + \frac{1}{2}\,l_x + \frac{1}{12}\,\frac{d}{dx}\,l_x + \ldots$$

Hierbei ist die Approximation auf Grund der noch wiederholt auch später zu benutzenden EULER-MACLAURINschen Summenformel erhalten. Die T_x bedeuten sonach die Aufsummierung aller Lebendenzahlen L_x vom Alter x bis zum höchsten Tafelalter. Die in (35a) erhaltene Annäherung wird übrigens auch unter der Annahme linearer Verteilung der Todesfälle auf Grund von

$$L_x \cong \frac{1}{2}\,(l_x + l_{x+1})$$

erhalten. Unter dieser Annahme ist dann auch

$$\frac{dL_x}{dx} = \frac{d}{dx}\int_0^1 l_{x+t}\,dt = l_{x+1} - l_x = -\,d_x \tag{36}$$

und

$$\frac{dT_x}{dx} = \frac{d}{dx}\int_0^{\infty} l_{x+t}\,dt = -\,l_x. \tag{37}$$

Die totale Bevölkerung in der über alle möglichen Alter erstreckten Gesamtheit ist offenbar

$$T_0 = \sum_0^{\infty} L_x,$$

und wenn angenommen wird, daß bei l_0 Geburten jährlich für die gesamte Bevölkerung sämtlicher Alter auch l_0 Todesfälle zu verzeichnen sind und sich an dem Aufbau der Gesamtheit über die einzelnen Alter nichts ändert, so soll von einer stationären Bevölkerung gesprochen werden. Setzt man die Gesamtzahl der jährlichen Todesfälle l_0 in Beziehung zur Gesamtbevölkerung T_0, so wird der Quotient l_0/T_0 als Sterblichkeitsziffer der Gesamtheit bezeichnet. Im übrigen versteht man unter Sterblichkeitsziffer einfach den Quotienten der aus einer beliebig zusammengesetzten Gesamtheit von Lebenden im Laufe eines Jahres hervorgegangenen Toten durch diese Gesamtheit. Als Sterblichkeitsmaß kommt diese Ziffer im Rahmen versicherungsmathematischer Berechnungen nur unter ganz speziellen Voraussetzungen in Betracht, da dieses Maß in höchstem Grad von der Zusammensetzung der Gesamtheit hinsichtlich der Verteilung der Alter abhängig ist und daher im allgemeinen aus ihm Schlüsse hinsichtlich der Sterblichkeitsverhältnisse nicht gezogen werden können.

Für die Alter zwischen x und $x+n$ ist aber die Gesamtheit der Lebenden

$$\int_0^n l_{x+t}\,dt = T_x - T_{x+n},$$

und die Sterblichkeitsziffer für dieses Altersintervall durch

$$\frac{l_x - l_{x+n}}{T_x - T_{x+n}}$$

gegeben. Für $n = 1$ stimmt dann die Sterblichkeitsziffer mit dem zentralen Sterblichkeitsverhältnis $m_x = d_x/L_x$ überein.

Unter Benutzung der Größen T_x erhält man jetzt

$$\bar{e}_x = \frac{1}{l_x}\int_0^\infty l_{x+t}\,dt = \frac{T_x}{l_x}, \tag{38}$$

während für die Größe

$$e_x = \frac{1}{l_x}\sum_1^\infty l_{x+t} = \sum_1^\infty {}_tp_x \cong \frac{1}{l_x}\left(T_x - \frac{1}{2}l_x\right) \cong \bar{e}_x - \frac{1}{2} \tag{39}$$

erhalten wird. Im Anschluß an die englische Bezeichnungsweise soll $\bar{e}_x$ als *vollständige Lebenserwartung* und e_x als *abgekürzte Lebenserwartung* bezeichnet werden.

Aus der Definition der vollständigen Lebenserwartung

$$\bar{e}_x = \int_0^\infty {}_tp_x\,dt$$

ergibt sich nach (22)

$$\bar{e}_x = \int_0^\infty e^{-\int_0^t \mu_{x+t}\,dt}\,dt$$

und im Hinblick auf (23) auch unter der Annahme monoton wachsender μ_x

$$\bar{e}_x \leqq \int_0^\infty e^{-t\mu_x} dt = \frac{1}{\mu_x} \tag{40}$$

und nach (25)

$$\bar{e}_x < \frac{1}{q_{x-1}}. \tag{41}$$

Für die abgekürzte Lebenserwartung

$$e_x = p_x + \frac{1}{l_x} \sum_2^\infty l_{x+t}$$

hingegen erhält man

$$e_x = p_x + p_x e_{x+1}$$

und daher auch die Relation

$$p_x = \frac{e_x}{1 + e_{x+1}}. \tag{42}$$

Als *durchschnittliches Todesalter* wird der Ausdruck

$$x + \bar{e}_x = x + \frac{T_x}{l_x}, \tag{43}$$

der einer Erläuterung nicht bedarf, eingeführt.

Neben der Lebenserwartung ist im Hinblick auf die bezüglichen Begriffsbildungen bei den Leibrenten noch die temporäre Lebenserwartung und die aufgeschobene Lebenserwartung zu vermerken. Unter der ersteren versteht man den Ausdruck

$$\frac{1}{l_x} \int_0^n l_{x+t} dt = \frac{1}{l_x} (T_x - T_{x+n}) = {}_{|n}\bar{e}_x, \tag{44}$$

während die letztgenannte durch

$${}_{n|}\bar{e}_x = {}_n p_x \cdot \bar{e}_{x+n} = \bar{e}_x - {}_{|n}\bar{e}_x \tag{45}$$

definiert ist.

Auch der Begriff des durchschnittlichen Todesalters läßt sich für die Altersstrecke von x bis $x + n$ in Anwendung bringen. Es ist dann jenes Alter, in welchem im Durchschnitt die für die Altersstrecke von x bis $x + n$ in Betracht kommenden Todesfälle zu verzeichnen sind. Da die Lebenden des Alters $x + n$ die Zeitstrecke n durchlebt haben, ergibt sich dieses durchschnittliche Todesalter mit

$$x + \frac{T_x - T_{x+n} - n\, l_{x+n}}{l_x - l_{x+n}}, \tag{46}$$

da doch

$$\int_0^n l_{x+t} dt - n\, l_{x+n} = T_x - T_{x+n} - n\, l_{x+n}$$

die von den auf der Altersstrecke x bis $x+n$ Absterbenden im Durchschnitt verlebte Zeit bedeutet.

Aus der Definition der vollständigen Lebenserwartung folgt durch Differentiation nach dem Alter x

$$\frac{d\bar{e}_x}{dx} = \frac{d}{dx}\int_0^\infty {}_tp_x\,dt = \int_0^\infty {}_tp_x(\mu_x - \mu_{x+t})\,dt = \mu_x\bar{e}_x - 1, \tag{47}$$

woraus sich auch

$$\mu_x = \frac{1}{\bar{e}_x} + \frac{1}{\bar{e}_x}\frac{d\bar{e}_x}{dx} \simeq \frac{1}{\bar{e}_x}\left\{1 + \frac{1}{2}(\bar{e}_{x+1} - \bar{e}_{x-1})\right\} \tag{48}$$

ergibt.

Die vollständige Lebenserwartung steht auch mit dem Sterblichkeitskoeffizienten in einer sehr einfachen Beziehung, sofern dieser auf das Altersintervall (x, ω) bezogen wird. Denn dann gilt

$$m(x, \omega) = \frac{l_x}{\int_0^\infty l_{x+t}\,dt} = \frac{1}{\bar{e}_x}. \tag{49}$$

Es ist demnach für das Altersintervall von x bis zum Tafelende der reziproke Wert der vollständigen Lebenserwartung stets gleich dem bezüglichen Sterblichkeitskoeffizienten. Für das einjährige Altersintervall $(x, x+1)$ aber ergibt sich für das zentrale Sterblichkeitsverhältnis

$$m_x = \frac{d_x}{L_x} = \frac{d_x}{\int_0^1 l_{x+t}\,dt} = \frac{d_x}{l_x\bar{e}_x - l_{x+1}\bar{e}_{x+1}}. \tag{50}$$

§ 13. Die doppelt abgestufte Tafel.

Für die Herstellung einer für praktische Zwecke brauchbaren Sterbetafel ist zunächst von Wichtigkeit, daß das Beobachtungsmaterial im großen ganzen dem entspricht, auf welches die Tafel künftig angewendet werden soll. Man wird also im Hinblick auf die säkulare Veränderung der Sterblichkeitsverhältnisse in der Zeit die Beobachtungen nicht auf zu lange Zeiträume auszudehnen haben und hinsichtlich der Homogenität des Materials keinesfalls mehr verlangen dürfen, als künftig bei der Auswahl der versicherten Risken gewährleistet werden kann. Für die Sterblichkeitsverhältnisse spielt, abgesehen natürlich vom Alter, die Rasse, der Beruf, die sozialen Verhältnisse und vieles andere eine ganz ausschlaggebende Rolle. Eine bestimmte Mischung des Beobachtungsmaterials hinsichtlich aller dieser Momente wird daher auch für die ermittelten statistischen Maßzahlen bedeutungsvoll sein und verlangt bei der praktischen Verwertung die Anwendung der Tafel unter sonst vergleichbaren Verhältnissen.

Im speziellen wird aber für eine Gesamtheit von ausgelesenen versicherten Risiken eine statistische Basis, die aus der allgemeinen Bevölkerung abgeleitet worden ist, nicht ohne weiteres entsprechen können. In der Lebensversicherung werden die zu versichernden Risiken bei einigermaßen höheren zu versichernden Beträgen einer strengen Auslese, Selektion unterzogen, welche sich in erster Linie auf eine ärztliche Untersuchung des Gesundheitszustandes, der Heredität, der Krankheitsanlagen usw. bezieht, aber auch die sonstigen persönlichen und auch wirtschaftlichen Verhältnisse zu berücksichtigen hat. Unter der Wirkung dieser Selektion kann natürlich keine Rede davon sein, daß die Sterblichkeitsverhältnisse der allgemeinen Bevölkerung mit denen von versicherten Leben ohne weiteres vergleichbar sein können. Daraus folgt übrigens noch nicht, daß die Sterblichkeit der allgemeinen Bevölkerung deshalb im allgemeinen schlechter sein muß. Denn hier spielen wieder die günstigen Sterblichkeitsverhältnisse unter der ländlichen Bevölkerung entscheidend mit, die im Bestande der Versicherungsgesellschaften von geringerer Bedeutung sein kann. Jedenfalls wird sich aber der Einfluß der Selektion dadurch bemerkbar machen, daß die Sterblichkeitsraten durch sie für einen längeren Zeitraum sehr merklich herabgedrückt werden, ein Umstand, auf welchen bei der Berechnung der Versicherungswerte entsprechend Rücksicht zu nehmen sein wird.

Neben der Wirkung der Selektion wird aber aus den statistischen Untersuchungen bei bestimmten Versicherungsarten auch die Wirkung einer Gegenauslese, Antiselektion der Versicherten hervorgehen. Auch sie wird hauptsächlich für den ersten Zeitraum der Versicherung in Betracht kommen und wird sich namentlich bei Erlebens- und Rentenversicherungen bemerkbar machen, deren Abschluß durch die genannte Gegenauslese nachhaltig beeinflußt wird. Die Berücksichtigung der Wirkung der Auslese und Gegenauslese hinsichtlich ihrer Höhe und Dauer hängt im einzelnen von der Art der Versicherung, aber auch vom Beitrittsalter des Versicherten ab. Ihre Berücksichtigung erfordert bei einer Sterblichkeitsuntersuchung sehr ins Detail gehende Arbeit. Ihr Ergebnis ist eine Sterbetafel, welche die einzelnen Sterblichkeitsmaße nicht nur nach dem jeweils erreichten Alter, sondern auch nach der abgelaufenen Versicherungsdauer auseinanderhält, so daß diese Maßzahlen von zwei Variabeln, dem erreichten Alter oder dem Beitrittsalter und der abgelaufenen Versicherungsdauer abhängig sind.

Man nennt dann eine solche Sterbetafel mit zwei Eingängen eine *doppelt abgestufte* oder *Selektionstafel* und bezeichnet eine Tafel, die die Maßzahlen nur in ihrer Abhängigkeit vom erreichten Alter vermerkt, als *Aggregattafel.* Man wird aber zu vermuten haben, daß die Wirkung der Auslese und Gegenauslese nur eine zeitlich beschränkte sein kann, ein Umstand, der von den statistischen Untersuchungen bestätigt wird.

Nach Ablauf einer gewissen Anzahl von Jahren — in der Regel werden 10 als genügend angenommen — wird daher in dem vorhandenen Versicherungsbestande die Wirkung der Auslese bereits so verwischt sein, daß sie praktisch vernachlässigt werden kann. Die Sterblichkeit des über die Selektionsperiode hinaus im Bestande vorhandenen Materials kann daher wieder nur unter Berücksichtigung des jeweils erreichten Alters, demnach im Rahmen einer einfach abgestuften Tafel zur Darstellung gelangen. Man nennt diese Tafel die *Schlußtafel.*

Für die Herstellung der statistischen Maßzahlen einer doppelt abgestuften Sterbetafel werden die Beobachtungszahlen der Lebenden E_x nach den einzelnen abgelaufenen Versicherungsjahren aufgegliedert und ebenso die Beobachtungszahlen der Toten. Für die Anzahl der Lebenden des erreichten Alters x ergibt sich sonach

$$E_x = E_{[x]} + E_{[x-1]+1} + E_{[x-2]+2} + \ldots,$$

wobei die Beitrittsalter in eckige Klammern gesetzt werden. Und analog erhält man für die Anzahl der zwischen dem Alter x und $x+1$ Verstorbenen

$$\Theta_x = \Theta_{[x]} + \Theta_{[x-1]+1} + \Theta_{[x-2]+2} + \ldots.$$

Die nach zwei Eingängen orientierte Sterbenswahrscheinlichkeit ist dann durch

$$q_{[x-t]+t} = \frac{d_{[x-t]+t}}{l_{[x-t]+t}} \tag{51}$$

definiert. Die Sterbenswahrscheinlichkeit einer aus demselben Material erhaltenen Aggregattafel müßte sich dann offenbar als Durchschnittswert der $q_{[x-t]+t}$ ergeben. Im Hinblick auf die Bedeutung der $E_{[x-t]+t}$ würde daher für diese Durchschnittssterblichkeit zu erhalten sein

$$\left.\begin{aligned} q_x' &= \frac{d_{[x]}}{l_{[x]}} \cdot \frac{E_{[x]}}{E_x} + \frac{d_{[x-1]+1}}{l_{[x-1]+1}} \cdot \frac{E_{[x-1]+1}}{E_x} + \ldots \\ &= q_{[x]} \cdot \frac{E_{[x]}}{E_x} + q_{[x-1]+1} \cdot \frac{E_{[x-1]+1}}{E_x} + \ldots. \end{aligned}\right\} \tag{52}$$

Man erhält so den Wert q_x' als Durchschnittswert der $q_{[x-t]+t}$ unter Verwendung der

$$\frac{E_{[x-t]+t}}{E_x}$$

als Gewichte. Nur in dem Falle, wo

$$\frac{E_{[x]}}{l_{[x]}} = \frac{E_{[x-1]+1}}{l_{[x-1]+1}} = \ldots = \frac{E_x}{l_x}$$

erfüllt ist, ergibt sich Übereinstimmung des q_x' mit q_x. Hierbei entspricht q_x der Sterbenswahrscheinlichkeit, die aus dem Gesamtmaterial, also ohne Rücksicht auf die abgelaufene Versicherungsdauer, ermittelt ist.

Unter Verwendung doppelt abgestufter Tafeln werden für die einzelnen Maßzahlen die fast selbstverständlichen Bezeichnungen verwendet:

$$p_{[x]+t} = \frac{l_{[x]+t+1}}{l_{[x]+t}}, \quad p_{[x]+t} + q_{[x]+t} = 1,$$

$$d_{[x]+t} = l_{[x]+t} - l_{[x]+t+1} = l_{[x]+t} \cdot q_{[x]+t},$$

$${}_n p_{[x]+t} = \frac{l_{[x]+t+n}}{l_{[x]+t}} = p_{[x]+t} \cdot p_{[x]+t+1} \cdot \ldots \cdot p_{[x]+t+n-1},$$

$$\mu_{[x]+t} = -\frac{1}{l_{[x]+t}} \cdot \frac{d}{dt} l_{[x]+t}, \quad {}_n p_{[x]+t} = e^{-\int\limits_0^n \mu_{[x]+t+s}\, ds},$$

$$\bar{e}_{[x]+t} = \int\limits_0^\infty {}_s p_{[x]+t}\, ds,$$

$$\mu_{[x]+t} \cong \frac{8\,(l_{[x]+t-1} - l_{[x]+t+1}) - (l_{[x]+t-2} - l_{[x]+t+2})}{12\, l_{[x]+t}}.$$

Bei Benutzung derselben ist nur zu beachten, daß natürlich Ausdrücke mit Indizes $[x] - t$, wo t eine ganze Zahl > 0 bedeutet, nicht anwendbar bleiben, weil dann dem Alter $[x] - t$ eine Bedeutung nicht zukommt.

Die Maßzahlen der doppelt abgestuften Tafel gehen nach Ablauf der Selektionsperiode in die der einfach abgestuften Schlußtafel über. Es gilt demnach für eine zehnjährige Selektionsperiode z. B.:

$${}_n p_{[x]} = \frac{l_{[x]+n}}{l_{[x]}}, \quad n < 10; \qquad \frac{l_{x+n}}{l_{[x]}}, \quad n \geqq 10;$$

$${}_{n|} q_{[x]} = \frac{d_{[x]+n}}{l_{[x]}}; \qquad \frac{d_{x+n}}{l_{[x]}};$$

$${}_{|n} q_{[x]} = \frac{l_{[x]} - l_{[x]+n}}{l_{[x]}}; \qquad \frac{l_{[x]} - l_{x+n}}{l_{[x]}}.$$

III. Die Leibrente und die Kapitalversicherung auf ein Leben.

§ 14. Erlebensfallversicherung und Leibrenten.

Wenn für eine heute $x$jährige Person die Zahlung des Betrages 1 in Aussicht gestellt wird, für den Fall, daß diese Person nach Ablauf der Zeit t, also im Alter $x + t$ am Leben ist, so hängt der heutige Wert dieser Zahlung von dem zu veranschlagenden Rechnungszins, aber auch von der Wahrscheinlichkeit ab, die für das Erleben des Alters $x + t$ für eine heute $x$jährige Person auf Grund einer Sterbetafel anzunehmen ist. Im Hinblick auf die Wahrscheinlichkeit ${}_t p_x$ und den Barwert der Zahlung v^t

ist demnach der „*versicherungstechnische Barwert*“ der genannten Zahlung für den Erlebensfall mit

$$v^t\,{}_tp_x = v^t\,\frac{l_{x+t}}{l_x} \tag{1}$$

anzusetzen. Dieselbe Frage kann auch so gestellt werden: Welchen Betrag hat heute jede einer Gesamtheit von l_x Personen angehörende Person zu leisten, wenn der so gebildete Fonds vermehrt um Zins und Zinseszins, nach Ablauf der Zeit t gerade reichen soll, um jeder der dann noch lebenden l_{x+t} Personen die Zahlung der Summe 1 zu gewährleisten? Man bezeichnet eine solche Versicherung mit

$${}_tE_x = v^t\,{}_tp_x \tag{2}$$

und nennt (2) den *Erwartungswert* der reinen *Erlebensfallzahlung.*

Eine Folge von solchen Erlebensfallzahlungen für eine Reihe aufeinanderfolgender, meist äquidistanter Termine für eine oder auch eine ganze Gruppe von Personen heißt *Leibrente.* Es können hierbei die verschiedensten Festsetzungen hinsichtlich der Zahlung der Rentenbeträge getroffen werden. Die Rente kann am Anfang der Zeitintervalle, *im vorhinein* oder pränumerando, oder am Ende derselben, *im nachhinein* oder postnumerando, zahlbar gestellt werden. Sie kann in ganzjährigen oder unterjährigen Intervallen zahlbar sein oder als kontinuierlich zahlbare Rente definiert sein. Die Zahlungen können unmittelbar erfolgen oder aufgeschoben sein, und sie können sich auf Lebensdauer oder nur auf einen bestimmten Zeitraum erstrecken. Man spricht sonach von unmittelbaren, aufgeschobenen und temporären Leibrenten unter Beifügung der vereinbarten Zahlungsweise.

Für eine ganzjährig im vorhinein zahlbare unmittelbare lebenslängliche Leibrente ergibt sich aus dem Ausdruck für die Erlebensfallzahlung ohne weiteres

$$\left.\begin{aligned} \mathrm{a}_x &= 1 + p_x \cdot v + {}_2p_x\,v^2 + \ldots \\ &= \sum_0^\infty {}_tp_x\,v^t = \frac{1}{l_x}\sum_0^\infty l_{x+t}\,v^t. \end{aligned}\right\} \tag{3}$$

Erfolgt aber die Zahlung 1 jeweils am Ende der ganzjährigen Intervalle, so erhält man als Ausdruck für den Erwartungswert der ganzjährigen Nachhineinrente

$$\left.\begin{aligned} a_x &= p_x \cdot v + {}_2p_x\,v^2 + \ldots \\ &= \sum_1^\infty {}_tp_x \cdot v^t = \frac{1}{l_x}\sum_1^\infty l_{x+t}\,v^t. \end{aligned}\right\} \tag{4}$$

Hierbei ist die Bezeichnung a_x für die pränumerando und a_x für die postnumerando zahlbare Leibrente wohl zu beachten. Aus der Definition der beiden aber erhält man wegen

$$p_x \cdot {}_t p_{x+1} = {}_{t+1}p_x,$$

$$a_x = \sum_0^\infty {}_{t+1}p_x\, v^{t+1} = v\, p_x \sum_0^\infty {}_t p_{x+1}\, v^t = v\, p_x \cdot \mathrm{a}_{x+1},$$

$$\mathrm{a}_x = 1 + a_x. \tag{5}$$

Für die Vereinfachung der numerischen Berechnungen wurden seit den Anfängen der praktischen Versicherungstechnik (J. N. TETENS, G. BARRETT, GRIFFITH-DAVIES, DE MORGAN) Hilfszahlen zur Einführung gebracht, die als *diskontierte Zahlen* bezeichnet werden. Man darf nicht übersehen, daß diese Zahlen nur der numerischen Berechnung dienen, daß aber durch ihre Anwendung der sehr oft unmittelbar einleuchtende gedankliche Inhalt der versicherungsmathematischen Formeln gänzlich verwischt wird. Sie sind daher offenbar auch nur da am Platze, wo die numerische Berechnung im Vordergrunde des Interesses steht.

Als diskontierte Zahl der Lebenden bezeichnet man die Größe

$$D_x = l_x v^x.$$

Unter ihrer Benutzung ergibt sich für die reine Erlebensfallversicherung

$${}_tE_x = \frac{l_{x+t}}{l_x} v^t = \frac{l_{x+t}}{l_x} \cdot \frac{v^{x+t}}{v^x} = \frac{D_{x+t}}{D_x} \tag{6}$$

und für die Leibrente

$$\left.\begin{aligned} \mathrm{a}_x &= \sum_0^\infty \frac{l_{x+t}}{l_x} v^t = \sum_0^\infty \frac{l_{x+t}}{l_x} \cdot \frac{v^{x+t}}{v^x} \\ &= \sum_0^\infty \frac{D_{x+t}}{D_x} = \frac{1}{D_x} \sum_0^\infty D_{x+t}. \end{aligned}\right\} \tag{7}$$

Werden die diskontierten Zahlen der Lebenden vom Alter x bis zum höchsten Tafelalter aufsummiert, so erhält man

$$N_x = \sum_0^\infty D_{x+t}, \tag{8}$$

woraus auch

$$N_{x+n} = \sum_0^\infty D_{x+n+t} = \sum_n^\infty D_{x+t}$$

folgt. Mit Hilfe der N_x schreibt sich die Leibrente auch

$$\mathrm{a}_x = \frac{N_x}{D_x}. \tag{9}$$

Man entnimmt schon hieraus die außerordentliche Erleichterung der numerischen Berechnung, die sich bei Vorhandensein der D_x und N_x auf eine Division zweier diskontierter Zahlen beschränkt. Für die im nachhinein zahlbare Leibrente aber erhält man

$$a_x = \frac{1}{D_x}\sum_{1}^{\infty} D_{x+t} = \frac{N_{x+1}}{D_x}. \qquad (10)$$

Wir vermerken uns noch die selbstverständliche Beziehung

$$N_x - N_{x+1} = \sum_{0}^{\infty} D_{x+t} - \sum_{0}^{\infty} D_{x+1+t} = D_x.$$

Die *aufgeschobene Leibrente* ist zum erstenmal nach Ablauf von n Jahren zu Beginn der Jahre lebenslänglich zu zahlen. Sie ist demnach durch

$$\left.\begin{aligned} {}_{n|}\mathrm{a}_x &= \sum_{n}^{\infty} v^t\, {}_t p_x = \frac{1}{l_x}\sum_{n}^{\infty} v^t\, l_{x+t} \\ &= v^n \frac{l_{x+n}}{l_x}\cdot\frac{1}{l_{x+n}}\sum_{0}^{\infty} v^t\, l_{x+n+t} = v^n\, {}_n p_x\, \mathrm{a}_{x+n} = {}_nE_x\, \mathrm{a}_{x+n} \end{aligned}\right\} \qquad (11)$$

gegeben. Für dieselbe, jedoch im nachhinein zahlbare aufgeschobene Rente ergibt sich analog

$$\left.\begin{aligned} {}_{n|}a_x &= \sum_{n+1}^{\infty} v^t\, {}_t p_x = \frac{1}{l_x}\sum_{n+1}^{\infty} v^t\, l_{x+t} \\ &= v^n \frac{l_{x+n}}{l_x}\cdot\frac{1}{l_{x+n}}\sum_{1}^{\infty} v^t\, l_{x+n+t} = v^n\, {}_n p_x\, a_{x+n} = {}_nE_x\, a_{x+n}. \end{aligned}\right\} \qquad (12)$$

Mit Hilfe der diskontierten Zahlen erhält man aber für die beiden genannten Renten

$${}_{n|}\mathrm{a}_x = \sum_{n}^{\infty} \frac{D_{x+t}}{D_x} = \frac{N_{x+n}}{D_x} = \frac{D_{x+n}}{D_x}\cdot\frac{N_{x+n}}{D_{x+n}} = {}_nE_x\, \mathrm{a}_{x+n} \qquad (13)$$

und

$${}_{n|}a_x = \sum_{n+1}^{\infty} \frac{D_{x+t}}{D_x} = \frac{N_{x+n+1}}{D_x} = \frac{D_{x+n+1}}{D_x}\cdot\frac{N_{x+n+1}}{D_{x+n+1}} = {}_{n+1}E_x\, \mathrm{a}_{x+n+1}. \qquad (14)$$

Unter einer *temporären*, im vorhinein zahlbaren *Leibrente* versteht man die fortlaufende Zahlung des Betrages 1 zu Beginn der Jahre bei Lebzeiten des Versicherten, höchstens jedoch n mal, demnach den Ausdruck

$$\left.\begin{aligned} {}_n\mathrm{a}_x = \mathrm{a}_{x,\overline{n|}} &= \sum_{0}^{n-1} v^t\, {}_t p_x = \frac{1}{l_x}\sum_{0}^{n-1} v^t\, l_{x+t} \\ &= \frac{1}{l_x}\sum_{0}^{\infty} v^t\, l_{x+t} - \frac{1}{l_x}\sum_{n}^{\infty} v^t\, l_{x+t} = \mathrm{a}_x - {}_{n|}\mathrm{a}_x. \end{aligned}\right\} \qquad (15)$$

Für die im nachhinein zahlbare temporäre Leibrente aber gilt

$$ {}_{n}a_{x} = a_{x,\overline{n}|} = a_{x} - {}_{n|}a_{x}. \tag{16}$$

Aus den beiden Begriffen der temporären und der aufgeschobenen Leibrente folgt auch unmittelbar der Begriff der *aufgeschobenen temporären Leibrente.* Mit Hilfe der diskontierten Zahlen schreibt man die beiden temporären Renten

$$\left.\begin{aligned} \mathfrak{a}_{x,\overline{n}|} &= \sum_{0}^{n-1} \frac{D_{x+t}}{D_x} = \frac{\sum_{0}^{\infty} D_{x+t} - \sum_{n}^{\infty} D_{x+t}}{D_x} = \frac{N_x - N_{x+n}}{D_x} \\ a_{x,\overline{n}|} &= \sum_{1}^{n} \frac{D_{x+t}}{D_x} = \frac{\sum_{1}^{\infty} D_{x+t} - \sum_{n+1}^{\infty} D_{x+t}}{D_x} = \frac{N_{x+1} - N_{x+n+1}}{D_x}, \end{aligned}\right\} \tag{17}$$

während für die letztgenannten aufgeschobenen temporären Renten

$$\left.\begin{aligned} {}_{n|m}\mathfrak{a}_{x} &= \frac{N_{x+n} - N_{x+n+m}}{D_x} = {}_{n|}\mathfrak{a}_{x} - {}_{n+m|}\mathfrak{a}_{x} \\ {}_{n|m}a_{x} &= \frac{N_{x+n+1} - N_{x+n+m+1}}{D_x} = {}_{n|}a_{x} - {}_{n+m|}a_{x} \end{aligned}\right\} \tag{18}$$

erhalten wird. Im übrigen folgt aus der Definition die Relation

$$\mathfrak{a}_{x,\overline{n}|} = 1 + a_{x,\overline{n-1}|} \tag{19}$$

und auch

$$\mathfrak{a}_{x} = \mathfrak{a}_{x,\overline{n}|} + {}_{n|}\mathfrak{a}_{x}. \tag{20}$$

Bei Anwendung von doppelt abgestuften Tafeln erfolgt die Bildung der diskontierten Zahlen der Lebenden und ihrer Summen in ganz gleicher Weise wie bei den Aggregattafeln. Es ist sonach

$$D_{[x]+t} = v^{x+t} \cdot l_{[x]+t}, \quad N_{[x]+n} = \sum_{n}^{\infty} D_{[x]+t}, \tag{21}$$

$$N_{[x]} = \sum_{0}^{k-1} D_{[x]+t} + \sum_{k}^{\infty} D_{x+t},$$

wenn mit k die Dauer der Selektionsperiode bezeichnet wird, und daher auch z. B.

$$\mathfrak{a}_{[x],\overline{n}|} = \frac{N_{[x]} - N_{[x]+n}}{D_{[x]}}, \quad {}_{n|m}\mathfrak{a}_{[x]+t} = \frac{N_{[x]+t+n} - N_{[x]+t+n+m}}{D_{[x]+t}}. \tag{22}$$

Wenn die Werte der

$$D_x, \quad N_x = \Sigma D_x, \quad D_{[x]}, \quad N_{[x]} = \Sigma D_{[x]}$$

tabelliert vorliegen, so hat man in einer solchen Tafel der „Kommutationswerte" oder Kommutationstafel ein sehr bequemes Mittel für die

Durchführung der numerischen Berechnungen. In der Regel werden auch noch die zweiten Summen der D_x

$$S_x = \Sigma N_x = \Sigma\Sigma D_x$$

mitangeführt. Wir kommen später hierauf zurück. Im allgemeinen sind die Kommutationstafeln natürlich nur für Rentenwerte zu gebrauchen, wenn die Rentenbeträge sämtlich einander gleich sind oder zueinander in einfachen Relationen stehen. Für den Wert einer temporären, im vorhinein zahlbaren Leibrente auf die Beträge $e_0, e_1, \ldots, e_{n-1}$ schreibt man

$$\mathrm{a}_{x,\overline{n|}}\{e_0, e_1, \ldots, e_{n-1}\} = \sum_0^{n-1} v^t\, {}_tp_x\, e_t. \tag{23}$$

Es werden also die verschiedenen Rentenbeträge in der geschlungenen Klammer explizite aufgeführt.

§ 15. Die Kapitalversicherung auf den Todesfall.

Bei einer reinen *Ablebensversicherung* soll die Summe 1 am Ende des Versicherungsjahres bezahlt werden, in welchem das Ableben des Versicherten erfolgt. Der Erwartungswert dieser Zahlung ist dann für einen heute $x$jährigen für die einzelnen Versicherungsjahre durch die folgenden Beträge gegeben:

Für das 1. Versicherungsjahr $v \frac{d_x}{l_x} = v\, q_x,$

„ „ 2. „ $v^2 \frac{d_{x+1}}{l_x} = v^2 p_x \cdot q_{x+1},$

„ „ 3. „ $v^3 \frac{d_{x+2}}{l_x} = v^3\, {}_2p_x \cdot q_{x+2},$

....

Man erhält daher als versicherungstechnischen Barwert oder Erwartungswert einer für die Dauer von n Jahren abgeschlossenen *temporären Todesfallversicherung* den Ausdruck

$$\left.\begin{aligned} {}_{|n}A_x &= \frac{1}{l_x}(v\, d_x + v^2 d_{x+1} + v^3 d_{x+2} + \ldots + v^n d_{x+n-1}) \\ &= \frac{1}{l_x}\sum_0^{n-1} v^{t+1} d_{x+t} = \sum_0^{n-1} v^{t+1}\, {}_{t|}q_x. \end{aligned}\right\} \tag{24}$$

Soll aber diese Todesfallversicherung auf Lebenszeit gelten, dann ist der Erwartungswert für $n \to \infty$

$$A_x = \frac{1}{l_x}\sum_0^{\infty} v^{t+1} d_{x+t} = \sum_0^{\infty} v^{t+1}\, {}_{t|}q_x. \tag{25}$$

Zur Vereinfachung der numerischen Berechnung werden auch hier diskontierte Zahlen der Toten eingeführt, welche durch

$$C_x = v^{x+1} d_x, \quad C_{x+t} = v^{x+t+1} d_{x+t}, \quad M_x = \sum_0^\infty C_{x+t} \tag{26}$$

definiert sind. Mit ihrer Hilfe schreibt sich der Erwartungswert der lebenslänglichen reinen Ablebensversicherung auch

$$A_x = \frac{1}{v^x l_x} \sum_0^\infty v^{x+t+1} d_{x+1} = \frac{1}{D_x} \sum_0^\infty C_{x+t} = \frac{M_x}{D_x}, \tag{27}$$

während man für die temporäre Ablebensversicherung

$$_{|n}A_x = \frac{1}{D_x} \sum_0^{n-1} C_{x+t} = \frac{1}{D_x} \left(\sum_0^\infty C_{x+t} - \sum_n^\infty C_{x+t} \right) = \frac{M_x - M_{x+n}}{D_x} \tag{28}$$

erhält.

Natürlich kann bei einer Ablebensversicherung auch eine Aufschubsdauer vorgesehen sein, so daß die versicherte Summe nur unter der Bedingung zur Zahlung gelangt, daß das Ableben erst nach Ablauf der Dauer n erfolgt. Der Erwartungswert dieser Versicherung ist dann

$$\left. \begin{aligned} {}_{n|}A_x &= \frac{1}{D_x} \sum_n^\infty C_{x+t} = \frac{M_{x+n}}{D_x} \\ &= \frac{D_{x+n}}{D_x} \cdot \frac{M_{x+n}}{D_{x+n}} = {}_nE_x\, A_{x+n}. \end{aligned} \right\} \tag{29}$$

Und ganz analog wäre für eine aufgeschobene und dann temporäre Ablebensversicherung im Wege der diskontierten Zahlen

$$\left. \begin{aligned} {}_{n|m}A_x &= \frac{1}{D_x} \sum_n^{n+m-1} C_{x+t} = \frac{M_{x+n} - M_{x+n+m}}{D_x} \\ &= {}_nE_x \cdot {}_{|m}A_{x+n} \end{aligned} \right\} \tag{30}$$

anzusetzen.

Die Anwendung von doppelt abgestuften Tafeln ergibt sich ohne weiteres durch Definition der bezüglichen diskontierten Zahlen der Toten,

$$\left. \begin{aligned} C_{[x]+t} &= v^{x+t+1} d_{[x]+t}, \quad C_{x+t} = v^{x+t+1} d_{x+t} \\ M_{[x]} &= \sum_0^{k-1} C_{[x]+t} + \sum_k^\infty C_{x+t}, \end{aligned} \right\} \tag{31}$$

je nachdem die abgelaufene Versicherungsdauer $t \lesseqgtr k$ zu setzen ist, wobei wieder k die Selektionsdauer bezeichnet. Es ergibt sich so z. B.

$$\begin{aligned} {}_{n|m}A_{[x]} &= \frac{M_{[x]+n} - M_{x+n+m}}{D_{[x]}} \qquad n < k,\ n+m \geqq k, \\ &= \frac{M_{x+n} - M_{x+n+m}}{D_{[x]}} \qquad n \geqq k. \end{aligned}$$

Für die Praxis weitaus die wichtigste Versicherungsart ist die *abgekürzte Todesfallversicherung, gemischte Versicherung* oder *Ab- und Erlebensversicherung,* bei welcher für einen $x$jährigen Zahlung der Todesfallsumme bei Ableben innerhalb von n Jahren, spätestens bei Erleben des Alters $x + n$ vorgesehen ist. Der Erwartungswert ist hier

$$\left.\begin{aligned} A_{x,\overline{n}|} &= \frac{1}{l_x}\left(\sum_0^{n-1} v^{t+1} d_{x+t} + v^n l_{x+n}\right) \\ &= \frac{1}{D_x}\left(\sum_0^{n-1} C_{x+t} + D_{x+n}\right) \\ &= \frac{M_x - M_{x+n} + D_{x+n}}{D_{[x]}} = {}_{|n}A_x + {}_nE_x \end{aligned}\right\} \quad (32)$$

und bei Anwendung doppelt abgestufter Tafeln

$$\left.\begin{aligned} A_{[x],n} &= \frac{M_{[x]} - M_{[x]+n} + D_{[x]+n}}{D_{[x]}} \qquad n < k \\ &= \frac{M_{[x]} - M_{x+n} + D_{x+n}}{D_x} \qquad n \geqq k. \end{aligned}\right\} \quad (33)$$

Für eine aufgeschobene gemischte Versicherung aber gilt offenbar

$$\left.\begin{aligned} {}_{n|}A_{x,\overline{m}|} &= \frac{1}{D_x}\left(\sum_n^{n+m-1} C_{x+t} + D_{x+n+m}\right) \\ &= \frac{M_{x+n} - M_{x+n+m} + D_{x+n+m}}{D_x}. \end{aligned}\right\} \quad (34)$$

Die diskontierten Zahlen der Toten stehen mit denen der Lebenden in einer sehr einfachen Beziehung, welche bei der numerischen Berechnung derselben oder für Kontrollzwecke der Rechnung stets gebraucht wird. Es ist

$$C_x = v^{x+1} d_x = v^{x+1}(l_x - l_{x+1}) = v D_x - D_{x+1} \quad (35)$$

und auch

$$\left.\begin{aligned} \sum_0^\infty C_{x+t} &= M_x = v \sum_0^\infty D_{x+t} - \sum_0^\infty D_{x+t+1} \\ &= v N_x - N_{x+1} = D_x + N_x (v - 1) = D_x - (1 - v) N_x. \end{aligned}\right\} \quad (36)$$

Für die lebenslängliche Ablebensversicherung folgt hieraus

$$A_x = 1 - (1 - v)\, \mathrm{a}_x = 1 - d\, \mathrm{a}_x, \quad (37)$$

wobei an die aus dem ersten Abschnitt geläufigen Relationen

$$1 - v = d = \frac{r - 1}{r} = \frac{i}{1 + i} = i v$$

erinnert sei. Für die Versicherung auf Ab- und Erleben aber erhält man

$$\left.\begin{aligned} A_{x,\overline{n}|} &= \frac{M_x - M_{x+n} + D_{x+n}}{D_x} \\ &= 1 - (1-v)\,\mathrm{a}_x - {}_nE_x[1-(1-v)\,\mathrm{a}_{x+n}] + {}_nE_x \\ &= 1-(1-v)\,\mathrm{a}_{x,\overline{n}|} = 1 - d\,\mathrm{a}_{x,\overline{n}|}. \end{aligned}\right\} \tag{38}$$

Zu den Formeln (37) und (38) ist zu bemerken, daß die Ausdrücke rechts auch ohne jede Rechnung unmittelbar angeschrieben werden können. Für den Erwartungswert der Ablebensversicherung (37) gilt nämlich die folgende Überlegung: Der Versicherer stellt sofort die Summe 1 zur Verfügung, behält sich aber den Zinsgenuß aus diesem Kapital solange vor, als der Versicherte am Leben ist. Solange dies der Fall ist, erhält der Versicherer am Ende jeden Jahres, dessen Anfang der Versicherte erlebt hat, den Zins i rückvergütet. Für den Anfang der Jahre daher $i/v = d$. Der Erwartungswert dieser Zinsen ist aber dann $d\,\mathrm{a}_x$ und daher der Erwartungswert der reinen Ablebensversicherung durch (37) gegeben. Ganz analog schließt man im Falle der gemischten Versicherung.

Es ist stets darnach zu streben, den Inhalt versicherungsmathematischer Ausdrücke und Relationen möglichst ganz unmittelbar als richtig zu erkennen. Wir werden diesen Umstand im folgenden stets zu beachten haben. Als ein Beispiel sei gleich noch der Ausdruck

$$A_x = v\,\mathrm{a}_x - a_x \tag{39}$$

angeführt. Nach dem ersten Ausdruck rechts, wird am Ende des Jahres stets der Betrag 1 bezahlt, wenn der Versicherte am Anfang des Jahres gelebt hat. Nach dem zweiten Ausdruck rechts stets dann, wenn er das Ende der Jahre erlebt. Die Zahlungen heben sich also stets gegenseitig auf, wenn der Versicherte am Ende der Jahre lebt. Nur im Jahre des Ablebens tilgen sich die beiden Zahlungen nicht, und es ist hier der Betrag 1 am Ende des Jahres fällig. Demnach entspricht der ganze Ausdruck tatsächlich dem Erwartungswert der lebenslänglichen Ablebensversicherung.

§ 16. Rente und Todesfallversicherung auf steigende und fallende Beträge.

In der Praxis der Lebensversicherung werden nicht selten auch die Ausdrücke für Renten und Todesfallversicherungen benötigt, bei welchen die zu zahlenden Beträge mit der abgelaufenen Versicherungsdauer ansteigen oder abfallen. In der Regel kommt hierbei nur eine Veränderlichkeit im Sinne einer arithmetischen Reihe erster Ordnung in Betracht. Für die vom Betrage 1 jährlich um 1 steigende Leibrente werden die Bezeichnungen

$$\overset{<}{\mathrm{a}}_x \text{ oder } (|\mathrm{a})_x,\ \overset{<}{a}_x \text{ oder } (|a)_x,$$

$$\overset{<}{\mathrm{a}}_{x,\overline{m}|} \text{ oder } {}_n\overset{<}{\mathrm{a}}_x \text{ oder } {}_n(|\mathrm{a})_x$$

in Anwendung gebracht, je nachdem die Rente im vorhinein oder im nachhinein zahlbar ist. Für den Erwartungswert einer Leibrente auf die Beträge 1, 2, 3, ... ist dann

$$(|\mathrm{a})_x = \frac{1}{D_x}[D_x + 2D_{x+1} + \ldots + (\omega - x + 1)D_\omega]. \tag{40}$$

Zur Erleichterung der numerischen Rechnung werden auch hier diskontierte Zahlen benutzt, welche durch

$$\begin{aligned} S_x &= D_x + 2D_{x+1} + \ldots = N_x + N_{x+1} + \ldots, \\ &= \sum_0^\infty N_{x+t} = \sum_0^\infty (t+1)D_{x+t} = \sum_0^\infty \sum D_{x+t} \end{aligned}$$

definiert sind. Es ist daher auch

$$\begin{aligned} \sum_0^{n-1}(t+1)D_{x+t} &= D_x + 2D_{x+1} + \ldots + nD_{x+n-1}, \\ &= N_x + N_{x+1} + \ldots + N_{x+n-1} - nN_{x+n}, \\ &= S_x - S_{x+n} - nN_{x+n}. \end{aligned}$$

Für die gesuchten Rentenwerte ergibt sich so die Darstellung:

$$\left.\begin{aligned} (|\mathrm{a})_{x,\overline{n}|} &= \sum_0^{n-1}(t+1)v^t\,{}_tp_x = \frac{1}{D_x}\sum_0^{n-1}(t+1)D_{x+t} \\ &= \frac{1}{D_x}(S_x - S_{x+n} - nN_{x+n}) = \\ &= \frac{1}{D_x}\left(\sum_0^\infty\sum D_x - \sum_0^\infty\sum D_{x+n} - n\sum_0^\infty D_{x+n}\right), \\ (|\mathrm{a})_x &= \sum_0^\infty (t+1)v^t\,{}_tp_x = \frac{1}{D_x}\sum_0^\infty (t+1)D_{x+t} \\ &= \frac{S_x}{D_x} = \frac{\sum_0^\infty\sum D_x}{D_x}. \end{aligned}\right\} \tag{41}$$

Die Größen S_x werden in der *Kommutationstafel* bei den bezüglichen x neben der Kolonne der D_x und der N_x als dritte diskontierte Zahl der Lebenden aufgeführt. Für die bezüglichen Werte der steigenden postnumerando Renten ergibt sich

$$\left.\begin{aligned} (|a)_{x,\overline{n}|} &= \frac{1}{D_x}\sum_1^n t\,D_{x+t} = \frac{1}{D_x}\left(\sum_1^n N_{x+t} - nN_{x+n+1}\right) \\ &= \frac{1}{D_x}(S_{x+1} - S_{x+n+1} - nN_{x+n+1}), \\ (|a_x) &= \frac{S_{x+1}}{D_x}. \end{aligned}\right\} \tag{42}$$

Für den Erwartungswert einer im vorhinein zahlbaren temporären Rente auf die abfallenden Beträge $n, n-1, \ldots, 1$ erhält man

$$\left.\begin{aligned} \overset{>}{\mathrm{a}}_{x,\overline{n}|} &= \frac{1}{D_x}\{n D_x + (n-1) D_{x+1} + \ldots + D_{x+n-1}\} \\ &= \frac{1}{D_x}\left\{n(N_x - N_{x+n}) - \sum_{1}^{n-1} t D_{x+t}\right\} \\ &= \frac{1}{D_x}\{n(N_x - N_{x+n}) - [S_{x+1} - S_{x+n} - (n-1) N_{x+n}]\} \\ &= \frac{1}{D_x}\{n N_x - (S_{x+1} - S_{x+n+1})\} \end{aligned}\right\} \quad (43)$$

und für denselben Wert einer im nachhinein zahlbaren temporären Leibrente

$$\overset{>}{a}_{x,\overline{n}|} = \frac{1}{D_x}\{n N_{x+1} - (S_{x+2} - S_{x+n+2})\}. \quad (44)$$

Steigt eine Rente vom Betrage 1 bis auf den Betrag n, um dann in dieser Höhe lebenslänglich weiter bezahlt zu werden, so ergibt sich als Erwartungswert dieser Zahlungen

$$\frac{1}{D_x}\left\{\sum_{0}^{n-1}(t+1) D_{x+t} + n N_{x+n}\right\} = \frac{1}{D_x}(S_x - S_{x+n}). \quad (45)$$

Natürlich muß die Zu- oder Abnahme der Rente nicht vom Betrage 1 sein. Die Besprechung der Prämienrückgewähr wird später Anlaß geben, spezielle Fälle solcher Renten zu betrachten.

In ganz ähnlicher Weise erhält man unter Einführung der Doppelsummen der diskontierten Zahlen der Toten die Erwartungswerte von Todesfallversicherungen auf arithmetisch steigende oder fallende Beträge. Setzt man

$$R_x = \sum_{0}^{\infty} M_{x+t} = \sum_{0}^{\infty}(t+1) C_{x+t} = C_x + 2 C_{x+1} + 3 C_{x+2} + \ldots, \quad (46)$$

dann ist

$$\sum_{0}^{n-1}(t+1) C_{x+t} = R_x - R_{x+n} - n M_{x+n},$$

und es ergibt sich für die temporäre, jährlich um 1 steigende Todesfallversicherung

$${}_{|n}(|A)_x = \frac{1}{D_x}\sum_{0}^{n-1}(t+1) C_{x+t} = \frac{1}{D_x}(R_x - R_{x+n} - n M_{x+n}) \quad (47)$$

und

$$(|A)_x = \frac{1}{D_x}\sum_{0}^{\infty}(t+1) C_{x+t} = \frac{R_x}{D_x}.$$

Steigt aber der versicherte Betrag von 1 bis n, um dann diesen Betrag beizubehalten, so ergibt sich für den Erwartungswert dieser Ablebensversicherung

$$\frac{1}{D_x}(R_x - R_{x+n}).$$

Aus der Formel

$$\sum_0^\infty C_{x+t} = M_x = D_x - (1 - v)\, N_x$$

folgt

$$M_{x+1} = D_{x+1} - (1 - v)\, N_{x+1},$$
$$M_{x+2} = D_{x+2} - (1 - v)\, N_{x+2},$$
$$\cdots\cdots\cdots\cdots$$

und damit

$$R_x = N_x - (1 - v)\, S_x$$

und auch

$$(|A)_x = \mathrm{a}_x - (1 - v)\, (|\mathrm{a})_x. \tag{48}$$

Aus der Bezeichnung (36) aber ergibt sich

$$R_x = v \sum_0^\infty N_{x+t} - \sum_0^\infty N_{x+t+1} = v\, S_x - S_{x+1}. \tag{49}$$

Es braucht wohl nicht besonders aufgezeigt zu werden, in welcher Art sich die abgeleiteten Ausdrücke unter Anwendung von doppelt abgestuften Tafeln verwenden lassen.

Ist der Barwert einer Leibrente auf die in arithmetischer Reihe stehenden Beträge

$$e_k,\ e_{k+1} = e_k + \Delta,\ e_{k+2} = e_k + 2\Delta,\ \ldots,\ e_{k+n-1} = e_k + (n - 1)\Delta,$$

wobei Δ eine positive oder negative Größe ist, zu berechnen, so erhält man hierfür

$$\left.\begin{aligned}
&\frac{1}{D_x}\{e_k D_{x+k} + (e_k + \Delta) D_{x+k+1} + \ldots [e_k + (n - 1)\Delta] D_{x+k+n-1}\} \\
&= \frac{1}{D_x}\{e_k [D_{x+k} + \ldots D_{x+k+n-1}] + \Delta [D_{x+k+1} + \\
&\qquad + 2 D_{x+k+2} + \ldots (n - 1)\, D_{x+k+n-1}]\} \\
&= \frac{1}{D_x}\{e_k [\Sigma D_{x+k} - \Sigma D_{x+k+n}] + \Delta [\Sigma\Sigma D_{x+k+1} - \\
&\qquad - \Sigma\Sigma D_{x+k+n} - (n - 1)\, \Sigma D_{x+k+n}]\} \\
&= \frac{1}{D_x}[(e_k - \Delta)\, \Sigma D_{x+k} - e_{k+n-1} \Sigma D_{x+k+n} + \\
&\qquad + \Delta\, (\Sigma\Sigma D_{x+k} - \Sigma\Sigma D_{x+k+n})].
\end{aligned}\right\} \tag{50}$$

Hierbei ist von der Beziehung

$$\Sigma\Sigma D_x = \Sigma\Sigma D_{x+1} + \Sigma D_x$$

Gebrauch gemacht.

Handelt es sich also um die Berechnung des Barwertes einer Leibrente, bei welcher während einer Karenzzeit k keine Zahlungen erfolgen sollen, während hernach die Zahlungen in arithmetischer Progression bis zu einem Maximum steigen sollen, um sodann auf diesem Betrag zu verbleiben, so wäre über die Rentenbeträge e wie folgt zu verfügen:

$$e_0 = e_1 = \ldots = e_{k-1} = 0,$$
$$e_k = a,\ e_{k+1} = a + \Delta,\ e_{k+2} = a + 2\Delta, \ldots, e_{k+n-1} = a + (n-1)\Delta,$$
$$e_{k+n} = e_{k+n+1} = \ldots = a + n\Delta = b.$$

Aus der ersten Gruppe resultiert kein Anspruchswert, aus der zweiten ergibt sich auf Grund von (50)

$$\frac{1}{D_x}[e_k D_{x+k} + e_{k+1} D_{x+k+1} + \ldots e_{k+n-1} D_{x+k+n-1}],$$
$$= \frac{1}{D_x}[(a-\Delta)\Sigma D_{x+k} - e_{k+n-1} D_{x+k+n} + \Delta(\Sigma\Sigma D_{x+k} - \Sigma\Sigma D_{x+k+n})]$$

und aus der dritten

$$\frac{1}{D_x}[e_{k+n} D_{x+k+n} + \ldots] = \frac{b}{D_x}\Sigma D_{x+k+n}.$$

Man erhält sonach für den Erwartungswert des gesamten Rentenanspruches

$$\frac{1}{D_x}\{[a-\Delta]\Sigma D_{x+k} - [a + (n-1)\Delta]\Sigma D_{x+k+n} + \\ + \Delta[\Sigma\Sigma D_{x+k} - \Sigma\Sigma D_{x+k+n}] + b\Sigma D_{x+k+n}\}$$

oder weil

$$\Sigma\Sigma D_{x+k+n+1} = \Sigma\Sigma D_{x+k+n} - \Sigma D_{x+k+n}$$

auch

$$\left.\begin{aligned} &\frac{1}{D_x}[(a-\Delta)\Sigma D_{x+k} + \Delta(\Sigma\Sigma D_{x+k} - \Sigma\Sigma D_{x+k+n+1})] \\ &= \frac{1}{D_x}[a\Sigma D_{x+k} + \Delta(\Sigma\Sigma D_{x+k+1} - \Sigma\Sigma D_{x+k+n+1})]. \end{aligned}\right\} \quad (51)$$

§ 17. Leibrente und Lebenserwartung.

Auf Grund der Definition der im nachhinein zahlbaren Leibrente

$$a_x = v p_x + v^2 p_x \cdot p_{x+1} + v^3 p_x \cdot p_{x+1} \cdot p_{x+2} + \cdots$$

ergibt sich unter Annahme monoton abfallender p_x die Ungleichung

$$\left.\begin{aligned} a_x &< v p_x + (v p_x)^2 + (v p_x)^3 + \ldots \\ &< v p_x \frac{1}{1 - v p_x} = \frac{p_x}{q_x + i} \end{aligned}\right\} \quad (52)$$

und für den speziellen Fall $i = 0$ wird die Lebenserwartung

$$e_x < \frac{p_x}{q_x}.$$

Nicht selten wird der Wert der lebenslänglichen Nachhineinrente einer im nachhinein zahlbaren Zeitrente gleichgehalten, deren Dauer der Lebenserwartung e_x des $x$jährigen gleichkommt. Dies liefert jedoch allemal zu große Werte für a_x, wie aus der folgenden Betrachtung folgt. Werden von den Größen $v, v^2, v^3, \ldots$ d_x mit v, d_{x+1} mit v^2, d_{x+2} mit v^3 usw. angenommen und das arithmetische Mittel dieser Größen gebildet, so erhält man

$$\frac{1}{l_x}(v d_x + v^2 d_{x+1} + v^3 d_{x+2} + \ldots),$$
$$= \frac{1}{l_x}[v(l_x - l_{x+1}) + v^2(l_{x+1} - l_{x+2}) + \ldots],$$
$$= v(1 + a_x) - a_x,$$
$$= A_x = 1 - d(1 + a_x).$$

Das geometrische Mittel derselben Größen mit denselben Gewichten beträgt aber

$$v^{(d_x + 2d_{x+1} + 3d_{x+2} + \ldots)\frac{1}{l_x}} = v^{(l_x + l_{x+1} + l_{x+2} + \ldots)\frac{1}{l_x}},$$
$$= v^{1 + e_x}.$$

Aus der Formel für die Zeitrente

$$a_{\overline{n|}} = \frac{1 - v^n}{1 - v} v = \frac{1 - v^n}{i}$$

folgt aber

$$v^{1+e_x} = v(1 - i a_{\overline{e_x|}}) = 1 - d(1 + a_{\overline{e_x|}}).$$

Nachdem nun das arithmetische Mittel einer Reihe von positiven Größen stets größer ist als das geometrische Mittel aus denselben Größen, erhält man

$$1 - d(1 + a_x) > 1 - d(1 + a_{\overline{e_x|}})$$

und damit

$$a_{\overline{e_x|}} > a_x. \tag{53}$$

Werden die beim Ableben in den einzelnen Versicherungsjahren am Ende derselben auszuzahlenden Beträge bei einer lebenslänglichen Ablebensversicherung mit $c_0, c_1, c_2, \ldots$ und die bei einer ganzjährig im vorhinein zu zahlenden Beträge bei einer lebenslänglichen Leibrente mit $e_0, e_1, e_2, \ldots$ festgesetzt, so ergibt sich der Erwartungswert der ersteren mit

$$\frac{1}{D_x}(c_0 C_x + c_1 C_{x+1} + \ldots) = A_x \{c_0, c_1, \ldots\}$$

und der letzteren mit

$$\frac{1}{D_x}(e_0 D_x + e_1 D_{x+1} + \ldots) = \mathrm{a}_x \{e_0, e_1, \ldots\}.$$

Auf Grund der Relation zwischen den diskontierten Zahlen der Lebenden und der Toten (35) erhält man dann

$$\frac{1}{D_x}[c_0(vD_x - D_{x+1}) + c_1(vD_{x+1} - D_{x+2}) + \ldots],$$

$$= \frac{1}{D_x}[c_0 D_x + (c_1 - c_0) D_{x+1} + \ldots] - \frac{1}{D_x}(1-v)[c_0 D_x + c_1 D_{x+1} + \ldots].$$

Sind demnach die Differenzen $c_i - c_{i-1}$ durchaus positiv, so ergibt sich die allgemeine Relation

$$A_x\{c_0, c_1, c_2, \ldots\} =$$
$$= \mathrm{a}_x\{c_0, c_1 - c_0, c_2 - c_1, \ldots\} - (1-v)\,\mathrm{a}_x\{c_0, c_1, c_2, \ldots\}. \quad (54)$$

Für den speziellen Fall lauter gleicher $e_i = 1$ erhält man hieraus die Formel (37)

$$A_x = 1 - (1 - v)\,\mathrm{a}_x,$$

während sich für $c_0 = 1,\ c_1 = 2,\ c_2 = 3, \ldots$

$$(|A)_x = \mathrm{a}_x - (1 - v)\,(|\mathrm{a})_x$$

ergibt. Auch die letztere Formel läßt eine unmittelbare Deutung in dem Sinne zu, daß der Versicherer mit fortschreitender Versicherungsdauer stets den bereitgestellten Betrag auf die Höhe des jeweiligen Todesfallkapitals ergänzt, hingegen die entfallenden Zinsen in Abzug bringt, ganz nach Analogie der Interpretation der Formel (35).

Für die temporäre Todesfallversicherung erhält man aus (54) für $c_0 = c_1 = \ldots c_{n-1} = 1,\ c_n = c_{n+1} = \ldots = 0$ den Ausdruck

$$_{|n}A_x = 1 - \frac{D_{x+n}}{D_x} - (1 - v)\,\mathrm{a}_{x,\overline{n}|}$$

in Übereinstimmung mit (38).

§ 18. Die unterjährig zahlbare Leibrente.

Bisher war bei der Betrachtung der Leibrenten die Rentenzahlung jeweils auf den Beginn oder das Ende der Jahre verlegt worden. Ganz wie bei den Zeitrenten spricht man auch hier von unterjährig zahlbaren Renten, wenn die Rentenzahlungen im Gesamtbetrage von 1 p. a. im Betrage von $1/m$ zu Beginn oder am Ende jedes Jahres-$m$tels erfolgen. Für eine korrekte Berechnung dieser Rentenwerte an Hand der Sterbetafel müßten die Größen l_{x+t} oder $_tp_x$ für die entsprechenden Altersbruchteile eines Jahres zur Verfügung stehen. In Ermanglung derselben wird in der Praxis in der Regel von linearer Interpolation zwischen den ganzzahligen Altern Gebrauch gemacht.

Bei gleichmäßiger Verteilung der Todesfälle über das Jahr ist dann

$$l_{x+k/m} = l_x - \frac{k}{m}(l_x - l_{x+1})$$

zu definieren. Die Anzahl der Lebenden ist sonach nach p Jahren mit

$$l_{x+p},$$

nach $p + 1/m$ Jahren mit

$$l_{x+p} - \frac{1}{m}(l_{x+p} - l_{x+p+1}),$$

nach $p + 2/m$ Jahren mit

$$l_{x+p} - \frac{2}{m}(l_{x+p} - l_{x+p+1})$$

und nach $p + (m-1)/m$ Jahren mit

$$l_{x+p} - \frac{m-1}{m}(l_{x+p} - l_{x+p+1})$$

definiert.

Für den Anspruchswert auf die unterjährig zahlbare Leibrente $a_x^{(m)}\{e_0, e_1, \ldots\}$ resultiert dann, wenn $v^{\frac{1}{m}} = v'$ gesetzt wird,

$$\begin{aligned} l_x U = {} & l_x \frac{e_0}{m} + l_{x+1/m} \frac{e_0}{m} v' + l_{x+2/m} \frac{e_0}{m} v'^2 + \ldots + l_{x+(m-1)/m} \frac{e_0}{m} v'^{m-1} + \\ & + l_{x+1} \frac{e_1}{m} v + l_{x+1+1/m} \frac{e_1}{m} v\, v' + \ldots + l_{x+1+(m-1)/m} \frac{e_1}{m} v\, v'^{m-1} + \\ & + \ldots + \\ & + l_{x+p} \frac{e_p}{m} v^p + l_{x+p+1/m} \frac{e_p}{m} v^p v' + \ldots + \\ & + l_{x+p+(m-1)/m} \frac{e_p}{m} v^p v'^{m-1} + \ldots = \\ = {} & \frac{e_0}{m}\left[l_x + l_{x+1/m} \cdot v' + \ldots + l_{x+(m-1)/m} v'^{m-1}\right] + \ldots + \\ & + \frac{e_p}{m} v^p \left[l_{x+p} + l_{x+p+1/m} v' + \ldots + l_{x+p+(m-1)/m} v'^{m-1}\right] + \ldots \end{aligned}$$

Es ist aber

$$\begin{aligned} & l_{x+p} + l_{x+p+1/m} v' + \ldots + l_{x+p+(m-1)/m} v'^{m-1} = \\ & = l_{x+p} + v'\left[l_{x+p} - \frac{1}{m}(l_{x+p} - l_{x+p+1})\right] + \ldots + \\ & + v'^{m-1}\left[l_{x+p} - \frac{m-1}{m}(l_{x+p} - l_{x+p+1})\right] = \\ & = l_{x+p}\left[1 + v' + v'^2 + \ldots + v'^{m-1}\right] - \\ & - \frac{1}{m}(l_{x+p} - l_{x+p+1})\left[v' + 2v'^2 + \ldots + (m-1)v'^{m-1}\right]. \end{aligned}$$

Setzt man daher zur Abkürzung

$$\left.\begin{aligned} \beta_1 &= \frac{1}{m}\left[1 + v' + v'^2 + \ldots + v'^{m-1}\right] \\ \beta_2 &= \frac{1}{m^2}\left[v' + 2v'^2 + \ldots + (m-1)v'^{m-1}\right], \end{aligned}\right\} \quad (55)$$

so ergibt sich für den Anspruchswert

$$l_x U = e_0\,[l_x\beta_1 - (l_x - l_{x+1})\,\beta_2] + \dots$$
$$\dots + e_p v^p\,[l_{x+p}\beta_1 - (l_{x+p} - l_{x+p+1})\,\beta_2] + \dots,$$
$$= \beta_1\,[e_0 l_x + e_1 v l_{x+1} + e_2 v^2 l_{x+2} + \dots] -$$
$$- \beta_2 r\,[e_0 v\,(l_x - l_{x+1}) + e_1 v^2\,(l_{x+1} - l_{x+2}) + \dots]$$

oder auch

$$\left.\begin{aligned} U &= \beta_1 \frac{1}{l_x}(e_0 l_x + e_1 l_{x+1} v + \dots) - \\ &\quad - \beta_2 r \frac{1}{l_x}[e_0 v\,(l_x - l_{x+1}) + e_1 v^2\,(l_{x+1} - l_{x+2}) + \dots] \\ &= \beta_1\, \mathrm{a}_x\{e_0, e_1, \dots\} - \beta_2 r A_x\{e_0, e_1, \dots\} \\ &= \beta_1\, \mathrm{a}_x\{e_0, e_1, \dots\} - \\ &\quad - \beta_2 r\left[\mathrm{a}_x\{e_0, (e_1 - e_0), \dots\} - (1 - v)\,\mathrm{a}_x\{e_0, e_1, \dots\}\right] \\ &= (\beta_1 + \beta_2 i)\,\mathrm{a}_x\{e_0, e_1, \dots\} - \beta_2 r\,\mathrm{a}_x\{e_0, (e_1 - e_0), \dots\}, \end{aligned}\right\} \quad (56)$$

wobei wieder die Beträge, auf welche die Rente bzw. Todesfallversicherung läuft, in geschlungener Klammer beigesetzt sind. Für den speziellen Fall $e_0 = e_1 = \dots = 1$ erhält man so

$$U = \left(\beta_1 - \beta_2 + \frac{\beta_2}{v}\right)\mathrm{a}_x - \frac{\beta_2}{v}.$$

Für $3^1/_2\%$ Zins und $m = 12$ ergibt sich

$$\beta_1 - \beta_2 + \frac{\beta_2}{v} = 1{,}0000978 \quad \text{und} \quad \frac{\beta_2}{v} = 0{,}464075.$$

Der erstere Faktor wird praktisch stets mit 1 angenommen. Die Größen β_1 und β_2 sind vom Alter und der Tafel völlig unabhängig. Aus (55) ergibt sich

$$m\beta_1 = 1 + v' + \dots + v'^{m-1} = \frac{1 - v}{1 - v'},$$
$$m^2\beta_2 = v' + 2v'^2 + \dots + (m-1)\,v'^{m-1},$$
$$m^2\beta_2 v' = v'^2 + 2v'^3 + \dots + (m-2)\,v'^{m-1} + (m-1)\,v$$

und daher auch

$$m^2\beta_2(1 - v') = v' + v'^2 + \dots + v'^{m-1} - (m-1)\,v,$$
$$\beta_2 = \frac{1}{m^2(1 - v')}\left[v'\frac{1 - v'^{m-1}}{1 - v'} - (m-1)\,v\right]$$
$$= \frac{1}{m^2}\left[\frac{v' - v}{(1 - v')^2} - \frac{(m-1)\,v}{1 - v'}\right].$$

Es ergibt sich demnach auch

$$\beta_1 = \frac{1}{m}\frac{1 - v}{1 - v'}, \quad \beta_2 = \frac{1}{m^2}\frac{1}{(1 - v')^2}[v' - v - (m-1)\,v\,(1 - v')]. \quad (57)$$

Setzt man in erster Annäherung

$$v'^s = v^{\frac{s}{m}} = (1+i)^{-\frac{s}{m}} \cong \frac{1}{1+\frac{s}{m}i},$$

so ergibt sich

$$m\beta_1 = 1 + \frac{1}{1+\frac{1}{m}i} + \ldots + \frac{1}{1+\frac{m-1}{m}i},$$

$$m^2\beta_2 = \frac{1}{1+\frac{1}{m}i} + \frac{2}{1+\frac{2}{m}i} + \ldots + \frac{m-1}{1+\frac{m-1}{m}i}$$

und damit

$$m(\beta_1 + \beta_2 i) = 1 + \frac{1+\frac{i}{m}}{1+\frac{i}{m}} + \ldots + \frac{1+\frac{m-1}{m}i}{1+\frac{m-1}{m}i},$$

also

$$\beta_1 + \beta_2 i = 1,$$

wie schon oben bemerkt.

Aus der Entwicklung

$$v'^s = v^{\frac{s}{m}} = (1+i)^{-\frac{s}{m}} = 1 - \frac{s}{m}i + \frac{s(s-m)}{2m^2}i^2 + \ldots$$

aber folgt für

$$m^2\beta_2 = v' + 2v'^2 + \ldots + (m-1)v'^{m-1},$$

$$\cong 1 + 2 + 3 + \ldots + (m-1) -$$

$$- \frac{1}{m}[1.1 + 2.2 + \ldots + (m-1)(m-1)]i$$

$$\cong \frac{(m-1)m}{2} - \frac{m\left(m-\frac{1}{2}\right)(m-1)i}{3m},$$

wobei von der Summationsformel der Quadratzahlen

$$1 + 2^2 + \ldots + (m-1)^2 = \frac{1}{3}m\left(m-\frac{1}{2}\right)(m-1)$$

Gebrauch gemacht ist. Hieraus aber folgt

$$\beta_2 \cong \frac{m-1}{2m} - \frac{\left(m-\frac{1}{2}\right)(m-1)}{3m^2}i,$$

$$\beta_2 r = \beta_2(1+i) \cong \frac{m-1}{2m} - \frac{\left(m-\frac{1}{2}\right)(m-1)}{3m^2}i + \frac{m-1}{2m}i,$$

$$\cong \frac{m-1}{2m} - \frac{m-1}{6m^2}[2m-1-3m]i =$$

$$= \frac{m-1}{2m} + \frac{(m-1)(m+1)}{6m^2}i \cong \frac{m-1}{2m}.$$

Aus den erhaltenen Resultaten erhält man in erster Annäherung für die lebenslänglich zahlbare unterjährige Pränumerandorente

$$\text{a}_x^{(m)} = \text{a}_x - \frac{m-1}{2m} \tag{58}$$

und für die entsprechende aufgeschobene Rente

$$_{n|}\text{a}_x^{(m)} = {}_nE_x\, \text{a}_{x+n}^{(m)} = {}_{n|}\text{a}_x - \frac{m-1}{2m}\, {}_nE_x. \tag{59}$$

Für die bezügliche temporäre Rente ist dann

$$\text{a}_{x,\overline{n}|}^{(m)} = \text{a}_x^{(m)} - {}_{n|}\text{a}_x^{(m)} = \text{a}_{x,\overline{n}|} - \frac{m-1}{2m}(1 - {}_nE_x). \tag{60}$$

Man kann aber auch direkt aus der allgemeinen Formel (56) schließen:

$$_{n|}\text{a}_x^{(m)} = (\beta_1 + \beta_2 i)\, {}_{n|}\text{a}_x - \beta_2 r\, \frac{(1-0)\,D_{x+n}}{D_x} = {}_{n|}\text{a}_x - \frac{m-1}{2m}\, {}_nE_x$$

und

$$\text{a}_{x,\overline{n}|}^{(m)} = (\beta_1 + \beta_2 i)\, \text{a}_{x,\overline{n}|} - \beta_2 r\, \frac{D_x - (0-1)\,D_{x+n}}{D_x} = \text{a}_{x,\overline{n}|} - \frac{m-1}{2m}\left(1 - {}_nE_x\right).$$

Aus dem Zusammenhang zwischen Pränumerando- und Postnumerandorente erhält man

$$\left.\begin{aligned} a_x^{(m)} &= \text{a}_x - \frac{m-1}{2m} - \frac{1}{m} = \text{a}_x - \frac{m+1}{2m} \\ &= a_x + \frac{m-1}{2m}. \end{aligned}\right\} \tag{61}$$

Sind aber die auf die einzelnen Jahre fallenden Beträge $e_0, e_1, e_2, \ldots$ verschieden, dann wird bei der Pränumerandorente im ersten Jahre e_0/m, im zweiten $(e_1 - e_0)/m$, im dritten $(e_2 - e_1)/m$ usw. mehr bezahlt, und man erhält

$$\left.\begin{aligned} a_x^{(m)}\{e_0, e_1, \ldots\} &= \text{a}_x^{(m)}\{e_0, e_1, \ldots\} - \frac{1}{D_x}\left(\frac{e_0}{m} D_x + \frac{e_1 - e_0}{m} D_{x+1} + \ldots\right) \\ &= \text{a}_x\{e_0, e_1, \ldots\} - \left(\frac{m-1}{2m} + \frac{1}{m}\right)\text{a}_x\{e_0, e_1 - e_0, \ldots\} \\ &= \text{a}_x\{e_0, e_1, \ldots\} - \frac{m+1}{2m}\,\text{a}_x\{e_0, e_1 - e_0, \ldots\}. \end{aligned}\right\} \tag{62}$$

§ 19. Erlebensfallzahlungen für irgendeinen Zeitpunkt.

Wenn eine Erlebenszahlung zu einem Termin $n + \alpha$, $\alpha < 1$ sichergestellt werden soll, so kann man rein formal

$$_{n+\alpha}E_x = \frac{l_{x+n+\alpha}}{l_x}\, v^{n+\alpha} = \frac{D_{x+n+\alpha}}{D_x}$$

ansetzen, wobei in der Regel von linearer Interpolation zwischen den ganzzahligen Altern $x + n$ und $x + n + 1$ Gebrauch gemacht wird.

Hiernach wäre entweder

$$l_{x+n+\alpha} = l_{x+n} - \alpha\,(l_{x+n} - l_{x+n+1}),$$

$$\begin{aligned} D_{x+n+\alpha} = l_{x+n+\alpha}\, v^{x+n+\alpha} &= [l_{x+n}(1-\alpha) + \alpha\, l_{x+n+1}]\, v^{x+n+\alpha} \\ &= D_{x+n}\, v^{\alpha}(1-\alpha) + \alpha\, r\, l_{x+n+1}\, v^{x+n+1}\, v^{\alpha} \\ &= v^{\alpha}\,[(1-\alpha)\, D_{x+n} + \alpha\, r\, D_{x+n+1}] \end{aligned}$$

und daher

$$_{n+\alpha}E_x = \frac{v^{\alpha}}{D_x}\,[(1-\alpha)\, D_{x+n} + \alpha\, r\, D_{x+n+1}] \tag{63}$$

zu verwenden oder von der Formel

$$_{n+\alpha}E_x = {}_nE_x - \alpha\,({}_nE_x - {}_{n+1}E_x) \tag{64}$$

Gebrauch zu machen, wenn die lineare Interpolation, auf die Versicherungswerte selbst angewendet, als genügend genau erachtet wird.

Für eine aufgeschobene $m$teljährig zahlbare Leibrente wird man unter den gleichen Voraussetzungen die Formel

$$\left.\begin{aligned} {}_{n+\alpha}\mathrm{a}_x^{(m)} &= {}_{n+\alpha}E_x\, \mathrm{a}_{x+n+\alpha}^{(m)} \\ &= {}_{n+\alpha}E_x \left[\left(\mathrm{a}_{x+n} - \frac{m-1}{2m}\right)(1-\alpha) + \alpha\left(\mathrm{a}_{x+n+1} - \frac{m-1}{2m}\right)\right] \\ &= {}_{n+\alpha}E_x \left[(1-\alpha)\,\mathrm{a}_{x+n} + \alpha\,\mathrm{a}_{x+n+1} - \frac{m-1}{2m}\right] \end{aligned}\right\} \tag{65}$$

anwenden dürfen, während sich für temporäre Leibrente der Dauer $n + \alpha$ praktisch meist mit genügender Genauigkeit

$$\mathrm{a}_{x,\,\overline{n+\alpha}|} = (1-\alpha)\,\mathrm{a}_{x,\,\overline{n}|} + \alpha\,\mathrm{a}_{x,\,\overline{n+1}|} \tag{66}$$

anwenden läßt.

Ähnliches gilt von der Ermittlung der Erwartungswerte von temporären Ablebensversicherungen und Versicherungen auf Ab- und Erleben für nicht ganzzahlige Dauern, wenngleich natürlich auch hier Interpolation mit Differenzen höherer Ordnung dann anzuwenden ist, wenn dies aus irgendeinem Grunde zweckmäßig oder erforderlich erscheint.

§ 20. Nettoprämien.

Für die Sicherstellung einer Versicherungsleistung kommen als Gegenleistung des Versicherungsnehmers die Zahlungen in Betracht, die er als Beitragsleistung oder Versicherungsprämien zu erbringen hat. Wir wollen hierbei von allen Leistungen des Versicherers an Verwaltungskosten zunächst absehen und bezeichnen dann diese Prämien als *reine* oder *Nettoprämien.* Für ihre Bestimmung gilt als Fundamentalprinzip, daß für den Beginn der Versicherung der Erwartungswert der reinen Versicherungsleistung der Gesellschaft dem Erwartungswert der Nettoprämien gleichzusetzen ist. Die Zahlung der Prämien kann hierbei als Einmalprämie zu Beginn der Versicherung oder als laufende Prämie nach irgendeiner Festsetzung während der ganzen oder eines Teiles der Versicherungsdauer erfolgen. Die Prämien können hierbei ganzjährig zu Beginn der einzelnen Versicherungsjahre oder in unterjährigen Raten gezahlt werden. Die Gleichheit des Erwartungswertes von Leistung und Gegenleistung für den Beginn der Versicherung wird auch als *Prinzip der Äquivalenz bezeichnet.*

Nach diesem wäre also — stets unter Vernachlässigung der Verwaltungskosten, demnach nur unter Berücksichtigung der Nettoleistung und der Nettoprämien — die jährlich im vorhinein während der ganzen Versicherungsdauer zu entrichtende Nettoprämie für eine reine Erlebensfallversicherung aus der Relation

$$P\left({}_nE_x\right) . \mathrm{a}_{x,\overline{n|}} = {}_nE_x,$$

demnach mit

$$P\left({}_nE_x\right) = \frac{{}_nE_x}{\mathrm{a}_{x,\overline{n|}}} = \frac{D_{x+n}}{D_x} \frac{D_x}{\Sigma D_x - \Sigma D_{x+n}} = \frac{D_{x+n}}{N_x - N_{x+n}} \tag{67}$$

zu ermitteln. Da sich eine aufgeschobene Leibrente als Erlebensfallversicherung auf den Betrag a_{x+n} auffassen läßt, folgt für die Jahresprämie derselben

$$P\left({}_{n|}\mathrm{a}_x\right) = \frac{{}_{n|}\mathrm{a}_x}{\mathrm{a}_{x,\overline{n|}}} = \frac{N_{x+n}}{N_x - N_{x+n}} = P\left({}_nE_x\right) . \mathrm{a}_{x+n}. \tag{68}$$

Für eine reine Ablebensversicherung mit lebenslänglicher Zahlung der Prämien erhält man

$$\left.\begin{aligned} P_x &= \frac{A_x}{\mathrm{a}_x} = \frac{M_x}{N_x} \\ &= \frac{1 - d\,\mathrm{a}_x}{\mathrm{a}_x} = \frac{1}{\mathrm{a}_x} - (1 - v) \end{aligned}\right\} \tag{69}$$

und bei höchstens n maliger Zahlung der Prämie

$${}_nP_x = \frac{A_x}{\mathrm{a}_{x,\overline{n|}}} = \frac{M_x}{N_x - N_{x+n}}. \tag{70}$$

Für die temporäre Todesfallversicherung ergibt sich

$$P\left({}_{|n}A_x\right) = \frac{{}_{|n}A_x}{\mathrm{a}_{x,\overline{n|}}} = \frac{M_x - M_{x+n}}{N_x - N_{x+n}} \tag{71}$$

und für die aufgeschobene Todesfallversicherung mit Zahlung der Prämien während der Aufschubdauer

$${}_mP\left({}_{n|}A_x\right) = \frac{{}_{n|}A_x}{\mathrm{a}_{x,\overline{m|}}} = \frac{M_{x+n}}{N_x - N_{x+m}} \tag{72}$$

und bei lebenslänglicher Zahlung der Prämien

$$P\left({}_{n|}A_x\right) = \frac{M_{x+n}}{N_x}. \tag{73}$$

Für die gemischte Versicherung ergibt sich als Jahresnettoprämie

$$\left.\begin{aligned} P_{x,\overline{n|}} &= \frac{A_{x,\overline{n|}}}{\mathrm{a}_{x,\overline{n|}}} = \frac{M_x - M_{x+n} + D_{x+n}}{N_x - N_{x+n}} = \frac{1 - d\,\mathrm{a}_{x,\overline{n|}}}{\mathrm{a}_{x,\overline{n|}}} = \frac{1}{\mathrm{a}_{x,\overline{n|}}} - d \\ &= \frac{{}_{|n}A_x + {}_nE_x}{\mathrm{a}_{x,\overline{n|}}} = P\left({}_{|n}A_x\right) + P\left({}_nE_x\right) \end{aligned}\right\} \tag{74}$$

und, wenn die Prämienzahlung nur durch $m < n$ Jahre erfolgen soll,

$$_{m}P_{x,\overline{n}|} = \frac{A_{x,\overline{n}|}}{\mathrm{a}_{x,\overline{m}|}} = \frac{M_x - M_{x+n} + D_{x+n}}{N_x - N_{x+m}}. \tag{75}$$

In Analogie zur Formel (39)

$$A_x = v\,\mathrm{a}_x - a_x$$

läßt sich der Erwartungswert der temporären Ablebensversicherung auch

$$_{|n}A_x = v\,\mathrm{a}_{x,\overline{n}|} - a_{x,\overline{n}|}$$

und der Erwartungswert der gemischten Versicherung auch

$$A_{x,\overline{n}|} = v\,\mathrm{a}_{x,\overline{n}|} - a_{x,\overline{n-1}|}$$

schreiben. Die Richtigkeit der Ausdrücke ist in ganz gleicher Weise wie bei (39) ohne jede Rechnung zu erkennen. Man erhält daher auch für die bezüglichen Jahresnettoprämien die Ausdrücke

$$P_x = v - \frac{a_x}{\mathrm{a}_x}, \quad P({}_nA_x) = v - \frac{a_{x,\overline{n}|}}{\mathrm{a}_{x,n}}, \quad P_{x,\overline{n}|} = v - \frac{a_{x,\overline{n-1}|}}{\mathrm{a}_{x,\overline{n}|}}. \tag{76}$$

Auf Grund der Formeln

$$A = 1 - d\,\mathrm{a}, \quad P = \frac{1}{\mathrm{a}} - d, \quad \mathrm{a} = \frac{1}{P + d},$$

die in gleicher Weise für die Ablebensversicherung und die gemischte Versicherung gelten, ist es naheliegend, bei gegebenem d die Berechnung der Prämien auf Grund vorgegebener, nach gleichen Differenzen fortschreitender Werte der a im Wege von numerischen Tafeln zu erleichtern. Solche Tafeln wurden in den Zeiten, als die maschinellen Rechenbehelfe noch nicht allgemein in Verwendung standen, gern benutzt und schon im Jahre 1856 von WILLIAM ORCHARD herausgegeben.

Bei einer *Versicherung mit bestimmter Verfallszeit* oder à terme fixe wird die Versicherte Summe unter allen Umständen an einem im voraus bestimmten Termin zur Auszahlung gebracht. Die Jahresnettoprämie ist daher

$$P(v^n) = \frac{v^n}{\mathrm{a}_{x,\overline{n}|}}. \tag{77}$$

Im übrigen kann man natürlich eine solche Versicherung als eine temporäre Ablebensversicherung auf die Beträge $v^{n-1}, v^{n-2}, \ldots 1$ verbunden mit einer Erlebensversicherung auf den Betrag 1 auffassen. Es ergibt sich dann als Erwartungswert

$$\frac{1}{D_x}[v^{n-1}C_x + v^{n-2}C_{x+1} + \ldots + C_{x+n-1} + D_{x+n}]$$

$$= \frac{1}{D_x}v^{n+x}[(l_x - l_{x+1}) + (l_{x+1} - l_{x+2}) + \ldots + (l_{x+n-1} - l_{x+n}) + l_{x+n}]$$

$$= \frac{1}{D_x}v^n \,.\, D_x = v^n.$$

Nicht selten wird bei Kapitalsversicherungen eine laufende Prämienzahlung vorgesehen, welche nach einem in arithmetischer Reihe ansteigenden oder abfallenden Schema eingerichtet ist. Häufig ist vereinbart, daß die Prämie durch eine Reihe von Jahren auf gleicher Höhe bleibt, um dann um einen jedes Jahr gleichmäßig steigenden Betrag vermindert zu werden. Ist diese Nettoprämie in den ersten k Jahren $P_0 = P_1 = P_2 = \ldots P_{k-1}$ und weiterhin

$$\begin{aligned} P_k &= P_0(1 - k\alpha), \\ P_{k+1} &= P_0(1 - \overline{k+1}\,.\,\alpha), \qquad \Delta = -P_0\alpha. \\ &\ldots\ldots\ldots\ldots \\ P_{n-1} &= P_0(1 - \overline{n-1}\,.\,\alpha), \end{aligned}$$

dann ist der Erwartungswert der Prämienzahlung

$$\frac{1}{D_x}[P_0 D_x + P_1 D_{x+1} + \ldots P_{k-1} D_{x+k-1} + P_k D_{x+k} + \ldots P_{n-1} D_{x+n-1}].$$

Hierbei ist festgesetzt, daß die Prämie nach k Jahren um einen Prozentsatz $k\,.\,\alpha$ der Prämie, weiterhin um $(k+1)\,\alpha P_0$, $(k+2)\,\alpha P_0, \ldots$ abfallen soll. Nach der für diese fallende Rente anzusetzenden Formel erhält man für den Erwartungswert der Prämienzahlung

$$\begin{aligned} &\frac{1}{D_x}[(\Sigma D_x - \Sigma D_{x+k})\,P_0 + (P_k - \Delta)\,\Sigma D_{x+k} - P_{n-1}\,\Sigma D_{x+n} - \\ &\qquad\qquad - \Delta\,(\Sigma\Sigma D_{x+k} - \Sigma\Sigma D_{x+n})] \\ &= \frac{P_0}{D_x}[(\Sigma D_x - \Sigma D_{x+k}) + (1 - k\alpha + \alpha)\,\Sigma D_{x+k} - \\ &\qquad\qquad - (1 - \overline{n-1}\,.\,\alpha)\,\Sigma D_{x+n} - \alpha\,(\Sigma\Sigma D_{x+k} - \Sigma\Sigma D_{x+n})] \\ &= \frac{P_0}{D_x}[\Sigma D_x - \Sigma D_{x+n} - (\overline{k-1}\,.\,\Sigma D_{x+k} - \overline{n-1}\,.\,\Sigma D_{x+n})\,\alpha - \\ &\qquad\qquad - \alpha\,(\Sigma\Sigma D_{x+k} - \Sigma\Sigma D_{x+n})] \end{aligned}$$

oder auch

$$\left.\begin{aligned} &P_0\Big[a_{x,\overline{n}|} - \frac{\alpha}{D_x}(\overline{k-1}\,.\,\Sigma D_{x+k} - \overline{n-1}\,.\,\Sigma D_{x+n} + \\ &\qquad\qquad + \Sigma\Sigma D_{x+k} - \Sigma\Sigma D_{x+n})\Big] \\ &= P_0\Big[a_{x,\overline{n}|} - \frac{\alpha}{D_x}(k\,\Sigma D_{x+k} - n\,\Sigma D_{x+n} + \Sigma\Sigma D_{x+k+1} - \\ &\qquad\qquad - \Sigma\Sigma D_{x+n+1})\Big]. \end{aligned}\right\} \quad (78)$$

Für die Versicherung auf Ab- und Erleben wird dann die gesuchte abfallende Nettoprämie durch Division von $A_{x,\overline{n}|}$ durch den in der eckigen Klammer vermerkten Rentenausdruck erhalten. In der Regel wird hierbei in der Praxis für k der Wert 3 oder 5 gebraucht, so daß im ersten Falle für $\alpha = 0{,}03$ die Prämie nach drei Jahren um 9%, weiterhin um 12%, 15% usw., im zweiten Falle nach fünf Jahren um 15%, weiterhin um 18%, 21% usw. fällt.

Wenn bei einer Erlebensversicherung vorgesehen ist, daß die bezahlte Einmalprämie K bei vorzeitigem Ableben zur *Rückerstattung* gelangt, dann wäre der Erwartungswert dieser Versicherung durch

$$_nE_x + {}_{|n}A_x \,.\, K$$

definiert. Würde aber die Einmalprämie mit Zins und Zinseszins am Ende des Sterbejahres rückerstattet werden und käme für den anzurechnenden Zins hierbei der Zinssatz i' mit dem Aufzinsungsfaktor s in Betracht, so wäre der Erwartungswert der Rückerstattung offenbar

$$\frac{K}{D_x}(s\,C_x + s^2 C_{x+1} + \dots s^n C_{x+n-1}).$$

Die numerische Berechnung könnte durch Einführung von diskontierten Zahlen

$$s^x D_x = D_x', \quad s^{x+1} C_x = C'_{x+1}$$

erleichtert werden, da sich dann für den genannten Erwartungswert

$$\frac{K}{D_x'}(C_x' + C'_{x+1} + \dots C'_{x+n-1}) = \frac{K}{D_x'}(\Sigma C_x' - \Sigma C'_{x+n})$$

ergibt. Für den speziellen Fall $i' = i$ ist $r = s$

$$D_x' = v^x r^x l_x = l_x, \quad C_x' = r^{x+1} \,.\, v^{x+1}(l_x - l_{x+1}) = l_x - l_{x+1}$$

und damit der Erwartungswert der Rückerstattung

$$K \,.\, \frac{l_x - l_{x+n}}{l_x}.$$

Ist aber festgesetzt, daß K bei vorzeitigem Ableben erst am Ende der vereinbarten Versicherungsdauer zur Rückerstattung gelangt, dann wäre der Erwartungswert der Rückerstattung

$$K\,v^n\left(1 - \frac{l_{x+n}}{l_x}\right).$$

Ist hingegen bei laufender Prämienzahlung die Rückerstattung bei Ableben im ersten Jahre mit k, bei Ableben im zweiten Jahre mit $2\,k, \dots,$ bei Ableben im $n$ten Jahre mit nk festgesetzt, so ergibt sich als Erwartungswert

$$\frac{1}{D_x}(k\,C_x + 2\,k\,C_{x+1} + \dots n\,k\,C_{x+n-1}) = k\,_{|n}(|A)_x.$$

Erfolgt aber die Rückerstattung allemal erst am Ende des $n$ten Jahres, so wird für ihren Erwartungswert

$$\frac{1}{l_x} k\,[v^n(l_x - l_{x+1}) + 2\,v^n(l_{x+1} - l_{x+2}) + \dots + n\,v^n(l_{x+n-1} - l_{x+n})]$$

$$= \frac{k\,v^n}{l_x}[l_x + l_{x+1} + \dots l_{x+n-1} - n\,l_{x+n}] = \frac{k\,v^n}{l_x}(\Sigma l_x - \Sigma l_{x+n} - n\,l_{x+n})$$

erhalten.

Würde auch im Falle laufender Zahlung die Rückerstattung wieder mit i Zins und Zinseszins erfolgen, so sind diese Rückerstattungsbeträge in den einzelnen Jahren

$$k \,.\, s,\ k(s^2+s),\ \ldots,\ k(s^n+s^{n-1}+\ldots s),$$

im allgemeinen Falle daher

$$k(s^{t+1}+s^t+\ldots s) = ks\frac{s^{t+1}-1}{s-1} = \alpha(s^{t+1}-1),\quad \frac{ks}{s-1}=\alpha$$

für das Jahr $t+1$. Man erhält sonach für den Erwartungswert

$$\alpha\frac{1}{D_x}[(s-1)C_x+(s^2-1)C_{x+1}+\ldots(s^n-1)C_{x+n-1}]$$

$$=\alpha\left[\frac{1}{D_x}(sC_x+s^2C_{x+1}+\ldots s^nC_{x+n-1})-\frac{1}{D_x}(C_x+C_{x+1}+\ldots C_{x+n-1})\right]$$

und unter Einführung der vor definierten diskontierten Zahlen auch

$$\frac{ks}{s-1}\left[\frac{1}{D_x'}(\Sigma C_x'-\Sigma C'_{x+n})-\frac{1}{D_x}(\Sigma C_x-\Sigma C_{x+n})\right].$$

Ist aber speziell $s=r$, $D_x'=l_x$, $C_x'=l_x-l_{x+1}$, so ergibt sich

$$\frac{kr}{r-1}\left[\frac{l_x-l_{x+n}}{l_x}-{}_{|n}A_x\right].$$

§ 21. Annuitäten-Tilgungsversicherung.

Wenn ein Darlehen gegen gleichbleibende, am Ende der Jahre zahlbare Annuitäten in der Höhe a durch n Jahre verzinst und getilgt werden soll, so kann damit eine Versicherung in der Art verbunden werden, daß bei vorzeitigem Ableben des Versicherten das jeweils noch ausstehende Restkapital zur Zahlung gelangt. Man nennt dies eine *Hypothekentilgungs-* oder *Hypothekarlebensversicherung*. Bei vorzeitigem Ableben ist dann am Ende des 1., 2., ..., $n$ten Jahres zu zahlen

$$C_0 = a+\frac{a}{s}+\frac{a}{s^2}+\ldots\frac{a}{s^{n-1}},$$

$$C_1 = a+\frac{a}{s}+\ldots\frac{a}{s^{n-2}},$$

$$\ldots\ldots\ldots\ldots\ldots\ldots$$

$$C_{n-1}=a,$$

wenn s den Aufzinsungsfaktor entsprechend dem Zinssatz i' bedeutet. Allgemein beträgt daher die Zahlung bei Ableben im $t+1$ten Jahre

$$C_t = a+\frac{a}{s}+\ldots\frac{a}{s^{n-(t+1)}} = \frac{a}{s^{n-(t+1)}}(s^{n-t-1}+s^{n-t-2}+\ldots+1)$$

$$=\frac{a}{s^{n-t-1}}\cdot\frac{s^{n-t}-1}{s-1} = \frac{a}{s-1}\left(s-\frac{1}{s^{n-t-1}}\right) = \frac{a}{s-1}\left(s-\frac{s^{t+1}}{s^n}\right).$$

Setzt man

$$\frac{a s}{s-1} = \alpha, \quad \frac{a}{(s-1) s^n} = \beta,$$

so ist

$$C_t = \alpha - \beta s^{t+1} \quad \text{für} \quad t = 0, 1, 2, \ldots, (n-1).$$

Die Zahlungen sind dann

$$C_0 = \alpha - \beta s, \; C_1 = \alpha - \beta s^2, \ldots, C_{n-1} = \alpha - \beta s^n$$

und der Erwartungswert der Zahlung

$$\frac{1}{D_x}[\alpha (C_x + C_{x+1} + \ldots C_{x+n-1}) - \beta (s C_x + s^2 C_{x+1} + \ldots s^n C_{x+n-1})].$$

Unter Benutzung der diskontierten Zahlen $D_x' = s^x D_x$ und $C_x' = s^{x+1} C_x$ erhält man dann

$$\frac{1}{D_x} \alpha (\Sigma C_x - \Sigma C_{x+n}) - \frac{1}{D_x'} \beta (\Sigma C_x' - \Sigma C'_{x+n})$$

und

$$\frac{a s}{s-1} \cdot \frac{1}{D_x} (\Sigma C_x - \Sigma C_{x+n}) - \frac{a}{(s-1) s^n} \cdot \frac{1}{D_x'} (\Sigma C'_x - \Sigma C'_{x+n}).$$

Für den speziellen Fall $s = r$ ist wieder $D_x' = l_x$, $C_x' = l_x - l_{x+1}$ und das Resultat vereinfacht sich zu

$$\frac{a r}{r-1} \cdot {}_{|n}A_x - \frac{a}{(r-1) r^n} \cdot \frac{l_x - l_{x+n}}{l_x}.$$

Hieraus aber erhält man auch

$$\left.\begin{aligned} &\frac{a}{1-v}\left[1 - (1-v)\, a_{x,\overline{n}|} - \frac{D_{x+n}}{D_x} - v^{n+1}\left(1 - \frac{l_{x+n}}{l_x}\right)\right] \\ &= a\left[\frac{1-v^{n+1}}{1-v} - a_{x,\overline{n}|} - \frac{D_{x+n}}{D_x}\right] = a\,(a_{\overline{n+1}|} - a_{x,\overline{n+1}|}) = \\ &\qquad = a\,(a_{\overline{n}|} - a_{x,\overline{n}|}). \end{aligned}\right\} \quad (78)$$

In der letzteren Gestalt ist das Resultat unmittelbar anschaulich. Es kommt hier die Differenz einer Zeitrente und einer temporären Leibrente der gleichen Dauer in Betracht. Die Rente wird also zum erstenmal am Ende des Sterbejahres, zum letztenmal am Ende der Versicherungsdauer bezahlt. Man nennt eine solche Rente auch eine Todesfallrente oder Nachrente. Sie spielt auch sonst in der Lebensversicherung eine gewisse Rolle.

§ 22. Prämienrückgewähr.

Bei manchen Versicherungsarten ist es möglich, daß es zu einer Leistung des Versicherers gar nicht kommt und die eingezahlten Prämien verfallen. So z. B. bei einer temporären Versicherung auf den Todesfall, wenn das Ableben nach Ablauf der vereinbarten Versicherungsdauer eintritt, oder bei einer Erlebensversicherung oder einer aufgeschobenen Versicherung, wenn der vereinbarte Termin nicht erlebt wird. Um diesen gänzlichen Verfall der Prämien zu vermeiden, werden solche Versicherungen mit bedingter Zahlung des Kapitals nicht selten unter Mitversicherung der Prämien für den Fall, daß es zu einer Versicherungsleistung sonst nicht kommt, abgeschlossen. Wir betrachten einige Beispiele.

Ist bei einer Erlebensfallversicherung mit Einmalprämie vereinbart, daß diese zur Rückerstattung gelangt, wenn das Ableben vor dem Erlebenstermin eintritt, und ist der Nettoerwartungswert U und die Einmalprämie

$$\Pi = U\,(1 + \varepsilon),$$

dann gilt

$$U = {}_nE_x + \Pi\,{}_{|n}A_x \tag{79}$$

und auch

$$\left.\begin{aligned} U = {}_nE_x + U\,(1+\varepsilon)\,{}_{|n}A_x,\quad U\,[1-(1+\varepsilon)\,{}_{|n}A_x] = {}_nE_x \\ U = \frac{{}_nE_x}{1-(1+\varepsilon)\,{}_{|n}A_x},\quad \Pi = \frac{{}_nE_x\,(1+\varepsilon)}{1-(1+\varepsilon)\,{}_{|n}A_x}. \end{aligned}\right\} \tag{80}$$

Veranschlagt man aber den Zuschlag zur Prämie in verschiedener Höhe für die Hauptversicherung und die Rückgewähr, dann wäre

$$\Pi = {}_nE_x\,(1+\varepsilon_2) + \Pi\,{}_{|n}A_x\,(1+\varepsilon_1)$$

und daher

$$\Pi = \frac{{}_nE_x\,(1+\varepsilon_2)}{1-{}_{|n}A_x\,(1+\varepsilon_1)}. \tag{81}$$

Ganz analog wäre für den Fall der aufgeschobenen Rente, die sich als Erlebensversicherung auf den Betrag a_{x+n} darstellt,

$$\left.\begin{aligned} U = {}_{n|}\mathrm{a}_x + \Pi\,{}_{|n}A_x \\ \Pi = U\,(1+\varepsilon),\quad U = {}_{n|}\mathrm{a}_x + (1+\varepsilon)\,U\,{}_{|n}A_x \\ U = \frac{{}_{n|}\mathrm{a}_x}{1-(1+\varepsilon)\,{}_{|n}A_x} = \frac{{}_nE_x}{1-(1+\varepsilon)\,{}_{|n}A_x}\cdot \mathrm{a}_{x+n} \end{aligned}\right\} \tag{82}$$

anzusetzen. Erfolgt aber die Prämienzahlung nicht einmalig, sondern laufend in der Höhe π, dann werden die bei vorzeitigem Ableben rückzuvergütenden Beträge $\pi, 2\pi, 3\pi, \ldots, n\pi$ betragen und man würde für den Erwartungswert in diesem Falle

$$U = {}_nE_x + \pi\,{}_{|n}(|A)_x$$

erhalten. Wird die zu bezahlende Prämie π aus der Nettoprämie P wieder auf Grund eines Zuschlages ε erhalten, dann gilt

$$\pi = P\,(1+\varepsilon),$$

und es ergibt sich für die laufende Prämie P der reinen Erlebensversicherung

$$\left.\begin{aligned} \pi\, a_{x,\overline{n}|} &= U\,(1+\varepsilon) \\ P\, a_{x,\overline{n}|} &= U = {}_nE_x + P\,(1+\varepsilon)\, {}_{|n}(|A)_x \\ P = \frac{{}_nE_x}{a_{x,\overline{n}|} - (1+\varepsilon)\, {}_{|n}(|A)_x}, &\quad \pi = \frac{{}_nE_x\,(1+\varepsilon)}{a_{x,\overline{n}|} - (1+\varepsilon)\, {}_{|n}(|A)_x} \end{aligned}\right\} \tag{83}$$

und der aufgeschobenen Rente

$$\pi = \frac{{}_nE_x\,(1+\varepsilon)}{a_{x,\overline{n}|} - (1+\varepsilon)\, {}_{|n}(|A)_x} \cdot a_{x+n}. \tag{84}$$

Auch hier wird dann häufig die Erlebensversicherung und die Prämienrückgewähr mit verschiedenen Zuschlagssätzen versehen, in welchem Falle sich

$$\left.\begin{aligned} \pi\, a_{x,\overline{n}|} &= \pi\, {}_{|n}(|A)_x\,(1+\varepsilon_1) + {}_nE_x\,(1+\varepsilon_2) \\ \pi &= \frac{{}_nE_x\,(1+\varepsilon_2)}{a_{x,\overline{n}|} - {}_{|n}(|A)_x\,(1+\varepsilon_1)} \end{aligned}\right\} \tag{85}$$

ergibt. Ähnlich verfährt man in allen anderen Fällen. Bei einer aufgeschobenen Todesfallversicherung mit lebenslänglicher oder temporärer Zahlung der Prämien und Rückgewähr derselben bei vorzeitigem Ableben würde demnach

$$\left.\begin{aligned} U &= \pi\, {}_{|n}(|A)_x + {}_{n|}A_x \\ U = P\, a_{x,\overline{n}|} &= P\,(1+\varepsilon)\, {}_{|n}(|A)_x + {}_{n|}A_x \\ P &= \frac{{}_{n|}A_x}{a_{x,\overline{n}|} - (1+\varepsilon)\, {}_{|n}(|A)_x} \end{aligned}\right\} \tag{86}$$

oder auch

$$\left.\begin{aligned} \pi\, a_{x,\overline{n}|} &= \pi\,(1+\varepsilon_1)\, {}_{|n}(|A)_x + {}_{n|}A_x\,(1+\varepsilon_2) \\ \pi &= \frac{{}_{n|}A_x\,(1+\varepsilon_2)}{a_{x,\overline{n}|} - (1+\varepsilon_1)\, {}_{|n}(|A)_x} \end{aligned}\right\} \tag{87}$$

erhalten werden. Es erübrigt sich wohl, eine weitere nähere Ausführung von Spezialfällen.

§ 23. Die Verwaltungskosten als dritte Rechnungsgrundlage.

Bisher wurden alle Versicherungswerte und auch die Prämien unter alleiniger Berücksichtigung von Zins und Sterblichkeit als Rechnungselementen ermittelt. Man bezeichnet den Zins als die erste und die Sterblichkeit als die zweite Rechnungsgrundlage. Für den Versicherer aber müssen auch die Verwaltungskosten des Geschäftes als Ausgaben berücksichtigt werden, die bei Bemessung der Höhe der Prämien und auch, wie später darzustellen sein wird, bei der Ermittlung der Höhe der erforderlichen Rücklagen von sehr erheblicher Bedeutung sind. Zu ihrer möglichst genauen Bestimmung sind, genau wie bei Zins und Sterblichkeit, umfassende Erhebungen aus den eigenen Erfahrungen, aber auch für die Zukunft geltende Schätzungen des voraussichtlichen Verlaufes derselben vonnöten. Die in die Rechnungen eingeführten Annahmen über die Höhe der voraussichtlichen Verwaltungskosten gibt diesen voll und ganz den Charakter einer Rechnungsgrundlage, und wir wollen diese daher als *dritte Rechnungsgrundlage* bezeichnen.

Eine genauere Analyse der Verwaltungskosten eines Lebensversicherungsbetriebes läßt erkennen, daß diese mit genügender Schärfe für die vorzunehmenden Berechnungen in drei Gruppen geschieden werden können. Die erste umfaßt jene Kosten, welche sich für die Gesellschaft gleich zu Beginn der Versicherung, zum Teil sogar vor Abschluß derselben ergeben. Wir bemessen diese als Prozentsatz des versicherten Kapitals und bezeichnen diesen künftig mit α. Für einen zweiten Typus von Verwaltungskosten ist ein Prozentsatz β der jeweils vereinnahmten Prämie passend als Maßstab zu gebrauchen. Und für alle übrigen Kosten wird für die ganze Versicherungsdauer ein jährlich gleichbleibender Prozentsatz der versicherten Summe γ als Kostenmaß verwendet. Wie die Aufteilung der Kosten auf diese drei Kategorien zu erfolgen hat, hängt von den Besonderheiten jedes Betriebes ab. Wir bezeichnen die Kosten vom Typus α als Abschlußkosten, die vom Typus β als Inkassokosten und die vom Typus γ als reine Verwaltungskosten, ohne über die Aufteilung der Kosten nach diesen drei Gesichtspunkten näheres auszusagen. Es mag genügen, daß sich die Kosten in diese drei Gruppen mit genügender Schärfe für die praktische Rechnung aufteilen lassen.

Wir bezeichnen nun eine Prämie, welche nach entsprechenden Rechnungsgrundlagen hinsichtlich Sterblichkeit und Zins ermittelt ist und auch auf die Verwaltungskosten entsprechend den Sätzen α, β, γ Rücksicht nimmt, als *ausreichende Prämie*. Wir wollen auch künftig annehmen, daß diese ausreichenden Prämien diejenigen sind, welche die Gesellschaft bei den Versicherungsnehmern tatsächlich zur Einhebung bringt. Wir sehen also davon ab, daß die tatsächlichen Tarifprämien noch durch andere Momente beeinflußt sein können, zu welchen insbesondere Sicherheits- und besondere Gefahrenaufschläge, aber auch eine Erhöhung der Prämien im Hinblick auf zu gewährende Gewinnanteile zu rechnen wären. Wir bezeichnen die laufend in gleicher Höhe zu bezahlende ausreichende Prämie mit P_x^a. Aus dieser Prämieneinnahme müssen daher: 1. die Nettoversicherungsleistung, 2. die Anwerbekosten α, 3. die Inkassokosten β, 4. die Verwaltungskosten γ gedeckt werden, wobei in jeder dieser vier Gruppen eine Anzahl von speziellen Kosten zusammengefaßt ist.

Wir setzen nun voraus, daß auch bei Einschluß der Verwaltungskosten für den Beginn der Versicherung das Prinzip der Gleichheit von Leistung und Gegenleistung — Äquivalenzprinzip — voll in Geltung ist und haben nach diesem für die ausreichende Prämie einer gemischten Versicherung die Relation

$$P^a_{x,\overline{m|}} \mathrm{a}_{x,\overline{m|}} = A_{x,\overline{n|}} + \alpha + \beta P^a_{x,\overline{m|}} \cdot \mathrm{a}_{x,\overline{m|}} + \gamma \mathrm{a}_{x,\overline{n|}}. \tag{88}$$

Hierbei ist die Dauer der Prämienzahlung mit m, die Versicherungsdauer mit n angenommen. Für den Fall $m = n$ ist dann

$$P^a_{x,\overline{n|}} = P_{x,\overline{n|}} + \frac{\alpha}{\mathrm{a}_{x,\overline{n|}}} + \beta P^a_{x,\overline{n|}} + \gamma, \tag{89}$$

während sich allgemein aus (88)

$$\left.\begin{aligned} P^a_{x,\overline{m|}} &= \frac{A_{x,\overline{n|}}}{\mathrm{a}_{x,\overline{m|}}} + \frac{\alpha}{\mathrm{a}_{x,\overline{m|}}} + \beta P^a_{x,\overline{m|}} + \gamma \frac{\mathrm{a}_{x,\overline{n|}}}{\mathrm{a}_{x,\overline{m|}}}, \\ P^a_{x,\overline{m|}} &= \frac{A_{x,\overline{n|}} + \alpha + \gamma \mathrm{a}_{x,\overline{n|}}}{(1-\beta)\, \mathrm{a}_{x,\overline{m|}}} \end{aligned}\right\} \tag{90}$$

ergibt. Hieraus folgt eine Teilung der ausreichenden Prämie in vier Bestandteile, deren ersten die Nettoprämie darstellt, während der zweite den auf die einzelne Jahresprämie entfallenden Anteil zur laufenden Deckung der bei Beginn verausgabten Abschlußkosten bedeutet. Der dritte Bestandteil kennzeichnet die Höhe der jährlichen Inkassokosten und der vierte den aus der Prämie fließenden Beitrag zur Deckung der über die ganze Versicherungsdauer laufenden Kosten der Verwaltung. Für den Fall einmaliger Prämienzahlung zu Beginn der Versicherung würde die ausreichende Prämie sein

$$A^a_{x,\overline{n|}} = A_{x,\overline{n|}} + \alpha + \gamma \mathrm{a}_{x,\overline{n|}}, \tag{91}$$

da hier die Inkassokosten gänzlich entfallen.

In der Praxis werden nicht selten Vereinfachungen bei der Bemessung der *Kostenzuschläge* gebraucht und bei laufender Prämie Formeln, wie

$$P_{x,\overline{n|}}(1+K) + \lambda, \quad P_{x,\overline{n|}}(1+K), \quad P_{x,\overline{n|}} + \lambda,$$

und bei einmaliger Prämienzahlung Formeln, wie

$$A_{x,\overline{n|}}(1+K) + \lambda, \quad A_{x,\overline{n|}}(1+K), \quad A_{x,\overline{n|}} + \lambda,$$

gebraucht. Wir wollen künftig an der durch die Kostenanalyse bedingten Gestalt der ausreichenden Prämien festhalten. Nach dieser wäre der für die Deckung der Verwaltungskosten abzuzweigende Teil der ausreichenden Prämie

$$P^a_{x,\overline{n|}} - P_{x,\overline{n|}} = \frac{\alpha}{\mathrm{a}_{x,\overline{n|}}} + \beta P^a_{x,\overline{n|}} + \gamma. \tag{92}$$

Man bezeichnet diese Größe wohl auch als totalen Kostenzuschlag im Unterschiede zu anderen Prämienzuschlägen, welche im Hinblick auf ihren speziellen Zweck als Berufszuschlag, Tropenzuschlag, Zuschlag wegen nicht normalen Gesundheitszustandes, schlechter Heredität u. dgl. zu den Prämien verfügt werden können. Vom Standpunkte der Versicherungsmathematik sind sie ohne Bedeutung.

IV. Die Anwendung der höheren Analysis.

§ 24. Die kontinuierliche Leibrente.

Für die Beantwortung sehr zahlreicher Fragen der Versicherungsmathematik ist die Heranziehung der Infinitesimalrechnung nicht nur methodisch geboten — wir verweisen nur auf den später zu behandelnden einheitlichen Aufbau der Disziplin aus der Differentialgleichung der Prämienreserve —, sondern die auf diesem Wege zu erhaltenden Resultate sind auch stets die anschaulicheren und sehr oft ganz unmittelbar zu erhalten. Natürlich sind dann über die zu behandelnden Funktionen gewisse Voraussetzungen zu machen, welche die Anwendung des Infinitesimalkalküls rechtfertigen. Wir werden daher stets zu der stillschweigenden Annahme gezwungen sein, daß die betreffenden Funktionen in gewöhnlichem Sinne integrierbar sind und nicht selten wiederholte Differenzierbarkeit derselben voraussetzen müssen. In der letzten Zeit ist der Aufbau der Lebensversicherungsmathematik auch unter wesentlich allgemeineren Annahmen versucht worden, wobei im wesentlichen nur Integrierbarkeit in STIELTJESschem Sinne verlangt wird. Doch liegen diese Entwicklungen abseits unserer Darstellung.

Aus der Definition des Abzinsungsfaktors

$$v^t = e^{-\delta t} = e^{-\int\limits_0^t \delta\, dt}$$

und der Erlebenswahrscheinlichkeit des $x$jährigen für das Alter $x + t$ folgt für den Erwartungswert des Erlebenskapitals 1

$$_tE_x = v^t\, {}_tp_x = e^{-\int\limits_0^t (\mu_{x+t} + \delta)\, dt}\,. \tag{1}$$

Für die Leibrente ist anzunehmen, daß der Erwartungswert der auf den Zeitpunkt t entfallenden Rentenzahlung durch

$$e^{-\delta t}\, {}_tp_x\, dt$$

gegeben sei. Der Erwartungswert der kontinuierlich zahlbaren lebenslänglichen Leibrente ist daher

$$\bar{a}_x = \int\limits_0^\infty v^t\, {}_tp_x\, dt = \int\limits_0^\infty e^{-\delta t}\, {}_tp_x\, dt = \int\limits_0^\infty e^{-\int\limits_0^t (\mu_{x+s} + \delta)\, ds}\, dt. \tag{2}$$

Die Konvergenz des Integrals folgt aus der Tatsache, daß für ${}_tp_x \leqq 1$

$$\bar{a}_x < \frac{1}{\delta} = \bar{a}_\infty$$

und für vom Argument x an monoton wachsende μ_{x+t} unter Rücksicht auf (II, 25) auch

$$\bar{a}_x \leqq \frac{1}{\mu_x + \delta} < \frac{1}{q_{x-1} + \delta}$$

gilt.

Für die temporäre kontinuierlich zahlbare Leibrente der Dauer n ist

$$\bar{a}_{x,\overline{n}|} = \int_0^n v^t\, {}_t p_x\, dt, \tag{3}$$

während für die kontinuierliche Leibrente mit der Aufschubdauer n

$$\left.\begin{aligned} {}_{n|}\bar{a}_x &= \int_n^\infty v^t\, {}_t p_x = v^n\, {}_n p_x \int_0^\infty v^{t-n}\, {}_{t-n} p_{x+n}\, dt \\ &= v^n\, {}_n p_x \int_0^\infty v^s\, {}_s p_{x+n}\, ds = {}_n E_x\, \bar{a}_{x+n} \end{aligned}\right\} \tag{4}$$

zu setzen ist.

Unter Einführung der Zahlen der Lebenden l_{x+t} erhält man als diskontierte Zahl der Lebenden $D_{x+t} = v^{x+t}\, l_{x+t}$, wo $x + t$ jedes beliebige Alter bezeichnen kann und damit

$$\bar{a}_x = \frac{1}{l_x} \int_0^\infty v^t\, l_{x+t}\, dt = \frac{1}{D_x} \int_0^\infty D_{x+t}\, dt = \frac{\overline{N}_x}{D_x}, \quad \overline{N}_x = \int_0^\infty D_{x+t}\, dt. \tag{5}$$

Damit ist rein formal der Anschluß an die bezüglichen Definitionen der diskontierten Zahlen der Lebenden bei ganzzahligen Altern gewonnen. Demgemäß ist dann auch für die temporäre und die aufgeschobene kontinuierliche Leibrente zu setzen:

$$\bar{a}_{x,\overline{n}|} = \frac{\overline{N}_x - \overline{N}_{x+n}}{D_x}, \quad {}_{n|}\bar{a}_x = \frac{\overline{N}_{x+n}}{D_x}. \tag{6}$$

Wir vermerken uns, daß für die Differentialquotienten der beiden diskontierten Zahlen der Lebenden nach der Altersvariablen x

$$\frac{d}{dx} \overline{N}_x = \frac{d}{dx} \int_0^\infty D_{x+t}\, dt = \int_0^\infty \frac{d}{dt} D_{x+t}\, dt = -D_x \tag{7}$$

und

$$\begin{aligned} \frac{d}{dx} D_x = D_x \frac{d}{dx} \log D_x &= D_x \left(\frac{d}{dx} \log l_x + \frac{d}{dx} \log e^{-\delta x} \right) \\ &= -D_x\, (\mu_x + \delta) \end{aligned} \tag{8}$$

resultiert. Definiert man aber für die nächst höhere diskontierte Zahl

$$\overline{S}_x = \int_0^\infty \overline{N}_{x+t}\, dt,$$

so folgt auch

$$\frac{d\overline{S}_x}{dx} = -\overline{N}_x \tag{9}$$

und analog für die nächst höheren Begriffsbildungen. Aus (9) folgt durch Produktintegration unter Rücksicht auf (7)

$$\overline{S}_x = t\overline{N}_{x+t}\Big|_0^\infty + \int_0^\infty t D_{x+t}\,dt = \int_0^\infty t D_{x+t}\,dt \tag{10}$$

und damit als Ausdruck für die kontinuierlich steigende Rente

$$(|\bar{a})_x = \frac{1}{D_x}\int_0^\infty t D_{x+t}\,dt = \frac{\overline{S}_x}{D_x}. \tag{11}$$

Für die Berechnung der unterjährig zahlbaren Leibrente erbringt die Heranziehung der EULER-MACLAURINschen Summenformel die folgenden Resultate:

Schreibt man diese Formel

$$\int_0^n U_x\,dx = \frac{1}{2}U_0 + U_1 + \ldots + U_{n-1} + \frac{1}{2}U_n - \\ - \frac{1}{12}(U_n' - U_0') + \frac{1}{720}(U_n''' - U_0''')\ldots \tag{12}$$

und für das $m$tel Intervall

$$m\int_0^n U_x\,dx = \frac{1}{2}U_0 + U_{1/m} + \ldots + U_{n-1/m} + \frac{1}{2}U_n - \\ - \frac{1}{12\,m}(U_n' - U_0') + \frac{1}{720\,m^3}(U_n''' - U_0''') - \ldots, \tag{13}$$

so erhält man nach Multiplikation von (12) mit m und Gleichsetzung mit (13)

$$\frac{1}{2}U_0 + U_{1/m} + \ldots + \frac{1}{2}U_n - \frac{1}{12\,m}(U_n' - U_0') + \\ + \frac{1}{720\,m^3}(U_n''' - U_0''') - \ldots = \\ = m\left(\frac{1}{2}U_0 + U_1 + \ldots + \frac{1}{2}U_n\right) - \frac{m}{12}(U_n' - U_0') + \frac{m}{720}(U_n''' - U_0''') - \ldots$$

oder

$$U_0 + U_{1/m} + U_{2/m} + \ldots + U_n = m(U_0 + U_1 + \ldots + U_n) - \\ - \frac{m-1}{2}(U_0 + U_n) - \frac{m^2-1}{12\,m}(U_n' - U_0') + \frac{m^4-1}{720\,m^3}(U_n''' - U_0''') - \ldots.$$

Wird aber die Maßeinheit nicht mit 1, sondern mit m angenommen, so ergibt sich

$$\left.\begin{aligned}&U_0 + U_1 + U_2 + \ldots + U_{m.n} = \\ &= m(U_0 + U_m + U_{2m} + \ldots + U_{m.n}) - \frac{m-1}{2}(U_0 + U_{m.n}) - \\ &\quad - \frac{m^2-1}{12}(U_{m.n}' - U_0') + \frac{m^4-1}{720}(U_{m.n}''' - U_0''') - \ldots\end{aligned}\right\} \quad (14)$$

Das sind die unter dem Namen von Woolhouse bekannten Formeln. Für das Ende der Absterbeordnung sind die Werte von

$$U, \quad \frac{dU}{dx}, \quad \frac{d^3U}{dx^3}, \ldots$$

mit Null anzunehmen, so daß sich

$$\begin{aligned}\frac{1}{m}(U_0 + U_{1/m} + U_{2/m} + \ldots) &= (U_0 + U_1 + U_2 + \ldots) - \\ &- \frac{m-1}{2m}U_0 + \frac{m^2-1}{12m^2}U_0' - \frac{m^4-1}{720m^4}U_0''' + \ldots \quad (15)\end{aligned}$$

ergibt. Natürlich kann die Formel (15) auch

$$\begin{aligned}\frac{1}{m}(U_{1/m} + U_{2/m} + \ldots) &= (U_1 + U_2 + \ldots) + \\ &+ \frac{m-1}{2m}U_0 + \frac{m^2-1}{12m^2}U_0' - \frac{m^4-1}{720m^4}U_0''' + \ldots\end{aligned}$$

geschrieben werden.

Führt man die Bezeichnung

$$N_x^{(m)} = \frac{1}{m}\sum_0^\infty D_{x+t/m}$$

ein, so erhält man für die $m$teljährig zahlbare Pränumerandorente

$$\mathrm{a}_x^{(m)} = \frac{1}{m}\sum_0^\infty v^{\frac{t}{m}}\,{}_{t/m}p_x = \frac{1}{m}\frac{1}{D_x}\sum_0^\infty D_{x+t/m} = \frac{N_x^{(m)}}{D_x}$$

aus (15)

$$\mathrm{a}_x^{(m)} = \frac{1}{D_x}\left[\sum_0^\infty D_{x+t} - \frac{m-1}{2m}D_x + \frac{m^2-1}{12m^2}\frac{dD_x}{dx} - \ldots\right] \quad (16)$$

und für die entsprechende Postnumerandorente

$$a_x^{(m)} = \frac{1}{D_x}\left[\sum_1^\infty D_{x+t} + \frac{m-1}{2m}D_x + \frac{m^2-1}{12m^2}\frac{dD_x}{dx} - \ldots\right]. \quad (17)$$

Hinsichtlich der Konvergenz der rechts stehenden Reihe ist zu bemerken, daß die Mitnahme der angeschriebenen Glieder in allen Fällen für die Praxis genügt. Im Hinblick auf (8) aber erhält man aus (16) und (17)

$$\mathrm{a}_x^{(m)} = \mathrm{a}_x - \frac{m-1}{2m} - \frac{m^2-1}{12m^2}(\mu_x + \delta) \quad (18)$$

und

$$a_x^{(m)} = a_x + \frac{m-1}{2m} - \frac{m^2-1}{12m^2}(\mu_x + \delta), \quad (19)$$

wobei zur Berechnung des logarithmischen Differentialquotienten von D_x fast immer von der Näherung

$$\frac{d}{d\,x}\log D_x = \frac{D_{x+1}-D_{x-1}}{2\,D_x}$$

Gebrauch gemacht wird.

Für die unterjährig zahlbare temporäre Rente aber ergeben die Formeln (15)

$$a^{(m)}_{x,\overline{n}|} = \frac{1}{D_x}\cdot\frac{1}{m}\sum_{1}^{m.n} D_{x+t/m} =$$

$$= \frac{1}{D_x}\left[\sum_{1}^{n} D_{x+t} + \frac{m-1}{2\,m}(D_x - D_{x+n}) + \frac{m^2-1}{12\,m^2}\left(\frac{d\,D_x}{d\,x} - \frac{d\,D_{x+n}}{d\,x}\right) + \ldots\right] =$$

$$= a_{x,\overline{n}|} + \frac{m-1}{2\,m}\left(1 - \frac{D_{x+n}}{D_x}\right) -$$

$$- \frac{m^2-1}{12\,m^2}\left[(\mu_x+\delta) - \frac{D_{x+n}}{D_x}(\mu_{x+\delta+n}+\delta)\right] + \ldots$$

oder in erster Annäherung

$$a^{(m)}_{x,\overline{n}|} \cong a_{x,\overline{n}|} + \frac{m-1}{2\,m}\left(1 - \frac{D_{x+n}}{D_x}\right) \tag{20}$$

und

$$\left.\begin{aligned} \mathrm{a}^{(m)}_{x,\overline{n}|} &= \frac{1}{m} + a^{(m)}_{x,\,n-1/m} = \mathrm{a}^{(m)}_x - \frac{D_{x+n}}{D_x}\,.\,\mathrm{a}^{(m)}_{x+n} \\ &= \mathrm{a}_{x,\overline{n}|} - \frac{m-1}{2\,m}\left(1 - \frac{D_{x+n}}{D_x}\right). \end{aligned}\right\} \tag{21}$$

Aus der EULER-MACLAURINschen Summenformel erhält man für die kontinuierlich zahlbare Leibrente

$$\left.\begin{aligned} \bar{a}_x &= \int_0^\infty v^t\,{}_tp_x\,d\,t = \frac{1}{D_x}\int_0^\infty D_{x+t}\,d\,t \\ &= \frac{1}{D_x}\left[\sum_{1}^{\infty} D_{x+t} + \frac{1}{2}D_x + \frac{1}{12}\frac{d}{d\,x}D_x + \ldots\right] \\ &\cong a_x + \frac{1}{2} - \frac{1}{12}(\mu_x+\delta) = \mathrm{a}_x - \frac{1}{2} - \frac{1}{12}(\mu_x+\delta) \end{aligned}\right\} \tag{22}$$

und daher in erster Annäherung auch

$$\bar{a}_x \cong a_x + \frac{1}{2} = \mathrm{a}_x - \frac{1}{2} \tag{23}$$

und in Übereinstimmung damit auch

$$\bar{a}_x = \frac{1}{2}(\mathrm{a}_x + a_x). \tag{24}$$

Natürlich erhält man dieselben Ausdrücke auch aus den Formeln (18) und (19) durch Grenzübergang für $m \to \infty$.

Aus den erhaltenen Resultaten ergibt sich wiederum in erster Annäherung für die temporäre kontinuierlich zahlbare Leibrente

$$\left.\begin{aligned}\bar{a}_{x,\overline{n|}} &\cong \bar{a}_x - \frac{D_{x+n}}{D_x}\bar{a}_{x+n} \\ &\cong a_{x,\overline{n|}} + \frac{1}{2}\left(1 - \frac{D_{x+n}}{D_x}\right) = \frac{1}{2}(\mathrm{a}_{x,n} + a_{x,n})\end{aligned}\right\} \qquad (25)$$

und auch

$$\bar{a}_{x,\overline{n|}} \cong \frac{1}{2} + a_{x,\overline{n-1/2|}} \cong \frac{1}{2} + \frac{1}{2}(a_{x,\overline{n-1|}} + a_{x,\overline{n|}}).$$

Ist aber die $m$teljährig zahlbare Leibrente vermittels der diskontierten Zahlen $D_{x+t/m}$ als

$$\mathrm{a}_x^{(m)} = \frac{1}{D_x}\cdot\frac{1}{m}\sum_0^\infty D_{x+t/m} = \frac{N_x^{(m)}}{D_x}$$

definiert, dann beantwortet sich die Frage nach dem Erwartungswert dieser, jedoch um den Jahresbruchteil Θ/m aufgeschobenen Rente wie folgt: Man erhält auf Grund linearer Interpolation die entsprechende diskontierte Zahl der Lebenden

$$D_{x+(t+\Theta)/m} = D_{x+t/m} + \Theta\,(D_{x+(t+1)/m} - D_{x+t/m}) \qquad \Theta < 1$$

und hieraus

$$\sum_0^\infty D_{x+(t+\Theta)/m} = m\,.\,N_x^{(m)} - \Theta\,D_x$$

und damit für den verlangten Erwartungswert

$$_{\Theta/m}\mathrm{a}_x^{(m)} = \mathrm{a}_x^{(m)} - \frac{\Theta}{m}. \qquad (26)$$

Für die temporäre um Θ/m aufgeschobene und $m$teljährig zahlbare Leibrente aber ergibt sich

$$\left.\begin{aligned}{}_{\Theta/m|}\mathrm{a}_{x,\overline{n|}}^{(m)} &= {}_{\Theta/m|}\mathrm{a}_x^{(m)} - \frac{D_{x+n}}{D_x}\,{}_{\Theta/m|}\mathrm{a}_{x+n}^{(m)} \\ &= \mathrm{a}_x^{(m)} - \frac{\Theta}{m} - \frac{D_{x+n}}{D_x}\left(\mathrm{a}_{x+n}^{(m)} - \frac{\Theta}{m}\right) \\ &\cong \mathrm{a}_{x,\overline{n|}} - \left(\frac{m-1}{2m} + \frac{\Theta}{m}\right)\left(1 - \frac{D_{x+n}}{D_x}\right) \\ &= \mathrm{a}_{x,\overline{n|}} - \frac{m-1+2\Theta}{2m}(\mathrm{a}_{x,\overline{n|}} - a_{x,\overline{n|}}),\end{aligned}\right\} \qquad (27)$$

woraus für $\Theta = 0$

$$\mathrm{a}_{x,\overline{n|}}^{(m)} = \frac{m+1}{2m}\mathrm{a}_{x,\overline{n|}} + \frac{m-1}{2m}a_{x,\overline{n|}} \qquad (28)$$

und für $m \to \infty$

$$\bar{a}_{x,\overline{n|}} = \frac{1}{2}(\mathrm{a}_{x,\overline{n|}} + a_{x,\overline{n|}}) \qquad (29)$$

erhalten wird. Für $\Theta = {}^1/_2$ aber folgt:

$$_{1/2m|}\mathrm{a}_{x,\overline{n|}}^{(m)} = \frac{1}{2}(\mathrm{a}_{x,\overline{n|}} + a_{x,\overline{n|}}), \qquad (30)$$

so daß

$$ {}_{1/2m|}\mathrm{a}^{(m)}_{x,\overline{n|}} \cong \bar{a}_{x,\overline{n|}}. $$

In der Regel setzt man mit für die Praxis genügender Genauigkeit

$$ {}_{1/2m|}\mathrm{a}^{(m)}_{x} \cong \frac{1}{2}\left(\mathrm{a}^{(m)}_{x} + a^{(m)}_{x}\right) \tag{31} $$

und

$$ {}_{1/2m|}\mathrm{a}^{(m)}_{x,\overline{n|}} \cong \frac{1}{2}\left(\mathrm{a}^{(m)}_{x,\overline{n|}} + a^{(m)}_{x,\overline{n|}}\right), \tag{32} $$

also auch

$$ {}_{1/2m|}\mathrm{a}^{(m)}_{x} = a_x + \frac{1}{2}, \tag{33} $$

was sich auch unmittelbar aus (26) ergibt.

Zusammenfassend vermerken wir die für die Praxis wichtigen Formeln

$$ \left.\begin{aligned} a^{(m)}_{x} = \frac{N_{x+1}}{D_x} + \frac{m-1}{2m}, \quad \mathrm{a}^{(m)}_{x} &= \frac{N_x}{D_x} - \frac{m-1}{2m} \\ a^{(m)}_{x,\overline{n|}} &= \frac{N_{x+1}-N_{x+n+1}}{D_x} + \frac{m-1}{2m}\left(1-\frac{D_{x+n}}{D_x}\right) \\ \mathrm{a}^{(m)}_{x,\overline{n|}} &= \frac{N_x-N_{x+n}}{D_x} - \frac{m-1}{2m}\left(1-\frac{D_{x+n}}{D_x}\right) \\ {}_{1/t|}\mathrm{a}^{(m)}_{x} &= \frac{N_x}{D_x} - \left(\frac{m-1}{2m}+\frac{1}{t}\right) \\ {}_{1/t|}\mathrm{a}^{(m)}_{x,\overline{n|}} &= \frac{N_x-N_{x+n}}{D_x} - \left(\frac{m-1}{2m}+\frac{1}{t}\right)\left(1-\frac{D_{x+n}}{D_x}\right). \end{aligned}\right\} \tag{34} $$

Sie alle sind ohne weiteres auf doppelt abgestufte Tafeln anwendbar.

Aus der Definition der ganzjährig postnumerando zahlbaren Leibrente

$$ a_x = \sum_{1}^{\infty}(1+i)^{-t}\,{}_tp_x $$

ergibt sich durch Differentiation nach i

$$ \left.\begin{aligned} \frac{d\,a_x}{d\,i} &= -\sum_{1}^{\infty} t\,(1+i)^{-t-1}\,{}_tp_x = -\sum_{1}^{\infty} t\,v^{t+1}\,{}_tp_x \\ &= -\frac{v}{D_x}\sum_{1}^{\infty} t\,D_{x+t} = -v\,(Ia)_x \end{aligned}\right\} \tag{35} $$

und damit auch

$$ \left[\frac{d\,a_x}{d\,i}\right]_{i=0} = -\sum_{1}^{\infty} t\,{}_tp_x. $$

Die Differentiation der kontinuierlichen Leibrente nach der Zinsintensität aber ergibt das Resultat

$$\frac{d}{d\delta}\bar{a}_x = \frac{d}{d\delta}\int_0^\infty e^{-\delta t}\,{}_tp_x\,dt = -\int_0^\infty t\,v^t\,{}_tp_x\,dt = -(|\bar{a})_x, \tag{36}$$

während sich bei wiederholter Differentiation nach δ

$$\frac{d^r\bar{a}_x}{d\delta^r} = (-1)^r\int_0^\infty t^r\,v^t\,{}_tp_x\,dt \tag{37}$$

ergibt. Definiert man dann die Leibrente r ter Ordnung bei kontinuierlicher Zahlung durch den Ausdruck

$$(|^r\bar{a})_x = \frac{1}{r!}\int_0^\infty t^r\,v^t\,{}_tp_x\,dt = \frac{1}{D_x\,r!}\int_0^\infty t^r\,D_{x+t}\,dt, \tag{38}$$

dann ist diese auch durch die Relation

$$\frac{d^r\bar{a}_x}{d\delta^r} = (-1)^r\,r!\,(|^r\bar{a})_x \tag{39}$$

gegeben.

Aus der Definition derselben in der Gestalt

$$(|^r\bar{a})_x = \frac{1}{r!}\int_0^\infty t^r\,e^{-\delta t}\,{}_tp_x\,dt$$

folgt für monoton wachsendes μ_{x+t} wegen

$${}_tp_x \leqq e^{-t\mu_x}$$

auch

$$(|^r\bar{a})_x \leqq \frac{1}{r!}\int_0^\infty t^r\,e^{-(\mu_x+\delta)t}\,dt$$

und unter Beachtung der bekannten Formel aus der Theorie der Γ-Funktion

$$\frac{\Gamma(x)}{a^x} = \int_0^\infty e^{-at}\,t^{x-1}\,dt$$

auch

$$(|^r\bar{a})_x \leqq \frac{1}{r!\,(\mu_x+\delta)^{r+1}}\int_0^\infty t^r\,e^{-t}\,dt$$

und damit

$$(|^r\bar{a})_x \leqq \frac{1}{(\mu_x+\delta)^{r+1}} \tag{40}$$

und für $r = 1$

$$(|\bar{a}_x) \leqq \frac{1}{(\mu_x+\delta)^2}. \tag{41}$$

Bezeichnet man den Integralausdruck

$$\int_0^\infty \frac{t^{r-1}}{(r-1)!} D_{x+t}\, dt = \overline{S}^r D_x,$$

so erhält man unter Beachtung des Satzes über die Vertauschung der Integrationsfolge bei Doppelintegralen

$$\int_0^\infty \overline{S}^r D_{x+s}\, ds = \int_0^\infty\int_0^\infty \frac{t^{r-1}}{(r-1)!} D_{x+s+t}\, dt\, ds = \int_0^\infty \frac{t^{r-1}}{(r-1)!}\, dt \int_t^\infty D_{x+s}\, ds =$$

$$= \int_0^\infty D_{x+t}\, dt \int_0^t \frac{s^{r-1}}{(r-1)!}\, ds = \int_0^\infty \frac{t^r}{r!} D_{x+t}\, dt = \overline{S}^{r+1} D_x.$$

Hieraus aber folgt, daß allgemein

$$\int_0^\infty \frac{t^r}{r!} D_{x+t}\, dt = \int_x^\infty \ldots \int_x^\infty D_x\, dx^r = \overline{S}^{r+1} D_x \tag{42}$$

gesetzt werden kann. Es ist dann auch

$$\frac{d^r \bar{a}_x}{d\delta^r} = (-1)^r r!\, \frac{\overline{S}^{r+1} D_x}{D_x} \tag{43}$$

und

$$(|^r \bar{a})_x = \frac{\overline{S}^{r+1} D_x}{D_x}. \tag{44}$$

Es sei endlich noch die wichtige Formel hervorgehoben, welche sich einfach aus der Differentiation der kontinuierlichen Leibrente nach dem Alter x ergibt:

$$\frac{d}{d_x} \bar{a}_x = \frac{d}{d_x} \frac{\overline{N}_x}{D_x} = \frac{-D_x^2 + \overline{N}_x D_x (\mu_x + \delta)}{D_x^2} = \bar{a}_x (\mu_x + \delta) - 1 \tag{45}$$

und welche in Verallgemeinerung auf viel umfassendere Begriffsbildungen der Versicherungsmathematik zur Fundamentalformel aller einschlägigen Betrachtungen auszugestalten sein wird.

Die kontinuierlich steigende Rente erster Ordnung kann auch in der Gestalt

$$(|\bar{a})_x = \int_0^\infty v^t\, {}_t p_x\, \bar{a}_{x+t}\, dt \tag{46}$$

angesetzt werden, wie man sofort erkennt, wenn man überlegt, daß für jeden Zeitmoment t der Erwartungswert der jeweiligen Rentensteigerung zur Verfügung gestellt werden muß, dieser Wert für den Beginn der Versicherung aber durch das Argument von (46) bestimmt ist. Die Überführung dieses Ausdruckes in den Ausdruck (11) vollzieht sich nach Einsetzen des Integralausdruckes für $\bar{a}_{x+t}$ durch Vertauschung der Integrationsfolge in dem Doppelintegral

$$(|\bar{a})_x = \int_0^\infty dt \int_t^\infty v^s \, {}_sp_x \, ds,$$

$$= \int_0^\infty v^t \, {}_tp_x \, dt \int_0^t ds = \int_0^\infty t \, v^t \, {}_tp_x \, dt.$$

Es sei endlich noch eine Näherungsformel für die kontinuierlich steigende Rente (46) angeführt, die man auf Grund der EULER-MAC LAURINschen Formel und unter Anwendung von (23) erhält. Es ist dann

$$\overline{S}_x = \int_0^\infty \overline{N}_{x+t} \, dt \simeq \sum_0^\infty \overline{N}_{x+t} - \frac{1}{2} \overline{N}_x,$$

$$= \sum_0^\infty N_{x+t} - \frac{1}{2} \sum_0^\infty D_{x+t} - \frac{1}{2} N_x + \frac{1}{4} D_x$$

und hieraus

$$\overline{S}_x = S_x - N_x + \frac{1}{4} D_x$$

und für den gesuchten Näherungswert

$$(|\bar{a})_x = (|a)_x - a_x + \frac{1}{4} \tag{47}$$

zu erhalten.

§ 25. Die Ablebensversicherung nach der kontinuierlichen Methode.

Der Erwartungswert einer reinen Ablebensversicherung ist bei einem Beitrittsalter x für einen bestimmten Zeitmoment t durch

$$v^t \, {}_tp_x \, \mu_{x+t} \, dt$$

und daher der Erwartungswert der lebenslänglichen Ablebensversicherung durch den Ausdruck

$$\overline{A}_x = \int_0^\infty v^t \, {}_tp_x \, \mu_{x+t} \, dt \tag{48}$$

gegeben. Die Konvergenz des Integrals ist hierbei durch den Umstand, daß das Ableben irgend wann erfolgen muß, daher durch

$$\int_0^\infty {}_tp_x \, \mu_{x+t} \, dt = 1$$

sichergestellt. Unter Benutzung der diskontierten Zahlen der Lebenden ist auch

$$\overline{A}_x = \frac{1}{D_x} \int_0^\infty D_{x+t} \, \mu_{x+t} \, dt = \frac{\overline{M}_x}{D_x}, \tag{49}$$

wenn jetzt die zweite diskontierte Zahl der Toten durch

$$\overline{M}_x = \int_0^\infty D_{x+t}\,\mu_{x+t}\,dt \tag{50}$$

definiert wird. Für den Zeitraum eines Jahres wäre dann die erste diskontierte Zahl der Toten mit

$$\overline{C}_x = \int_0^1 D_{x+t}\,\mu_{x+t}\,dt = \overline{M}_x - \overline{M}_{x+1} \tag{51}$$

festzusetzen, so daß für $\overline{M}_x$ auch

$$\left.\begin{aligned} \overline{M}_x &= -\int_0^\infty e^{-\delta(x+t)} \frac{d}{dt} l_{x+t}\,dt = -e^{-\delta(x+t)} l_{x+t}\Big|_0^\infty - \delta \int_0^\infty v^{x+t} l_{x+t}\,dt \\ &= D_x - \delta \overline{N}_x \end{aligned}\right\} \tag{52}$$

geschrieben werden kann.

Setzt man in erster Annäherung für die Anzahl der Lebenden

$$l_{x+t} = l_x - (l_x - l_{x+1})\,t = l_x(1 - t\,q_x)$$

und für die Sterbensintensität

$$\mu_{x+t} = \frac{d_x}{l_x - t\,d_x} = \frac{q_x}{1 - t\,q_x},$$

welch letztere Näherung für $t = {}^1/_2$ mit (II, 34) übereinstimmt, so erhält man für die diskontierte Zahl $\overline{C}_x$ den Ausdruck

$$\left.\begin{aligned} \overline{C}_x &= \int_0^1 \frac{q_x}{1 - t\,q_x} \cdot l_x(1 - t\,q_x)\,v^{x+t}\,dt = q_x D_x \int_0^1 e^{-\delta t}\,dt \\ &= q_x D_x \frac{i\,v}{\delta} = \frac{i}{\delta}(v\,D_x - D_{x+1}) \end{aligned}\right\} \tag{53}$$

und entsprechend für die diskontierte Zahl

$$\overline{M}_x = \frac{i}{\delta}(vN_x - N_{x+1}) = \frac{i}{\delta}(D_x - d\,N_x). \tag{54}$$

Der Erwartungswert der temporären Todesfallversicherung kann nach den gleichen Überlegungen in einer der Formen

$$\left.\begin{aligned} {}_{|n}\overline{A}_x &= \int_0^n v^t\,{}_t p_x\,\mu_{x+t}\,dt = -\frac{1}{l_x}\int_0^n v^t \frac{d\,l_{x+t}}{dt}\,dt \\ &= -\frac{1}{l_x}\left[v^t\,l_{x+t} - \int v^t \log v\,l_{x+t}\,dt\right]_0^n = 1 - v^n\,{}_n p_x - \delta\,\bar{a}_{x,\overline{n|}} \\ &= 1 - \delta\,\bar{a}_{x,\overline{n|}} - {}_n E_x \end{aligned}\right\} \tag{55}$$

oder mittels der diskontierten Zahlen als

$$ {}_{|n}\bar{A}_x = \frac{\bar{M}_x - \bar{M}_{x+n}}{D_x} \tag{56} $$

dargestellt werden, wobei für die $\bar{M}_x$ der exakte Wert (49) oder der Näherungswert (54) herangezogen werden kann. Für die gemischte Versicherung wird dann ohne weiteres als Erwartungswert

$$ \left.\begin{aligned} \bar{A}_{x,\overline{n}|} &= 1 - \delta\, \bar{a}_{x,\overline{n}|} \\ \bar{A}_{x,\overline{n}|} &= \frac{\bar{M}_x - \bar{M}_{x+n} + D_{x+n}}{D_x} \end{aligned}\right\} \tag{57} $$

und daher auch für die Ablebensversicherung

$$ \bar{A}_x = 1 - \delta\, \bar{a}_x \tag{58} $$

erhalten. Die Formeln entsprechen formal durchaus den entsprechenden Formeln, wie sie im Falle der ganzjährigen Betrachtungsweise angeführt worden sind.

Aus der Differentiation der temporären kontinuierlichen Rente nach dem Beitrittsalter x erhält man

$$ \frac{d}{dx}\bar{a}_{x,\overline{n}|} = \frac{d}{dx}\int_0^n v^t\, {}_tp_x\, dt = \int_0^\infty v^t \left(\frac{d}{dx}\, {}_tp_x\right) dt, $$

$$ = \int_0^n v^t\, {}_tp_x\, (\mu_x - \mu_{x+t})\, dt = \mu_x\, \bar{a}_{x,\overline{n}|} - {}_{|n}\bar{A}_x $$

und damit

$$ \begin{aligned} {}_{|n}\bar{A}_x &= \mu_x\, \bar{a}_{x,\overline{n}|} - \frac{d}{dx}\bar{a}_{x,\overline{n}|} \cong \mu_x \,.\, \bar{a}_{x,\overline{n}|} + \frac{1}{2}(\bar{a}_{x-1,\overline{n}|} - \bar{a}_{x+1,\overline{n}|} \\ \bar{A}_x &= \mu_x\, \bar{a}_x - \frac{d}{dx}\bar{a}_x \cong \mu_x \bar{a}_x + \frac{1}{2}(\bar{a}_{x-1} - \bar{a}_{x+1}). \end{aligned} \tag{59} $$

Fällt die Rente $\bar{a}_x$ mit steigendem x, dann ist $\frac{d}{dx}\bar{a}_x < 0$ und nach (59)

$$ \mu_x \bar{a}_x - \bar{A}_x < 0 $$

und wegen (58) auch

$$ \bar{a}_x < \frac{1}{\mu_x + \delta}, $$

eine Ungleichung, die wir bereits zu Beginn des Abschnitts unter etwas strengeren Voraussetzungen über den Verlauf der Sterblichkeit erhalten haben.

Ersetzt man in der Relation

$$ A_x = \mu_x \bar{a}_x - \frac{d\,\bar{a}_x}{dx} $$

die Leibrente durch die Ablebensversicherung

$$\bar{a}_x = \frac{1}{\delta}(1 - \bar{A}_x), \frac{d\bar{a}_x}{dx} = -\frac{1}{\delta}\frac{d}{dx}\bar{A}_x,$$

so ergibt sich als Differentialgleichung von $\bar{A}_x$ nach dem Beitrittsalter

$$\frac{d}{dx}\bar{A}_x = \bar{A}_x(\mu_x + \delta) - \mu_x. \tag{60}$$

Für den Differentialquotienten von $\bar{M}_x$ nach x erhält man aber auf Grund der Definition (50)

$$\left.\begin{aligned} \frac{d}{dx}\bar{M}_x &= \frac{d}{dx}\int_0^\infty D_{x+t}\mu_{x+t}dt = \int_0^\infty \frac{d}{dx}(D_{x+t}\mu_{x+t})dt \\ &= \int_0^\infty \frac{d}{dt}(D_{x+t}\mu_{x+t})dt = -D_x\mu_x. \end{aligned}\right\} \tag{61}$$

Zwecks numerischer Berechnung setzt man in der Regel für den Faktor i/δ in (54)

$$\frac{i}{\delta} \cong (1+i)^{\frac{1}{2}}$$

und erhält damit die genäherten Ausdrücke

$$\bar{A}_x \cong A_x(1+i)^{\frac{1}{2}}, \; {}_{|n}\bar{A}_x = {}_{|n}A_x(1+i)^{\frac{1}{2}}, \; \bar{A}_{x,\overline{n}|} = {}_{|n}\bar{A}_x(1+i)^{\frac{1}{2}} + {}_nE_x. \tag{62}$$

In gleicher Weise gilt dann

$$\bar{C}_x \cong C_x(1+i)^{\frac{1}{2}}, \; \bar{M}_x = M_x(1+i)^{\frac{1}{2}}, \; \bar{R}_x = R_x(1+i)^{\frac{1}{2}}, \tag{63}$$

wenn die nächst höhere diskontierte Zahl der Toten $\bar{R}_x$ durch

$$\bar{R}_x = \int_0^\infty \bar{M}_{x+t}dt = \bar{N}_x - \delta\bar{S}_x$$

definiert erscheint. Für die kontinuierlich steigende lebenslängliche Ablebensversicherung wird dann

$$\left.\begin{aligned} (|\bar{A})_x &= \frac{1}{D_x}\int_0^\infty t D_{x+t}\mu_{x+t}dt = -\frac{1}{D_x}\int_0^\infty t\frac{d}{dt}\bar{M}_{x+t}dt \\ &= -\frac{1}{D_x}\left[t\bar{M}_{x+t} - \int \bar{M}_{x+t}dt\right]_0^\infty \\ &= \frac{1}{D_x}\int_0^\infty \bar{M}_{x+t}dt = \frac{\bar{R}_x}{D_x} \end{aligned}\right\} \tag{64}$$

erhalten. Der zu (III, 64) analoge Ausdruck ergibt sich aber aus

$$\bar{a}_x = \frac{1}{D_x}\int_0^\infty D_{x+t}\,dt = \frac{1}{D_x}\left[t\,D_{x+t} - \int t\frac{d}{dt}D_{x+t}\,dt\right]_0^\infty =$$

$$= \frac{1}{D_x}\left[t\,D_{x+t} + \int t\,D_{x+t}(\mu_{x+t}+\delta)\,dt\right]_0^\infty$$

$$= \frac{1}{D_x}\left[\int_0^\infty t\,D_{x+t}\,\mu_{x+t}\,dt + \delta\int_0^\infty t\,D_{x+t}\,dt\right]$$

$$= (|\bar{A})_x + \delta\,(|\bar{a})_x,$$

woraus

$$(|\bar{A})_x = \bar{a}_x - \delta\,(|a)_x \tag{65}$$

erhalten wird.

Ist vorgesehen, daß die Todesfallsumme sofort beim Ableben bezahlt wird, dann bezeichnet man die laufenden ganzjährig, unterjährig oder kontinuierlich zahlbaren Prämien durch ein beigefügtes ∞-Zeichen und erhält so

$$^\infty P_x = \frac{\bar{A}_x}{\text{a}_x}, \quad ^\infty P_x^{(m)} = \frac{\bar{A}_x}{\text{a}_x^{(m)}}, \quad ^\infty\bar{P}_x = \frac{\bar{A}_x}{\bar{a}_x} \tag{66}$$

und ganz analoge Ausdrücke für die Prämien der Versicherung auf Ab- und Erleben. Wegen

$$\bar{A}_x = 1 - \delta\,\bar{a}_x, \quad \bar{A}_{x,\overline{n}|} = 1 - \delta\,\bar{a}_{x,\overline{n}|}$$

ist für die bezüglichen kontinuierlich zahlbaren Prämien bei sofortiger Zahlung der Ablebenssumme durch Division durch die betreffende Rente auch

$$^\infty\bar{P}_x = \frac{1}{\bar{a}_x} - \delta, \quad ^\infty\bar{P}_{x,\overline{n}|} = \frac{1}{\bar{a}_{x,\overline{n}|}} - \delta \tag{67}$$

zu erhalten.

Ist aber die Zahlung der Todesfallsumme für das Ende der $m$tel Jahresabschnitte vorgesehen, dann müßte offenbar

$$\left.\begin{aligned} A_x^{(m)} &= 1 - d^{(m)}\,\text{a}_x^{(m)} \\ d^{(m)} &= m\left(1 - v^{\frac{1}{m}}\right) \end{aligned}\right\} \tag{68}$$

definiert werden, woraus sich durch Grenzübergang $m \to \infty$ auch wieder

$$\bar{A}_x = 1 - \delta\,\bar{a}_x$$

erhalten läßt. Man kann auch hier wieder in Analogie zu (62) von der Näherung

$$A_x^{(m)} \simeq \bar{A}_x (1+i)^{-\frac{1}{2m}}$$

Gebrauch machen und damit

$$A_x^{(m)} \cong A_x (1 + i)^{\frac{1}{2} - \frac{1}{2m}} \tag{69}$$

erhalten. Für die hierher gehörenden $m$teljährig zahlbaren laufenden Prämien wird dann

$$P_x^{(m)} = \frac{1}{\text{a}_x^{(m)}} - d^{(m)} \tag{70}$$

erhalten. Nach dieser Festsetzung wäre also bei Ableben das versicherte Kapital am Ende des Jahres-$m$tels, in welchem das Ableben erfolgt ist, fällig, und die Prämienzahlung würde mit diesem Termin aufhören. In der Praxis ist sehr häufig eine andere Festsetzung anzutreffen, nach welcher die Prämien zwar $m$teljährig bezahlt werden, jedoch die pro rata-Prämien stets bis zum Ende des Versicherungsjahres, in welchem das Ableben erfolgt ist, eingehoben werden. Man bezeichnet dann diese Prämien als *Ratenprämien* $P^{[m]}$. Für ihre Berechnung gilt auf Grund der Zinstheorie

$$P_x = \frac{1}{m} P_x^{[m]} \sum_0^{m-1} v^{\frac{t}{m}} \cong \frac{1}{m} P_x^{[m]} \sum_0^{m-1} \left(1 - \frac{t}{m} d\right) = P_x^{[m]} \left(1 - \frac{m-1}{2m} d\right)$$

und damit

$$P_x^{[m]} \cong \frac{P_x}{1 - \frac{m-1}{2m} d}. \tag{71}$$

Natürlich ist bei echter unterjähriger Zahlung die Herstellung der numerischen Berechnungen wieder durch die Anfertigung der entsprechenden Kommutationswerte zu erleichtern. Man wird dann mangels der entsprechenden exakten Werte der $l_{x+t/m}$ wieder von linearer Interpolation Gebrauch machen und nach Erhalt der diskontierten Zahlen der Lebenden $D_{x+t/m}^{(m)}$ auf Grund von

$$d_{x+t/m} = l_{x+t/m} - l_{x+(t+1)/m}$$

auch die diskontierten Zahlen der Toten

$$C_x^{(m)} = v^{\frac{1}{m}} D_x^{(m)} - D_{x+1/m}^{(m)},$$

$$N_x^{(m)} = v^{\frac{1}{m}} N_x^{(m)} - N_{x+1/m}^{(m)}$$

zu berechnen haben. Damit würde sich z. B.

$$A_{x,\overline{n}|}^{(m)} = \frac{1}{D_x} \left(M_x^{(m)} - M_{x+n}^{(m)} + D_{x+n}\right)$$

ergeben. Im allgemeinen aber wird man mit den Näherungsformeln auf Grund der ganzjährigen Berechnung das Auslangen finden.

Es sei noch erwähnt, daß für die kontinuierlich steigende Ablebensversicherung auch von dem Ansatz

$$(|\bar{A})_x = \int_0^\infty v^t\,{}_tp_x\,\bar{A}_{x+t}\,dt$$

ausgegangen werden kann, der sich durch Einsetzen des Wertes von $\bar{A}_{x+t}$ überführen läßt in

$$\begin{aligned}(|\bar{A})_x &= \int_0^\infty dt \int_t^\infty v^s\,{}_sp_x\,\mu_{x+s}\,ds \\ &= \int_0^\infty v^t\,{}_tp_x\,\mu_{x+t}\int_0^t ds = \int_0^\infty t\,v^t\,{}_tp_x\,\mu_{x+t}\,dt,\end{aligned}$$

demnach in den unter (64) mitgeteilten Ausdruck. Die Richtigkeit des Ansatzes ist ohne weiteres zu überblicken.

Endlich sind noch eine Reihe von Differentialquotienten von Versicherungswerten für den späteren Gebrauch von Nutzen und seien daher im folgenden angeführt.

Aus der Differentiation des Erwartungswertes der Ablebensversicherung nach dem Zins i erhält man

$$\frac{dA_x}{di} = -v\sum_0^\infty (t+1)\,v^{t+1}\,{}_{t|}q_x = -v\,(|A)_x,$$

$$(|A)_x = -(1+i)\frac{dA_x}{di}. \tag{72}$$

Hingegen erhält man für

$$\frac{d\bar{A}_x}{d\delta} = \frac{d}{d\delta}\int_0^\infty e^{-\delta t}\,{}_tp_x\,\mu_{x+t}\,dt = -(|\bar{A})_x. \tag{73}$$

Für die kontinuierlich steigende Rente erhält man

$$\left.\begin{aligned}\frac{d}{dx}(|\bar{a})_x &= \frac{d}{dx}\frac{\bar{S}_x}{D_x} = \frac{-D_x\bar{N}_x + D_x(\mu_x+\delta)\bar{S}_x}{D_x^2} \\ &= (|\bar{a})_x(\mu_x+\delta) - \bar{a}_x.\end{aligned}\right\} \tag{74}$$

Unter der Annahme, daß $(|\bar{a})_x$ eine mit x abnehmende Funktion ist, wäre $d/dx\,(|\bar{a})_x < 0$ und daher

$$(|\bar{a})_x < \frac{\bar{a}_x}{\mu_x+\delta} \tag{75}$$

und im Hinblick auf die Ungleichung für $\bar{a}_x$ auch

$$(|\bar{a})_x < \frac{1}{(\mu_x+\delta)^2},$$

sonach wieder das Resultat (41), jedoch aus engeren Voraussetzungen hinsichtlich des Verlaufes der Sterblichkeit gewonnen.

Die Differentiation von $\overline{A}_x$ nach x gibt

$$\frac{d}{dx}\overline{A}_x = \frac{d}{dx}\frac{\overline{M}_x}{D_x} = \frac{D_x \frac{d}{dx}\overline{M}_x - \overline{M}_x \frac{d}{dx} D_x}{D_x^2},$$

$$= \frac{-D_x^2 \mu_x + \overline{M}_x D_x (\mu_x + \delta)}{D_x^2} = \overline{A}_x (\mu_x + \delta) - \mu_x,$$

sonach das auf anderem Wege erhaltene Resultat (60). Aus dieser Gleichung folgt auch, daß, wenn $\bar{a}_x$ mit x abnehmend ist, also $1 - \delta\,\bar{a}_x$ mit x zunimmt und $\frac{d}{dx}\overline{A}_x > 0$ ist,

$$\overline{A}_x > \frac{\mu_x}{\mu_x + \delta}. \tag{76}$$

Für die temporäre Ablebensversicherung aber erhält man

$$\left.\begin{aligned} \frac{d}{dx}\,{}_{|n}\overline{A}_x &= \frac{d}{dx}\frac{\overline{M}_x - \overline{M}_{x+n}}{D_x} \\ &= {}_{|n}\overline{A}_x (\mu_x + \delta) - \mu_x + \frac{D_{x+n}}{D_x}\mu_{x+n}, \end{aligned}\right\} \tag{77}$$

während sich für die gemischte Versicherung

$$\frac{d}{dx}\overline{A}_{x,\overline{n|}} = \frac{d}{dx}(1 - \delta\,\bar{a}_{x,\overline{n|}}) = \delta\,({}_{|n}\overline{A}_x - \mu_x\,\bar{a}_{x,\overline{n|}}) \tag{78}$$

ergibt. Endlich sei die Relation

$$\left.\begin{aligned} \frac{d}{dx}(|\overline{A})_x &= \frac{d}{dx}\frac{\overline{R}_x}{D_x} = \frac{-D_x \overline{M}_x + D_x (\mu_x + \delta)\overline{R}_x}{D_x^2} \\ &= (\mu_x + \delta)(|\overline{A})_x - \overline{A}_x \end{aligned}\right\} \tag{79}$$

erwähnt, aus welcher sich unter der Annahme

$$\frac{d}{dx}(|\overline{A})_x > 0$$

und im Hinblick auf (76) auch

$$(|\overline{A})_x > \frac{\overline{A}_x}{\mu_x + \delta} > \frac{\mu_x}{(\mu_x + \delta)^2} \tag{80}$$

erhalten läßt.

§ 26. Die vollständige Leibrente.

Unter einer *vollständigen Leibrente* versteht man eine im nachhinein ganzjährig oder m teljährig zahlbare Leibrente, bei welcher überdies vom Termin der letzten Rentenzahlung bis zum Todestag eine entsprechende pro rata-Zahlung vorgesehen ist. Der Betrag dieser Zahlung steigt demnach bei m teljähriger Zahlung entsprechend der vom letzten Zahlungstermin bis zum Todestag abgelaufenen Zeit linear vom Betrage Null bis zu dem Betrag einer vollen Rentenrate an, um dann nach Zahlung der nächsten Rentenrate wieder auf Null abzusinken. Es handelt sich demnach bei dieser Schlußzahlung um eine linear steigende und stets wieder an den Fälligkeitsterminen auf Null absinkende Todesfallversicherung, deren Erwartungswert zum Erwartungswert der Leibrente hinzutritt. Man erhält den Erwartungswert dieser Todesfallversicherung als Differenz der Todesfallversicherung

$$\frac{1}{D_x}\int_0^\infty \overline{M}_{x+t}\,dt$$

und der Todesfallversicherung

$$\frac{1}{D_x}\cdot\frac{1}{m}\sum_1^\infty \overline{M}_{x+t/m},$$

so daß sich der Erwartungswert der vollständigen Leibrente bei $m$tel-jähriger Zahlung durch die Formel

$$\mathring{a}_x^{(m)} = a_x^{(m)} + \frac{1}{D_x}\left\{\int_0^\infty \overline{M}_{x+t}\,dt - \frac{1}{m}\sum_1^\infty \overline{M}_{x+t/m}\right\} \tag{81}$$

darstellen läßt. Unter Verwendung der EULER-MACLAURINschen Formel

$$\int_0^\infty f(t)\,dt = \frac{1}{m}\sum_1^\infty f\left(\frac{t}{m}\right) + \frac{1}{2m}f(0) + \frac{1}{12m^2}\left[\frac{d}{dt}f(t)\right]_0 + \cdots$$

erhält man

$$\left.\begin{aligned}\mathring{a}_x^{(m)} &= a_x^{(m)} + \frac{1}{D_x}\left\{\frac{1}{m}\sum_1^\infty \overline{M}_{x+t/m} + \frac{1}{2m}\overline{M}_x + \right.\\ &\qquad\left. + \frac{1}{12m^2}\frac{d}{dx}\overline{M}_x - \frac{1}{m}\sum_1^\infty \overline{M}_{x+t/m}\right\}\\ &= a_x^{(m)} + \frac{1}{2m}\overline{A}_x - \frac{\mu_x}{12m^2}.\end{aligned}\right\} \tag{82}$$

In der Praxis setzt man in der Regel

$$\mathring{a}_x^{(m)} = a_x^{(m)} + \frac{1}{2m}\overline{A}_x$$

und damit

$$\left.\begin{aligned}\mathring{a}_x^{(m)} &= a_x + \frac{m-1}{2m} + \frac{1}{2m}A_x(1+i)^{\frac{1}{2}} \simeq a_x + \frac{m-1}{2m} + \frac{1}{2m}A_x\\ \mathring{a}_x &\simeq a_x + \frac{1}{2}A_x.\end{aligned}\right\} \tag{83}$$

Weil

$$a_x^{(m)} = \frac{1}{m} \cdot \frac{1}{D_x} \sum_1^\infty D_{x+t/m},$$

kann statt (81) auch gesetzt werden

$$\mathring{a}_x^{(m)} = \frac{1}{D_x} \left\{ \frac{1}{m} \sum_1^\infty (D_{x+t/m} - \overline{M}_{x+t/m}) + \int_0^\infty \overline{M}_{x+t}\, dt \right\}, \tag{84}$$

und im Hinblick auf

$$\frac{1}{m} \sum_1^\infty f\left(\frac{t}{m}\right) = \int_0^\infty f(t)\, dt - \frac{1}{2m} f(0) - \frac{1}{12 m^2} \left[\frac{d}{dt} f(t)\right]_0 - \dots$$

erhält man

$$\left.\begin{aligned} \mathring{a}_x^{(m)} = \frac{1}{D_x} \Bigg\{ \int_0^\infty (D_{x+t} - \overline{M}_{x+t})\, dt - \frac{1}{2m} (D_x - \overline{M}_x) - \\ - \frac{1}{12 m^2} \frac{d}{dx} (D_x - \overline{M}_x) + \int_0^\infty \overline{M}_{x+t}\, dt \Bigg\} \\ = \bar{a}_x - \frac{1}{2m} \delta \bar{a}_x + \frac{\delta}{12 m^2}. \end{aligned}\right\} \tag{85}$$

Hierbei ist

$$\frac{1}{D_x} (D_x - \overline{M}_x) = 1 - \overline{A}_x = \delta \bar{a}_x,$$

$$\frac{d}{dx} (D_x - \overline{M}_x) = \mu_x D_x + D_x \frac{d}{dx} \log D_x = -\delta D_x$$

zu berücksichtigen. Es ergibt sich sonach aus (85)

$$\left.\begin{aligned} \mathring{a}_x^{(m)} &= \bar{a}_x \left(1 - \frac{\delta}{2m}\right) + \frac{\delta}{12 m^2} \\ &\cong \left(a_x + \frac{1}{2}\right)\left(1 - \frac{\delta}{2m}\right) \\ \mathring{a}_x &\cong \left(a_x + \frac{1}{2}\right)\left(1 - \frac{\delta}{2}\right). \end{aligned}\right\} \tag{86}$$

Dies ist auch aus

$$\begin{aligned} \mathring{a}_x^{(m)} &= a_x + \frac{m-1}{2m} + \frac{1}{2m} \overline{A}_x, \\ &\cong \bar{a}_x - \frac{1}{2m} (1 - \overline{A}_x), \\ &\cong \bar{a}_x \left(1 - \frac{\delta}{2m}\right) \end{aligned}$$

zu erhalten.

Für die temporäre vollständige Rente wäre zu setzen

$$\left.\begin{aligned}\mathring{a}^{(m)}_{x,\overline{n}|} &= \mathring{a}^{(m)}_{x} - \frac{D_{x+n}}{D_x}\mathring{a}^{(m)}_{x+n} \\ &\cong \left(a_x + \frac{m-1}{2m} + \frac{1}{2m}A_x\right) - \frac{D_{x+n}}{D_x}\left(a_{x+n} + \frac{m-1}{2m} + \frac{1}{2m}A_{x+n}\right) \\ &\cong a_{x,\overline{n}|} + \frac{m-1}{2m}\left(1 - \frac{D_{x+n}}{D_x}\right) + \frac{1}{2m}\,{}_{|n}A_x\end{aligned}\right\} \quad (87)$$

oder auch

$$\left.\begin{aligned}\mathring{a}^{(m)}_{x,\overline{n}|} &\cong \bar{a}_{x,\overline{n}|}\left(1 - \frac{\delta}{2m}\right) + \frac{\delta}{12m^2}\left(1 - \frac{D_{x+n}}{D_x}\right) \\ &\cong \left\{a_{x,\overline{n}|} + \frac{1}{2}\left(1 - \frac{D_{x+n}}{D_x}\right)\right\}\left(1 - \frac{\delta}{2m}\right).\end{aligned}\right\} \quad (88)$$

Im übrigen ist die Näherung

$$\bar{A}_x \cong 1 - i\,\mathring{a}_x \quad (89)$$

zu beachten, welche aus

$$\bar{A}_x = 1 - \delta\bar{a}_x \cong 1 - \frac{\delta}{1 - \frac{\delta}{2}}\mathring{a}_x \cong 1 - \delta\left(1 + \frac{\delta}{2} + \frac{\delta^2}{4} + \ldots\right)\mathring{a}_x \cong 1 - i\,\mathring{a}_x$$

erhalten wird.

Wenn festgesetzt wird, daß die Leibrente unbedingt so lange bezahlt werden soll, bis die ausgezahlten Rentenbeträge den Betrag der für die Rente geleisteten Einlage R' erreichen, dann ist der Nettobarwert der Einlage durch

$$R = a^{(m)}_{\overline{R'}|} + \frac{D_{x+R'}}{D_x}\mathring{a}^{(m)}_{x+R'}$$

zu erhalten. Die numerische Lösung muß durch Versuche gefunden werden.

§ 27. Einige Ungleichungen.

Zahlreiche wichtige Ungleichungen zwischen verschiedenen Versicherungswerten ergeben sich als Spezialfälle einer sehr allgemeinen Relation, auf deren Nützlichkeit zuerst J. F. Steffensen verwiesen hat.

Es seien $f(t)$ und $\Phi(t)$ zwei positive und nicht zunehmende Funktionen und $g(t)$ eine positive Funktion. Dann gilt für $\alpha \leqq \mu \leqq \beta$ die Ungleichung

$$\frac{\sum_{\alpha}^{\mu}\Phi(\nu)\,f(\nu)\,g(\nu)}{\sum_{\alpha}^{\mu}\Phi(\nu)\,g(\nu)} \geqq \frac{\sum_{\alpha}^{\beta}f(\nu)\,g(\nu)}{\sum_{\alpha}^{\beta}g(\nu)}. \quad (90)$$

Denn beide Seiten von (90) sind aufzufassen als gewogene Mittel der Funktion $f(\nu)$, aber auf der linken Seite sind größeren Werten von $f(\nu)$ größere Gewichte zugeteilt als rechts, wobei die links nicht vorkommenden Werte $f(\mu+1), f(\mu+2), \ldots, f(\beta)$ als mit unendlich kleinen Gewichten behaftet angesehen werden können. Das Gleichheitszeichen wird in (90) nur für gewisse Grenzfälle in Betracht kommen, z. B. wenn $\Phi(\nu)$ konstant ist und $\mu = \beta$, oder wenn $f(\nu)$ konstant ist. Unter den gleichen Voraussetzungen für die im Argument stehenden Funktionen $f(t)$, $\Phi(t)$ und $g(t)$ und für $a \leqq \tau \leqq b$ gilt auch die Relation

$$\frac{\int\limits_a^\tau \Phi(t)\, f(t)\, g(t)\, dt}{\int\limits_a^\tau \Phi(t)\, g(t)\, dt} \geqq \frac{\int\limits_a^b f(t)\, g(t)\, dt}{\int\limits_a^b g(t)\, dt}, \tag{91}$$

wie man ganz unmittelbar, wie bei (90), einsieht oder durch Vollziehung des Grenzüberganges erkennt.

Zum Zwecke eines rein arithmetischen Beweises von (90) hätte man $\Phi(\mu+1)$, $\Phi(\mu+2)$, ..., $\Phi(\beta)$ als Null anzunehmen und die Summation für beliebiges α und β zu vollziehen. Es wäre dann zu zeigen, daß die Differenz

$$\sum_\alpha^\beta \Phi(\nu)\, f(\nu)\, g(\nu) \,.\, \sum_\alpha^\beta g(\nu) - \sum_\alpha^\beta \Phi(\nu)\, g(\nu) \,.\, \sum_\alpha^\beta f(\nu)\, g(\nu)$$

nicht negativ sein kann. Nach Ausführung der Multiplikationen erhält man Glieder der Gestalt

$$\Phi(n)\, f(n)\, g(n) \,.\, g(m) - \Phi(n)\, g(n) \,.\, f(m)\, g(m),$$

welche für $n = m$ verschwinden. Für $n \neq m$ kann aber $n < m$ angenommen werden, und durch Zusammenfassung je zweier Glieder für n und m und für m und n erhält man

$$\Phi(n)\, f(n)\, g(n) \,.\, g(m) + \Phi(m)\, f(m)\, g(m) \,.\, g(n),$$
$$-\Phi(n)\, g(n) \,.\, f(m)\, g(m) - \Phi(m)\, g(m) \,.\, f(n)\, g(n),$$

ein Ausdruck, der aber auch

$$g(n)\, g(m)\, [f(n) - f(m)]\, [\Phi(n) - \Phi(m)]$$

geschrieben werden kann. Für $n < m$ kann dieser aber unter den über $f(\nu)$ und $\Phi(\nu)$ gemachten Voraussetzungen nicht negativ sein, womit der Beweis erbracht ist.

Als spezieller Fall der Ungleichungen (90) und (91) ergeben sich für $g(\nu) = 1$, $\mu = \beta$ bzw. $g(t) = 1$, $\tau = b$ die beiden Relationen

$$\left.\begin{aligned} \sum_\alpha^\beta \Phi(\nu)\, f(\nu) &\geqq \frac{1}{\beta - \alpha + 1} \sum_\alpha^\beta \Phi(\nu) \,.\, \sum_\alpha^\beta f(\nu) \\ \int\limits_a^b \Phi(t)\, f(t)\, dt &\geqq \frac{1}{b-a} \int\limits_a^b \Phi(t)\, dt \,.\, \int\limits_a^b f(t)\, dt, \end{aligned}\right\} \tag{92}$$

die unter dem Namen der TCHEBYCHEFFschen Ungleichungen bekannt sind.

Durch Verfügung über die Funktionen $f(t)$, $\Phi(t)$ und $g(t)$ erhält man aus den angeführten Ungleichungen eine Reihe von für die Versicherungsmathematik interessanten und nützlichen Relationen. Wir führen zunächst nur die folgenden an: Aus (91) folgt für $f(t) = b^r - t^r$ und unter der Annahme $r > 0$ und $0 \leqq a \leqq b$ die Ungleichung

$$\frac{\int\limits_a^b t^r g(t)\, dt}{\int\limits_a^b g(t)\, dt} \geqq \frac{\int\limits_a^\tau t^r g(t)\, \Phi(t)\, dt}{\int\limits_a^\tau g(t)\, \Phi(t)\, dt}, \tag{93}$$

aus welcher wieder für

$$a = 0,\ b = \infty,\ \tau = \infty,\ r = 1,\ g(t) = -l'_{x+t}$$

erhalten wird:

$$\frac{\int\limits_0^\infty t\, l'_{x+t}\, dt}{\int\limits_0^\infty l'_{x+t}\, dt} \geqq \frac{\int\limits_0^\infty t\, l'_{x+t}\, \Phi(t)\, dt}{\int\limits_0^\infty l'_{x+t}\, \Phi(t)\, dt} \tag{94}$$

oder

$$\bar{e}_x \geqq \frac{\int\limits_0^\infty t\, \mu_{x+t}\, l_{x+t}\, \Phi(t)\, dt}{\int\limits_0^\infty \mu_{x+t}\, l_{x+t}\, \Phi(t)\, dt}. \tag{95}$$

Setzt man hier $\Phi(t) = v^t$, so ergibt sich

$$\bar{e}_x \geqq \frac{(|\bar{A})_x}{\bar{A}_x}.$$

Wird aber angenommen, daß μ_{x+t} für $t > 0$ nicht abnimmt und setzt man $\Phi(t) = 1/\mu_{x+t}$, so ergibt sich

$$\bar{e}_x \geqq \frac{\int\limits_0^\infty t\, l_{x+t}\, dt}{\int\limits_0^\infty l_{x+t}\, dt} \tag{96}$$

und auch

$$x + \bar{e}_x \geqq \frac{\int\limits_x^\infty x\, l_x\, dx}{\int\limits_x^\infty l_x\, dx}.$$

Durch Verwendung der speziellen Werte $a = 0$, $b = \infty$, $\tau = \infty$

$$g(t) = -D'_{x+t}, \quad \Phi(t) = \frac{1}{\mu_{x+t} + \delta}$$

erhält man aus (91)

$$\int_0^\infty t^r D_{x+t}\,dt \leqq r\,\bar{a}_x \int_0^\infty t^{r-1} D_{x+t}\,dt$$

oder, wenn die Leibrente $r+1$ ter Ordnung wieder durch

$$(|^r\bar{a})_x = \frac{1}{r!\,D_x}\int_0^\infty t^r D_{x+t}\,dt$$

definiert wird, auch

$$(|^r\bar{a})_x \leqq \bar{a}_x \,.\, (|^{r-1}\bar{a})_x. \tag{97}$$

Die wiederholte Anwendung von (97) aber ergibt die Ungleichung

$$(|^r\bar{a})_x \leqq \bar{a}_x^{\,r+1}. \tag{98}$$

Da im besonderen unter der wiederholt gemachten Annahme über den Verlauf der μ_{x+t} auch

$$\bar{a}_x \leqq \frac{1}{\mu_x + \delta},$$

so gilt für $r = 1$ auch die Ungleichung

$$(|\bar{a})_x \leqq \bar{a}_x^2 \leqq \frac{1}{(\mu_x + \delta)^2}. \tag{99}$$

Es sei noch bemerkt, daß STEFFENSEN auch gezeigt hat, daß für die Gültigkeit der angeführten Ungleichungen an Stelle der über den Verlauf der μ_x gemachten Voraussetzung auch mit der schwächeren Annahme

$$\bar{e}_x \geqq \bar{e}_{x+t} \quad \text{bzw.} \quad \bar{a}_x \geqq \bar{a}_{x+t} \quad (t > 0) \tag{100}$$

das Auslangen gefunden werden kann. Wir werden an späterer Stelle noch auf die Relationen (90) und (91) zurückzukommen haben.

Es ist aber zu bemerken, daß der Inhalt der genannten Ungleichungen keineswegs tief liegt und auch unter der schwächeren Annahme (100) z. B. die erste Relation (99) durch folgende ganz einfache Überlegung erhalten werden kann.

Durch

$$\bar{A}_x = 1 - \delta\,\bar{a}_x$$

und

$$(|\bar{P})_x = \frac{(|\bar{A})_x}{\bar{a}_x} = \frac{1}{\bar{a}_x}[\bar{a}_x - \delta\,(|\bar{a})_x] = 1 - \delta\,\frac{(|\bar{a})_x}{\bar{a}_x}$$

ist die Einmalprämie für die reine Ablebensversicherung und die gleichbleibende laufende Prämie für die steigende Ablebensversicherung definiert. Unter der Annahme

$$\bar{a}_x \geqq \bar{a}_{x+t} \quad \text{oder} \quad \bar{A}_{x+t} \geqq \bar{A}_x \quad (t > 0)$$

muß aber

$$(|\bar{P})_x \geqq \bar{A}_x$$

sein. Denn wenn aus der laufenden Prämie $(|\bar{P})_x$ die beständig steigenden Einmalprämien $\bar{A}_{x+t}$ bestritten werden sollen, so muß offenbar die Prämie $(|\bar{P})_x$ einen Mittelwert der $\bar{A}_{x+t}$ entsprechen, der zufolge der über die $\bar{A}_{x+t}$ gemachten Voraussetzung $(|\bar{P})_x \geqq \bar{A}_x$ sein muß. Damit folgt aber auch schon aus den definierenden Relationen für $\bar{A}_x$ und $(|\bar{P})_x$ die Ungleichung

$$\frac{(|\bar{a})_x}{\bar{a}_x} \leqq \bar{a}_x \text{ oder } (|\bar{a})_x \leqq \bar{a}_x^2$$

und damit (99). Die stärkere Bedingung $\mu_{x+t} \geqq \mu_x$ ist also für die Geltung der ersten Ungleichung (99) hinreichend, aber keineswegs notwendig. Diese genügt aber schon zum Beweis der Behauptung, daß die laufende Prämie $\bar{P}_x$ der Ablebensversicherung mit wachsendem Zins abnimmt. Denn man erhält aus

$$\bar{P}_x = \frac{1}{\bar{a}_x} - \delta,$$

daß die Ableitung von $\bar{P}_x$ nach δ

$$\frac{d}{d\,\delta}\,\bar{P}_x = \frac{d}{d\,\delta}\left(\frac{1}{\bar{a}_x} - \delta\right) = \frac{(|\bar{a}_x)}{\bar{a}_x^2} - 1 \tag{101}$$

unter Geltung von (100) negativ sein muß, woraus die Behauptung folgt.

§ 28. Das Zinsfußproblem bei der Leibrente.

Die exakte Berechnung der Leibrente zu einem bestimmten Zinsfuß für eine gegebene Absterbeordnung setzt voraus, daß die betreffenden Kommutationswerte D_x und N_x zur Verfügung stehen. Ist dies nicht der Fall, wohl aber die betreffenden Werte für andere Zinssätze zur Verfügung, so wird in der Regel von einem geeigneten Interpolationsverfahren Gebrauch zu machen sein. Es gibt aber eine ganze Reihe von Formeln, welche den gesuchten Wert in der Regel unter Verwendung einer Taylor-Entwicklung aus einem gegebenen Wert mit genügender Genauigkeit zu berechnen gestatten. Man kann zur Erzielung einer solchen Darstellung so verfahren.

Es sei für eine Zinsintensität δ die postnumerando ganzjährig zahlbare Leibrente

$$a_x = \sum_{1}^{\infty} e^{-\delta t}\,{}_tp_x = \sum_{1}^{\infty} \frac{D_{x+t}}{D_x} = \frac{N_{x+1}}{D_x}.$$

Für eine Zinsintensität $\delta + \Delta$ ist dann die entsprechende Rente a_x' durch

$$a_x' = a_x + \frac{d\,a_x}{d\,\delta}\,\Delta + \frac{1}{2!}\,\frac{d^2 a_x}{d\,\delta^2}\,\Delta^2 + \dots, \tag{102}$$

und wegen

$$\frac{d^r a_x}{d\,\delta^r} = (-1)^r \sum_1^\infty t^r\, {}_t p_x\, e^{-\delta t} = (-1)^r \sum_1^\infty t^r \frac{D_{x+t}}{D_x}$$

kann auch

$$\left.\begin{aligned} a_x' &= a_x - \varDelta \sum_1^\infty t \frac{D_{x+t}}{D_x} + \frac{\varDelta^2}{2!} \sum_1^\infty t^2 \frac{D_{x+t}}{D_x} - \dots \\ &= a_x \left(1 - \varDelta \frac{\sum_1^\infty t\, D_{x+t}}{N_{x+1}} + \frac{\varDelta^2}{2!} \frac{\sum_1^\infty t^2\, D_{x+t}}{N_{x+1}} \dots\right) \end{aligned}\right\} \quad (103)$$

geschrieben werden. Nach einem von LINDELÖF angewendeten Verfahren zur Verbesserung der Reihenkonvergenz wird nun

$$z = \frac{\varDelta}{\alpha + \varDelta}, \quad \varDelta = \alpha\,(z + z^2 + \dots) = \frac{\alpha\, z}{1 - z}; \quad (\alpha > 0)$$

gesetzt, und man erhält so für die Rente

$$\begin{aligned} a_x' &= a_x - \alpha\,.\,a_x \frac{\sum_1^\infty t\, D_{x+t}}{N_{x+1}}\,.\,z + \\ &+ \left(-\alpha\,.\,a_x \frac{\sum_1^\infty t\, D_{x+t}}{N_{x+1}} + \frac{\alpha^2}{2}\,.\,a_x \frac{\sum_1^\infty t^2\, D_{x+t}}{N_{x+1}}\right) z^2 + \dots. \end{aligned} \quad (104)$$

Bestimmt man jetzt die Größe α so, daß der Faktor von z^2 in der Reihenentwicklung verschwindet und werden die höheren Glieder vernachlässigt, so ergibt sich

$$\alpha = \frac{2 \sum_1^\infty t\, D_{x+t}}{\sum_1^\infty t^2\, D_{x+t}},$$

und wenn wieder

$$z = \frac{\varDelta}{\alpha + \varDelta}$$

substituiert wird

$$a_x' = a_x - a_x \frac{\dfrac{\sum_1^\infty t\, D_{x+t}}{N_{x+1}}\,.\,\varDelta}{1 + \dfrac{\sum_1^\infty t^2\, D_{x+t}}{2 \sum_1^\infty t\, D_{x+t}}\,.\,\varDelta},$$

eine Formel, welche unter Beachtung der Relation

$$\sum_{1}^{\infty} t^2 D_{x+t} = \sum_{1}^{\infty} S_{x+t} + \sum_{1}^{\infty} S_{x+1+t}$$

auch

$$a_x' = a_x - a_x \frac{\dfrac{S_{x+1}}{N_{x+1}} . \Delta}{1 + \dfrac{\sum_{1}^{\infty} S_{x+t} + \sum_{1}^{\infty} S_{x+1+t}}{2\, S_{x+1}} . \Delta} \tag{105}$$

geschrieben werden kann. Dies ist die gesuchte Näherungsformel für a_x'. Man kann nun überdies den vorkommenden Faktor in (105)

$$\frac{\Delta}{1 + \dfrac{\sum_{1}^{\infty} S_{x+t} + \sum_{1}^{\infty} S_{x+1+t}}{2\, S_{x+1}} . \Delta} = \frac{1}{\dfrac{1}{\Delta} + \dfrac{\sum_{1}^{\infty} S_{x+t}}{S_{x+1}} - \dfrac{\sum_{1}^{\infty} S_{x+t} - \sum_{1}^{\infty} S_{x+1+t}}{2\, S_{x+1}}}$$

$$= \frac{1}{\dfrac{1}{\Delta} - \dfrac{1}{2} + \dfrac{\sum_{1}^{\infty} S_{x+t}}{S_{x+1}}}$$

schreiben und von der leicht zu erweisenden Näherung

$$\frac{1}{h\, v} \cong \frac{1}{\Delta} - \frac{1}{2}$$

Gebrauch machen, wobei $i + h = \delta + \Delta$ gesetzt wird. Damit ist (105) in die Formel von K. Poukka

$$a_x' = a_x - a_x \frac{\dfrac{S_{x+1}}{N_{x+1}} . h . v}{1 + \dfrac{\sum_{1}^{\infty} S_{x+t}}{S_{x+1}} . h . v} \tag{106}$$

überführt.

In der Arbeit von Poukka wird auch noch auf die Tatsache hingewiesen, daß für eine große Reihe von Sterbetafeln mit praktisch genügender Annäherung

$$\frac{\sum_{1}^{\infty} S_{x+t}}{S_{x+1}} = 0{,}84 \frac{S_{x+1}}{N_{x+1}}$$

gesetzt werden kann, so daß sich die Formel (106) noch weiter in

$$a_x' = a_x - a_x \frac{\dfrac{S_{x+1}}{N_{x+1}} . h . v}{1 + 0{,}84 \dfrac{S_{x+1}}{N_{x+1}} . h . v} \tag{107}$$

vereinfacht.

§ 29. Eine allgemeine Relation zwischen Todesfallversicherung und Leibrente.

Um die wiederholt benutzten Relationen zwischen den Erwartungswerten der Todesfallversicherung und der Leibrente möglichst zu verallgemeinern, legen wir jetzt den Betrachtungen eine Versicherung auf Ab- und Erleben des Beitrittsalters x und der Versicherungsdauer n zugrunde. Die laufende Zeitvariable sei bei Anwendung der kontinuierlichen Methode wieder t und die vom Zeitpunkte t der Zahlung abhängigen Zahlungen für den Versicherungsfall seien mit A_t bezeichnet. Die Prämienzahlung erfolge nach Maßgabe einer Funktion $\overline{P}_t$, so daß $\overline{P}_t\,dt$ die dem Zeitpunkte t entsprechende Prämienzahlung bedeutet. Die für die Kapitals- bzw. Rentenzahlung in Betracht kommenden Auszahlungsbeträge sollen stets in Klammern $\{\ \}$ beigefügt werden. Es bedeutet sonach

$$\overline{A}_{x,\overline{n}|}\{A_t\} \text{ bzw. } \bar{a}_{x,\overline{n}|}\{r_t\}$$

den Erwartungswert einer Versicherung auf Ab- und Erleben auf die Beträge A_t im Ablebensfalle und A_n im Erlebensfalle, bzw. den Erwartungswert einer temporären Leibrente auf die Beträge r_t, alles nach der kontinuierlichen Methode. Es ist sonach

$$\left.\begin{aligned}\overline{A}_{x,\overline{n}|}\{A_t\} &= {}_{|n}\overline{A}_x\{A_t\} + {}_nE_x \cdot A_n \\ &= -\frac{1}{l_x}\int_0^n \frac{dl_{x+t}}{dt}\,e^{-\delta t}A_t\,dt + \frac{l_{x+n}}{l_x}\,e^{-\delta n}A_n\end{aligned}\right\} \tag{108}$$

und

$$\bar{a}_{x,\overline{n}|}\{r_t\} = \frac{1}{l_x}\int_0^n l_{x+t}\,e^{-\delta t}\,r_t\,dt. \tag{109}$$

Setzt man in der letzteren Formel

$$l_{x+t} = -\int_t^n \frac{dl_{x+s}}{ds}\,ds + l_{x+n}$$

und vertauscht in dem sich so ergebenden Doppelintegral die Integrationsfolge, so erhält man

$$\begin{aligned}\bar{a}_{x,\overline{n}|}\{r_t\} &= -\frac{1}{l_x}\int_0^n e^{-\delta t}r_t\,dt\left[\int_t^n \frac{dl_{x+s}}{ds}\,ds - l_{x+n}\right]ds \\ &= -\frac{1}{l_x}\int_0^n \frac{dl_{x+t}}{dt}\,dt\int_0^t e^{-\delta s}r_s\,ds + \frac{l_{x+n}}{l_x}\int_0^n e^{-\delta t}r_t\,dt \\ &= \frac{1}{l_x}\int_0^n \frac{dl_{x+t}}{dt}\,\bar{a}_{\overline{t}|}\{r_s\}\,dt + \frac{l_{x+n}}{l_x}\,\bar{a}_{\overline{n}|}\{r_t\},\end{aligned}$$

wobei $\bar{a}_{\overline{t}|}\{r_s\}$ den Barwert der kontinuierlich zahlbaren Zeitrente auf die Beträge r_s für die Dauer t bedeutet. Diese Relation kann auch

$$\bar{a}_{x,\overline{n}|}\{r_t\} = {}_{|n}\bar{A}_x\left\{e^{\delta t}\,\bar{a}_{\overline{t}|}\{r_s\}\right\} + {}_nE_x\,e^{\delta n}\,\bar{a}_{\overline{n}|}\{r_t\}$$

oder

$$\bar{a}_{x,\overline{n}|}\{r_t\} = \bar{A}_{x,\overline{n}|}\left\{e^{\delta t}\,\bar{a}_{\overline{t}|}\{r_s\}\right\} \tag{110}$$

geschrieben werden. Die Formel besagt, daß der Erwartungswert der Rente auf die Beträge r_t gleichkommt dem Werte einer Ab- und Erlebensversicherung auf die bis zum Ablebens- bzw. Erlebenstermin aufgezinsten Beträge aller bis zu diesen Terminen fällig gewesener r_t. Das ist auch ohne jede Rechnung einzusehen. Es entspricht der Festsetzung, daß bei einer temporären Rente die Rentenzahlungen nicht fortlaufend bei Erleben der Termine zu erfolgen haben, sondern jeweils mit Zins und Zinseszins am Todestag bzw. am Ablaufstermin der Rente nachzuzahlen sind.

Anderseits erhält man durch Produktintegration

$$\begin{aligned}
{}_{|n}\bar{A}_x\{A_t\} &= -\frac{1}{l_x}\int_0^n \frac{d\,l_{x+t}}{d\,t}\,e^{-\delta t}A_t\,d\,t \\
&= -\frac{l_{x+t}}{l_x}\,e^{-\delta t}A_t\Big|_0^n + \frac{1}{l_x}\int_0^n l_{x+t}\,e^{-\delta t}\left(\frac{d\,A_t}{d\,t} - \delta A_t\right)d\,t \\
&= A_0 - \frac{l_{x+n}}{l_x}\,e^{-\delta n}A_n + \bar{a}_{x,\overline{n}|}\left\{\frac{d\,A_t}{d\,t} - \delta A_t\right\}
\end{aligned}$$

und daher auch

$$\bar{A}_{x,\overline{n}|}\{A_t\} = A_0 + \bar{a}_{x,\overline{n}|}\left\{\frac{d\,A_t}{d\,t} - \delta A_t\right\}. \tag{111}$$

Die Relation (111) ist die Umkehrung von (110). Denn setzt man in der letzteren

$$r_t = \frac{d\,A_t}{d\,t} - \delta A_t$$

und beachtet

$$\int_0^t e^{-\delta s} r_s\,d\,s = \bar{a}_{\overline{t}|}\{r_s\} = \int_0^t e^{-\delta s}\left(\frac{d\,A_s}{d\,s} - \delta A_s\right)d\,s = e^{-\delta t}A_t - A_0,$$

so erhält man

$$\begin{aligned}
\bar{a}_{x,\overline{n}|}\left\{\frac{d\,A_t}{d\,t} - \delta A_t\right\} &= \bar{A}_{x,\overline{n}|}\left\{e^{\delta t}\left(e^{-\delta t}A_t - A_0\right)\right\} \\
&= \bar{A}_{x,\overline{n}|}\{A_t\} - A_0\,\bar{A}_{x,\overline{n}|}\{e^{\delta t}\} \\
&= \bar{A}_{x,\overline{n}|}\{A_t\} - A_0.
\end{aligned}$$

Für $A_t = 1$ bzw. $A_t = t$ erhält man aber aus (111) die wohlbekannten Beziehungen

$$\bar{A}_{x,\overline{n|}} = 1 - \delta \bar{a}_{x,\overline{n|}}$$
$$\bar{A}_{x,\overline{n|}}\{t\} = \bar{a}_{x,\overline{n|}} - \delta \bar{a}_{x,\overline{n|}}\{t\},$$

wobei jetzt $\bar{A}_{x,n}\{t\}$ und $\bar{a}_{x,\overline{n|}}\{t\}$ die abgekürzte Todesfallversicherung und die temporäre Rente auf die steigenden Beträge bedeuten.

Auf Grund von (111) läßt sich auch leicht die Frage entscheiden, welche Bedingungen die A_t erfüllen müssen, damit zwischen der Todesfallversicherung und der Rente, wenn beide auf dieselben Beträge lauten, eine lineare Relation besteht. Es müßte dann gelten:

$$\bar{A}_{x,\overline{n|}}\{A_t\} = A_0 + \bar{a}_{x,\overline{n|}}\left\{\frac{dA_t}{dt} - \delta A_t\right\} = \alpha + \beta \bar{a}_{x,\overline{n|}}\{A_t\},$$

wo α und β zwei Konstanten bedeuten. Hieraus aber folgt

$$A_0 - \alpha + \bar{a}_{x,\overline{n|}}\left\{\frac{dA_t}{dt} - \delta A_t - \beta A_t\right\} = 0$$

für jeden Wert von x und n und daher

$$\frac{dA_t}{dt} = (\delta + \beta) A_t$$

oder

$$A_t = C\, e^{(\delta + \beta)}.$$

Die A_t müßten daher durch die Exponentialfunktion definiert sein in Übereinstimmung mit einem auf anderem Wege erhaltenen Resultat von U. Broggi.

Wird aber nach den Bedingungen für die A_t gefragt, welche erfüllt sein müssen, wenn der Erwartungswert der gemischten Versicherung auf die Beträge A_t unabhängig von x und n sein soll, dann folgt aus (111)

$$\bar{A}_{x,\overline{n|}}\{A_t\} = A_0 + \bar{a}_{x,\overline{n|}}\left\{\frac{dA_t}{dt} - \delta A_t\right\} = C$$

und damit

$$A_0 = C, \quad \frac{dA_t}{dt} = \delta A_t, \quad A_t = C\, e^{\delta t}.$$

Die Beträge A_t sind daher aus C durch Aufzinsung zu erhalten.

Im Falle der lebenslänglichen Leibrente folgt aus (110)

$$\bar{a}_x = \bar{A}_x\{e^{\delta t}\, \bar{a}_{\overline{t|}}\}$$

und für $\delta = 0$ das bekannte Resultat

$$\bar{e}_x = \int_0^\infty \frac{l_{x+t}}{l_x}\, dt = -\frac{1}{l_x}\int_0^\infty \frac{d\,l_{x+t}}{dt}\,.\, t\, dt = \int_0^\infty t\, {}_t p_x\, \mu_{x+t}\, dt.$$

Verläßt man die kontinuierliche Methode und betrachtet bei ganzjähriger Verzinsung und Prämienzahlung die versicherten Beträge am

Ende der Jahre, die Rentenbeträge am Anfang der Jahre zahlbar, dann lauten die (110) und (111) entsprechenden Relationen

$$a_{x,\overline{n}|}\{r_k\} = A_{x,\overline{n}|}\left\{v^k\, a_{\overline{k}|}\{r_l\}\right\} \tag{112}$$

und

$$A_{x,\overline{n}|}\{A_k\} = A_0 + a_{x,\overline{n}|}\{\Delta A_k - d A_k\}. \tag{113}$$

Man erweist die Richtigkeit derselben aus den zwischen den diskontierten Zahlen der Lebenden und Toten bestehenden Relationen

$$C_x = v\, D_x - D_{x+1}.$$

Es ist dann

$$\begin{aligned}
A_{x,\overline{n}|}\{A_k\} &= \sum_1^n A_k \frac{C_{x+k-1}}{D_x} + A_n \frac{D_{x+n}}{D_x} \\
&= \sum_1^n A_k v \frac{D_{x+k-1}}{D_x} - \sum_1^n A_k \frac{D_{x+k}}{D_x} + A_n \frac{D_{x+n}}{D_x} \\
&= -(1-v)\sum_1^n A_k \frac{D_{x+k-1}}{D_x} + \sum_1^n A_k \frac{D_{x+k-1} - D_{x+k}}{D_x} + A_n \frac{D_{x+n}}{D_x} \\
&= -d\, a_{x,\overline{n}|}\{A_k\} + A_0 + \sum_1^n \frac{D_{x+k-1}}{D_x}(A_k - A_{k-1}) \\
&= A_0 + a_{x,\overline{n}|}\{\Delta A_k - d A_k\} \qquad (\Delta A_k = A_k - A_{k-1}).
\end{aligned}$$

Anderseits gilt für jedes n

$$D_x = C_x r + C_{x+1} r^2 + \ldots + C_{x+n-1} r^n + D_{x+n} r^n, \quad r = \frac{1}{v},$$

wie man durch Einsetzen der Ausdrücke für die C_x erweist. Demnach gilt

$$\begin{aligned}
a_{x,\overline{n}|}\{r_k\} &= \sum_1^n \frac{D_{x+k-1}}{D_x} r_k \\
&= \frac{1}{D_x}\bigl[r_1 (C_x r + C_{x+1} r^2 + \ldots + C_{x+n-1} r^n + D_{x+n} r^n) \\
&\qquad + r_2 (C_{x+1} r + \ldots + C_{x+n-1} r^{n-x} + D_{x+n} r^{n-1}) \\
&\qquad + \ldots \\
&\qquad \ldots \qquad\qquad + r_n (C_{x+n-1} r + D_{x+n} r)\bigr] \\
&= A_{x,\overline{n}|}\{r_1 r^k + r_2 r^{k-1} + \ldots + r_n . r\} \\
&= A_{x,\overline{n}|}\{v^{-k}\, a_{\overline{k}|}\{r_l\}\}.
\end{aligned}$$

Vom mathematischen Standpunkt aus handelt es sich beim Nachweis der Gleichwertigkeit von Ausdrücken wie rechts und links in (110) oder (111) immer nur um die Vertauschung der Integrationsfolge. Vom versicherungsmathematischen Standpunkt aus um die Gleichwertigkeit von Zahlungen, die unter verschiedenen Voraussetzungen hinsichtlich des Termins der Zahlungen, aber unter den gleichen Voraussetzungen hinsichtlich der Bedingungen für die Zahlungen geleistet werden.

V. Prämienreserve (Deckungskapital).

§ 30. Begriffe und elementare Entwicklungen.

Die Beitragsleistung des Versicherten für die einzelnen Versicherungsjahre und die Gegenleistung des Versicherers in diesen Jahren sind nach unseren bisherigen Überlegungen nur auf Grund des Äquivalenzprinzips aufeinander abgestimmt. Nach diesem muß für den Beginn der Versicherung der Erwartungswert der Versicherungsbeiträge dem Erwartungswert aller Leistungen des Versicherers gleichkommen. Über die Höhe der Beiträge im einzelnen folgt aus dem genannten Prinzip noch nichts. Die Beitragsleistung kann in Form der Einmalprämie erfolgen oder sonstwie über die Versicherungsdauer verteilt sein, und es ist auch noch gar nichts darüber ausgesagt, ob in letzterem Falle — stets natürlich unter Geltung des Äquivalenzprinzips — jede beliebige Verteilung als zulässig angesehen werden kann. Ganz eindeutig ist die Sachlage nur dann, wenn die Beitragsleistung für jedes Versicherungsjahr gerade so hoch ist, als der voraussichtlichen Gegenleistung des Versicherers für dieses Jahr entspricht. In diesem Falle muß also das Äquivalenzprinzip für jedes Jahr in Geltung sein, nicht nur für die ganze Versicherungsdauer, und man spricht dann von einer *natürlichen Beitragsleistung* oder einer *natürlichen Prämie*. Zu einer Rücklagenbildung aus den Prämien kann es in diesem Falle nicht kommen, weil stets der als Prämie zu Beginn der Jahre zur Verfügung gestellte Betrag am Ende des Jahres durch die erwartete Gegenleistung des Versicherers verbraucht erscheint.

In allen anderen Fällen wird aber dieser Verbrauch der jeweiligen Beitragsleistung nicht entsprechen. Es wird vielmehr der jeweils nicht verbrauchte Teil der Beiträge zur Deckung des späteren Bedarfes in Form einer technischen Rücklage zurückgestellt werden müssen. Man nennt diese Rücklage *Prämienreserve* oder *Deckungskapital.*

Zur Bestimmung der Höhe dieser Rücklage ist es erforderlich, von einem Prinzip Gebrauch zu machen, welches die Höhe der Prämienreserve für jeden innerhalb der Versicherungsdauer liegenden Zeitpunkt eindeutig zu definieren gestattet. Wir werden im Laufe unserer Betrachtungen erkennen, daß dieses Prinzip in sehr verschiedener Art zum Ausdruck gebracht werden kann. Fürs erste wollen wir uns hierbei an das für den Beginn der Versicherung zum Ausdruck gebrachte Äquivalenzprinzip halten und dieses nunmehr als für jeden innerhalb der Versicherungsdauer liegenden Zeitpunkt in Geltung befindlich ansehen. Wir setzten also fest, daß stets der Erwartungswert der für die restliche Versicherungsdauer in Betracht kommenden Leistungen des Versicherers dem Erwartungswert der Beitragsleistung des Versicherten für die restliche Versicherungsdauer zuzüglich der vorhandenen Prämienreserve gleichkommen soll. Für einen bestimmten Zeitpunkt innerhalb der Versicherungsdauer ist daher die Prämienreserve stets gleich der Differenz der Erwartungswerte von Leistung des Versicherers und Gegenleistung des Versicherten für die ganze restliche Versicherungsdauer. Da zur Berechnung dieser Erwartungswerte die angewendeten Rechnungsgrundlagen von Bedeutung sind, ist auch die Höhe der Prämienreserve von diesen Grundlagen abhängig. Sie beruht daher geradeso wie die Berechnung der Prämien auf einer Schätzung des Verlaufes der in der Zukunft liegenden beiderseitigen Zahlungen, so daß der Prämienreserve ein *durchaus prospektiver Charakter* beigelegt werden muß. Hierüber dürfen andere Definitionen der Prämienreserve nicht hinwegtäuschen, da es sich dann nur um rein formale Umformungen mathematischer Ausdrücke, nicht aber um neue Begriffsbildungen handelt. Die Wichtigkeit der Prämienreserve als des zentralen Begriffes der Versicherungsmathematik für Theorie und Praxis läßt es begreiflich erscheinen, daß hier die Methoden der Berechnung und damit der mathematische Formelapparat überaus ausgebildet worden ist. An dem prospektiven Charakter des Begriffes ist aber stets festzuhalten, auch dann, wenn ihn, was sehr häufig der Fall ist, die betreffenden mathematischen Ausdrücke unmittelbar nicht erkennen lassen. Als Erwartungswert hat die Prämienreserve natürlich ganz den Charakter eines Durchschnittswertes. Für die einzelne Versicherung ist der Begriff ganz sinnlos. Wüßte man über den Verlauf einer Versicherung genau Bescheid, dann könnte im Einzelfall von einer tatsächlichen Reserve gesprochen werden, welche einfach als Barwert der Leistungen weniger dem Barwert der Gegenleistungen zu den bekannten Terminen bestimmt werden müßte. Die Prämienreserve wäre dann, wie wir an späterer Stelle sehen werden, als Erwartungswert dieser tatsächlichen Reserven aufzufassen.

Um zunächst den Begriff der Prämienreserve an ganz elementare Betrachtungen anzuschließen, seien die Zahlungen für den Erlebensfall mit $e_0, e_1, \ldots$, die Zahlungen für den Ablebensfall mit $c_0, c_1, \ldots$ und die Prämienzahlungen mit $P_1, P_2, \ldots$ festgesetzt. Wir nehmen dabei an, daß die Todesfallzahlungen am Ende der Versicherungsjahre, die anderen Zahlungen am Anfange derselben zu erfolgen haben. Der gesamte Anspruchswert für den Beginn der Versicherung ist dann

$$U = \frac{1}{D_x}(e_0 D_x + e_1 D_{x+1} + \ldots + c_0 C_x + c_1 C_{x+1} + \ldots) \tag{1}$$

und der Erwartungswert der Versicherungsbeiträge für denselben Termin

$$B = \frac{1}{D_x}(P_0 D_x + P_1 D_{x+1} + \ldots). \tag{2}$$

Nach dem Äquivalenzprinzip ist sonach

$$U = B.$$

Für einen späteren Termin t innerhalb der Versicherungsdauer, wobei t als ganzzahlig vorausgesetzt wird, ist der Erwartungswert der Versicherungsleistung

$$U^{(t)} = \frac{1}{D_{x+t}}(e_t D_{x+t} + e_{t+1} D_{x+t+1} + \ldots + c_t C_{x+t} + c_{t+1} C_{x+t+1} + \ldots) \quad (3)$$

und der Erwartungswert der Beiträge, beide genommen für die restliche Dauer der Versicherung,

$$B^{(t)} = \frac{1}{D_{x+t}}(P_t D_{x+t} + P_{t+1} D_{x+t+1} + \ldots). \quad (4)$$

Von einer Berücksichtigung der Unkosten bei Berechnung der Prämienreserve sei zunächst abgesehen, so daß stets die Nettoleistung den Nettobeiträgen gegenüberzustellen ist. Wir definieren dann als Prämienreserve (Nettoreserve) ${}_tV$ die Differenz

$${}_tV = U^{(t)} - B^{(t)}. \quad (5)$$

Sie ist also jener Betrag, den die Gesellschaft zum Termin t besitzen muß, um ihren Verpflichtungen hinsichtlich der reinen Versicherungsleistung für die restliche Versicherungsdauer nachkommen zu können. Im Hinblick auf (1) können wir aber auch schreiben:

$$\begin{aligned} {}_tV D_{x+t} &= \\ &= [e_0 D_x + e_1 D_{x+1} + \ldots] - [e_0 D_x + e_1 D_{x+1} + \ldots + e_{t-1} D_{x+t-1}] + \\ &+ [c_0 C_x + c_1 C_{x+1} + \ldots] - [c_0 C_x + c_1 C_{x+1} + \ldots + c_{t-1} C_{x+t-1}] - \\ &- [P_0 D_x + P_1 D_{x+1} + \ldots] + [P_0 D_x + P_1 D_{x+1} + \ldots + P_{t-1} D_{x+t-1}] \end{aligned}$$

und demnach

$$\begin{aligned} {}_tV = \frac{1}{D_{x+t}} \{ &[P_0 D_x + \ldots + P_{t-1} D_{x+t-1}] - [e_0 D_x + \ldots + e_{t-1} D_{x+t-1}] - \\ &- [c_0 C_x + \ldots + c_{t-1} C_{x+t-1}] \}. \quad (6) \end{aligned}$$

Wir haben in dem Ausdruck (5) die Formel für die *prospektive*, in (6) die Formel für die *retrospektive* Prämienreserve zu erblicken. Da auch die letztere durchaus auf der Annahme beruht, daß alles so verlaufen ist, wie es die Rechnungsgrundlagen erwarten ließen, so ist auch der Charakter von (6) ganz prospektiv und im übrigen (6) nur eine rein formale Umgestaltung von (5).

Wir können diese retrospektive Prämienreserve noch in einer etwas anderen Art aufbauen. Sei die Anzahl der Versicherten zu Beginn l_x und zum Termin t l_{x+t}. Auf Grund der Einzahlungen der l_x Lebenden zu Beginn des ersten Jahres ist dann für jeden der am Ende des ersten Jahres noch vorhandenen l_{x+1} Lebenden eine Rücklage

$$F_1 = [l_x P_0 - l_x e_0]\, r - c_0 d_x$$

vorhanden. Am Ende des zweiten Jahres für die dann noch Lebenden l_{x+2} eine Rücklage

$$F_2 = [F_1 + l_{x+1}P_1 - l_{x+1}e_1]\, r - c_1 d_{x+1}$$
$$= l_x (P_0 - e_0)\, r^2 + l_{x+1} (P_1 - e_1)\, r - c_0 d_x r - c_1 d_{x+1}$$

und am Ende des $t$ten Jahres für die dann noch vorhandenen l_{x+t} Lebenden eine Rücklage:

$$F_t = l_x [P_0 - e_0]\, r^t + l_{x+1} [P_1 - e_1]\, r^{t-1} + \ldots$$
$$\ldots + l_{x+t-1} [P_{t-1} - e_{t-1}]\, r - c_0 d_x r^{t-1} - c_1 d_{x+1} r^{t-2} - \ldots - c_{t-1} d_{x+t-1}.$$

Durch vollständige Induktion erhält man auch die Beziehung

$$F_{t+1} = [F_t + l_{x+t}P_t - l_{x+t}e_t]\, r - c_t d_{x+t}, \tag{7}$$

während sich aus der Formel F_t der Anteil des einzelnen an der totalen Rücklage und damit die Prämienreserve in retrospektiver Form wieder mit

$$\frac{F_t}{l_{x+t}} = \frac{1}{l_{x+t}} \{ l_x (P_0 - e_0)\, r^t + \ldots + l_{x+t-1} (P_{t+1} - e_{t-1})\, r - c_0 d_x r^{t-1} - \ldots$$
$$\ldots - c_{t-1} d_{x+t-1} \}$$
$$= \frac{1}{D_{x+t}} \{ (P_0 - e_0)\, D_x + \ldots + (P_{t-1} - e_{t-1})\, D_{x+t-1} - c_0 C_x - \ldots$$
$$\ldots - c_{t-1} C_{x+t-1} \}$$

ergibt. Man kann auch sagen, daß bei der retrospektiven Definition der Prämienreserve diese dem versicherungstechnischen Wert der Prämien über die Leistungen für die Zeit vom Beginn bis zum Zeitpunkt t, dieser Wert bezogen auf den Zeitpunkt t, entspricht.

Aus der Relation (7) folgt durch Einführung der diskontierten Zahlen

$${}_{t+1}V \cdot D_{x+t+1} = [{}_tV + P_t - e_t]\, D_{x+t} - c_t C_{x+t} \tag{8}$$

oder auch

$${}_{t+1}V \cdot p_{x+t} \cdot v = [{}_tV + P_t - e_t] - c_t q_{x+t} \cdot v.$$

und damit

$${}_{t+1}V = ({}_tV + P_t - e_t)\, r - q_{x+t} (c_t - {}_{t+1}V). \tag{9}$$

§ 31. Die Nettoprämienreserve einiger Versicherungsarten.

Aus der allgemeinen Formel für die Nettoprämienreserve folgt, daß diese bei einmaliger Prämienzahlung zu Beginn der Versicherung stets gleich ist der Einmalprämie für das erreichte Alter und die restliche Versicherungsdauer. Für die lebenslänglich zahlbare Leibrente erhält man so nach der prospektiven Formel

$${}_tV = U^{(t)} = \frac{\Sigma D_{x+t}}{D_{x+t}} = \mathrm{a}_{x+t} \tag{10}$$

und nach der retrospektiven

$${}_tV = \frac{\Sigma D_x}{D_x} \cdot \frac{D_x}{D_{x+t}} - \frac{\Sigma D_x - \Sigma D_{x+t}}{D_{x+t}} = \mathrm{a}_{x+t}. \tag{11}$$

Für die temporäre Rente aber ergibt sich

$$ {}_tV = \mathrm{a}_{x+t,\overline{n-t|}} \text{ für } t < n, \quad {}_tV = 0 \text{ für } t \geqq n. $$

Sind alle laufenden Prämien einander gleich, dann ist $P_0 = P_1 = \ldots = P$, $B = P\mathrm{a}_x$ und $B^{(t)} = P\mathrm{a}_{x+t}$. Bei temporärer Zahlung gleicher Prämien wäre $P_0 = P_1 = \ldots = P_{m-1} = P$ und $P_m = \ldots = 0$ zu setzen. Es ist dann $B = P\mathrm{a}_{x,\overline{m|}}$ und $B^{(t)} = P\mathrm{a}_{x+t,\overline{m-t|}}$, $t \leqq m$. Ist aber $t > m$, so ist $B^{(t)} = 0$.

Für die reine Erlebensversicherung ergibt sich bei einmaliger Prämienzahlung

$$ U = {}_nE_x, \quad U^{(t)} = {}_tV = {}_{n-t}E_{x+t} = \frac{D_{x+n}}{D_{x+t}} = \frac{{}_nE_x}{{}_tE_x} \tag{13} $$

und bei laufender Prämienzahlung

$$ {}_tV = U^{(t)} - B^{(t)} = {}_{n-t}E_{x+t} - P({}_nE_x) \cdot {}_{n-t}\mathrm{a}_{x+t}, \quad P({}_nE_x) = \frac{{}_nE_x}{\mathrm{a}_{x,\overline{n|}}} \tag{14} $$

$$ {}_tV = \frac{D_{x+n}}{D_{x+t}} - \frac{D_{x+n}}{N_x - N_{x+n}} \cdot \frac{N_{x+t} - N_{x+n}}{D_{x+t}} $$

$$ = \frac{D_{x+n}}{D_{x+t}} \cdot \frac{N_x - N_{x+t}}{N_x - N_{x+n}} = \frac{P({}_nE_x)}{P({}_tE_x)}. $$

In beiden Fällen wird also die Prämienreserve als Quotient der bezüglichen Prämien für die ganze Versicherungsdauer und für die abgelaufene Versicherungsdauer berechnet für das Beitrittsalter x erhalten. Hieraus ergeben sich auch die Formeln für die Prämienreserve der aufgeschobene Leibrente. Man erhält hier bei einmaliger Prämienzahlung

$$ {}_tV = {}_{n-t|}\mathrm{a}_{x+t} \quad t < n, \tag{15} $$

$$ {}_tV = \mathrm{a}_{x+t} \quad t \geqq n $$

und bei laufender Prämienzahlung

$$ P({}_{n|}\mathrm{a}_x) = \frac{{}_{n|}\mathrm{a}_x}{\mathrm{a}_{x,\overline{n|}}} = P({}_nE_x) \cdot \mathrm{a}_{x+n}, \tag{16} $$

$$ {}_tV = {}_{n-t|}\mathrm{a}_{x+t} - P({}_{n|}\mathrm{a}_x)\,\mathrm{a}_{x+t,\overline{n-t|}} = {}_{n-t}E_{x+t} \cdot \mathrm{a}_{x+n} - P({}_nE_x)\,\mathrm{a}_{x+n} \cdot \mathrm{a}_{x+t,\overline{n-t|}}, $$

$$ {}_tV = \mathrm{a}_{x+n} \cdot {}_tV[P({}_nE_x)] \quad t < n, $$

$$ {}_tV = \mathrm{a}_{x+t} \quad t \geqq n. $$

Aus der retrospektiven Formel der Nettoreserve erhält man für einmalige und laufende Zahlung auch

$$ {}_tV = \frac{U - A_x\{c_0, c_1, \ldots, c_{t-1}\}}{{}_tE_x}, \tag{17} $$

$$ {}_tV = \frac{b - \dfrac{A_x\{c_0, c_1, \ldots, c_{t-1}\}}{\mathrm{a}_{x,\overline{t|}}}}{\dfrac{{}_tE_x}{\mathrm{a}_{x,\overline{t|}}}}, $$

wenn mit b allgemein die gleichbleibende Jahresnettoprämie bezeichnet ist. Für die reine Erlebensversicherung ergeben sich aus diesen Formeln, da hier ein Todesfallrisiko nicht in Betracht kommt und die $c_0, c_1, \ldots$ alle Null werden, die früher angeführten Quotientenformeln. Es ist aber bemerkenswert, daß diese Formeln auch Geltung behalten, wenn bei der reinen Erlebensversicherung Rückgewähr der eingezahlten Prämien bei vorzeitigem Ableben vorgesehen ist.

Bei einmaliger Prämienzahlung Π ist $c_0 = c_1 = \ldots = c_{t-1} = \Pi$, $\Pi = (1 + \varepsilon)\, U$ zu setzen, und die Prämienreserve ist dann

$$_tV = \frac{U - \Pi\, _{|t}A_x}{_tE_x} = \frac{U\,[1 - (1+\varepsilon)\, _{|t}A_x]}{_tE_x}.$$

Weil aber

$$U = {}_nE_x + U\,(1 + \varepsilon)\, _{|n}A_x, \quad U = \frac{_nE_x}{1 - (1+\varepsilon)\, _{|n}A_x} = {}_n\overset{r}{E}_x,$$

so ist auch

$$_tV = \frac{_n\overset{r}{E}_x}{_t\overset{r}{E}_x}. \tag{18}$$

Bei laufender Zahlung π aber ist

$$\left.\begin{aligned}
&U = {}_nE_x + \pi_{|n}\,(|A)_x & &b = \frac{_nE_x}{\mathrm{a}_{x,\overline{n|}} - (1+\varepsilon)_{|n}\,(|A)_x} \\
&\mathrm{a}_{x,\overline{n|}} \cdot \pi = U\,(1 + \varepsilon) & & \\
&\mathrm{a}_{x,\overline{n|}} \cdot b = U & &\pi = b\,(1 + \varepsilon) \\
&_tV = b\,\frac{1 - (1+\varepsilon)\,\dfrac{_{|t}\,(|A)_x}{\mathrm{a}_{x,\overline{t|}}}}{\dfrac{_tE_x}{\mathrm{a}_{x,\overline{t|}}}} = b\,\frac{\mathrm{a}_{x,\overline{t|}} - (1+\varepsilon)\,_{|t}\,(|A)_x}{_tE_x} = \frac{\overset{r}{P}\,(_nE_x)}{\overset{r}{P}\,(_tE_x)}. & &
\end{aligned}\right\} \tag{19}$$

Die sogenannten Quotientenformeln für die Prämienreserve bleiben also bei der reinen Erlebensversicherung formal erhalten, auch wenn die Rückgewähr der Prämien bei vorzeitigem Ableben vorgesehen ist.

Für die lebenslängliche Ablebensversicherung gilt

$$U = A_x, \quad U^{(t)} = A_{x+t},$$

$$_tV = A_{x+t} - P_x \mathrm{a}_{x+t} \tag{20}$$

bei lebenslänglicher Prämienzahlung. Bei temporärer Zahlung $_nP_x$ aber

$$\begin{aligned} &_tV = A_{x+t} - {}_nP_x\, \mathrm{a}_{x+t,\overline{n-t|}} \qquad t < n, \\ &_tV = A_{x+t} \qquad\qquad\qquad\quad\; t \geqq n. \end{aligned} \tag{21}$$

Wegen

$$A_x = 1 - d\,\mathrm{a}_x, \quad P_x = \frac{1}{\mathrm{a}_x} - d$$

ist bei der lebenslänglichen Todesfallversicherung auch

$$_tV = 1 - d\,\mathrm{a}_{x+t} - \left[\frac{1}{\mathrm{a}_x} - d\right]\mathrm{a}_{x+t} = 1 - \frac{\mathrm{a}_{x+t}}{\mathrm{a}_x}. \tag{22}$$

Für die temporäre Ablebensversicherung gilt

$$ {}_tV = {}_{|n-t}A_{x+t}, \tag{23}$$

$$ {}_tV = {}_{|n-t}A_{x+t} - {}_{|n}P_x \, \mathrm{a}_{x+t,\overline{n-t|}} \qquad t < n $$

und für die temporäre steigende Ablebensversicherung nach der retrospektiven Formel

$$ {}_tV = \frac{{}_{|n}(|A)_x - {}_{|t}(|A)_x}{{}_tE_x}. \tag{24}$$

Die aufgeschobene Todesfallversicherung ergibt bei Einmalprämie

$$ {}_tV = {}_{n-t|}A_{x+t} \qquad t < n, $$

$$ {}_tV = A_{x+t} \qquad t \geqq n $$

und bei laufender Prämie

$$ \left.\begin{aligned} {}_tV &= {}_{n-t|}A_{x+t} - \frac{{}_{n|}A_x}{\mathrm{a}_{x,\overline{m|}}} \cdot \mathrm{a}_{x+t,\overline{m-t|}} && t < m \\ {}_tV &= {}_{n-t|}A_{x+t} && m \leqq t < n \\ {}_tV &= A_{x+t} && t \geqq n. \end{aligned}\right\} \tag{25}$$

Für die für die Praxis wichtigste Versicherungsart auf Ab- und Erleben ist

$$ {}_tV = A_{x+t,\overline{n-t|}} = {}_{|n-t}A_{x+t} + {}_{n-t}E_{x+t} $$

und bei laufender Prämie

$$ \left.\begin{aligned} {}_tV &= A_{x+t,\overline{n-t|}} - P_{x,\overline{n|}} \cdot \mathrm{a}_{x+t,\overline{n-t|}} \\ &= 1 - d\,\mathrm{a}_{x+t,\overline{n-t|}} - \left[\frac{1}{\mathrm{a}_{x,\overline{n|}}} - d\right] \mathrm{a}_{x+t,\overline{n-t|}} \\ &= 1 - \frac{\mathrm{a}_{x+t,\overline{n-t|}}}{\mathrm{a}_{x,\overline{n|}}}. \end{aligned}\right\} \tag{26}$$

Bei der Versicherung mit bestimmter Verfallszeit hat man bei laufender Prämie

$$ {}_tV = v^{n-t} - \frac{v^n}{\mathrm{a}_{x,\overline{n|}}} \mathrm{a}_{x+t,\overline{n-t|}}. \tag{27}$$

Im Falle einmaliger Prämienzahlung v^n ergibt sich als Prämienreserve v^{n-t}. Es handelt sich hier nicht um ein eigentliches Versicherungsverhältnis. Die Prämienreserve ist aber in der Höhe v^{n-t} immer dann zurückzustellen, wenn bei dieser Versicherungsart nach dem Ableben eines Versorgers die Summe 1 für einen bestimmten Termin bereitzustellen ist.

Ist bei einer temporären Ablebensversicherung Rückgewähr der Prämien im Erlebensfalle vorgesehen, so wäre bei Einmalprämie

$$ \left.\begin{aligned} &U = {}_{|n}A_x + \Pi\, {}_nE_x, \quad \Pi = U(1+\varepsilon) \\ &U = \frac{{}_{|n}A_x}{1 - (1+\varepsilon)\, {}_nE_x}, \quad {}_tV = \frac{U - {}_{|t}A_x}{{}_tE_x}, \quad {}_nV = \Pi \end{aligned}\right\} \tag{28}$$

und bei jährlicher Prämie

$$\left.\begin{aligned} &U = {}_{|n}A_x + n\,\pi\,{}_nE_x, \quad \pi\,.\,\mathrm{a}_{x,\overline{n|}} = U(1+\varepsilon), \\ &b = \frac{{}_{|n}A_x}{\mathrm{a}_{x,\overline{n|}} - n(1+\varepsilon)\,{}_nE_x}, \quad {}_tV = \frac{b - \dfrac{{}_{|t}A_x}{\mathrm{a}_{x,\overline{t|}}}}{\dfrac{{}_tE_x}{\mathrm{a}_{x,\overline{t|}}}}, \quad V_n = \pi\,n. \end{aligned}\right\} \tag{29}$$

Bezeichnet man bei gleichbleibender jährlicher Prämie die Prämie für das Beitrittsalter x und die Versicherungsdauer n mit b und die Prämie für das Alter $x+t$ und die Dauer $n-t$ für dieselbe Versicherungsform mit $b^{(t)}$, so kann für die Prämienreserve auch geschrieben werden:

$$\left.\begin{aligned} {}_tV &= U^{(t)} - b\,.\,\mathrm{a}_{x+t,\overline{n-t|}} \\ &= \mathrm{a}_{x+t,\overline{n-t|}}\left(\frac{U^{(t)}}{\mathrm{a}_{x+t,\overline{n-t|}}} - b\right) = \mathrm{a}_{x+t,\overline{n-t|}}\,(b^{(t)} - b). \end{aligned}\right\} \tag{30}$$

Man spricht hier von der Differenzenformel der Prämienreserve. Für die lebenslängliche Ablebensversicherung ergibt sich so

$$\left.\begin{aligned} &P_x = \frac{A_x}{\mathrm{a}_x}, \quad P_{x+t} = \frac{A_{x+t}}{\mathrm{a}_{x+t}} \\ &{}_tV = \mathrm{a}_{x+t}\,(P_{x+t} - P_x) \end{aligned}\right\} \tag{31}$$

und für die gleiche Versicherung mit temporärer Zahlung der Prämien

$$\left.\begin{aligned} &{}_nP_x = \frac{A_x}{\mathrm{a}_{x,\overline{n|}}}, \quad {}_{n-t}P_{x+t} = \frac{A_{x+t}}{\mathrm{a}_{x+t,\overline{n-t|}}} \\ &{}_tV = \mathrm{a}_{x+t,\overline{n-t|}}\,({}_{n-t}P_{x+t} - {}_nP_x) \end{aligned}\right\} \tag{32}$$

während für die gemischte Versicherung

$${}_tV = \mathrm{a}_{x+t,\overline{n-t|}}\,(P_{x+t,\overline{n-t|}} - P_{x,\overline{n|}}) \tag{33}$$

erhalten wird.

Handelt es sich endlich um eine Versicherung, bei welcher die Prämien nach dem Schema

$$\begin{aligned} b_0 = b_1 = b_2 = \ldots &= b_{k-1} = b \\ b_k &= b(1 - k\,\alpha) \\ b_{k+1} &= b(1 - \overline{k+1}\,\alpha) \\ &\ldots\ldots\ldots\ldots \\ b_{n-1} &= b(1 - \overline{n-1}\,\alpha) \end{aligned}$$

festgelegt sind, dann erhält man nach Ablauf von t Versicherungsjahren den Erwartungswert der restlichen Prämienzahlung für den Termin t aus den Formeln

$$\begin{aligned} B^{(t)} = \frac{b}{D_{x+t}}\{&\Sigma D_{x+t} - \Sigma D_{x+n} - \\ &-\alpha[(k-1)\Sigma D_{x+k} - (n-1)\Sigma D_{x+n} + \Sigma\Sigma D_{x+k} - \Sigma\Sigma D_{x+n}]\} \end{aligned} \tag{34}$$

für $t < k$ und

$$B^{(t)} = \frac{b}{D_{x+t}} \{\Sigma D_{x+t} - \Sigma D_{x+n} -$$
$$- \alpha [(t-1)\Sigma D_{x+t} - (n-1)\Sigma D_{x+n} + \Sigma\Sigma D_{x+t} - \Sigma\Sigma D_{x+n}]\}$$

für $t \geqq k$.

In der folgenden Zusammenstellung sind die Formeln für die Prämienreserve der gemischten Versicherung mit gleichbleibender Prämie, soweit sie für die Praxis von Bedeutung sind, nochmals zusammengestellt. Es sei bemerkt, daß sehr viele dieser Formeln eine unmittelbare Deutung gestatten und die Richtigkeit derselben vielfach ohne jede Ableitung erkannt werden kann. Natürlich sind in diesen Ausdrücken auch die Formeln für die lebenslängliche Ablebensversicherung als Spezialfall der gemischten Versicherung für $n \rightarrow \infty$ mitenthalten.

$$\left.\begin{aligned} {}_tV_{x,\overline{n}|} &= A_{x+t,\overline{n-t}|} - P_{x,\overline{n}|}\,\mathrm{a}_{x+t,\overline{n-t}|} = 1 - (P_{x,\overline{n}|} + d)\,\mathrm{a}_{x+t,\overline{n-t}|} \\ &= 1 - \frac{\mathrm{a}_{x+t,\overline{n-t}|}}{\mathrm{a}_{x,\overline{n}|}} = \frac{A_{x+t,\overline{n-t}|} - A_{x,\overline{n}|}}{1 - A_{x,\overline{n}|}} \\ &= A_{x+t,\overline{n-t}|}\left(1 - \frac{P_{x,\overline{n}|}\,\mathrm{a}_{x+t,\overline{n-t}|}}{A_{x+t,\overline{n-t}|}}\right) = A_{x+t,\overline{n-t}|}\left(1 - \frac{P_{x,\overline{n}|}}{P_{x+t,\overline{n-t}|}}\right) \\ &= (P_{x+t,\overline{n-t}|} - P_{x,\overline{n}|})\,\mathrm{a}_{x+t,\overline{n-t}|} \\ &= \frac{P_{x+t,\overline{n-t}|} - P_{x,\overline{n}|}}{P_{x+t,\overline{n-t}|} + d}. \end{aligned}\right\} \quad (35)$$

§ 32. Numerische Größe der Prämienreserve. Risikoprämie und Sparprämie.

Aus der Definition der Prämienreserve

$${}_tV = U^{(t)} - B^{(t)}$$

entnimmt man, daß diese positive, negative und auch den Wert Null annehmen kann, je nachdem der Erwartungswert der Nettoleistungen größer, kleiner oder gleich ist dem Erwartungswert der Versicherungsbeiträge, beide berechnet für den Termin t. Das gleiche folgt z. B. aus der Fondsdefinition (7). Sind aber die laufenden Prämien P alle untereinander gleich und überdies $e_0 = e_1 = \ldots = e_{n-1} = 0$, so folgt aus der retrospektiven Formel

$${}_tV = \frac{1}{P\,({}_tE_x)}\left[P - \frac{c_0 C_x + c_1 C_{x+1} + \ldots + c_{t-1} C_{x+t-1}}{\Sigma D_x - \Sigma D_{x+t}}\right],$$

daß die Prämienreserve positiv, negativ oder Null ist, je nachdem

$$P \gtreqless \frac{{}_{|t}A_x}{\mathrm{a}_{x,\overline{t}|}},$$

d. h. je nachdem die Prämie P größer, kleiner oder gleich ist als die laufende Prämie für eine temporäre Todesfallversicherung auf die Dauer t.

In der Regel sind die Prämienreserven positiv, sofern die Prämienzahlungsdauer die Versicherungsdauer n nicht übersteigt. Für gewisse Versicherungsarten sind jedoch negative Prämienreserven wenigstens für einen Teil der Versicherungsdauer auch im Rahmen der Nettomethode möglich. Ihre Zulässigkeit in der Praxis hängt dann nur von den Bestimmungen über die Möglichkeit der vorzeitigen Vertragslösung seitens des Versicherungsnehmers ab, da eine negative Prämienreserve gleichbedeutend ist mit einer vorschußweisen Leistung des Versicherers, die natürlich bei Vertragslösung zu Verlusten führen kann.

Ist aber die Prämienreserve für die ganze Versicherungsdauer stets Null, so spricht man von einer Versicherung gegen *natürliche Prämie.* In diesem Falle wird für jedes Versicherungsjahr als Prämie nur der jeweilige Erwartungswert der Versicherungsleistung für dieses Jahr bezahlt, so daß es dann zu einer Rücklagenbildung überhaupt nicht kommt und im Sinne der prospektiven Definition der Erwartungswert der Leistungen mit dem Erwartungswert der Beiträge, beide gerechnet für die ganze restliche Versicherungsdauer, für jedes t übereinstimmt.

Wenn wieder $c_0, c_1, \ldots$ die für den Ablebensfall am Ende der Versicherungsjahre zu bezahlenden Beträge, $e_0, e_1, \ldots$ die für den Erlebensfall am Anfang der Jahre zu zahlenden Beträge und $P_0, P_1, \ldots$ die am Anfang der Jahre zu zahlenden Nettoprämien bedeuten, so ist $c_0 - {}_1V$, $c_1 - {}_2V$, ... als der im ersten, zweiten, ... Versicherungsjahr unter Risiko stehende Betrag für den Ablebensfall aufzufassen. Man nennt diese Beträge auch Risikokapital oder reduziertes Kapital. Nach der Rekursionsformel (8) ist dann für die Prämienreserve am Ende des ersten Jahres

$$D_{x+1}\,{}_1V = (P_0 - e_0)\,D_x - c_0\,C_x \tag{36}$$

und hieraus auch

$$P_0 = \frac{1}{D_x}\,(c_0\,C_x + e_0\,D_x + {}_1V D_{x+1}).$$

Statt (36) kann aber auch geschrieben werden

$$(D_x \,.\, v - C_x)\,{}_1V = (P_0 - e_0)\,D_x - c_0\,C_x,$$

woraus sich

$$D_x\,v\,{}_1V = (P_0 - e_0)\,D_x - c_0\,C_x + {}_1V\,C_x = (P_0 - e_0)\,D_x - (c_0 - {}_1V)\,C_x$$

und damit

$$v\,{}_1V = P_0 - e_0 - (c_0 - {}_1V)\,{}_{|1}A_x$$

ergibt. Man bezeichnet

$$(c_0 - {}_1V)\,{}_1A_x = RP_0$$

als *Risikoprämie* des ersten Versicherungsjahres und

$$v\,{}_1V = P_0 - e_0 - RP_0 = SP_0$$

als *Sparprämie* dieses Jahres. Für einen späteren Termin t ergibt sich analog

$$D_{x+t+1} \cdot {}_{t+1}V = D_{x+t}\,({}_tV + P_t - e_t) - c_t\, C_{x+t} = (D_{x+t}\,v - C_{x+t})\;{}_{t+1}V,$$

$$v D_{x+t} \cdot {}_{t+1}V = D_{x+t}\,({}_tV + P_t - e_t) - (c_t - {}_{t+1}V)\, C_{x+t},$$

$$v\,{}_{t+1}V = {}_tV + P_t - e_t - RP_t, \quad RP_t = (c_t - {}_{t+1}V)\,{}_{|1}A_{x+t},$$

$$_{t+1}V = r\,({}_tV + P_t - e_t - RP_t). \tag{37}$$

Ist aber $e_0 = e_1 = \ldots = 0$, so erhält man

$$_{t+1}V = r\,[{}_tV + (P_t - RP_t)], \quad P_t > RP_t,$$

$$_{t+1}V = r\,[{}_tV - (RP_t - P_t)], \quad P_t < RP_t.$$

Es heißt dann RP_t die Risikoprämie und $v\;{}_{t+1}V - {}_tV = SP_t$ die Sparprämie des $t$ten Versicherungsjahres. Es setzt sich daher die Prämie des $t$ten Versicherungsjahres P_t aus Risiko- und Sparprämie additiv zusammen. Aus Formel (37) aber ist zu erkennen, *daß sich die Prämienreserven fortlaufend aus den zinstragend angelegten Sparprämien aufbauen.* Aus der Prämie P_0 des ersten Jahres steht der Betrag von RP_0 zur Bestreitung der rechnungsmäßig erwarteten Todesfallsumme $c_0 - {}_1V$ und überdies die Prämienreserve ${}_1V$ zur Verfügung. Für das zweite Versicherungsjahr ist die Risikoprämie RP_1 für Todesfallzahlungen verfügbar und überdies am Ende des Jahres sowohl für die dann Lebenden als auch für die vorgefallenen Todesfälle gerade die Prämienreserve ${}_2V$ vorhanden usw.

Es kann sehr wohl vorkommen, daß die Prämie P_t kleiner ist als die erforderliche Risikoprämie RP_t. In diesem Falle wird der erforderliche Betrag aus der Prämienreserve entnommen, die Sparprämie dieses Jahres ist also dann negativ. Für das letzte Versicherungsjahr mit dem Index n ist die Risikoprämie auf Grund der Definitionsformel stets Null.

Schreibt man die Rekursionsformel der Prämienreserve

$$_tV + P_t = p_{x+t} \cdot v \cdot {}_{t+1}V + e_t + c_t\, q_{x+t} \cdot v, \tag{38}$$

so folgt für die Prämie P_t die Zerlegung

$$P_t = (v\;{}_{t+1}V - {}_tV) + q_{x+t}\, v\, (c_t - {}_{t+1}V) + e_t, \tag{39}$$

aus welcher, abgesehen von dem Erlebensbetrag e_t, die beiden Bestandteile Sparprämie und Risikoprämie unmittelbar zu entnehmen sind. Sieht man von e_t ganz ab, so entnimmt man der Formel, daß bei positivem P_t sowohl Risiko- als auch Sparprämie negativ sein können, aber niemals beide zugleich. Ist die Risikoprämie negativ, also

$$q_{x+t} \cdot v \cdot {}_{t+1}V > q_{x+t} \cdot v \cdot c_t,$$

dann wird aus den durch vorzeitiges Ableben verfallenden Prämienreserven mehr vereinnahmt, als zur Zahlung der Todesfallsummen am

Ende des Jahres benötigt wird. Bei einer negativen Sparprämie aber wird in diesem Jahre der Prämienreserve nichts zugeführt, sondern vielmehr für Todesfallzahlungen und, im Falle die e_t nicht Null sind, auch für Erlebensfallzahlungen der Betrag $-({}_{t+1}V\,v - {}_tV)$ entnommen. Die Risikoprämie zuzüglich e_t ist dann größer als die vereinnahmte Prämie P_t.

Ist die Prämienzahlungsdauer $m < n$, dann ist bei gleichbleibender Prämie P

für $t \leqq m$ $\quad P = {}_tV\,.\,v - {}_{t-1}V + q_{x+t-1}\,.\,v\,(c_{t-1} - {}_tV) + e_{t-1}$,

für $t > m$ $\quad 0 = {}_tV\,.\,v - {}_{t-1}V + q_{x+t-1}\,.\,v\,(c_{t-1} - {}_tV) + e_{t-1}$.

Im Falle der reinen Erlebensversicherung ist stets $c_t = 0$ und $e_t = 0$ und daher die Risikoprämie

$$-q_{x+t-1}\,.\,v\,.\,{}_tV$$

stets negativ. Bei der pränumerando Leibrente aber ist

$$\begin{aligned} \mathrm{a}_x &= {}_1V\,.\,v - q_x\,.\,v\,.\,{}_1V + 1, \\ &= \mathrm{a}_{x+1}\,.\,v\,p_x + 1, \\ 0 &= {}_tV\,v - {}_{t-1}V - q_{x+t-1}\,.\,v\,.\,{}_tV + 1, \\ &= \mathrm{a}_{x+t}\,v - \mathrm{a}_{x+t-1} - q_{x+t-1}\,.\,v\,.\,\mathrm{a}_{x+t} + 1, \\ 0 &= \mathrm{a}_{x+t}\,v\,p_{x+t-1} - (\mathrm{a}_{x+t-1} - 1). \end{aligned}$$

§ 33. Die Rekursionsformel der Prämienreserve.

Wenn wir wieder von den Zahlungen im Erlebensfalle e_t absehen, so kann die *Rekursionsformel* (8) für die Nettoprämienreserve auch

$$ {}_{t+1}V\,.\,v\,.\,p_{x+t} = {}_tV + P_t - c_t\,.\,v\,.\,q_{x+t} \qquad {}_0V = 0 \tag{40}$$

geschrieben werden. Multipliziert man diese Relation mit $v^t\,{}_tp_x$ und summiert von 0 bis $t-1$, dann erhält man

$$ {}_tV\,.\,v^t\,.\,{}_tp_x = \sum_0^{t-1} P_s\,v^s\,{}_sp_x - \sum_0^{t-1} c_s\,v^{s+1}\,{}_sp_x\,q_{x+s}. \tag{41}$$

Vollführt man aber die Summation von t bis n, dann ergibt sich

$$ {}_tV\,.\,v^t\,.\,{}_tp_x = \sum_t^{n-1} c_s\,v^{s+1}\,{}_sp_x\,q_{x+s} + {}_nV\,v^n\,{}_np_x - \sum_t^{n-1} P_s\,v^s\,{}_sp_x. \tag{42}$$

Durch Einführung der diskontierten Zahlen erhält man aus (41) und (42)

$$\begin{aligned} {}_tV &= \frac{1}{D_{x+t}}\left[\sum_0^{t-1} P_s\,D_{x+s} - \sum_0^{t-1} c_s\,C_{x+s}\right] \qquad (43) \\ &= \frac{1}{{}_tE_x}\left[\mathrm{a}_{x,\overline{t|}}\{P_0, P_1, \ldots, P_{t-1}\} - {}_{|t}A_x\{c_0, c_1, \ldots, c_{t-1}\}\right] \end{aligned}$$

und

$$
{}_tV = \frac{1}{D_{x+t}} \left[\sum_t^{n-1} c_s C_{x+s} + {}_nV D_{x+n} - \sum_t^{n-1} P_s D_{x+s} \right] \tag{44}
$$

$$
= {}_{|n-t}A_{x+t} \{c_t, c_{t+1}, \ldots, c_{n-1}\} +
$$

$$
+ {}_nV_n E_x - \mathrm{a}_{x+t,\overline{n-t|}} \{P_t, P_{t+1}, \ldots, P_{n-1}\},
$$

demnach die *Definitionsgleichungen der Nettoreserve in retrospektiver und prospektiver Gestalt.*

Aus der Rekursionsformel ergibt sich für $c_t = 1$ die Relation

$$
{}_{t+1}V = ({}_tV + P_t)(1 + i) - q_{x+t}(1 - {}_{t+1}V) \tag{45}
$$

oder auch

$$
{}_{t+1}V = \frac{1}{{}_1E_{x+t}} ({}_tV + P_t - {}_{|1}A_{x+t}). \tag{46}
$$

Wollte man diese Formel zur fortlaufenden Berechnung der Prämienreserven benutzen, so setzt dieses Verfahren die Kenntnis der Werte ${}_1E_x$ und ${}_{|1}A_x$ für alle in Betracht kommenden Alter voraus. Diese fortlaufende Rechnung ist deshalb empfehlenswert, weil sie z. B. für eine Versicherung auf Ab- und Erleben als letzten Wert ${}_nV$ das Erlebenskapital ergeben muß. Damit ist eine automatische Kontrolle gegeben. Noch besser geeignet ist für eine gemischte Versicherung der Dauer n und der Prämienzahlungsdauer m auf das versicherte Kapital 1, jedoch bei allgemeinen Prämien P_t das folgende Verfahren.

Aus der Formel

$$
{}_{t+1}V = ({}_tV + P_t)\frac{1}{v} - 1 + p_{x+t} + {}_{t+1}V - p_{x+t} \cdot {}_{t+1}V
$$

folgt für diese Versicherung

$$
1 - {}_{t+1}V = \frac{1}{p_{x+t}\, v} [v - ({}_tV + P_t)]
$$

und auch

$$
1 - {}_{t+1}V = \frac{1}{p_{x+t}\, v} [1 - {}_tV - (P_t + d)]. \tag{47}
$$

Liegen also die Größen $P_t + d$ berechnet vor, so genügt jeweils eine Subtraktion im Verein mit einer Division durch ${}_1E_{x+t}$, um aus der bereits berechneten Reserve die nächst höhere Reserve zu erhalten. Der für $t = n$ zu erhaltende Wert verbürgt dann die Richtigkeit aller Zwischenwerte. Für den besonderen Fall der einmaligen Prämienzahlung sind die Abzugsglieder d konstant, ebenso wie im Falle konstanter, laufender Prämien P, in welchem Falle das Abzugsglied $P + d$ beträgt.

Für die reine Erlebensversicherung wäre natürlich

$$
{}_{t+1}V = \frac{1}{p_{x+t}\, v} ({}_tV + P_t) \tag{48}
$$

zu setzen, während sich etwa für die Versicherung mit bestimmter Verfallszeit

$$_{t+1}V = (_tV + P_t)(1 + i) - q_{x+t}(v^{n-t-1} - {}_{t+1}V) \tag{49}$$

oder auch

$$v^{n-t-1} - {}_{t+1}V = \frac{1}{p_{x+t}\,v}[v^{n-t} - {}_tV - P_t] \tag{50}$$

als Rekursionsformel ergibt.

Die Formel (47) gilt, worauf noch zurückzukommen sein wird, auch unter Verwendung der ausreichenden Prämien zur Berechnung der ausreichenden Deckungsrücklagen. Sie ist auch in diesem Falle allen anderen systematischen Berechnungsmethoden wegen der Vereinfachung der Rechnung und der automatischen Kontrolle überlegen.

§ 34. Die Prämienreserve für einen beliebigen Termin.

Bisher wurden verschiedene Ausdrücke für die Prämienreserve unter der Voraussetzung ermittelt, daß diese für eine ganze Anzahl von abgelaufenen Versicherungsjahren zu bestimmen sei. Da aber die Berechnung der Prämienreserve in der Regel für einen bestimmten Stichtag, den Bilanztermin vorzunehmen ist, wird für diesen Termin jede mögliche abgelaufene Dauer $t + \alpha$, wo $\alpha \leqq 1$, in Betracht kommen.

Ist nun die Prämienreserve nach einer ganzen Anzahl von Jahren $_tV$, so wird sich diese zu Beginn des nächstfolgenden Versicherungsjahres durch den Eingang der Jahresprämie P_t sprunghaft erhöhen. Sie wächst dann im Laufe des nächsten Versicherungsjahres stetig um die Zinsen, vermindert sich jedoch ebenfalls stetig durch die im Laufe des Jahres zu bestreitenden Kosten des Risikos. Innerhalb des Versicherungsjahres, also nach Einnahme der Prämie zu Beginn desselben, kann demnach von einer stetigen Änderung der Prämienreserve gesprochen werden, und für dieses Intervall ist dann auch zur Ermittlung eines Zwischenwertes Interpolation zwischen dem Anfangs- und Endwert gestattet. Nimmt man an, daß sich die Todesfälle gleichmäßig über das Jahr verteilen, dann wird man zunächst für die Prämienreserve zum Termin $t + \alpha$ die Formel

$$_{t+\alpha}V = \frac{1}{l_{x+t+\alpha}}\{[l_{x+t}\cdot {}_tV + l_{x+t}\cdot P_t - l_{x+t}\,e_t]\,r^\alpha - \\ - [l_{x+t} - l_{x+t+\alpha}]\,c_t\cdot v^{1-\alpha}\} \tag{51}$$

ansetzen dürfen, aus welcher sich auch

$$\begin{aligned} l_{x+t+\alpha}\cdot {}_{t+\alpha}V &= r^\alpha\,[l_{x+t}\,({}_tV + P_t - e_t) - v\,(l_{x+t} - l_{x+t+\alpha})\,c_t] \\ &= v^{1-\alpha}\,[l_{x+t+1}\cdot {}_{t+1}V + (l_{x+t} - l_{x+t+1})\,c_t - \\ &\qquad - (l_{x+t} - l_{x+t+\alpha})\,c_t] \\ &= v^{1-\alpha}\,[l_{x+t+1}\cdot {}_{t+1}V + (l_{x+t+\alpha} - l_{x+t+1})\,c_t] \end{aligned}$$

ergibt. Läßt man hier α gegen Null abnehmen, so ergibt sich

$$\lim_{\alpha \to 0} {}_{t+\alpha}V = {}_tV + P_t - e_t,$$

während sich für die Prämienreserve vor Überschreitung des Termins t, demnach für das Ende des $t$ten Versicherungsjahres ${}_tV$ ergeben hat. Man entnimmt hieraus das Verhalten der Prämienreserve an den Unstetigkeitsstellen. Für $\alpha > 0$ aber erhält man als Wert der Prämienreserve durch lineare Interpolation

$$\left.\begin{aligned} {}_{t+\alpha}V &= {}_tV + P_t - e_t + \alpha\,[{}_{t+1}V - ({}_tV + P_t - e_t)] \\ &= {}_tV + \alpha\,[{}_{t+1}V - {}_tV] + (1-\alpha)\,(P_t - e_t) \\ &= (1-\alpha)\,[{}_tV + P_t - e_t] + \alpha\,{}_{t+1}V \\ &= [(1-\alpha)\,{}_tV + \alpha\,{}_{t+1}V] + (1-\alpha)\,(P_t - e_t). \end{aligned}\right\} \qquad (52)$$

Die Prämienreserve zerfällt demnach nach der letzten Formel in zwei Bestandteile, deren erster als interpolierte Nettoprämienreserve für den Termin $t + \alpha$ und deren zweiter als *Prämienübertrag* über diesen Termin bezeichnet wird. Da P_t als Prämie und e_t als Rentenzahlung definiert ist, kann man die letztere Größe auch in ihre beiden Bestandteile $(1-\alpha)\,P_t$, den Prämienübertrag, und $-(1-\alpha)\,e_t$, den Rentenübertrag, zerlegen.

Hält man an der Annahme des linearen Verbrauches der Prämie über das Versicherungsjahr fest und wird dieselbe Annahme auch für den Verbrauch der in der Prämie enthaltenen Verwaltungskostenzuschläge gemacht, so wird man statt des Nettoübertrages $(1-\alpha)\,P_t$ zum Termin $t + \alpha$ den Bruttoübertrag $(1-\alpha)\,\pi_t$ zu reservieren haben, wobei $\pi_t = P_t\,(1+\varepsilon)$. Dies gilt für ganzjährige Prämienzahlung. Bei unterjähriger Prämienzahlung würde aber nach diesem Verfahren offenbar dann zu viel zurückgestellt, wenn bei vorzeitigem Ableben Nachzahlung der bis zum Ende des Versicherungsjahres noch ausstehenden Prämienraten vorgesehen ist. Diese vom Termin $t + \alpha$ bis zum Termin $t + 1$ fehlenden Prämienraten müßten dann im Betrage von $\gamma\,\pi_t$ vom Prämienübertrag als gestundete Prämie wieder abgesetzt werden, so daß sich dieser nur auf

$$(1-\alpha)\,\pi_t - \gamma_t\,\pi_t$$

zu belaufen hat.

Die in der Praxis zur Berechnung der Prämienreserve und des Prämienübertrages für den Bilanztag gebräuchlichen Verfahren sind sehr mannigfaltig. Sehr häufig wird der gemeinsame Zugangstermin auf den ersten Juli verlegt und die Prämienreserve für den Bilanztag daher für alle Versicherungen als ${}_{t+1/2}V$ angenommen, soweit sie demselben Zugangsjahre entstammen. Als Prämienübertrag gilt dann in der Regel eine Halbjahresprämie, wovon der Betrag der gestundeten Prämien in Abzug kommt. Manche Gesellschaften bestimmen als Prämienübertrag bei

$m$teljähriger Zahlung $^1/_2 m$tel der Prämie und verlegen die gemeinsamen Zugangstermine nicht auf den 1. Juli, sondern auf den 1. Jänner bei Zugang im ersten und auf den 31. Dezember bei Zugang im zweiten Halbjahr. Im allgemeinen darf gesagt werden, daß die Berechnung der Prämienreserve für den Bilanztermin entweder unter der Annahme, daß die Prämien nur bis zu diesem Termin vereinnahmt wurden, oder aber unter der Annahme, daß die Prämien bis zum nächsten Jährungstag des Abschlusses der Versicherung vereinnahmt sind, erfolgen kann. Im ersten Falle hat der Versicherer in der Regel schon Prämienteile vereinnahmt, die über den Bilanztag hinaus geleistet wurden und daher bei der Berechnung der Prämienreserve für diesen Termin noch nicht berücksichtigt sind. Im zweiten Falle aber wird angenommen, daß die Prämien bis zum nächsten Jährungstag voll bezahlt sind, eine Annahme, die nicht zutrifft, wenn Ratenprämienzahlung vereinbart ist.

Man gelangt hinsichtlich des Betrages der interpolierten Prämienreserve zu einer etwas genaueren Formel, wenn man die Interpolation nur im Hinblick auf den als linear angenommenen Verlauf der Sterblichkeit vollzieht, den Zins aber korrekt berücksichtigt. Unter dieser Annahme erhält man

$$\begin{aligned} l_{x+t+\alpha} \cdot {}_{t+\alpha}V &= l_{x+t}\,({}_tV + P_t)\,(1+i)^\alpha + \\ &\quad + \alpha\,[l_{x+t+1} \cdot {}_{t+1}V \,.\, v^{1-\alpha} - l_{x+t}\,({}_tV + P_t)\,(1+i)^\alpha] \\ &= v^{-\alpha}\, l_{x+t}\,({}_tV + P_t)\,(1-\alpha) + v^{1-\alpha} \,.\, \alpha \,.\, l_{x+t+1} \cdot {}_{t+1}V \end{aligned}$$

und wegen

$$l_{x+t+\alpha} = l_{x+t}\,(1-\alpha) + \alpha\, l_{x+t+1}$$

auch

$$\left.\begin{aligned} {}_{t+\alpha}V &= \frac{v^{-\alpha}\, l_{x+t}\,({}_tV + P_t)\,(1-\alpha) + v^{1-\alpha} \,.\, \alpha \,.\, l_{x+t+1} \cdot {}_{t+1}V}{l_{x+t}\,(1-\alpha) + \alpha\, l_{x+t+1}} \\ &= \frac{v^{-\alpha}\,({}_tV + P_t)\,(1-\alpha) + v^{1-\alpha} \,.\, \alpha \,.\, p_{x+t} \cdot {}_{t+1}V}{(1-\alpha) + \alpha \,.\, p_{x+t}}. \end{aligned}\right\} \quad (53)$$

Man erhält aus dieser Formel den Ausdruck (52) für die interpolierte Reserve, wenn

$$\frac{v^{-\alpha}}{(1-\alpha) + \alpha \,.\, p_{x+t}} \cong 1, \qquad \frac{v^{1-\alpha} \,.\, p_{x+t}}{(1-\alpha) + \alpha\, p_{x+t}} \cong 1$$

gesetzt wird.

Für den Fall, daß rückständige Prämienraten bei vorzeitigem Ableben nicht weiter verrechnet werden, ergibt sich alles Weitere für die Interpolation der Bilanzprämienreserven einfach aus dem Umstand, daß in den Formeln statt der terminlichen, für die ganzjährigen t berechneten Prämienreserven die für die $m$tel Termine berechneten Werte zu berücksichtigen sind und im übrigen statt des Intervalls eines ganzen Jahres für die Interpolation das $m$tel Intervall eintritt. Die Praxis rechnet aber in der Regel nur mit ganzjährigen, terminlichen Prämienreserven, wobei aber natürlich im Falle echter unterjähriger Prämienzahlung und Zahlung der Todesfallsummen am Ende der Jahres-$m$tel auch bei Berechnung der ganzjährigen Prämienreserven auf diesen Umstand Rücksicht genommen wird.

§ 35. Das ausreichende Deckungskapital.

Wir haben bisher bei allen Betrachtungen über die Berechnung der Prämienreserve nur die ersten beiden Rechnungsgrundlagen Zins und Sterblichkeit berücksichtigt und die dritte Rechnungsgrundlage, die Verwaltungskosten, ganz außer Betracht gelassen. Da aber die Bestreitung der Verwaltungsauslagen als Leistung des Versicherers und die Zahlung der in den Prämien enthaltenen Verwaltungskostenzuschläge als Gegenleistung des Versicherten im Sinne des Äquivalenzprinzips aufgefaßt werden muß, so ergibt sich durch die Einbeziehung der dritten Rechnungsgrundlage auch für die Prämienreserve eine begriffliche Erweiterung, welche auch auf die Gestaltung der hierher gehörenden mathematischen Ausdrücke und numerischen Ergebnisse sehr stark zurückwirkt. Wir wollen die einschlägigen Verhältnisse an Hand einer Versicherung auf Ab- und Erleben der Dauer n und der Prämienzahlungsdauer m näher betrachten.

Nach den Ausführungen in § 22 haben wir unter Berücksichtigung der dort betrachteten drei Typen von Verwaltungskosten im Sinne des Äquivalenzprinzips für den Beginn der Versicherung von einer Relation

$$P^{a}_{x,\overline{m}|} \cdot \mathrm{a}_{x,\overline{m}|} = A_{x,\overline{n}|} + \alpha + \beta\, P^{a}_{x,\overline{m}|}\, \mathrm{a}_{x,\overline{m}|} + \gamma\, \mathrm{a}_{x,\overline{n}|} \tag{54}$$

auszugehen, welche auch

$$(1-\beta)\, P^{a}_{x,\overline{m}|} = P_{x,\overline{m}|} + \frac{\alpha}{\mathrm{a}_{x,\overline{m}|}} + \gamma \frac{\mathrm{a}_{x,\overline{n}|}}{\mathrm{a}_{x,\overline{m}|}} \tag{55}$$

geschrieben werden kann. Hierbei hat also die ausreichende Prämie $P^{a}_{x,\overline{m}|}$ nicht nur für die reine Versicherungsleistung, sondern auch für die Verwaltungskosten Deckung zu bieten. Unter dem *ausreichenden Deckungskapital* werden wir dann für einen bestimmten Termin t den Erwartungswert der Nettoleistung des Versicherers und der Verwaltungskosten für die restliche Versicherungsdauer abzüglich des Erwartungswertes der ausreichenden Prämien für die restliche Zahlungsdauer derselben zu verstehen haben. Wir beziehen uns hierbei auf die prospektive Definition. Jede andere könnte natürlich ganz nach Analogie der bei der Nettoreserve betrachteten Verfahren auch herangezogen werden. Als mathematischer Ausdruck des so definierten ausreichenden Deckungskapitals ergibt sich dann

$${}_tV^a = A_{x+t,\overline{n-t}|} + \beta\, P^{a}_{x,\overline{m}|} \cdot \mathrm{a}_{x+t,\overline{m-t}|} + \gamma\, \mathrm{a}_{x+t,\overline{n-t}|} - P^{a}_{x,\overline{m}|} \cdot \mathrm{a}_{x+t,\overline{m-t}|}. \tag{56}$$

Für den speziellen Fall $t = 0$ ergibt sich aber

$$_0V^a = A_{x,\overline{n}|} + \beta P^a_{x,\overline{m}|} \cdot a_{x,\overline{m}|} + \gamma \cdot a_{x,\overline{n}|} - P^a_{x,\overline{m}|} \cdot a_{x,\overline{m}|} = -\alpha. \quad (57)$$

Das Anfangsdeckungskapital ist also gleich den negativen Abschlußkosten. Tatsächlich ist dies jener Kostenbetrag, der vor Einnahme der ersten Prämie aufzuwenden ist. Schreibt man (56)

$$_tV^a = A_{x+t,\overline{n-t}|} - (1-\beta) P^a_{x,\overline{m}|} \cdot a_{x+t,\overline{m-t}|} + \gamma \cdot a_{x+t,\overline{n-t}|}$$

und setzt für $(1-\beta) P^a_{x,\overline{m}|}$ seinen Wert aus (54) ein, so erhält man auch

$$_tV^a = A_{x+t,\overline{n-t}|} - P_{x,\overline{m}|} \cdot a_{x+t,\overline{m-t}|} - \frac{\alpha + \gamma\, a_{x,\overline{n}|}}{a_{x,\overline{m}|}} \cdot a_{x+t,\overline{m-t}|} + \gamma \cdot a_{x+t,\overline{n-t}|} \quad (58)$$

oder

$$_tV^a = {_tV} - \alpha \frac{a_{x+t,\overline{m-t}|}}{a_{x,\overline{m}|}} + \gamma \left(a_{x+t,\overline{n-t}|} - a_{x+t,\overline{m-t}|} \frac{a_{x,\overline{n}|}}{a_{x,\overline{m}|}} \right).$$

Dies gilt für $t < m$. Für $t \geqq m$ aber ergibt sich

$$_tV^a = A_{x+t,\overline{n-t}|} + \gamma\, a_{x+t,\overline{n-t}|}. \quad (59)$$

Das ausreichende Deckungskapital zerfällt demnach in zwei Teile, deren erster mit dem Nettodeckungskapital identisch ist, während der zweite

$$-\alpha \frac{a_{x+t,\overline{m-t}|}}{a_{x,\overline{m}|}} + \gamma \left(a_{x+t,\overline{n-t}|} - a_{x+t,\overline{m-t}|} \frac{a_{x,\overline{n}|}}{a_{x,\overline{m}|}} \right) \quad t < m$$

bzw.

$$\gamma\, a_{x+t,\overline{n-t}|} \quad t \geqq m$$

als *Unkostendeckungskapital* bezeichnet wird. Aus seinem Aufbau ist zu erkennen, daß es sich hier um den Erwartungswert der noch zu bestreitenden Verwaltungskosten abzüglich des Erwartungswertes der noch zu vereinnahmenden Verwaltungskostenzuschläge handelt. Als solche kommen in unserem Falle der Zuschlag zur Amortisation der verausgabten Abschlußkosten und der Zuschlag für die Verwaltungskosten vom Typus γ in Betracht, da die Kosten vom Typus β stets unmittelbar aus der laufenden Prämie $P^a_{x,\overline{m}|}$ gedeckt werden. Die genannten Unkostenzuschläge sind

$$\frac{\alpha}{a_{x,\overline{m}|}} \quad \text{und} \quad \gamma \frac{a_{x,\overline{n}|}}{a_{x,\overline{m}|}}.$$

Für den speziellen Fall $m = n$ ist der Verwaltungskostenzuschlag vom Typus γ in der Höhe γ zu verrechnen. In diesem Falle kommt es daher im Zusammenhange mit den laufenden Verwaltungskosten nicht zur Bildung eines Unkostendeckungskapitals. Anderseits entnimmt man der Formel, daß für $t \geqq m$, also für prämienfrei gewordene Versicherungen, das Unkostendeckungskapital stets positiv zum Nettodeckungskapital hinzukommt.

Sieht man von den laufenden Unkosten gänzlich ab, so reduziert sich das ausreichende Deckungskapital auf den Ausdruck

$$ {}_tV - \alpha \frac{a_{x+t,\overline{m-t}|}}{a_{x,\overline{m}|}} = A_{x+t,\overline{n-t}|} - \left(P_{x,\overline{n}|} + \frac{\alpha}{a_{x,\overline{m}|}}\right) \cdot a_{x+t,\overline{m-t}|}, \tag{60} $$

welcher nach AUGUST ZILLMER die gezillmerte Prämienreserve genannt wird. Das Abzugsglied in dem Ausdruck links in (60) wird das ZILLMER-Anlehen genannt. Man geht hierbei von der im Sinne der Methode der ausreichenden Prämien abzulehnenden Vorstellung aus, daß die Abschlußkosten in der Höhe α zu Beginn der Versicherung zu Lasten der für die Versicherung nach Maßgabe der eingehenden Prämien zurückzustellenden Deckungsrücklage bestritten werden und im Laufe der Prämienzahlungsdauer durch eine jährliche Rückzahlung in der Höhe von $\alpha/a_{x,\overline{m}|}$ zu amortisieren sind. Die $m$malige Zahlung dieses Betrages deckt dann gerade die Unkosten, die bei Abschluß der Versicherung aufgelaufen sind. Man nennt dann wohl auch die Größe $P_{x,\overline{m}|} + \alpha/a_{x,\overline{m}|}$ die *Reserveprämie*, obwohl diese Bezeichnung in keiner Weise auf die tatsächliche Bildung der Prämienreserve im Wege der um den Betrag $\alpha/a_{x,\overline{m}|}$ erhöhten Sparprämie Bedacht nimmt.

Nach ihrer Definition kann die *gezillmerte Prämienreserve* in retrospektiver Betrachtung auch

$$ {}_tV + \frac{\alpha}{a_{x,\overline{m}|}} \cdot \frac{N_x - N_{x+t}}{D_{x+t}} - \alpha \frac{D_x}{D_{x+t}} \tag{61} $$

geschrieben werden. Man entnimmt übrigens (60), daß der ZILLMER-Abzug im Laufe der Zahlungsdauer immer kleiner wird, um nach m Jahren Null zu werden. Die gezillmerte Prämienreserve kann auch negative Werte annehmen, was der Fall ist, wenn

$$ \alpha \frac{a_{x+t,\overline{m-t}|}}{a_{x,\overline{m}|}} > {}_tV. $$

Da die Prämienreserven im allgemeinen mit der abgelaufenen Versicherungsdauer zunehmen, so wird unter dieser Annahme die gezillmerte Prämienreserve positiv sein, wenn dies für das erste Versicherungsjahr zutrifft.

Schreibt man für eine gemischte Versicherung unter der Annahme $m = n$ die gezillmerte Prämienreserve

$$ \left(P_{x+t,\overline{n-t}|} - P_{x,\overline{n}|} - \frac{\alpha}{a_{x,\overline{n}|}}\right) \cdot a_{x+t,\overline{n-t}|} $$

und demnach für $t = 1$

$$ \left(P_{x+1,\overline{n-1}|} - P_{x,\overline{n}|} - \frac{\alpha}{a_{x,\overline{n}|}}\right) \cdot a_{x+1,\overline{n-1}|}, $$

so kann unter der Forderung, daß alle Rücklagen positiv sein sollen, für den „ZILLMER-Satz" α aus der Relation

$$ P_{x+1,\overline{n-1}|} - P_{x,\overline{n}|} - \frac{\alpha}{a_{x,\overline{n}|}} = 0 $$

die obere Grenze

$$\alpha = a_{x,\overline{n}|}(P_{x+1,\overline{n-1}|} - P_{x,\overline{n}|})$$

gefunden werden. Auf Grund dieses im Sinne ZILLMERS ermittelten Maximums wäre dann die Prämienreserve:

$$\left.\begin{aligned} &A_{x+t,\overline{n-t}|} - (P_{x,\overline{n}|} + P_{x+1,\overline{n-1}|} - P_{x,\overline{n}|}) \cdot a_{x+t,\overline{n-t}|} \\ &= A_{x+t,\overline{n-t}|} - P_{x+1,\overline{n-1}|} \cdot a_{x+t,\overline{n-t}|}. \end{aligned}\right\} \quad (62)$$

Sie ergibt sich also aus der gewöhnlichen Formel durch Ersetzung der Prämie $P_{x,\overline{n}|}$ durch $P_{x+1,\overline{n-1}|}$. Diese Beschränkung des ZILLMER-Satzes wird als $x + 1$-Methode bezeichnet.

Es unterliegt keinem Zweifel, daß die Gleichstellung der Verwaltungskosten mit den beiden ersten Rechnungsgrundlagen hinsichtlich ihrer Bedeutung für die ziffernmäßigen Resultate und der damit zusammenhängende Neuaufbau der Versicherungstechnik, wie er von GEORG HÖCKNER gewiesen wurde, alte Vorurteile, die sich im Zusammenhange mit der ZILLMERschen Schrift von 1863 durch Jahrzehnte behauptet haben, längst bereinigt hat. Für die praktische Berechnung der ausreichenden Deckungskapitale sei nur noch im Zusammenhang mit der Rekursionsformel (47) auf folgendes Verfahren verwiesen:

Die Rekursionsformel des ausreichenden Deckungskapitals lautet in Analogie zur Formel (45) für die Nettoprämienreserve

$${}_{t+1}V^a = \left[{}_tV^a + (1-\beta)\,P_t^a - \gamma\right](1+i) - q_{x+t}\left(1 - {}_{t+1}V^a\right) \quad (63)$$

und demnach für $t = 0$

$${}_1V^a = \left[-\alpha + (1-\beta)\,P_0^a - \gamma\right](1+i) - q_x\left(1 - {}_1V^a\right).$$

Die (47) entsprechenden Rekursionsformeln sind dann bei gleichbleibender laufender Prämie P^a für das ausreichende Deckungskapital

$$1 - {}_{t+1}V^a = \frac{1}{p_{x+t} \cdot v}\left\{1 - {}_tV^a - [(1-\beta)\,P^a - \gamma + d]\right\} \quad (64)$$

und für $t = 0$

$$1 - {}_1V^a = \frac{1}{p_x \cdot v}\left\{1 + \alpha - [(1-\beta)\,P^a - \gamma + d]\right\}.$$

Die Nützlichkeit der Formel auch für den Fall allgemeiner P_t^a liegt auf der Hand. Nach vorheriger Berechnung des in der runden Klammer stehenden Ausdrucks erfordert die Berechnung des nächst höheren Ausdrucks ${}_{t+1}V^a$ immer nur eine Subtraktion und eine Division durch $p_{x+t} \cdot v$ unter Einschluß der automatischen Kontrolle der Rechnung durch Erhalt des dem Deckungskapital ${}_nV^a$ entsprechenden Betrages des für den Erlebensfall versicherten Kapitals 1. Die Formel ist aber natürlich auch dann vorteilhaft zu verwenden, wenn die versicherten Kapitalien für die einzelnen Versicherungsjahre für den Fall des Ablebens und Erlebens in verschiedener Höhe festgesetzt sind.

Das folgende numerische Beispiel ist auf Grund der Vereinstafel vom Jahre 1926 und eines Rechnungszinses von 4% erhalten. Für die gemischte Versicherung des Kapitals 1 ergibt sich so bei einem Beitrittsalter von 35 Jahren und einer Versicherungsdauer von 20 Jahren eine Nettoprämie von 0,037148 und bei Abschlußkosten von 40‰ des Kapitals, laufenden Kosten vom Typus β im Betrage von 3% der ausreichenden Prämie und vom Typus γ im Betrage von 2‰ des Kapitals eine ausreichende Prämie von 0,043476. Es ist demnach

$$P + d = 0{,}075610, \qquad (1 - \beta)\, P^a - \gamma + d = 0{,}078634.$$

Die Berechnung der Deckungskapitale verläuft dann wie folgt:

Tabelle 4.

t	$\frac{1}{p_{x+t} \cdot v}$	$1 - {}_tV$	$1 - {}_tV^a$	${}_tV$‰	${}_tV^a$‰
0	1,045405	1,—	1,04	0,—	— 40,—
1	1,045875	0,966362	1,005017	33,64	— 5,02
2	1,046382	0,931615	0,968881	68,38	31,12
3	1,046890	0,895708	0,931538	104,29	68,46
4	1,047419	0,858552	0,892897	141,45	107,10
5	1,047951	0,820068	0,852875	179,93	147,12
6	1,048496	0,780156	0,811367	219,84	188,63
7	1,049061	0,738714	0,768268	261,29	231,73
8	1,049690	0,695637	0,723468	304,36	276,53
9	1,050373	0,650836	0,676876	349,16	323,12
10	1,051155	0,604202	0,628377	395,80	371,62
11	1,052024	0,555632	0,577865	444,37	422,13
12	1,052994	0,504995	0,525203	495,00	474,80
13	1,054047	0,452140	0,470234	547,86	529,77
14	1,055189	0,396880	0,412765	603,12	587,23
15	1,056392	0,339001	0,352571	661,00	647,43
16	1,057694	0,278244	0,289385	721,76	710,61
17	1,059108	0,214325	0,222910	785,67	777,09
18	1,060630	0,146914	0,152804	853,09	847,20
19	1,062297	0,075627	0,078667	924,37	921,33
20	—	0,000018	0,000033	999,98	999,97

VI. Die Prämienreserve nach der kontinuierlichen Methode.

§ 36. Die Differentialgleichung der Prämienreserve.

Im Abschnitt IV wurde für die in den Ausdrücken vorkommenden Funktionen Stetigkeit und auch beliebige Differenzierbarkeit nach den in Betracht kommenden Argumenten vorausgesetzt. Überdies wurde mehrfach auch die Möglichkeit der TAYLOR-Entwicklung und die Anwendbarkeit der EULER-MACLAURINschen Formel angenommen, d. h. die zu entwickelnden Funktionen als analytische Funktionen betrachtet. Wir wollen an dieser Annahme auch weiterhin festhalten, sind uns aber dessen bewußt, daß diese Annahme mit den tatsächlichen Gegebenheiten nicht ohne weiteres in Einklang zu bringen ist. Denn für ein Tafelalter, welches ω überschreitet, sind z. B. die Werte der kontinuierlichen Leibrente sämtlich Null. Mit dieser Tatsache ist aber die Annahme, daß die Leibrente als analytische Funktion des Alters darzustellen sei, keinesfalls verträglich, da doch eine analytische Funktion, die über ein endliches Intervall der unabhängigen Variablen identisch verschwindet, überall Null sein muß. Für die Zwecke der Versicherungsmathematik genügt jedoch hier die Tatsache, daß nach einem bekannten Theorem von WEIERSTRASS jede stetige Funktion durch analytische Funktionen beliebig approximiert werden kann. Wir werden daher die zu behandelnden Funktionen ohne Gefahr eines Widerspruchs als analytische Funktionen annehmen dürfen.

Die verschiedenen Formen der Rekursionsformel der Prämienreserve, wie sie im Abschnitt V zur Ableitung gelangten, waren sämtlich unter der Annahme erhalten, daß das zwischen zwei Prämienreservewerten liegende Zeitintervall ein Jahr ist. Dementsprechend waren die in die Formeln eingehenden Prämien Jahresprämien und die Wahrscheinlichkeitswerte für ein Jahr bemessen. Vom Standpunkt der Versicherungsrechnung kann gesagt werden, daß die erwähnten Rekursionsformeln als Bild einer Gewinn- und Verlustrechnung des Saldos Null aufzufassen sind, da doch hier die für das Ende des Jahres zu stellende Rücklage aus der Rücklage am Anfang des Jahres unter genauer Verrechnung der entfallenden Einnahmen und Ausgaben an Prämien, Zins und Versicherungsleistung erhalten wird, wobei überdies auf die bei vorzeitigem Ableben verfallenden Rücklagen Rücksicht genommen ist. Hierbei sind Einnahmen und Ausgaben so verrechnet, wie es den Rechnungsgrundlagen entspricht, keinesfalls also in irgendeinem Zusammenhang mit dem tatsächlichen Geschehen. Das Schema der Gewinn- und Verlustrechnung ist aber in der Formel genau eingehalten.

Vom mathematischen Standpunkt aus haben wir aber die genannten Rekursionsformeln der Prämienreserve als *Differenzengleichungen* erster Ordnung anzusprechen, durch deren Summation die Ausdrücke für das retrospektive und prospektive Deckungskapital erhalten werden.

Nichts hindert nun, das durch die Rekursionsformel dargestellte Gewinn- und Verlustkonto statt auf den Zeitraum eines ganzen Jahres auf den eines $m$tel Jahres zu beziehen. Für den Grenzübergang $m \to \infty$ wird aber aus der linearen Differenzengleichung erster Ordnung eine *lineare Differentialgleichung erster Ordnung*, der das Deckungskapital genügt. Die Integration derselben vermittelt uns dann wieder die nach der kontinuierlichen Methode zu erhaltenden Ausdrücke für das prospektive und retrospektive Deckungskapital. Die Differentialgleichung selbst aber bleibt immer das Bild eines Gewinn- und Verlustkontos — es erscheint jetzt auf einen Zeitmoment zusammengedrückt — und dieses Bild ist bestimmend für den Verlauf der Prämienreserve über die ganze Versicherungsdauer, sofern sich alles im Sinne der in die Rechnung eingeführten Annahmen, der Rechnungsgrundlagen, abspielt. Das Äquivalenzprinzip ist aber jetzt dadurch zum Ausdruck gebracht, daß nach den Rekursionsformeln und auch nach der Differentialgleichung der Prämienreserve der jeweilige Saldo stets mit Null angenommen ist.

Wenn wir weiter bedenken, daß die Prämienreserve bei einmaliger Prämienzahlung stets wieder eine Einmalprämie ist, so ist zu vermuten, daß wir aus einer eingehenden Diskussion der Rekursionsformel oder der Differentialgleichung der Prämienreserve den ganzen Aufbau der Versicherungsmathematik aus einer einheitlichen Quelle erhalten können, vorausgesetzt, daß die zugrunde gelegte Versicherungsform genügend allgemein gewählt wird. Dieses Verfahren soll jetzt auf Grund der genannten Differentialgleichung zur Darstellung gelangen, nachdem für den diskontinuierlichen Fall die bezüglichen Formeln durch das direkte Verfahren abgeleitet wurden.

Wir betrachten als möglichst allgemeine Versicherungsform eine Versicherung auf Ab- und Erleben. Die Versicherungsdauer sei n. Für den Fall des Ablebens sollen die vom Zeitpunkt der Auszahlung abhängigen Beträge U_t gezahlt werden, während das Erlebenskapital T betragen soll. Auch die Höhe der Prämien — wir betrachten zunächst nur Nettoprämien, sehen also von allen Unkosten ab — sei vom Zeitpunkt ihrer Zahlung abhängig. Für das dem Zeitpunkt t folgende Zeitintervall dt sei die Nettoprämie bei kontinuierlich angenommener Zahlung $\overline{P}_t\, dt$, wobei die Größe $\overline{P}_t$ auch als Prämienintensität bezeichnet werden kann. Man könnte zur weiteren Verallgemeinerung der betrachteten Versicherungsform auch annehmen, daß kontinuierliche Rentenzahlungen vorgesehen seien, doch läßt sich dies vermeiden, wenn diese Auszahlungen für den Erlebensfall gleich bei den Prämien verrechnet werden. Es ist dann natürlich notwendig, für diese Beträge $\overline{P}_t$ gegebenenfalls auch negative Werte zuzulassen. Die Werte U_t und T sind aber stets positiv oder mit Null anzunehmen, letzteres, wenn für den betreffenden Zeitmoment eine Versicherungszahlung nicht in Betracht kommt.

Nach dem Schema der Gewinn- und Verlustrechnung haben wir uns nun die Änderung der Prämienreserve ${}_t\overline{V}$ für das Zeitintervall von t bis $t + dt$ zusammengesetzt zu denken aus einer Mehrung der Prämienreserve durch den Zins im Betrage von ${}_t\overline{V} \,.\, \delta\, dt$. Aus einer Mehrung der Prämienreserve durch die Prämieneinnahme für das genannte Zeitintervall im Betrage von $\overline{P}_t\,dt$. Aus einer Verminderung durch die zu bestreitenden Versicherungsleistungen im Betrag von $\mu_{x+t}\,U_t\,dt$. Für die letzteren wird aber die jeweils vorhandene Prämienreserve verfallen, so daß sich eine weitere Einnahme im Betrag von $\mu_{x+t}\,{}_t\overline{V}\,dt$ ergibt. Hieraus ergibt sich auch schon die Relation

$$\frac{d}{dt}\,{}_t\overline{V} = (\mu_{x+t} + \delta)\,{}_t\overline{V} + \overline{P}_t - \mu_{x+t}\,.\,U_t \tag{1}$$

als lineare Differentialgleichung erster Ordnung für die betrachtete Versicherungsform. Sie wird in der Regel mit dem Namen des dänischen Astronomen T. N. THIELE in Verbindung gebracht, obwohl eine bezügliche Veröffentlichung desselben nicht vorliegt. Die Integration von (1) ergibt aber

$${}_t\overline{V} = e^{\int\limits_0^t (\mu_{x+t}+\delta)\,dt}\left[\int\limits_0^t e^{-\int\limits_0^t (\mu_{x+s}+\delta)\,ds}\,(\overline{P}_t - \mu_{x+t}\,U_t)\,dt + C\right]. \tag{2}$$

Für die Integrationskonstante C erhält man für $t = 0$ den Wert ${}_0\overline{V}$, demnach das zu Beginn der Versicherung vorhandene Deckungskapital. Ein solches wird immer dann anzunehmen sein, wenn die Versicherung gegen Einmalprämie abgeschlossen wurde, in welchem Falle $\overline{P}_t = 0$ und ${}_0\overline{V}$ gleich dieser Einmalprämie zu setzen ist. Die Relation (2) läßt sich natürlich auch

$${}_t\overline{V} = \frac{1}{{}_tp_x\,v^t}\left[\int\limits_0^t {}_tp_x\,v^t\,(\overline{P}_t - \mu_{x+t}\,U_t)\,dt + {}_0\overline{V}\right]$$

oder

$${}_t\overline{V} = \frac{1}{D_{x+t}}\left[\int\limits_0^t D_{x+t}\,(\overline{P}_t - \mu_{x+t}\,U_t)\,dt + {}_0\overline{V}\right]$$

schreiben. Damit ist der Ausdruck für das retrospektive Deckungskapital unserer allgemeinen Versicherung auf Ab- und Erleben erhalten.

Setzt man in Relation (2) für $t = n$, so erhält man wegen ${}_n\overline{V} = T$

$${}_n\overline{V}\,e^{-\int\limits_0^n (\mu_{x+t}+\delta)\,dt} = \int\limits_0^n e^{-\int\limits_0^t (\mu_{x+s}+\delta)\,ds}\,(\overline{P}_t - \mu_{x+t}\,U_t)\,dt + C \tag{3}$$

und im Verein mit

$${}_t\overline{V}\,e^{-\int\limits_0^t (\mu_{x+t}+\delta)\,dt} = \int\limits_0^t e^{-\int\limits_0^t (\mu_{x+s}+\delta)\,ds}\,(\overline{P}_t - \mu_{x+t}\,U_t)\,dt + C$$

als prospektiven Ausdruck für das Deckungskapital

$$
{}_t\overline{V} = e^{\int_0^t (\mu_{x+t}+\delta)\,dt} \left[\int_t^n e^{-\int_0^t (\mu_{x+s}+\delta)\,ds} (\mu_{x+t}\,U_t - \overline{P}_t)\,dt + \right.
$$

$$
\left. + T e^{-\int_0^n (\mu_{x+t}+\delta)\,dt} \right]. \tag{4}
$$

Für diesen Wert kann aber auch

$$
{}_t\overline{V} = \frac{1}{{}_tp_x\,v^t} \left[\int_t^n {}_tp_x\,v^t\,(\mu_{x+t}\,U_t - \overline{P}_t)\,dt + {}_np_x\,v^n \,.\, T \right]
$$

geschrieben werden.

Natürlich erhält man aus (3), wenn das Deckungskapital ${}_0\overline{V}$ zu Beginn der Versicherung als die Einmalprämie aufgefaßt wird, wobei $\overline{P}_t = 0$ zu setzen ist, als Ausdruck für die Einmalprämie zu Beginn der Versicherung

$$
\overline{A}_{x,\overline{n}|}\{U_t\} = \int_0^n {}_tp_x\,v^t . \mu_{x+t} . U_t\,dt + T . {}_np_x . v^n, \tag{5}
$$

wobei

$$
\overline{A}_{x,\overline{n}|}\{U_t\} = \int_0^n {}_tp_x\,v^t . \overline{P}_t\,dt \tag{6}
$$

ist. Es ist aber

$$
\int_0^n {}_tp_x\,v^t . \mu_{x+t}\,U_t\,dt = \int_0^n {}_tp_x\,v^t\,(\delta + \mu_{x+t})\,U_t\,dt - \int_0^n {}_tp_x\,v^t . \delta . U_t\,dt
$$

$$
= \int_0^n \frac{d}{dt}[-{}_tp_x\,v^t]\,U_t\,dt - \int_0^n {}_tp_x\,v^t . \delta . U_t\,dt
$$

und durch partielle Integration

$$
= [-{}_tp_x\,v^t . U_t]_0^n + \int_0^n {}_tp_x\,v^t \frac{dU_t}{dt}\,dt - \int_0^n {}_tp_x\,v^t . \delta . U_t\,dt
$$

$$
= U_0 - U_n . {}_np_x\,v^n + \int_0^n {}_tp_x\,v^t \left(\frac{dU_t}{dt} - \delta\,U_t \right) dt.
$$

Führt man diesen Ausdruck in (5) ein, so ergibt sich die Relation

$$
\overline{A}_{x,\overline{n}|}\{U_t\} = U_0 + (T - U_n)\,{}_np_x . v^n + \int_0^n {}_tp_x\,v^t \left(\frac{dU_t}{dt} - \delta U_t \right) dt. \tag{7}
$$

Hierbei stellt das zweite Glied rechts eine reine Erlebensversicherung auf den Betrag $T - U_n$ und das letzte Glied rechts eine durch n Jahre zahlbare temporäre Leibrente auf die Beträge

$$\frac{d\,U_t}{d\,t} - \delta\,U_t$$

dar. Wird in dieser Formel $T = U_t = 1$ gesetzt, so ergibt sich die Relation

$$\bar{A}_{x,\overline{n|}} = 1 - \delta\,\bar{a}_{x,\overline{n|}}.$$

Wir können aus (4) durch Einsetzen spezieller Werte die Erwartungswerte verschiedener Versicherungsformen für $t = 0$ erhalten. Für die durch m Jahre aufgeschobene und dann durch $n - m$ Jahre zahlbare Leibrente ergibt sich für $T = 0$, $U_t = 0$ und unter Beachtung des Umstandes, daß die Rentenzahlungen für das Intervall $n - m$ mit $\overline{P}_t = -1$ zu bewerten sind, außerhalb dieser Zeitspanne aber Null sind,

$$_{m|}\bar{a}_{x,\overline{n|}} = \int\limits_m^n e^{-\int\limits_0^t (\mu_{x+s} + \delta)\,ds}\,dt = \int\limits_m^n {}_t p_x\,v^t\,dt. \tag{8}$$

Für $m = 0$ und $n = \infty$ ergibt sich hieraus für die lebenslänglich zahlbare kontinuierliche Leibrente

$$\bar{a}_x = \int\limits_0^\infty {}_t p_x\,v^t\,dt.$$

Die Festsetzung $U_t = 0$ und $T = 1$ ergibt das Erlebenskapital mit

$${}_nE_x = e^{-\int\limits_0^n (\mu_{x\,|\,t} + \delta)\,dt} = {}_n p_x\,v^n. \tag{9}$$

Die konstant steigende Leibrente auf die Beträge $\alpha + \beta\,t$ hat bei einer Aufschubsdauer von m und einer Zahlungsdauer von $n - m$ Jahren den Erwartungswert

$$_{m|}(|\bar{a})_{x,\overline{n|}} = \int\limits_m^n (\alpha + \beta\,t)\,{}_t p_x \cdot v^t\,dt, \tag{10}$$

während sich

$$_{m|}(|\bar{a})_{x,\overline{n|}} + (\alpha + \beta\,n)\int\limits_n^\infty {}_t p_x\,v^t\,dt \tag{11}$$

als Erwartungswert einer solchen Rente ergibt, die über den Zeitpunkt n hinaus mit dem Betrag $\alpha + \beta\,n$ konstant bleibt.

Für die gewöhnliche gemischte Versicherung auf die Beträge 1 erhält man als Einmalprämie

$$\bar{A}_{x,\overline{n|}} = \int\limits_0^n {}_t p_x\,v^t \cdot \mu_{x+t}\,dt + {}_n p_x\,v^n. \tag{12}$$

Aus der Differentialgleichung (1) erhält man für eine Leibrente beliebiger Dauer n die Relation

$$\frac{d}{dt}\,{}_{n-t}\bar{a}_{x+t} = (\mu_{x+t} + \delta)\,{}_{n-t}\bar{a}_{x+t} - 1 \tag{13}$$

und für die Einmalprämienreserve der gewöhnlichen gemischten Versicherung

$$\frac{d}{dt}\,\bar{A}_{x+t,\overline{n-t}|} = (\mu_{x+t} + \delta)\,\bar{A}_{x+t,\overline{n-t}|} - \mu_{x+t}. \tag{14}$$

Multipliziert man (13) mit δ und addiert zu (14), so ergibt sich

$$\frac{d}{dt}(\bar{A}_{x+t,\overline{n-t}|} + \delta\,{}_{n-t}\bar{a}_{x+t}) = (\mu_{x+t} + \delta)(\bar{A}_{x+t,\overline{n-t}|} + \delta\,{}_{n-t}\bar{a}_{x+t}) - (\mu_{x+t} + \delta),$$

eine Relation, die durch

$$\bar{A}_{x+t,\overline{n-t}|} = 1 - \delta\,.\,{}_{n-t}\bar{a}_{x+t}$$

befriedigt wird.

Nachdem bei laufender Prämienzahlung ${}_0\bar{V}$ Null zu setzen ist, folgt aus Relation (2), daß die Prämienreserve immer dann für jedes t Null ist, wenn die Prämie durch

$$\bar{P}_t = \mu_{x+t}\,U_t$$

bestimmt ist. Wir haben dann den Fall der *natürlichen Prämienzahlung* vor uns. Die Zerlegung der Nettoprämie in Risikoprämie und Sparprämie erhält man aber aus der Beantwortung der Frage, welcher Teil der Prämie $\overline{SP}_t$ im Verein mit den Zinsen erforderlich ist, um die Prämienreserve ${}_t\bar{V}$ zu bilden. Er ist offenbar durch die Relation

$$\frac{d}{dt}\,{}_t\bar{V} = \delta\,{}_t\bar{V} + \overline{SP}_t$$

bestimmt, welche im Verein mit

$$\frac{d}{dt}\,{}_t\bar{V} = (\mu_{x+t} + \delta)\,{}_t\bar{V} + \bar{P}_t - \mu_{x+t}\,U_t$$

für die Risikoprämie $\overline{RP}_t$ den Ausdruck

$$\overline{RP}_t = \mu_{x+t}(U_t - {}_t\bar{V}) \tag{15}$$

liefert. Die Risikoprämie ist demnach die *natürliche Prämie für das reduzierte Kapital* $U_t - {}_t\bar{V}$. Für die reine Erlebensversicherung würde sich aber

$$\overline{RP}_t = -\mu_{x+t}\,{}_t\bar{V}$$

ergeben.

Die bisherigen Entwicklungen wurden durchaus nach der reinen Nettomethode, also ohne jede Rücksicht auf die dritte Rechnungsgrundlage, die Verwaltungskosten erhalten. Es bedeutet im einzelnen nur relativ geringfügige Abänderungen der erhaltenen Ausdrücke und Relationen, wenn wir die Differentialgleichung der Prämienreserve, als Bild des Gewinn- und Verlustkontos, nunmehr auch in dem Sinne erweitern, daß unter die Leistungen des Versicherers auch die uns bereits bekannten drei Typen von Verwaltungskosten einbezogen werden und dementsprechend statt der Nettoprämien nunmehr *ausreichende Prämien* vereinnahmt werden. Ganz wie im Falle der ganzjährigen Prämienzahlung werden sich nunmehr unter Anwendung der kontinuierlichen Methode auch im Rahmen der Methode der ausreichenden Prämien im engsten Anschluß an die Nettomethode aus der Differentialgleichung des ausreichenden Deckungskapitals alle interessierenden Resultate erhalten lassen.

Nachdem aus der ausreichenden Prämie $\overline{P}_t^a$ neben der reinen Versicherungsleistung auch noch die Unkosten vom Typus α, β und γ zu decken sein werden, so haben wir für den Termin der Berechnung des ausreichenden Deckungskapitals t nur zu berücksichtigen, daß in der Differentialgleichung für das ausreichende Deckungskapital auch noch die verausgabten Inkassokosten und die Verwaltungskosten vom Typus γ in Ausgabe gestellt werden müssen, nachdem ja die Abschlußkosten nur für den Beginn der Versicherung in Betracht kommen. Dafür werden statt der Nettoprämien $\overline{P}_t$ die ausreichenden Prämien $\overline{P}_t^a$ zu vereinnahmen sein. Demnach erählt man die Differentialgleichung für das ausreichende Deckungskapital ${}_t\overline{V}^a$ in der Gestalt

$$\frac{d}{dt}\,{}_t\overline{V}^a = {}_t\overline{V}^a\,(\mu_{x+t}+\delta) + [(1-\beta)\,\overline{P}_t^a - \gamma] - \mu_{x+t}\,U_t. \qquad (16)$$

Ihre Integration ergibt

$${}_t\overline{V}^a = e^{\int\limits_0^t (\mu_{x+t}+\delta)\,dt} \left\{ \int\limits_0^t \left[(1-\beta)\,\overline{P}_t^a - \gamma - \mu_{x+t}\,U_t\right] e^{-\int\limits_0^t (\mu_{x+s}+\delta)\,ds}\,dt + C \right\}, \qquad (17)$$

wobei zu beachten ist, daß jetzt die Integrationskonstante C gleich $-\alpha$ zu setzen ist. Weil aber für das Ende der Versicherungsdauer ${}_n\overline{V}^a = T$ ist, so erhält man in gleicher Weise wie früher das Nettodeckungskapital, jetzt das ausreichende Deckungskapital auch in der prospektiven Gestalt:

$${}_t\overline{V}^a = e^{\int\limits_0^t (\mu_{x+t}+\delta)\,dt} \left\{ \int\limits_t^n \left[\mu_{x+t}\,U_t - (1-\beta)\,\overline{P}_t^a + \gamma\right] e^{-\int\limits_0^t (\mu_{x+s}+\delta)\,ds}\,dt + \right.$$
$$\left. + T e^{-\int\limits_0^n (\mu_{x+t}+\delta)\,dt} \right\}. \qquad (18)$$

Der retrospektive Ausdruck (17) und der prospektive (18) können natürlich auch

$$_t\overline{V}^a = \frac{1}{_tp_x v^t}\left\{\int_0^t \left[(1-\beta)\overline{P}^a_t - \gamma - \mu_{x+t} U_t\right] {}_tp_x v^t dt - \alpha\right\} \tag{19}$$

und

$$_t\overline{V}^a = \frac{1}{_tp_x v^t}\left\{\int_t^n \left[\mu_{x+t} U_t - (1-\beta)\overline{P}^a_t + \gamma\right] {}_tp_x v^t dt + T_n p_x v^n\right\} \tag{20}$$

geschrieben werden.

In dem speziellen Falle $U_t = T = 1$ und unter Voraussetzung konstanter Prämienzahlung $\overline{P}^a_t = \overline{P}^a$ vereinfachen sich die Ausdrücke (19) und (20) für die Versicherungsdauer n und die Prämienzahlungsdauer m noch weiter in

$$_t\overline{V}^a = \frac{1}{_tE_x}\left[\left\{(1-\beta)\,\overline{P}^a - \gamma\right\} \bar{a}_{x,\overline{t|}} - {}_{|t}\overline{A}_x - \alpha\right] \tag{21}$$

und

$$_t\overline{V}^a = \overline{A}_{x+t,\overline{n-t|}} - (1-\beta)\,\overline{P}^a \,.\, \bar{a}_{x+t,\overline{m-t|}} + \gamma\,\bar{a}_{x+t,\overline{n-t|}}. \tag{22}$$

Für $t = 0$ aber erhält man

$$\left.\begin{aligned}(1-\beta)\,\overline{P}^a &= \frac{\overline{A}_{x,\overline{n|}} + \alpha}{\bar{a}_{x,\overline{m|}}} + \gamma\frac{\bar{a}_{x,\overline{n|}}}{\bar{a}_{x,\overline{m|}}}\\ &= \frac{\alpha + \gamma\,\bar{a}_{x,\overline{n|}}}{\bar{a}_{x,\overline{m|}}} + \overline{P}.\end{aligned}\right\} \tag{23}$$

Ganz so wie das im Falle der ganzjährigen Prämienzahlung geschehen ist, könnte natürlich auch unter Anwendung der kontinuierlichen Methode das ausreichende Deckungskapital in seine beiden Bestandteile, das Nettodeckungskapital und das Unkostendeckungskapital, zerlegt werden und hierfür die betreffenden prospektiven und retrospektiven Ausdrücke erhalten werden.

Wichtiger aber ist, daß uns die Differentialgleichung des ausreichenden Deckungskapitals auch in einfachster Weise die Grundbegriffe der Gewinntheorie vermittelt, der in diesem Zusammenhange noch einige Bemerkungen gelten sollen. Betrachten wir also den benutzten Rechnungszins, die verwendete Sterblichkeitstafel und die eingeführten Annahmen über die Höhe der voraussichtlichen Verwaltungskosten vom Typus α, β und γ als *Rechnungsgrundlagen erster Ordnung*, so sei über diese die Voraussetzung gemacht, daß sie so vorsichtig gewählt seien, daß der Versicherer mit ziemlicher Bestimmtheit darauf rechnen kann, für die aus dem Verlaufe der Sterblichkeit zu gewärtigenden Aufwendungen und für die Verwaltungskosten keinesfalls mehr zu benötigen, als die verwendeten Grundlagen gestatten. Anderseits soll aber auch der Rechnungszins so gewählt sein, daß sich aus dem Zins der veranlagten Kapitalien über den angenommenen Rechnungszins hinaus voraussichtlich noch Mehrerträgnisse an Zinsen ergeben werden. Die mit diesen Rechnungsgrundlagen erster Ordnung berechneten ausreichenden Prämien werden also aller Voraussicht nach nicht nur genügen, um alle Auslagen zu bestreiten, sondern überdies noch die Erzielung von Überschüssen gestatten. Diese Überschüsse werden entsprechend den drei Quellen, aus denen sie stammen, als Sterblichkeitsgewinn, Zinsgewinn und Gewinn aus der Ersparnis von Verwaltungskosten zu bezeichnen sein.

Wollte man nun über diese voraussichtlichen Überschüsse eine Aussage machen, so wäre hierzu erforderlich, den wirklichen Bedarf, demnach das tatsächliche Erfordernis für die reine Versicherungsleistung und die Verwaltungskosten, aber auch die Höhe des zu erzielenden Zinses einschätzen zu können. Dies könnte offenbar wieder nur an Hand von Rechnungsgrundlagen geschehen, welche einen möglichst engen Anschluß an die Tatsachen vermitteln. Man nennt diese Rechnungsgrundlagen solche der *zweiten Ordnung*. Die mit diesen Grundlagen zweiter Ordnung ermittelten Versicherungswerte sollen künftig mit einem Akzent bezeichnet werden und in gleicher Weise sollen auch die Rechnungsgrundlagen selbst von denen der ersten Ordnung durch einen Akzent unterschieden sein.

Wenn wir nun die Differentialgleichung des ausreichenden Deckungskapitals als Gewinn- und Verlustkonto des Saldos Null auffassen, so wird, wenn für die Gestaltung dieses Kontos nicht die Grundlagen erster, sondern die Grundlagen zweiter Ordnung maßgebend sind, das Konto offenbar nicht mit dem Saldo Null, sondern im Hinblick auf die Bedeutung dieser Grundlagen mit einem Gewinn $\bar{g}_t$ schließen. Schreibt man daher die Differentialgleichung (16) in der Gestalt

$$-\left[\frac{d}{d\,t}\,{}_t\bar{V}^a + \mu_{x+t}\,U_t + \gamma\right] + \left[(1-\beta)\,\bar{P}^a_t + (\mu_{x+t}+\delta)\,{}_t\bar{V}^a\right] = 0, \tag{24}$$

so würde sich bei Verwendung von Rechnungsgrundlagen zweiter Ordnung

$$-\left[\frac{d}{d\,t}\,{}_t\bar{V}^a + \mu'_{x+t}\,U_t + \gamma'\right] + \left[(1-\beta')\,\bar{P}^a_t + (\mu'_{x+t}+\delta')\,{}_t\bar{V}^a\right] = \bar{g}_t \tag{25}$$

ergeben. In diesem Falle würde nämlich die Sterblichkeit nicht nach Maßgabe von μ_{x+t}, sondern von μ'_{x+t} verlaufen, also kleinere Ausgaben bedingen. Hingegen würde an Zins wegen $\delta' > \delta$ mehr vereinnahmt und auch an Verwaltungskosten nach Maßgabe von $\beta - \beta'$ und $\gamma - \gamma'$ erspart werden.

Durch Subtraktion der beiden Relationen (24) und (25) erhält man für den erzielten Gewinn $\bar{g}_t$ den Ausdruck

$$\left.\begin{aligned}\bar{g}_t = {} & (\mu_{x+t} - \mu'_{x+t})\,(U_t - {}_t\bar{V}^a) \\ & + (\delta' - \delta)\,{}_t\bar{V}^a \\ & + \bar{P}^a_t\,(\beta - \beta') + (\gamma - \gamma').\end{aligned}\right\} \tag{26}$$

Man nennt diesen Ausdruck die *Kontributionsformel.* Sie läßt erkennen, daß sich der erzielte Gewinn für den Zeitmoment t aus drei Bestandteilen zusammensetzt. Der erste ist der *Gewinn aus dem Verlauf der Sterblichkeit,* erzielt nach Maßgabe des reduzierten Kapitals $U_t - {}_t\overline{V}^a$; der zweite ist der *Zinsgewinn,* erzielt an der vorhandenen Rücklage ${}_t\overline{V}^a$; der dritte ist der *Gewinn aus den Ersparnissen an Verwaltungskosten,* erzielt hinsichtlich der Inkassokosten an der Prämie $\overline{P}_t^a$ und hinsichtlich der reinen laufenden Verwaltungskosten nach Maßgabe des Kapitals, demnach für die Einheit in der Höhe $\gamma - \gamma'$.

Das Gewinnproblem der Lebensversicherungstechnik besteht nun darin, den fortlaufend erzielten Gewinn möglichst nach Maßgabe seiner Entstehung wieder an die Versicherten zurückzuleiten. Dies kann in sehr verschiedener Weise geschehen. Würde diese Zurückleitung unmittelbar nach der Entstehung, also praktisch am Ende jedes Bilanzjahres vorgenommen werden, dann spricht man von einem *natürlichen Gewinn- oder Dividendensystem.* Andernfalls würde der erzielte Gewinn zunächst in eine Rücklage, *Dividendenfonds* oder *Dividendenreserve,* fließen, um erst zu einem späteren Termin an die Versicherten zurückverrechnet zu werden. Diese Dividende selbst kann in verschiedenster Art über die Dauer der Versicherung verteilt sein und soll für den Zeitpunkt t mit $\overline{\Delta}_t\,dt$ bezeichnet werden. Der Dividendenfonds ${}_t\overline{D}$ wird sonach, wie jede technische Rücklage, nach Maßgabe von δ' und μ'_{x+t} und überdies um den ihm zuzuweisenden Gewinn $\overline{g}_t$ wachsen, hingegen nach Maßgabe der auszuschüttenden Dividende $\overline{\Delta}_t$ zu vermindern sein. Wir erhalten demnach wieder im Sinne des Gewinn- und Verlustkontos für ihn die Differentialgleichung

$$\frac{d}{dt}\,{}_t\overline{D} = (\mu'_{x+t} + \delta')\,{}_t\overline{D} + \overline{g}_t - \overline{\Delta}_t \tag{27}$$

und hieraus durch Integration für den Dividendenfonds den retrospektiven Ausdruck

$${}_t\overline{D} = e^{\int_0^t (\mu'_{x+t}+\delta')\,dt} \int_0^t (\overline{g}_t - \overline{\Delta}_t)\, e^{-\int_0^t (\mu'_{x+s}+\delta')\,ds}\, dt, \quad {}_0\overline{D} = 0. \tag{28}$$

Nachdem für das Ende der Versicherungsdauer der Dividendenfonds Null sein muß, ergibt sich aus (28) für $t = n$ im Sinne des Äquivalenzprinzips das Resultat, *daß der Erwartungswert der zu erzielenden Gewinne für den Beginn der Versicherung gleich sein muß dem Erwartungswert der zu gewährenden Dividenden.*

$$\int_0^n (\overline{g}_t - \overline{\Delta}_t)\,{}_tp_x'\,v'^t\,dt = 0. \tag{29}$$

Aus (28) und (29) aber folgt als prospektiver Ausdruck des Dividendenfonds

$$_t\bar{D} = \frac{1}{_tp_x{}' v'^t} \int_t^n (\bar{\Delta}_t - \bar{g}_t)\, _tp_x{}' v'^t\, dt. \tag{30}$$

Für den speziellen Fall $U_t = T = 1$ und unter der Annahme gleichbleibender Prämienzahlung $\bar{P}^a$ gilt für das ausreichende Deckungskapital, berechnet nach Grundlagen erster Ordnung

$$_t\bar{V}^a = \bar{A}_{x+t,\overline{n-t|}} - (1-\beta)\,\bar{P}^a \,.\, \bar{a}_{x+t,\overline{m-t|}} + \gamma \,.\, \bar{a}_{x+t,\overline{n-t|}}. \tag{31}$$

Würden aber bei gleicher Prämie $\bar{P}^a$ die tatsächlichen Einnahmen und Ausgaben des Versicherers für Versicherungsleistung und Unkosten nach den Rechnungsgrundlagen zweiter Ordnung zu bewerten sein, dann wäre nur ein ausreichendes Deckungskapital in der Höhe von

$$_t\bar{V}'^a = \bar{A}'_{x+t,\overline{n-t|}} - (1-\beta')\,\bar{P}^a \,.\, \bar{a}'_{x+t,\overline{m-t|}} + \gamma' \,.\, \bar{a}'_{x+t,\overline{n-t|}} \tag{32}$$

zurückzustellen. Die Differenz von (31) und (32)

$$\left.\begin{aligned} _t\bar{V}^a - {}_t\bar{V}'^a = {} & \bar{A}_{x+t,\overline{n-t|}} - \bar{A}'_{x+t,\overline{n-t|}} \\ & - [(1-\beta)\,\bar{a}_{x+t,\overline{m-t|}} - (1-\beta')\,\bar{a}'_{x+t,\overline{m-t|}}]\,\bar{P}^a \\ & + \gamma\,\bar{a}_{x+t,\overline{n-t|}} - \gamma'\,\bar{a}'_{x+t,\overline{n-t|}} \end{aligned}\right\} \tag{33}$$

kann demnach auch als Erwartungswert der bis zum Ende der Versicherungsdauer noch zu erzielenden Gewinne aufgefaßt werden. Im Verein mit dem vorhandenen Dividendenfonds $_t\bar{D}$ dienen diese zur Bestreitung der für die restliche Versicherungsdauer zu gewährenden Dividenden, so daß der Dividendenfonds auch durch die Relation

$$_t\bar{V}^a - {}_t\bar{V}'^a + {}_t\bar{D} = \frac{1}{_tp_x{}' v'^t} \int_t^n \bar{\Delta}_t\, _tp_x{}' v'^t\, dt \tag{34}$$

definiert ist.

Die Erledigung aller Spezialfälle und die Betrachtung der einzelnen Dividendensysteme sind durchaus Sache der praktischen Versicherungstechnik. Für einen Überblick über die einschlägigen Verhältnisse bietet aber die kontinuierliche Methode und die Differentialgleichung des Deckungskapitals einen überaus einfachen Zugang, da hier die drei in Betracht kommenden Gewinnquellen stets von selbst in allen Relationen voneinander geschieden bleiben. Dies ist sonst durchaus nicht der Fall und bedingt, daß die einschlägigen Formeln, welche auf ganzjährige Verrechnung der erzielten Gewinne abstellen müssen, auf wesentlich verwickelteren Verhältnissen aufzubauen sind.

§ 37. Die Integralgleichungen des Deckungskapitals.

Für die Darstellung eines entsprechend schematisierten, die Bildung des Deckungskapitals aus den verschiedenen Einnahmen und Ausgaben betreffenden Gewinn- und Verlustkontos im Wege mathematischer Gleichungen bieten sich mehrere Möglichkeiten dar. Am einfachsten ist es, die für einen bestimmten Zeitpunkt zu bestimmende Rücklage aus der entsprechenden Rücklage für einen weiter zurückliegenden Zeitpunkt und den in der Zwischenzeit in Betracht kommenden Einnahmen und Ausgaben zur Ableitung zu bringen. Hierher gehören die bereits betrachteten Rekursionsformeln für den Zeitraum eines Jahres und als Grenzfall derselben die Differentialgleichung des Deckungskapitals. Aber auch dann sind im einzelnen noch verschiedene Möglichkeiten für die Berücksichtigung der Einnahmen und Ausgaben offen. Vom formal mathematischen Standpunkt aus sind diese Möglichkeiten ganz gleichwertig. Von Interesse ist aber die verschiedene Deutung, die den einzelnen so zu erhaltenden Funktionalgleichungen vom versicherungsmathematischen Standpunkt aus gegeben werden kann.

Wir betrachten im folgenden *Verzinsung* und *Vererbung* als ganz gleichwertige Prozesse, welche beide bewirken, daß ein vorhandenes Kapital in der Zeit eine Vermehrung erfährt. In ersterer Hinsicht zufolge der Zins produzierenden Kraft des Kapitals, in letzterer deshalb, weil der Anteil einer bestimmten Person an einem Kapital im Laufe der Zeit dadurch größer werden kann, daß gleichartige Anteile anderer Personen an demselben Kapital infolge ihres vorzeitigen Ablebens zugunsten der übrigbleibenden Personen verfallen können. Wir sprechen in letzterem Zusammenhang von Vererbung ganz im Sinne von Verzinsung. Wie $1 + i = r$ der Betrag ist, auf den unter dem Einfluß der Verzinsung der Betrag 1 in der Zeiteinheit anwächst, so ist $1/p_x$ der Betrag, auf den die Einheit im Laufe eines Jahres für einen $x$jährigen unter der Wirkung der Vererbung anwächst, und $1/p_x \cdot v$ der analoge Betrag unter der Wirkung von Zins und Vererbung. Für die Berücksichtigung der beiden Faktoren Zins und Vererbung gibt es nun mehrere Möglichkeiten, die im einzelnen auf vier verschiedene Typen von Funktionalgleichungen für das Deckungskapital führen. Wir erhalten sie, wenn wir bei den veranlagten Kapitalien im ersten Falle Zins und Vererbung, im zweiten nur Vererbung, im dritten nur Verzinsung und im vierten weder Verzinsung noch Vererbung direkt berücksichtigen. Ausgenommen im ersten Falle werden also die Formeln gewisse Korrekturglieder erhalten müssen, die eben die verschiedene Gestalt der sonst ganz gleichwertigen Relationen bedingen.

Unter Beziehung auf Formel (40) des Abschnittes V für die Rekursionsformel des Nettodeckungskapitals gilt

$$_{t+1}V \cdot v \cdot p_{x+t} = {}_tV + P_t - c_t\, v\, q_{x+t}. \tag{35}$$

Multipliziert man diese Relation mit $v^t\,{}_tp_x$ und summiert über t von 0 bis $t-1$, so erhält man

$$ {}_tV\,v^t\,{}_tp_x = \sum_0^{t-1} (P_t\,v^t\,{}_tp_x - c_t\,v^{t+1}\,{}_tp_x\,q_{x+t}) + {}_0V \tag{36}$$

als retrospektive Formel für die Prämienreserve.

Schreiben wir aber (35) in der Gestalt

$$ {}_{t+1}V\,p_{x+t} = {}_tV + P_t - c_t\,v\,q_{x+t} + {}_{t+1}V\,p_{x+t}(1-v),$$

so erhalten wir nach Multiplikation mit ${}_tp_x$ und Summation von 0 bis $t-1$

$$ {}_tV\,{}_tp_x = \sum_0^{t-1} (P_t\,{}_tp_x - c_t\,v\,{}_tp_x\,q_{x+t}) + \sum_0^{t-1} {}_{t+1}V\,{}_{t+1}p_x(1-v) + {}_0V. \tag{37}$$

Schreibt man aber für (35)

$$ {}_{t+1}V\,.\,v = {}_tV + P_t - c_t\,v\,q_{x+t} + {}_{t+1}V\,.\,v\,(1-p_{x+t}),$$

so ergibt sich nach Multiplikation mit v^t und Summation von 0 bis $t-1$

$$ {}_tV\,v^t = \sum_0^{t-1} (P_t\,v^t - c_t\,v^{t+1}\,q_{x+t}) + \sum_0^{t-1} {}_{t+1}V\,v^{t+1}(1-p_{x+t}) + {}_0V. \tag{38}$$

Endlich ergibt sich aus (35) in der Gestalt

$$ {}_{t+1}V = {}_tV + P_t - c_t\,v\,q_{x+t} + {}_{t+1}V\,(1 - v\,p_{x+t})$$

durch Summation von 0 bis $t-1$ die Relation

$$ {}_tV = \sum_0^{t-1} (P_t - c_t\,v\,q_{x+t}) + \sum_0^{t-1} {}_{t+1}V\,(1 - v\,p_{x+t}) + {}_0V. \tag{39}$$

Die Gleichungen (36) bis (39) sind untereinander vollständig gleichwertig und nur durch die verschiedene Art der Einführung von Zins und Vererbung in den mathematischen Ausdruck unterschieden. Dies tritt deutlich zutage, wenn man versucht, diese Relationen streng im Sinne eines Gewinn- und Verlustkontos zu deuten und hierbei die verschiedene Art der Verrechnung von Zins und Vererbung zu erkennen.

Vollzieht man aber in den Relationen (37), (38) und (39) den Grenzübergang zur kontinuierlichen Methode, so ergeben sich für das Nettodeckungskapital in retrospektiver Auffassung die drei VOLTERRA*schen Integralgleichungen*

$$ {}_t\overline{V}\,{}_tp_x = \int_0^t (\overline{P}_t\,{}_tp_x - U_t\,{}_tp_x\,\mu_{x+t})\,dt + \delta\int_0^t {}_t\overline{V}\,{}_tp_x\,dt + {}_0\overline{V}, \tag{40}$$

$$ {}_t\overline{V}\,v^t = \int_0^t (\overline{P}_t\,v^t - U_t\,v^t\,\mu_{x+t})\,dt + \int_0^t {}_t\overline{V}\,v^t\,\mu_{x+t}\,dt + {}_0\overline{V}, \tag{41}$$

$$ {}_t\overline{V} = \int_0^t (\overline{P}_t - U_t\,\mu_{x+t})\,dt + \int_0^t {}_t\overline{V}(\delta + \mu_{x+t})\,dt + {}_0\overline{V}. \tag{42}$$

Faßt man die Prämienreserve auf als Ergebnis der sich durch die verschiedenen Ein- und Auszahlungen ergebenden Saldi und ihrer Aufzinsung und Vererbung bis zu einem bestimmten Zeitmoment t, so ist der Sinn der angeführten Relationen nur der, daß Zins und Vererbung statt bei den Zahlungen selbst auch bei den aus diesen gebildeten Rücklagen berücksichtigt werden kann. Vom mathematischen Standpunkt aber ist hervorzuheben, daß die Definition des Deckungskapitals im Wege einer der Integralgleichungen (40) bis (42) die Differenzierbarkeit der Funktion ${}_t\overline{V}$ nicht mehr voraussetzt. Man kann daher mit Hilfe von STIELTJES-Integralen auf diesem Wege die Begründung der Versicherungsmathematik auf einer wesentlich allgemeineren Basis vollziehen, welche dann einheitlich die kontinuierliche und die diskontinuierliche Methode umfaßt.

Hält man aber an der Differenzierbarkeit fest, so kann man die Differentialgleichung des Nettodeckungskapitals

$$\frac{d}{dt}\,{}_t\overline{V} = {}_t\overline{V}(\mu_{x+t} + \delta) + \overline{P}_t - U_t\,\mu_{x+t}$$

unter Heranziehung einer differenzierbaren Funktion $\varphi(t)$, für welche $\varphi(0) = 1$ gilt, auch in der Gestalt

$$\frac{d}{dt}\,[{}_t\overline{V}\varphi(t)] = [{}_t\overline{V}(\mu_{x+t} + \delta) + \overline{P}_t - U_t\,\mu_{x+t}]\,\varphi(t) + {}_t\overline{V}\frac{d}{dt}\,\varphi(t) \tag{43}$$

ansetzen, eine Relation, welche offenbar auch durch Differentiation aus

$${}_t\overline{V}\,\varphi(t) = \int_0^t (\overline{P}_t - U_t\mu_{x+t})\,\varphi(t)\,dt + \int_0^t {}_t\overline{V}\Big[(\mu_{x+t} + \delta)\,\varphi(t) + \frac{d}{dt}\,\varphi(t)\Big]\,dt + {}_0\overline{V} \tag{44}$$

erhalten werden kann. Man erkennt sogleich, daß die spezielle Verfügung

$$\varphi(t) = {}_tp_x, \quad \varphi(t) = v^t, \quad \varphi(t) = 1$$

die Relation (44) in die drei Integralgleichungen (40) bis (42) überführt, wenn nur

$$\frac{d}{dt}\,{}_tp_x = -\,{}_tp_x\,\mu_{x+t}, \qquad \frac{d}{dt}\,v^t = -\,\delta\,v^t$$

beachtet wird. Die Festsetzung $\varphi(t) = v^t\,{}_tp_x$ hingegen läßt aus (44) unter Beachtung von

$$\frac{d}{dt}\,(v^t\,{}_tp_x) = -\,v^t\,{}_tp_x\,(\mu_{x+t} + \delta)$$

die Formel

$${}_t\overline{V}\,v^t\,{}_tp_x = \int_0^t (\overline{P}_t - U_t\,\mu_{x+t})\,v^t\,{}_tp_x\,dt + {}_0\overline{V}$$

hervorgehen. Es braucht nur noch darauf hingewiesen werden, daß sich in ganz analoger Weise durch Summation bzw. Integration über die restliche Versicherungsdauer $n-t$ statt über die abgelaufene Versicherungsdauer t ganz entsprechende Formelsysteme, die der prospektiven Betrachtung entsprechen, ergeben.

§ 38. Eine allgemeine Funktionalgleichung des Deckungskapitals.

Über die Betrachtungen des vorhergehenden Paragraphen hinausgehend läßt sich leicht, fast ohne Rechnung, eine allgemeine Funktionalgleichung für das Deckungskapital zum Ansatz bringen. Zugrunde gelegt sei wieder die allgemeine Versicherung auf Ab- und Erleben der Dauer n mit den Prämien $\overline{P}_t$ und den versicherten Beträgen U_t und T. Die Rechnungsgrundlagen seien durch δ und μ_{x+t} definiert, so daß sich der Bewertungsfaktor einer zum Zeitpunkt t im Erlebensfalle fälligen Summe 1 zum Zeitpunkt o mit

$$v^t\, {}_t p_x = e^{-\int_0^t (\mu_{x+t} + \delta)\, dt}$$

ergibt. Das Nettodeckungskapital ist dann durch die Relation

$$ {}_t\overline{V}\, {}_t p_x\, v^t = \int_0^t {}_t p_x\, v^t\, (\overline{P}_t - \mu_{x+t}\, U_t)\, dt + {}_0\overline{V} \tag{45}$$

definiert. Die Formel kann dann auch als Erwartungswert aller Saldi, die sich aus Einnahmen und Ausgaben bis zum Zeitpunkt t ergeben, gedeutet werden. Die gewählten Rechnungsgrundlagen kommen daher bei der Bewertung der sich zu den einzelnen Zeitpunkten möglicherweise ergebenden Zahlungen, aber auch bei der Bestimmung der obgenannten Bewertungsfaktoren dieser Zahlungen für den Beginn der Versicherung in Betracht. Für den speziellen Fall $t = n$ hat man

$${}_0\overline{V} + \int_0^n {}_t p_x\, v^t\, \overline{P}_t\, dt = T\, {}_n p_x\, v^n + \int_0^n {}_t p_x v^t\, \mu_{x+t}\, U_t\, dt.$$

Verwenden wir aber statt der Faktoren ${}_t p_x\, v^t$ durch Änderung der Rechnungsgrundlagen andere Faktoren ${}_t p_x'\, v'^t$, so wird die Gültigkeit der Relation (45) aufgehoben. Sie kann aber durch Hinzufügung eines neuen Gliedes wiederhergestellt werden, wenn dieses zum Ausdruck bringt, daß die jeweils veranlagten Kapitalien ihren Ertrag an Verzinsung und Vererbung nicht nach Maßgabe der Rechnungselemente δ und μ_{x+t}, sondern nach Maßgabe von δ' und μ'_{x+t} ergeben. Es wird also dann bei den veranlagten Beträgen ${}_t\overline{V}$ ein *Kontributionsgewinn* zu verzeichnen sein, der für den Zeitpunkt t

$${}_t\overline{V}\, (\delta' + \mu'_{x+t} - \delta - \mu_{x+t})\, dt$$

beträgt und natürlich auch mit negativem Zeichen, als Verlust, auftreten kann. Es ergibt sich dann statt (45) die Relation

$$
{}_t\bar{V}\, {}_tp_x'\, v'^t = \int_0^t {}_tp_x'\, v'^t\, (\bar{P}_t - \mu_{x+t}\, U_t)\, dt -
$$

$$
- \int_0^t {}_tp_x'\, v'^t\, {}_t\bar{V}\, (\delta' + \mu'_{x+t} - \delta - \mu_{x+t})\, dt + {}_0\bar{V}, \quad (46)
$$

in welcher wir die neue VOLTERRAsche Integralgleichung für das Nettodeckungskapital zu erblicken haben.

Die Richtigkeit der Relation (46) ergibt sich sogleich durch Differentiation derselben, wenn wir auch weiterhin an der Differenzierbarkeit von ${}_t\bar{V}$ festhalten. Sie ergibt

$$
\frac{d}{dt}\left({}_t\bar{V}\, {}_tp_x'\, v'^t\right) = {}_tp_x'\, v'^t\, (\bar{P}_t - \mu_{x+t}\, U_t) - {}_tp_x'\, v'^t\, {}_t\bar{V}\, (\delta' + \mu'_{x+t} - \delta - \mu_{x+t})
$$

und unter Beachtung von

$$
\frac{d}{dt}\left({}_tp_x'\, v'^t\right) = -\left(\mu'_{x+t} + \delta'\right) {}_tp_x'\, v'^t
$$

die Relation (45).

Die der Relation (45) entsprechende für die Rechnungsgrundlage δ' und μ'_{x+t} lautet

$$
{}_t\bar{V}'\, {}_tp_x'\, v'^t = \int_0^t {}_tp_x'\, v'^t (\bar{P}_t' - \mu'_{x+t}\, U_t)\, dt + {}_0\bar{V}', \quad (47)
$$

wobei die Einführung der neuen Rechnungselemente überall durch Akzente kenntlich gemacht ist. Die beiden Relationen (46) und (47) ergeben nun ohne weiteres die folgenden Resultate.

Es sei zunächst nur der Zins δ in δ' abgeändert, so daß die neuen Rechnungselemente δ' und μ_{x+t} sind. Durch Subtraktion der beiden Relationen (46) und (47) ergibt sich für ${}_0\bar{V} = {}_0\bar{V}' = 0$

$$
({}_t\bar{V}' - {}_t\bar{V})\, {}_tp_x\, v'^t = (\delta' - \delta) \int_0^t {}_tp_x\, v'^t\, {}_t\bar{V}\, dt + \int_0^t {}_tp_x\, v'^t\, (\bar{P}_t' - \bar{P}_t)\, dt \quad (48)
$$

oder durch Vertauschung der Bezeichnung

$$
({}_t\bar{V}' - {}_t\bar{V})\, {}_tp_x\, v^t = (\delta' - \delta) \int_0^t {}_tp_x\, v^t\, {}_t\bar{V}'\, dt + \int_0^t {}_tp_x\, v^t\, (\bar{P}_t' - \bar{P}_t)\, dt. \quad (49)
$$

Für den speziellen Wert $t = n$ aber folgt

$$
(\delta' - \delta) \int_0^n {}_tp_x\, v'^t\, {}_t\bar{V}\, dt + \int_0^n {}_tp_x\, v'^t\, (\bar{P}_t' - \bar{P}_t)\, dt = 0 \quad (50)
$$

und

$$
(\delta' - \delta) \int_0^n {}_tp_x\, v^t\, {}_t\bar{V}'\, dt + \int_0^n {}_tp_x\, v^t\, (\bar{P}_t' - \bar{P}_t)\, dt = 0.
$$

Läßt man aber den Zins δ ungeändert und ändert nur die Sterblichkeit μ_{x+t} in μ'_{x+t}, so erhält man für ${}_0\overline{V} = {}_0\overline{V}' = 0$ aus den Relationen (46) und (47)

$$({}_t\overline{V}' - {}_t\overline{V})\, {}_tp_x'\, v^t = \int_0^t {}_tp_x'\, v^t (\mu_{x+t} - \mu'_{x+t})\,(U_t - {}_t\overline{V})\, dt + \\ + \int_0^t {}_tp_x'\, v^t (\overline{P}_t' - \overline{P}_t)\, dt \quad (51)$$

und

$$({}_t\overline{V}' - {}_t\overline{V})\, {}_tp_x\, v^t = \int_0^t {}_tp_x\, v^t (\mu_{x+t} - \mu'_{x+t})\,(U_t - {}_t\overline{V}')\, dt + \\ + \int_0^t {}_tp_x\, v^t (\overline{P}_t' - \overline{P}_t)\, dt \quad (52)$$

und für $t = n$

$$\int_0^n {}_tp_x'\, v^t (\mu_{x+t} - \mu'_{x+t})\,(U_t - {}_t\overline{V})\, dt + \int_0^n {}_tp_x'\, v^t (\overline{P}_t' - \overline{P}_t)\, dt = 0 \quad (53)$$

und

$$\int_0^n {}_tp_x\, v^t (\mu_{x+t} - \mu'_{x+t})\,(U_t - {}_t\overline{V}')\, dt + \int_0^n {}_tp_x\, v^t (\overline{P}_t' - \overline{P}_t)\, dt = 0.$$

Auf Grund von (46) und (47) läßt sich leicht die Frage beantworten, ob es möglich ist, daß für zwei verschiedene Systeme von Rechnungselementen δ und μ_{x+t} bzw. δ' und μ'_{x+t} die bezüglichen Nettodeckungskapitale ${}_t\overline{V}$ und ${}_t\overline{V}'$ übereinstimmen. Für ${}_t\overline{V} = {}_t\overline{V}'$ folgt nämlich aus den beiden genannten Relationen

$$\int_0^t {}_tp_x'\, v'^t (\overline{P}_t' - \mu'_{x+t} U_t)\, dt = \int_0^t {}_tp_x'\, v_t' (\overline{P}_t - \mu_{x+t} U_t)\, dt + \\ + \int_0^t {}_tp_x'\, v'^t\, {}_t\overline{V} (\delta + \mu_{x+t} - \delta' - \mu'_{x+t})\, dt$$

und, da dies für jedes t zu gelten hat, auch

$${}_t\overline{V} (\delta' + \mu'_{x+t} - \delta - \mu_{x+t}) = \overline{P}_t - \overline{P}_t' + (\mu'_{x+t} - \mu_{x+t})\, U_t \quad (54)$$

als notwendige Bedingung. Für den speziellen Fall $\delta' = \delta$, $U_t = 1$, $\overline{P}_t = \overline{P}$ aber erhält man aus (54)

$$\mu'_{x+t} = \mu_{x+t} + (\overline{P}' - \overline{P})\, \frac{\bar{a}_{x,\overline{n|}}}{\bar{a}_{x+t,\overline{n-t|}}} \quad (55)$$

als Bedingung für die Gleichheit der Deckungskapitale.

Für $t = n$ und $\overline{P}_t = 0$, also für den Fall der Einmalprämie, ergibt sich aus (46) und (47)

$$_0\overline{V}' - {}_0\overline{V} = \int_0^n {}_tp_x{}' \, v'^t \, (\mu'_{x+t} - \mu_{x+t}) \, U_t \, dt -$$

$$- \int_0^n {}_tp_x{}' \, v'^t \, {}_t\overline{V} \, (\delta' + \mu'_{x+t} - \delta - \mu_{x+t}) \, dt \qquad (56)$$

als allgemeine Formel für die Abhängigkeit der Einmalprämie von einer Änderung der Rechnungsgrundlagen. Für den speziellen Fall $U_t = 0$ gilt dann

$$_0\overline{V}' = {}_0\overline{V} - \int_0^n {}_tp_x{}' \, v'^t \, {}_t\overline{V} \, (\delta' + \mu'_{x+t} - \delta - \mu_{x+t}) \, dt. \qquad (57)$$

Im Falle der temporären Rente ergibt sich hieraus für $\mu'_{x+t} = \mu_{x+t}$ die Beziehung

$$\bar{a}'_{x,\overline{n}|} = \bar{a}_{x,\overline{n}|} - (\delta' - \delta) \int_0^n {}_tp_x \, v'^t \, \bar{a}_{x+t,\overline{n-t}|} \, dt, \qquad (58)$$

welche nach Vertauschung der gestrichenen und ungestrichenen Werte auch

$$\bar{a}'_{x,\overline{n}|} = \bar{a}_{x,\overline{n}|} - (\delta' - \delta) \int_0^n {}_tp_x \, v^t \, \bar{a}'_{x+t,\overline{n-t}|} \, dt \qquad (59)$$

geschrieben werden kann. Setzt man in (58) oder (59) für eine erste Näherung in dem Integralausdruck $\delta' = \delta$, so ergibt sich

$$\bar{a}'_{x,\overline{n}|} \cong \bar{a}_{x,\overline{n}|} - (\delta' - \delta) \, (|\bar{a})_{x,\overline{n}|}.$$

Denn es ist

$$\int_0^n {}_tp_x \, e^{-\delta t} \, dt \int_0^{n-t} {}_sp_{x+t} \, e^{-\delta s} \, ds = \int_0^n {}_tp_x \, e^{-\delta t} \, dt \int_t^n {}_{s-t}p_{x+t} \, e^{-\delta(s-t)} \, ds$$

$$= \int_0^n dt \int_t^n {}_sp_x \, e^{-\delta s} \, ds = \int_0^n {}_tp_x \, e^{-\delta t} \, dt \int_0^t ds = \int_0^n t \, {}_tp_x \, v^t \, dt = (|\bar{a})_{x,\overline{n}|}.$$

Einen besseren Näherungsausdruck erhält man aber, wenn im Argument des genannten Integrals $\delta' = \delta = 1/2 \, (\delta' + \delta)$ angenommen wird. Für den mit diesem Zins berechneten Wert der steigenden Rente erhält man dann in erster Näherung durch eine TAYLOR-Entwicklung

$$(|\bar{a})_{x,\overline{n}|} + \frac{1}{2} \frac{d}{d\delta} (|\bar{a})_{x,\overline{n}|} \Delta = (|\bar{a})_{x,\overline{n}|} - (|^2\bar{a})_{x,\overline{n}|} \Delta \qquad (\Delta = \delta' - \delta)$$

und damit

$$\bar{a}'_{x,\overline{n}|} \cong \bar{a}_{x,\overline{n}|} - \Delta \left[(|\bar{a})_{x,\overline{n}|} - (|^2\bar{a})_{x,\overline{n}|} \cdot \Delta \right]$$

oder auch

$$\bar{a}'_{x,\overline{n}|} \cong \bar{a}_{x,\overline{n}|} - \frac{(|\bar{a})_{x,\overline{n}|}\,\Delta}{1 + \frac{(|^2\bar{a})_{x,\overline{n}|}}{(|\bar{a})_{x,\overline{n}|}}\,\Delta}, \tag{60}$$

eine Formel, welche ganz analog ist (105) des § 28. Es ist bemerkenswert, wie einfach sich die letztgenannte Formel und damit auch die von POUKKA gegebene Näherung aus der fast selbstverständlichen Relation (58) ableitet.

Ganz besonders hervorzuheben ist weiter, daß aus der Relation (46) durch die speziellen Verfügungen

$$\begin{array}{lll} \delta' = 0, & \delta' = \delta, & \delta' = 0, \\ \mu_x' = \mu_x, & \mu_x' = 0, & \mu_x = 0, \\ {}_tp_x'\, v'^t = {}_tp_x, & {}_tp_x'\, v'^t = v^t, & {}_tp_x'\, v'^t = 1 \end{array}$$

sofort die drei VOLTERRAschen Integralgleichungen des Nettodeckungskapitals ${}_t\overline{V}$ erhalten werden können, wie man sich leicht durch Einsetzen der angeführten speziellen Werte überzeugt.

Soll endlich die Bedingung ${}_t\overline{V}' = {}_t\overline{V}$ für beliebiges t erfüllt sein, wenn der Zins δ in δ' abgeändert wird, die Sterblichkeit μ_{x+t} aber ungeändert bleibt, dann erhält man aus (48) und (49) die Bedingung

$$-(\delta' - \delta)\,{}_t\overline{V} = \overline{P}_t' - \overline{P}_t, \tag{61}$$

d. h. es müssen sich die entsprechenden, mit verschiedenem Rechnungszins berechneten Prämien jeweils um die entsprechende negative Zinsdifferenz des Nettodeckungskapitals ${}_t\overline{V}$ unterscheiden.

Es braucht wohl nicht besonders darauf verwiesen zu werden, daß die für die Prämienreserve zu erhaltenden Funktionalgleichungen in ganz gleicher Weise auch nach der diskontinuierlichen Methode, demnach mit Benutzung der entsprechenden Differenzen- und Summengleichungen statt der Differential- und Integralgleichungen gewonnen werden können. Auch hier ist jede Rekursionsformel für das Deckungskapital stets als mathematisches Bild eines Gewinn- und Verlustkontos aufzufassen und unmittelbar anzuschreiben. Auch die Einführung der dritten Rechnungsgrundlage in die erhaltenen Relationen, also die Berücksichtigung der Verwaltungskosten in den Ausgaben und Einnahmen ist stets ohne weiteres möglich. Es ist aber darauf aufmerksam zu machen, daß überall dort, wo in den Formeln das Bild der Gewinn- und Verlustrechnung zum Ausdruck kommt, die Resultate stets ohne weiteres einleuchten, während sie sonst nur um den Preis längerer Umformungen zu erhalten sind. In diesem Sinne ist das Operieren mit irgendeiner Funktionalgleichung des Deckungskapitals in den meisten Fällen der direkten Methode überlegen. Es soll dies noch an einem einfachen Beispiel gezeigt werden.

Wir wählen dazu die unmittelbar einleuchtende und ohne weiteres zu erhaltende Relation (58) für die temporäre Leibrente. Sie enthält in dem Integralausdruck das Glied, welches diesen Rentenwert bei gegebenem Zins auf den gleichen Rentenwert, jedoch berechnet mit einem anderen Zins, zurückführt, und zwar den exakten Ausdruck desselben. Alle sich bei dem Zinsfußproblem der Leibrente sonst ergebenden Näherungsformeln sind also im Grunde auf eine Annäherung dieses Gliedes abgestellt. Aus (58) folgt aber sofort die Relation (59) und damit auch die Formel

$$\int_0^n {}_tp_x v'^t \bar{a}_{x+t,\overline{n-t}|}\, dt = \int_0^n {}_tp_x v^t \bar{a}'_{x+t,\overline{n-t}|}\, dt \tag{62}$$

ohne jede weitere Rechnung. Der direkte Nachweis der Gleichheit der beiden Ausdrücke in (62) müßte so verlaufen.

$$\left.\begin{aligned} &\int_0^n {}_tp_x e^{-\delta t} \bar{a}'_{x+t,\overline{n-t}|}\, dt = \int_0^n {}_tp_x e^{-\delta t} dt \int_0^{n-t} {}_sp_{x+t} e^{-\delta' s} ds \\ &= \int_0^n {}_tp_x e^{-\delta t} dt \int_t^n {}_{s-t}p_{x+t} e^{-(s-t)\delta'} ds = \int_0^n e^{-(\delta-\delta')t} dt \int_t^n {}_sp_x e^{-\delta' s} ds \\ &= \int_0^n {}_tp_x e^{-\delta' t} dt \int_0^t e^{-(\delta-\delta')s} ds = \frac{1}{\delta-\delta'} \int_0^n {}_tp_x e^{-\delta' t} (1 - e^{-(\delta-\delta')t})\, dt \\ &= \frac{1}{\delta-\delta'} \int_0^n {}_tp_x (e^{-\delta' t} - e^{-\delta t})\, dt. \end{aligned}\right\} \tag{63}$$

Der erhaltene Ausdruck ist aber symmetrisch in δ und δ' und daher die Richtigkeit von (62) erwiesen.

§ 39. Zur Abhängigkeit des Deckungskapitals von den Rechnungsgrundlagen.

Unter der Benutzung der im § 26 auf einfachstem Wege erhaltenen Ungleichung

$$(|\bar{a})_x \leqq \bar{a}_x^2$$

ist leicht nachzuweisen, daß die Prämienreserve der reinen Ablebensversicherung bei laufender Prämienzahlung mit steigendem Zins abnimmt. Für die Einmalprämie folgt dies ja unmittelbar aus der Definition. Denn für die Ableitung der genannten Prämienreserve nach δ erhält man

$$\frac{d}{d\delta}\left(1 - \frac{\bar{a}_{x+t}}{\bar{a}_x}\right) = \frac{(|\bar{a})_{x+t} \cdot \bar{a}_x - (|\bar{a})_x \cdot \bar{a}_{x+t}}{\bar{a}_x^2} = -\frac{\dfrac{(|\bar{a})_x}{\bar{a}_x} - \dfrac{(|\bar{a})_{x+t}}{\bar{a}_{x+t}}}{\bar{a}_x \cdot \bar{a}_{x+t}}.$$

Der Rentenausdruck $(|\bar{a})_x/\bar{a}_x$ nimmt aber unter der Voraussetzung

$\bar{a}_x \geqq \bar{a}_{x+t}$, $t \geqq 0$ mit wachsendem x nicht zu. Denn für

$$\frac{d}{dx}\frac{(|\bar{a})_x}{\bar{a}_x} = \frac{\frac{d}{dx}(|\bar{a})_x \cdot \bar{a}_x - \frac{d}{dx}\bar{a}_x \cdot (|\bar{a})_x}{\bar{a}_x^2}$$

folgt mit Rücksicht auf

$$\frac{d}{dx}\bar{a}_x = \int_0^\infty {}_tp_x(\mu_x - \mu_{x+t})\, v^t\, dt = \bar{a}_x(\mu_x + \delta) - 1$$

und

$$\left.\begin{aligned} \frac{d}{dx}(|\bar{a})_x &= \int_0^\infty t\,{}_tp_x(\mu_x - \mu_{x+t})\, v^t\, dt = (|\bar{a})_x(\mu_x + \delta) - \bar{a}_x \\ \frac{d}{dx}\frac{(|\bar{a})_x}{\bar{a}_x} &= -1 + \frac{(|\bar{a})_x}{\bar{a}_x^2} \end{aligned}\right\} \tag{64}$$

ein Ausdruck, der im Hinblick auf die eingangs angeführte Ungleichung negativ ist.

Für die Prämienreserve der gemischten Versicherung

$${}_tV_{x,\overline{n}|} = 1 - \frac{a_{x+t,\overline{n-t}|}}{a_{x,\overline{n}|}}$$

kann der Nachweis ihrer Abnahme mit zunehmendem Zins auch durch Benutzung der Ungleichungen (90) und (91) des § 27 erbracht werden. Setzt man in (90)

$$\Phi(\nu) = \frac{l_{x+\nu+t}}{l_{x+\nu}}, \quad g(\nu) = (1+i')^{-\nu}\, l_{x+\nu}, \quad f(\nu) = \left(\frac{1+i'}{1+i}\right)^\nu \quad (i' < i)$$

und $\alpha = 0$, $\beta = n - 1$, $\mu = n - t - 1$, so sind alle für die Gültigkeit von (90) nötigen Voraussetzungen erfüllt, und wir erhalten

$$\frac{a_{x+t,\overline{n-t}|}}{a'_{x+t,\overline{n-t}|}} \geqq \frac{a_{x,\overline{n}|}}{a'_{x,\overline{n}|}}, \tag{65}$$

womit der verlangte Nachweis erbracht ist. In gleicher Weise ergibt sich auf Grund von (91) der Nachweis unter Benutzung der kontinuierlichen Methode.

Für den Wert des Deckungskapitals läßt sich bei $i' < i$, wenn der Wert ${}_tV_{x,\overline{n}|}$ beim Zins i bekannt ist, eine obere Schranke angeben. Setzt man in Ungleichung (90)

$$\Phi(\nu) = 1, \quad f(\nu) = \left(\frac{1+i'}{1+i}\right)^\nu, \quad g(\nu) = v'^\nu\, {}_\nu p_x,$$

so ergibt sich für $\alpha = 0$, $\beta = n - 1$

$$\frac{a_{x,\overline{\mu+1}|}}{a'_{x,\overline{\mu+1}|}} > \frac{a_{x,\overline{n}|}}{a'_{x,\overline{n}|}}$$

oder auch

$$\frac{a_{x,\overline{t}|}}{a_{x,\overline{n}|}} > \frac{a'_{x,\overline{t}|}}{a'_{x,\overline{n}|}} \qquad (i' < i, \quad 0 < t < n). \tag{66}$$

Unter Rücksicht auf

$$\text{a}_{x,\overline{n}|} = \text{a}_{x,\overline{t}|} + {}_tE_x \cdot \text{a}_{x+t,\overline{n-t}|}$$

oder

$$1 - \frac{\text{a}_{x,\overline{t}|}}{\text{a}_{x,\overline{n}|}} = {}_tE_x\,(1 - {}_tV_{x,\overline{n}|})$$

erhält man aus (66)

$${}_tE_x\,(1 - {}_tV_{x,\overline{n}|}) < {}_tE'_x\,(1 - {}_tV'_{x,\overline{n}|}) \tag{67}$$

und auch

$${}_tV'_{x,\overline{n}|} < 1 - \frac{{}_tE_x}{{}_tE'_x}\,(1 - {}_tV_{x,\overline{n}|})$$

als obere Schranke. Die Differenz der Prämienreserven ${}_tV'_{x,\overline{n}|} - {}_tV_{x,\overline{n}|}$ muß daher kleiner sein als

$$(1 - {}_tV_{x,\overline{n}|})\left(1 - \frac{{}_tE_x}{{}_tE'_x}\right).$$

Aus (67) folgt aber auch

$${}_tV_{x,\overline{n}|} > 1 - \frac{{}_tE'_x}{{}_tE_x}\,(1 - {}_tV'_{x,\overline{n}|}),$$

so daß die Differenz der Prämienreserven kleiner sein muß als

$$(1 - {}_tV'_{x,\overline{n}|})\left(\frac{{}_tE'_x}{{}_tE_x} - 1\right).$$

Die erstere Formel wird bei bekanntem ${}_tV_{x,\overline{n}|}$, die letztere bei bekanntem ${}_tV'_{x,\overline{n}|}$ zu benutzen sein.

Solche Ungleichungen, welche die Änderung der Versicherungswerte mit dem Rechnungszins oder auch der Sterblichkeit einigermaßen zu beurteilen gestatten, sind aber nur in relativ ganz einfachen Fällen von Nutzen. Für die Praxis nicht unwichtig wäre z. B. die Entscheidung der Frage, wie sich die Werte von prämienfrei gestellten gemischten Versicherungen mit dem Zins ändern. Solche prämienfreie Versicherungen entstehen dadurch, daß für eine Versicherung mit laufender Prämienzahlung diese zu einem bestimmten Termin eingestellt wird und die Versicherung dann auf den Betrag prämienfrei in Kraft bleibt, der der vorhandenen Prämienreserve als Einmalprämie des Alters $x + t$ und der Dauer $n - t$ entspricht. Es zeigt sich aber, daß hier eine präzise Antwort in der Regel nur unter ganz bestimmten Voraussetzungen über den Verlauf der Sterblichkeit gefunden werden kann, Voraussetzungen, die aber in den benutzten Tafeln selten über alle Altersklassen gegeben sind.

Zur Frage der Abhängigkeit der Versicherungswerte von den Rechnungsgrundlagen sei nur noch ein Satz von G. Höckner und ein Satz von Ch. Moser angeführt. Ersterer besagt, daß durch einen konstanten Zuschlag zur Prämie einer gemischten Versicherung auf die Summe 1 in der Höhe von Δ eine Erhöhung der Sterblichkeit um den konstanten Betrag Δ und zugleich eine Verminderung des Zinsfußes um denselben

Betrag Δ gerade kompensiert wird. Der Satz ist vielfach benutzt und bewiesen. Seine Richtigkeit folgt aber ohne jede Rechnung aus der Differentialgleichung

$$\frac{d}{dt}\,{}_t\overline{V} = {}_t\overline{V}\,(\mu_{x+t} + \delta) + \overline{P} - \mu_{x+t},$$

welche gänzlich ungeändert bleibt, wenn für μ_{x+t}, δ, $\overline{P}$ bzw. $\mu_{x+t} + \Delta$, $\delta - \Delta$, $\overline{P} + \Delta$ gesetzt wird. An der Höhe der Prämienreserven ändert sich dann nichts.

Der Satz von Moser aber besagt: *Wird die Reserve einer gemischten Versicherung nach zwei Überlebensordnungen gerechnet, von denen die eine für ein im Verlaufe der Versicherung gelegenes Intervall eine größere Sterbensintensität angibt als die andere, so weist die Reservedifferenz in jenem Intervall stets einen Zeichenwechsel auf.*

Der behauptete Satz ist im Wege einer nicht ganz mühelosen Rechnung zu beweisen. Der Beweis ergibt sich aber in wenigen Strichen auch aus der folgenden Überlegung, wobei weder die Beschränkung auf eine gemischte Versicherung noch die Bedingung einer gleichbleibenden laufenden Prämie benötigt wird.

Sei also eine Absterbeordnung etwa durch die Angabe der Sterbensintensitäten festgelegt. Sie sei mit I bezeichnet. Eine zweite Absterbeordnung II enthalte dieselben Werte der Sterbensintensitäten, ausgenommen für die Alter von $x + t_1$ bis $x + t_2$, für welche die Intensitäten von II größer sein sollen als die von I. Es sei nun die für II berechnete Prämie größer als die für I berechnete, was offenbar für eine gemischte Versicherung auch der Fall ist, wenn die Dauer derselben über t_2 hinausreicht. Hieraus folgt, daß alle Prämienreserven des Intervalls 0 bis t_1 nach Tafel II gerechnet größer sein müssen als nach Tafel I. Denn das ergibt sich unmittelbar aus der Definition der retrospektiven Reserve. Anderseits müssen aber alle Reserven des Intervalls t_2 bis n nach der Tafel II berechnet kleiner sein als nach der Tafel I. Denn so folgt es aus der Definition der prospektiven Reserven für dieses Intervall.

Die Reservedifferenzen müssen also im Intervall von t_1 bis t_2 mindestens einmal durch Null gehen. Das aber ist der Inhalt des Zeichenwechselsatzes. Der Prämienverlauf spielt hierbei keine Rolle, da sich ja an den Ungleichheitsbeziehungen der Reserven nichts ändert, wenn die laufende Prämie irgendwie positiv gedacht wird.

Für die reine Erlebensversicherung ergibt sich einfach aus der Tatsache, daß die nach II berechneten Prämien kleiner sein müssen als die nach I gerechneten, das umgekehrte Verhalten der Prämienreserven, indem an Stelle der bei Todesfallversicherungen positiv angenommenen Reservedifferenzen sich nunmehr negative ergeben und umgekehrt. Ganz allgemein läßt sich behaupten, daß der Zeichenwechselsatz immer gelten wird, wenn die nach I berechnete laufende Prämie von der nach II berechneten verschieden ist. Denn in all diesen Fällen wird für das Intervall von 0 bis t_1 eine Verschiedenheit der Reserven in einem Sinn und für das Intervall von t_2 bis n im entgegengesetzten Sinne erfolgen, ganz gleichgültig, wie der Verlauf der Prämien sonst sein mag. Ist aber die Prämienzahlungsdauer kleiner als die Versicherungsdauer, dann gilt der Satz, wie man sofort einsieht, nur dann, wenn die Prämienzahlungsdauer über den Termin t_2 hinausreicht. Andernfalls sind die Reservedifferenzen hier und auch bei einmaliger Prämienzahlung stets positiv und Null oder stets negativ und Null.

§ 40. Eine andere Fassung des Äquivalenzprinzips.

Das Prinzip der Gleichheit von Leistung und Gegenleistung, welches unter Rücksicht auf das vorhandene Deckungskapital für jeden Zeitpunkt innerhalb der Versicherungsdauer gilt, läßt auch eine andere Deutung zu und führt damit auch zu einer neuen Auffassung der Prämienreserve. Um hier ganz allgemein zu bleiben, sei für eine Kapitalversicherung zwischen dem Versicherer und dem Versicherten folgende Vereinbarung getroffen.

Der Versicherer hat nach Maßgabe einer Funktion $\varphi(t)$ zum Zeitpunkt t Beträge A_t zu zahlen, deren Barwert zum Zeitpunkt $t = 0$ durch $\mathfrak{A}_t$ bezeichnet sei. Demgegenüber zahlt der Versicherte, solange das durch die Funktion $\varphi(t)$ charakterisierte Ereignis nicht eingetreten ist, an die Bank Beträge π_t, deren Barwert zum Zeitpunkt $t = 0$ durch b_t bezeichnet sei. Die Gesamtsumme dieser bis zum Zeitpunkt t bezahlten Beiträge habe für den Zeitpunkt $t = 0$ den Barwert $\mathfrak{B}_t$. Wird aber das Vertragsverhältnis zum Zeitpunkt t gelöst, dann zahlt der Versicherer an den Versicherten den Betrag ${}_tV$, dessen Barwert zum Zeitpunkt $t = 0$ mit $\mathfrak{V}_t$ bezeichnet sei.

Wenn das Spiel zwischen den zwei Partnern gerecht sein soll, und zwar ganz gleichgültig, bis zu welchem Zeitpunkt t das Spiel erstreckt wird, dann muß die Gewinn- bzw. Verlusterwartung für beide Vertragsteile für jeden beliebigen, innerhalb der Vertragsdauer liegenden Zeitpunkt t gleich sein. Der mathematische Ausdruck dieser beiderseitigen Erwartungswerte ist aber

$$\int_0^t \varphi(t)\,(\mathfrak{A}_t - \mathfrak{B}_t)\,dt = \left(1 - \int_0^t \varphi(t)\,dt\right)(\mathfrak{B}_t - \mathfrak{V}_t). \tag{68}$$

Hier bedeutet der erste Faktor rechts die Wahrscheinlichkeit, daß das versicherte Ereignis bis zum Zeitpunkt t nicht eingetreten ist. Die Bank verliert beim Eintritt desselben zum Zeitpunkt t einen Betrag, dessen Barwert $\mathfrak{A}_t$ ist, abzüglich des Barwertes $\mathfrak{B}_t$ der bis zu diesem Zeitpunkt gezahlten Beiträge. Der Versicherte hingegen, der zum Zeitpunkt t das

Vertragsverhältnis löst, verliert die eingezahlten Beiträge, deren Barwert $\mathfrak{B}_t$ ist, abzüglich des von der Bank zu erstattenden Betrages, dessen Barwert $\mathfrak{V}_t$ beträgt. Wir haben in Relation (68) einen Ausdruck für das Äquivalenzprinzip zu erblicken, bei welchem auf beiden Seiten die jeweiligen Barwerte der Saldi der gesamten Einzahlungen und Auszahlungen erscheinen.

Durch Differentiation von (68) nach t erhält man

$$\varphi(t)(\mathfrak{A}_t - \mathfrak{V}_t) = -\varphi(t)(\mathfrak{B}_t - \mathfrak{V}_t) + \left(1 - \int_0^t \varphi(t)\,dt\right)\frac{d}{dt}(\mathfrak{B}_t - \mathfrak{V}_t),$$

und wenn

$$\psi(t) = \frac{\varphi(t)}{1 - \int_0^t \varphi(t)\,dt} = -\frac{d}{dt}\log\left(1 - \int_0^t \varphi(t)\,dt\right)$$

gesetzt wird und unter Beachtung von

$$\mathfrak{B}_t = \int_0^t b_t\,dt$$

auch

$$\frac{d}{dt}(\mathfrak{B}_t - \mathfrak{V}_t) = \psi(t)\,\mathfrak{A}_t - \mathfrak{V}_t) \tag{69}$$

oder

$$\frac{d}{dt}\mathfrak{V}_t = b_t - \psi(t)(\mathfrak{A}_t - \mathfrak{V}_t). \tag{70}$$

Verfügt man über die Integrationskonstante $\mathfrak{V}_0 = \mathfrak{B}_0$, so erhält man aus (69)

$$\mathfrak{B}_t - \mathfrak{V}_t = \int_0^t \psi(t)(\mathfrak{A}_t - \mathfrak{V}_t)\,dt. \tag{71}$$

Die erhaltenen Relationen sind sehr allgemein. Setzt man jetzt

$$\varphi(t) = {}_tp_x\,\mu_{x+t}$$

und daher

$$\psi(t) = \mu_{x+t}, \quad 1 - \int_0^t \varphi(t)\,dt = {}_tp_x$$

und ist v_t ein Diskontierungsfaktor bei vom Zeitpunkt t abhängigem Zins

$$v_t = e^{-\int_0^t \delta(t)\,dt}, \quad \mathfrak{A}_t = A_t v_t, \quad \mathfrak{V}_t = {}_tV\,v_t, \quad b_t = \pi_t v_t,$$

so erhält man aus (70)

$$\frac{d}{dt}{}_tV = {}_tV\,[\mu_{x+t} + \delta(t)] + \pi_t - \mu_{x+t}A_t \tag{72}$$

als Differentialgleichung des Nettodeckungskapitals bei variablem Zins.

Schreibt man (68) in der Gestalt

$$\mathfrak{B}_t\left[1-\int_0^t \varphi(t)\,dt\right]=\mathfrak{B}_t\left[1-\int_0^t \varphi(t)\,dt\right]+\int_0^t \varphi(t)\,\mathfrak{B}_t\,dt-\int_0^t \varphi(t)\,\mathfrak{A}_t\,dt,$$

so ergibt sich wegen

$$\int_0^t\left[1-\int_0^\lambda \varphi(s)\,ds\right]b_\lambda\,d\lambda=\mathfrak{B}_t-\int_0^t \varphi(\lambda)\,d\lambda\int_\lambda^t b_s\,ds,$$

$$=\mathfrak{B}_t-\int_0^t \varphi(\lambda)\,(\mathfrak{B}_t-\mathfrak{B}_\lambda)\,d\lambda$$

auch

$$\mathfrak{B}_t\left[1-\int_0^t \varphi(t)\,dt\right]=\int_0^t\left[1-\int_0^\lambda \varphi(s)\,ds\right]b_\lambda\,d\lambda-\int_0^t \varphi(t)\,\mathfrak{A}_t\,dt. \tag{73}$$

Aus dieser Relation für $t=n$ folgt aber nach Abzug von (73)

$$\left.\begin{aligned}\mathfrak{B}_t\left[1-\int_0^t \varphi(t)\,dt\right]&=\int_t^n \varphi(t)\,\mathfrak{A}_t\,dt,\\ &-\int_t^n\left[1-\int_0^\lambda \varphi(s)\,ds\right]b_\lambda\,d\lambda+\mathfrak{B}_n\left[1-\int_0^n \varphi(t)\,dt\right].\end{aligned}\right\} \tag{74}$$

Für unsere spezielle Verfügung über die Funktion $\varphi(t)$ erhält man sonach aus den Relationen (73) und (74)

$$\left.\begin{aligned}{}_tV\,v_t\cdot{}_tp_x&=\int_0^t v_\lambda\,{}_\lambda p_x\,\pi_\lambda\,d\lambda-\int_0^t v_\lambda\,{}_\lambda p_x\,\mu_{x+\lambda}\,A_\lambda\,d\lambda,\\ {}_tV\,v_t\cdot{}_tp_x&=\int_t^n v_\lambda\,{}_\lambda p_x\,\mu_{x+\lambda}\,A_\lambda\,d\lambda-\int_t^n v_\lambda\,{}_\lambda p_x\,\pi_\lambda\,d\lambda+{}_nV\,v_n\,{}_np_x,\end{aligned}\right\} \tag{75}$$

während sich aus (68)

$$\int_0^t {}_tp_x\,\mu_{x+t}\left(v_t A_t-\int_0^t v_\lambda\,\pi_\lambda\,d\lambda\right)dt={}_tp_x\left(\int_0^t v_\lambda\,\pi_\lambda\,d\lambda-v_t\,{}_tV\right) \tag{76}$$

ergibt.

Die Relationen (75) und (76) sind der Ausdruck für das Äquivalenzprinzip im Sinne der Gleichsetzung von Leistung und Gegenleistung für einen beliebigen innerhalb der Versicherungsdauer liegenden Zeitpunkt. Hierbei ist nach (75) die rein formale Unterscheidung zwischen dem prospektiven und dem retrospektiven Ansatz gegeben.

Die Relation (76) hebt aber die Gleichsetzung der beiderseitigen Gewinn- bzw. Verlusterwartungen für den gleichen Zeitpunkt besonders heraus. Hierauf wird im Zusammenhang mit der Theorie des Risikos noch ausführlich zurückzukommen sein.

VII. Die Versicherungswerte für mehrere Leben.

§ 41. Die statistischen Maßzahlen.

Die Möglichkeit, daß der Eintritt eines im Rahmen der Lebensversicherung zu behandelnden Versicherungsfalles nicht vom Leben oder Absterben einer einzelnen Person, sondern zweier oder mehrerer Personen abhängig gemacht wird, bedingt eine recht erhebliche Mannigfaltigkeit der zu behandelnden Versicherungswerte. Denn für die Bestimmung derselben wird jetzt nicht nur das Ableben innerhalb einer bestimmten Dauer oder das Erleben bestimmter Termine für die einzelnen Personen, sondern auch die Aufeinanderfolge der einzelnen möglichen Ereignisse im Laufe der Zeit unter Umständen von Bedeutung sein. Es ergeben sich so schon für die in Betracht kommenden Wahrscheinlichkeiten recht zahlreiche, nach Begriff und auch Bezeichnung wohl zu unterscheidende Fälle.

Sei die nach einer bestimmten Absterbeordnung für eine Person des Alters x ermittelte Erlebenswahrscheinlichkeit ${}_np_x$ und die für eine Person des Alters y nach der gleichen Absterbeordnung berechnete ${}_np_y$. Es ist sehr wohl möglich, daß zur Berechnung von ${}_np_y$ eine andere Absterbeordnung herangezogen wird, deren Erlebenswahrscheinlichkeiten dann mit ${}_np'_y$ zu bezeichnen wären. Wir wollen aber im allgemeinen an der ersteren Annahme festhalten, hierbei jedoch stets voraussetzen, daß die Wahrscheinlichkeiten ${}_np_x$, ${}_np_y$, ${}_np_z$, ... für zwei und mehrere Personen voneinander *unabhängig* sind, wenn es sich um *verschiedene* Personen handelt. Das ist nicht selbstverständlich, widerspricht sogar unter Umständen den statistischen Erfahrungen. So z. B. wenn durch diese festgestellt wird, daß die Sterblichkeit verheirateter Personen von der der unverheirateten Personen desselben Geschlechtes recht merklich verschieden verläuft.

Unter der Annahme der Unabhängigkeit aber ist nach dem Multiplikationssatz der Wahrscheinlichkeitstheorie die Wahrscheinlichkeit, daß von den bei den Personen (x) und (y) beide nach n Jahren am Leben sind, durch

$$ {}_np_{x,y} = {}_np_x \cdot {}_np_y = \frac{l_{x+n}}{l_x} \cdot \frac{l_{y+n}}{l_y} \tag{1} $$

gegeben. Für eine Anzahl von m Personen der Alter $x, y, z, \ldots$ gilt dann

$$ {}_np_{x,y,z,\ldots} = {}_np_x \cdot {}_np_y \cdot {}_np_z \cdot \ldots \tag{2} $$

Die Wahrscheinlichkeit, daß von zwei Personen (x) und (y) nach n Jahren keine am Leben ist, wird mit ${}_{|n}q_{\overline{x,y}}$ bezeichnet. Der waagrechte Strich über den Altern bedeutet hierbei, daß angenommen ist, daß auch der Überlebende der beiden Personen innerhalb der n Jahre stirbt. Es ist weiter

$$_{|n}q_{\overline{x,y}} = {}_{|n}q_x \cdot {}_{|n}q_y = (1 - {}_np_x)(1 - {}_np_y) \tag{3}$$

und für $n = 1$

$$q_{\overline{x,y}} = q_x \cdot q_y$$

und für m Personen

$$_{|n}q_{\overline{x,y,z,\ldots}} = (1 - {}_np_x)(1 - {}_np_y)(1 - {}_np_z) \ldots \tag{4}$$

Die Wahrscheinlichkeit, daß eine und nur eine von zwei Personen nach n Jahren am Leben ist, ergibt sich nach dem Additionssatz der Wahrscheinlichkeitsrechnung mit

$$\left.\begin{aligned} {}_np\,\frac{[1]}{x,y} &= {}_np_x(1 - {}_np_y) + {}_np_y(1 - {}_np_x) \\ &= {}_np_x + {}_np_y - 2\,{}_np_{x,y} \end{aligned}\right\} \tag{5}$$

und die Wahrscheinlichkeit, daß wenigstens eine von zwei Personen nach n Jahren lebt, mit

$$\left.\begin{aligned} {}_np_{\overline{x,y}} &= {}_np_x(1 - {}_np_y) + {}_np_y(1 - {}_np_x) + {}_np_{x,y} \\ &= {}_np_x + {}_np_y - {}_np_{x,y} \end{aligned}\right\} \tag{6}$$

Damit ist

$$_{|n}q_{\overline{x,y}} + {}_np_{\overline{x,y}} = 1, \quad {}_np_{\overline{x,y}} = 1 - {}_{|n}q_{\overline{x,y}} = {}_np_x + {}_np_y - {}_np_{x,y}. \tag{7}$$

Die Wahrscheinlichkeit, daß wenigstens eine von zwei Personen innerhalb von n Jahren stirbt, ist offenbar das Komplement von $_np_{x,y}$ und daher

$$_{|n}q_{x,y} = 1 - {}_np_{x,y} \tag{8}$$

und für $n = 1$

$$q_{x,y} = 1 - p_{x,y} = \frac{l_x l_y - l_{x+1} l_{y+1}}{l_x l_y}.$$

Die Produkte der Lebendenzahlen $l_x \,.\, l_y$ werden in der Regel mit $l_{x,y}$ bezeichnet, so daß die Zahlen $l_{x,y}$ selbst als Zahlen der lebenden Paare im Sinne einer Absterbeordnung für zwei verbundene Leben aufgefaßt werden können. Man schreibt dann auch wohl

$$d_{x,y} = l_{x,y} - l_{x+1,y+1}$$

als bezügliche Zahl der Toten. Es ist aber dann zu beachten, daß $l_{x,y} = l_x \,.\, l_y$, aber das Produkt $d_x \,.\, d_y = (l_x - l_{x+1})(l_y - l_{y+1})$ keinesfalls mit $d_{x,y}$ gleichzuhalten ist.

Die Wahrscheinlichkeit, daß der erste Tod bei zwei Personen in den Zeitraum zwischen t und $t + 1$ fällt, ist

$$\left.\begin{aligned} {}_{t|}q_{x,y} &= {}_tp_{x,y}(1 - p_{x+t,y+t}) = {}_tp_{x,y} - {}_{t+1}p_{x,y} \\ &= \frac{l_{x+t}\, l_{y+t} - l_{x+t+1}\, l_{y+t+1}}{l_x \,.\, l_y} = \frac{d_{x+t,y+t}}{l_{x,y}} \end{aligned}\right\} \tag{9}$$

Die Wahrscheinlichkeit aber, daß beide Ablebensfälle in dieses Zeitintervall fallen, ist

$$ {}_{t|}q_x \cdot {}_{t|}q_y = \frac{d_{x+t}}{l_x} \cdot \frac{d_{y+t}}{l_y}. \tag{10} $$

Man bezeichnet die Wahrscheinlichkeit, daß der Überlebende von (x) und (y) im $t+1$ ten Jahre stirbt, mit ${}_{t|}q_{\overline{x,y}}$, und es ist

$$ \left.\begin{aligned} {}_{t|}q_{\overline{x,y}} &= (1 - {}_tp_y)\, {}_{t|}q_x + (1 - {}_tp_x)\, {}_{t|}q_y + {}_{t|}q_x \cdot {}_{t|}q_y \\ &= (1 - {}_tp_y)({}_tp_x - {}_{t+1}p_x) + (1 - {}_tp_x)({}_tp_y - {}_{t+1}p_y) + \\ &\quad + ({}_tp_x - {}_{t+1}p_x)({}_tp_y - {}_{t+1}p_y) \\ &= ({}_tp_x + {}_tp_y - {}_tp_{x,y}) - ({}_{t+1}p_x + {}_{t+1}p_y - {}_{t+1}p_{x,y}) \\ &= {}_tp_{\overline{x,y}} - {}_{t+1}p_{\overline{x,y}} \end{aligned}\right\} \tag{11} $$

oder weil

$$ {}_{t|}q_{x,y} = {}_tp_{x,y} - {}_{t+1}p_{x,y} $$

auch

$$ {}_{t|}q_{\overline{x,y}} = {}_{t|}q_x + {}_{t|}q_y - {}_{t|}q_{x,y}. \tag{12} $$

Für $t = 0$ ist

$$ q_{\overline{x,y}} = q_x + q_y - q_{x,y} \tag{13} $$

wie sich auch aus

$$ \begin{aligned} {}_{|n}q_{\overline{x,y}} &= (1 - {}_np_x)(1 - {}_np_y) \\ &= (1 - {}_np_x) + (1 - {}_np_y) - (1 - {}_np_{x,y}) \\ &= {}_{|n}q_x + {}_{|n}q_y - {}_{|n}q_{x,y}, \end{aligned} $$

für $n = 1$ wieder ergibt. Man muß beachten, daß

$$ q_{\overline{x,y}} = q_x \cdot q_y = q_x + q_y - q_{x,y}, $$

aber für die aufgeschobenen Werte nur

$$ {}_{t|}q_{\overline{x,y}} = {}_{t|}q_x + {}_{t|}q_y - {}_{t|}q_{x,y} $$

gilt. Die Werte

$$ {}_{t|}q_{x,y}, \quad {}_{t|}q_x \cdot {}_{t|}q_y, \quad {}_{t|}q_{\overline{x,y}} $$

sind streng voneinander zu unterscheiden.

Die Wahrscheinlichkeit, daß weder (x) noch (y) im $t+1$ ten Jahre stirbt, ist

$$ (1 - {}_{t|}q_x)(1 - {}_{t|}q_y), \tag{14} $$

hingegen die Wahrscheinlichkeit, daß wenigstens einer von (x) und (y) im $t+1$ ten Jahre stirbt,

$$ 1 - (1 - {}_{t|}q_x)(1 - {}_{t|}q_y) = {}_{t|}q_x + {}_{t|}q_y - {}_{t|}q_x \cdot {}_{t|}q_y. \tag{15} $$

Natürlich kann diese Wahrscheinlichkeit auch aus

$$ {}_{t|}q_x(1 - {}_{t|}q_y) + {}_{t|}q_y(1 - {}_{t|}q_x) + {}_{t|}q_x \cdot {}_{t|}q_y $$

zusammengesetzt werden.

Für die Wahrscheinlichkeit ${}_{t}p_x \cdot {}_{t-1}p_y$ erhält man die Umformung

$$\frac{l_{x+t}}{l_x} \cdot \frac{l_{y+t-1}}{l_{y-1}} \cdot \frac{l_{y-1}}{l_y} = \frac{{}_{t}p_{x,y-1}}{p_{y-1}}$$

oder weil ${}_{t}p_x = p_x \cdot {}_{t-1}p_{x+1}$ auch

$$p_x \cdot {}_{t-1}p_{x+1,y}. \tag{16}$$

Unter Anwendung des Additionssatzes erhält man für die Wahrscheinlichkeit, daß die Auflösung des Paares (x) und (y) innerhalb des Zeitraumes von n Jahren erfolgt,

$${}_{|n}q_{x,y} = \sum_{0}^{n-1} {}_{t|}q_{x,y} = \sum_{0}^{n-1} ({}_{t}p_{x,y} - {}_{t+1}p_{x,y}) = 1 - {}_{n}p_{x,y}. \tag{17}$$

Ebenso ergibt sich

$$\begin{aligned} {}_{|n}q_{\overline{x,y}} &= \sum_{0}^{n-1} {}_{t|}q_{\overline{x,y}} = \sum_{0}^{n-1} ({}_{t|}q_x + {}_{t|}q_y - {}_{t|}q_{x,y}), \\ &= (1 - {}_{n}p_x) + (1 - {}_{n}p_y) - (1 - {}_{n}p_x \cdot {}_{n}p_y) \\ &= (1 - {}_{n}p_x)(1 - {}_{n}p_y) \end{aligned}$$

in Übereinstimmung mit dem bereits erhaltenen Resultat. Für die Auflösung des Paares (x) und (y) in dem Zeitraum von n bis $n + m$ aber erhält man die Wahrscheinlichkeit

$${}_{n|m}q_{x,y} = \sum_{n}^{n+m-1} {}_{t|}q_{x,y} = {}_{n}p_{x,y} - {}_{n+m}p_{x,y} = {}_{|n+m}q_{x,y} - {}_{|n}q_{x,y}, \tag{18}$$

während man für die Wahrscheinlichkeit, daß der Überlebende im Zeitraum von n bis $n + m$ stirbt, den Ausdruck

$${}_{n|m}q_{\overline{x,y}} = \sum_{n}^{n+m-1} {}_{t|}q_{\overline{x,y}} = {}_{n|m}q_x + {}_{n|m}q_y - {}_{n|m}q_{x,y} \tag{19}$$

erhält. Falsch wäre es für diesen Fall ${}_{n|m}q_x \cdot {}_{n|m}q_y$ zu setzen, da dies die Wahrscheinlichkeit, daß beide in dem Zeitraum von n bis $n + m$ sterben, bedeuten würde.

§ 42. Die Z-Formeln.

Unter dieser Bezeichnung sind in der Versicherungsmathematik zwei Formeln in häufigem Gebrauch, welche mit der Beantwortung folgender Frage der Wahrscheinlichkeitstheorie zusammenhängen.

Über n Paare gleichartiger, entgegengesetzter Ereignisse E_i und $\overline{E}_i$, deren Wahrscheinlichkeiten p_i und $q_i = 1 - p_i$ sind, wird eine Beobachtung oder ein Versuch angestellt. Wie groß ist die

Wahrscheinlichkeit, daß genau k von den Ereignissen E_i, und wie groß ist die Wahrscheinlichkeit, daß mindestens k von den Ereignissen E_i eintreffen?

Um die erste Frage zu beantworten, hätte man auf alle möglichen Arten Produkte von k Faktoren p_i und $n - k$ Faktoren q_i zu bilden und zu summieren. Demnach kann die gesuchte Wahrscheinlichkeit durch die Formel

$$\left.\begin{aligned} P(E_{[k]}) &= \Sigma p_\alpha p_\beta \dots p_k q_\lambda q_\mu \dots q_\varrho \\ &= \Sigma p_\alpha p_\beta \dots p_k (1 - p_\lambda)(1 - p_\mu) \dots (1 - q_\varrho) \end{aligned}\right\} \quad (20)$$

dargestellt werden, wobei sich die Summenbildung auf alle Kombinationen $\alpha, \beta, \dots, k$ der Elemente 1, 2, 3, ..., n zur $k$ten Klasse bezieht; $\lambda, \mu, \dots, \varrho$ sind die jeweils in der Kombination nicht vorkommenden Elemente.

Entwickelt man das Produkt unter dem Summenzeichen in (20), so entstehen Produkte der p_i zu je k, je $k + 1$, ... bis zu n Faktoren, und bei der darauffolgenden Summierung treten die Summen

$$Z_k, Z_{k+1}, \dots, Z_n$$

derartiger Produkte auf. Die Produkte von k Faktoren kommen in (20) nur je einmal vor, jedes Produkt von mehr als k Faktoren tritt mehrfach auf, so daß in entwickelter Form

$$P(E_{[k]}) = Z_k + A_{k+1} Z_{k+1} + \dots + A_n Z_n \quad (21)$$

sein wird.

Die Koeffizienten $A_{k+1}, A_{k+2}, \dots$ hängen von den p_i nicht ab, bleiben also dieselben, wenn man alle p_i als gleich und gleich p annimmt. Dann aber wird der Ausdruck (20)

$$\binom{n}{k} p^k (1 - p)^{n-k} \quad (22)$$

und der Ausdruck (21) geht wegen

$$Z_k = \binom{n}{k} p^k, \quad Z_{k+1} = \binom{n}{k+1} p^{k+1}, \quad \dots, \quad Z_n = p^n, \quad (23)$$

über in

$$\binom{n}{k} p^k + A_{k+1} \binom{n}{k+1} p^{k+1}, \quad \dots \quad + A_n p^n. \quad (24)$$

Durch Vergleich der Koeffizienten gleicher Potenzen in (22) und (24) erhält man

$$-\binom{n}{k}\binom{n-k}{1} = A_{k+1}\binom{n}{k+1}, \quad \binom{n}{k}\binom{n-k}{2} = A_{k+2}\binom{n}{k+2},$$

$$-\binom{n}{k}\binom{n-k}{3} = A_{k+3}\binom{n}{k+3}, \quad \dots, \quad (-1)^{n-k}\binom{n}{k}\binom{n-k}{n-k} = A_n$$

und hieraus

$$A_{k+1} = -\binom{k+1}{1}, \quad A_{k+2} = \binom{k+2}{2}, \quad \ldots, A_n = (-1)^{n-k}\binom{n}{n-k}$$

und somit

$$P(E_{[k]}) = Z_k - \binom{k+1}{1} Z_{k+1} + \binom{k+2}{2} Z_{k+2} - \ldots$$
$$\ldots + (-1)^{n-k}\binom{n}{n-k} Z_n \qquad (25)$$
$$= \frac{Z^k}{(1+Z)^{k+1}},$$

wobei der letzte Ausdruck hinsichtlich der Exponenten symbolisch aufzufassen ist.

Die zweite Frage beantwortet sich an Hand der symbolischen Bezeichnung wie folgt: Bezeichnet man die hier in Betracht kommenden Wahrscheinlichkeiten mit $P(E_k)$, so gilt

$$P(E_k) - P(E_{k+1}) = P(E_{[k]})$$

oder

$$P(E_k) - P(E_{[k]}) = P(E_{k+1}).$$

Zufolge der selbstverständlichen Relationen

$$P(E_0) = 1,$$
$$P(E_{[0]}) = \frac{Z^0}{1+Z} = \frac{1}{1+Z},$$
$$P(E_1) = P(E_0) - P(E_{[0]}) = 1 - \frac{1}{1+Z} = \frac{Z}{1+Z},$$
$$P(E_2) = P(E_1) - P(E_{[1]}) = \frac{Z}{1+Z} - \frac{Z}{(1+Z)^2} = \frac{Z^2}{(1+Z)^2}$$

erhält man durch vollständige Induktion

$$P(E_k) = \frac{Z^k}{(1+Z)^k}, \qquad (26)$$

denn, die Richtigkeit für k vorausgesetzt, erhalten wir für $k+1$

$$\frac{Z^k}{(1+Z)^k} - \frac{Z^k}{(1+Z)^{k+1}} = \frac{Z^{k+1}}{(1+Z)^{k+1}}.$$

Wir gelangen zu den gleichen Resultaten — die Formeln (25) und (26) werden als *Z-Formeln* bezeichnet — auf Grund der folgenden Überlegungen: Da die Ereignisse als gleichartig vorausgesetzt sind, werden die Wahrscheinlichkeiten $P(E_{[k]})$ und $P(E_k)$ symmetrische Funktionen der Wahrscheinlichkeiten $p_1, p_2, \ldots, p_n$ sein, und da aus (20) hervorgeht, daß es sich um ganze, rationale Funktionen der p_i handelt, werden die Ausdrücke für die beiden erwähnten Wahrscheinlichkeiten in der Gestalt

$$A_1 Z_1 + A_2 Z_2 + \ldots + A_n Z_n$$

anzusetzen sein, wobei

$$\begin{aligned} Z_1 &= p_1 + p_2 + \dots + p_n, \\ Z_2 &= p_1 p_2 + p_1 p_3 + \dots + p_{n-1} p_n, \\ &\dots\dots\dots\dots\dots\dots, \\ Z_n &= p_1 p_2 \dots p_n \end{aligned}$$

die symmetrischen Grundfunktionen der p_i bedeuten.

Betrachten wir wieder zunächst den Ausdruck

$$P(E_{[k]}) = A_1 Z_1 + A_2 Z_2 + \dots + A_n Z_n, \tag{27}$$

so verfährt man jetzt zur Bestimmung der nicht von den p_i abhängigen Koeffizienten $A_1, A_2, \dots, A_n$ am einfachsten so, daß man die p_i die beiden Extremwerte 0 und 1 annehmen läßt. Offenbar kann dann $P(E_{[k]})$ nur dann den Wert 1 annehmen, wenn gerade k der n Werte p_i den Wert 1, die übrigen $n-k$ hingegen den Wert 0 annehmen. Man erhält sonach das Gleichungssystem

$$\left.\begin{aligned} 0 &= \binom{n}{1} A_1 + \binom{n}{2} A_2 + \dots + \binom{n}{n} A_n \\ 0 &= \binom{n-1}{1} A_1 + \binom{n-1}{2} A_2 + \dots + \binom{n-1}{n-1} A_{n-1} \\ &\dots\dots\dots\dots\dots\dots \\ 0 &= \binom{k+1}{1} A_1 + \binom{k+1}{2} A_2 + \dots + \binom{k+1}{k+1} A_{k+1} \\ 1 &= \binom{k}{1} A_1 + \binom{k}{2} A_2 + \dots + \binom{k}{k} A_k \\ &\dots\dots\dots\dots\dots\dots \\ 0 &= \binom{2}{1} A_1 + \binom{2}{2} A_2 \\ 0 &= \binom{1}{1} A_1. \end{aligned}\right\} \tag{28}$$

Hieraus folgt zunächst $A_1 = A_2 = \dots = A_{k-1} = 0$. Weiter $A_k = 1$ und

$$\begin{aligned} A_{k+1} &= -\binom{k+1}{k} A_k = -\binom{k+1}{1}, \\ A_{k+2} &= -\binom{k+2}{k+1} A_{k+1} = -\binom{k+2}{k} A_k = \binom{k+2}{2}, \\ &\dots\dots\dots\dots\dots\dots, \\ A_n &= (-1)^{n-k} \binom{n}{n-k} \end{aligned}$$

und daher

$$\begin{aligned} P(E_{[k]}) &= Z_k - \binom{k+1}{1} Z_{k+1} + \binom{k+2}{2} Z_{k+2} - \dots + (-1)^{n-k} \binom{n}{n-k} Z_n, \\ &= \frac{Z^k}{(1+Z)^{k+1}} \end{aligned}$$

in Übereinstimmung mit (25).

Zur Bestimmung von $P(E_k)$ kann man von den vorbenutzten Rekursionsformeln Gebrauch machen. Man kann aber diesen Wert auch direkt aus einem (28) ganz analog gebauten System von n Gleichungen erhalten, welche lauten:

$$\left.\begin{aligned}
1 &= \binom{n}{1} A_1 + \binom{n}{2} A_2 + \ldots + \binom{n}{n} A_n \\
1 &= \binom{n-1}{1} A_1 + \binom{n-1}{2} A_2 + \ldots + \binom{n-1}{n-1} A_{n-1} \\
&\ldots\ldots\ldots\ldots\ldots\ldots\ldots\ldots\ldots\ldots\ldots\ldots \\
1 &= \binom{k+1}{1} A_1 + \binom{k+1}{2} A_2 + \ldots + \binom{k+1}{k+1} A_{k+1} \\
1 &= \binom{k}{1} A_1 + \binom{k}{2} A_2 + \ldots + \binom{k}{k} A_k \\
0 &= \binom{k-1}{1} A_1 + \binom{k-1}{2} A_2 + \ldots + \binom{k-1}{k-1} A_{k-1} \\
&\ldots\ldots\ldots\ldots\ldots\ldots\ldots\ldots\ldots\ldots\ldots\ldots \\
0 &= \binom{2}{1} A_1 + \binom{2}{2} A_2 \\
0 &= \binom{1}{1} A_1.
\end{aligned}\right\} \qquad (29)$$

Aus diesem System folgt zunächst $A_1 = A_2 = \ldots = A_{k-1} = 0$. Und weiter

$$\begin{aligned}
A_k &= 1, \\
A_{k+1} &= 1 - \binom{k+1}{k} A_k = 1 - \binom{k+1}{1} = -\binom{k}{1}, \\
A_{k+2} &= 1 - \binom{k+2}{k+1} A_{k+1} - \binom{k+2}{k} A_k = \binom{k+1}{2}, \\
&\ldots\ldots\ldots\ldots\ldots\ldots\ldots\ldots\ldots\ldots\ldots, \\
A_k &= (-1)^{n-k} \binom{n-1}{n-k}.
\end{aligned}$$

Demnach

$$\begin{aligned}
P(E_k) &= Z_k - \binom{k}{1} Z_{k+1} + \binom{k+1}{2} Z_{k+2} - \ldots + (-1)^{n-k} \binom{n-1}{n-k} Z_n, \\
&= \frac{Z^k}{(1+Z)^k}
\end{aligned}$$

in Übereinstimmung mit (26). Die beiden Z-Formeln, aber auch das zuletzt zu ihrer Ableitung benutzte Verfahren mittels der *unbestimmten Koeffizienten* werden sich zur Berechnung der verschiedensten Versicherungswerte für mehrere Leben sehr nützlich erweisen. An dieser Stelle sei nur noch auf die Berechnung einiger Erlebenswahrscheinlichkeiten hingewiesen.

Sei

$${}_tp^{[r]}_{\overline{x,y,z,\ldots}}$$

die Wahrscheinlichkeit, daß von m Personen der Alter $x, y, z, \ldots$ nach t Jahren noch gerade r am Leben sind, so erhält man für die verlangte Wahrscheinlichkeit nach Formel (25)

$$ {}_tp_{\overline{x,y,z,\ldots}}^{[r]} = \frac{Z^r}{(1+Z)^{r+1}}, \tag{30} $$

wobei

$$ \begin{aligned} Z_1 &= {}_tp_x + {}_tp_y + {}_tp_z + \ldots, \\ Z_2 &= {}_tp_x \cdot {}_tp_y + {}_tp_x \cdot {}_tp_z + \ldots, \\ &\ldots\ldots\ldots\ldots\ldots\ldots\ldots\ldots, \\ Z_m &= {}_tp_x \cdot {}_tp_y \cdot {}_tp_z \ldots \end{aligned} $$

zu setzen ist. Für den speziellen Fall $m = 2$ und $r = 1$ ergibt sich demnach

$$ {}_tp_{\overline{x,y}}^{[1]} = \frac{Z}{(1+Z)^2} = Z - Z^2 = {}_tp_x + {}_tp_y - 2\,{}_tp_{x,y} $$

und für den speziellen Fall $m = 4$ und $r = 2$

$$ \begin{aligned} {}_tp_{\overline{x,y,z,u}}^{[2]} &= \frac{Z^2}{(1+Z)^3} = Z^2 - 3Z^3 + 6Z^4 \\ &= {}_tp_{x,y} + {}_tp_{x,z} + {}_tp_{x,u} + {}_tp_{y,z} + {}_tp_{y,u} + {}_tp_{z,u} \\ &\quad - 3\,({}_tp_{x,y,z} + {}_tp_{x,z,u} + {}_tp_{x,y,u} + {}_tp_{y,z,u}) + 6\,{}_tp_{x,y,z,u}. \end{aligned} $$

Die Wahrscheinlichkeit aber, daß von m Personen der Alter $x, y, z, \ldots$ nach t Jahren noch mindestens r am Leben sind, ergibt sich auch als

$$ \left.\begin{aligned} {}_tp_{\overline{x,y,z,\ldots}}^{\,r} &= \frac{Z^r}{(1+Z)^{r+1}} + \frac{Z^{r+1}}{(1+Z)^{r+2}} + \ldots = \\ &= \frac{Z^r}{(1+Z)^{r+1}} \left[1 + \frac{Z}{1+Z} + \left(\frac{Z}{1+Z}\right)^2 + \ldots\right] \\ &= \frac{Z^r}{(1+Z)^{r+1}} \cdot \frac{1}{1 - \frac{Z}{1+Z}} = \frac{Z^r}{(1+Z)^r}, \end{aligned}\right\} \tag{31} $$

wobei die Glieder in der Reihenentwicklung von selbst Null werden, wenn der symbolische Exponent die Zahl m überschreitet. Für den speziellen Fall $m = 2$ und $r = 1$ ergibt sich so

$$ {}_tp_{\overline{x,y}}^{[1]} = {}_tp_{\overline{x,y}} = \frac{Z}{1+Z} = {}_tp_x + {}_tp_y - {}_tp_{x,y} $$

und für $m = 4$ und $r = 2$

$$ {}_tp_{\overline{x,y,z,u}}^{\,2} = \frac{Z^2}{(1+Z)^2} = Z^2 - 2Z^3 + 3Z^4. $$

Die im vorhergehenden dargestellte Methode der unbestimmten Koeffizienten ist in der Anwendung sehr bequem und auch dann zu verwenden, wenn die unmittelbare Anwendungsmöglichkeit der Z-Formeln nicht gegeben ist. Wir kommen auf diesen Gegenstand noch ausführlich zurück.

§ 43. Die Überlebenswahrscheinlichkeiten.

Die Wahrscheinlichkeit des Ablebens eines $x$jährigen zum Zeitpunkt t ist durch ${}_tp_x\mu_{x+t}\,dt$ bestimmt. Unter der weiteren Bedingung, daß zu diesem Zeitpunkt t eine andere Person (y) am Leben sein soll, ist die Wahrscheinlichkeit

$${}_tp_x\mu_{x+t}\cdot{}_tp_y\,dt={}_tp_{x,y}\mu_{x+t}\,dt.$$

Die Wahrscheinlichkeit, daß (x) im Alter zwischen $x+n$ und $x+n+1$ vor (y) stirbt, ist daher

$${}_{n|}q^{1}_{x,y}=\int_{n}^{n+1}{}_tp_{x,y}\,\mu_{x+t}\,dt, \tag{32}$$

und die Wahrscheinlichkeit, daß (x) vor (y) innerhalb von n Jahren stirbt,

$${}_{|n}q^{1}_{x,y}=\int_{0}^{n}{}_tp_{x,y}\,\mu_{x+t}\,dt. \tag{33}$$

Demnach ist die Wahrscheinlichkeit, daß (x) wann immer vor (y) stirbt,

$$q^{1}_{x,y}=\int_{0}^{\infty}{}_tp_{x,y}\,\mu_{x+t}\,dt. \tag{34}$$

Setzt man in erster Annäherung

$$\mu_{x+t}\cong\frac{l_{x+t-1}-l_{x+t+1}}{2\,l_{x+t}},$$

so ergibt sich

$$\left.\begin{aligned}{}_{|n}q^{1}_{x,y}&=\int_{0}^{n}\frac{l_{x+t}}{l_x}\cdot\frac{l_{y+t}}{l_y}\cdot\frac{l_{x+t-1}-l_{x+t+1}}{2\,l_{x+t}}\,dt\\&=\frac{1}{2}\left[\frac{l_{x-1}}{l_x}\int_{0}^{n}\frac{l_{y+t}}{l_y}\cdot\frac{l_{x+t-1}}{l_{x-1}}\,dt-\frac{l_{x+1}}{l_x}\int_{0}^{n}\frac{l_{y+t}}{l_y}\cdot\frac{l_{x+t+1}}{l_{x+1}}\,dt\right]\\&=\frac{1}{2}\left[\frac{{}_{|n}\bar{e}_{x-1,y}}{p_{x-1}}-p_x\,{}_{|n}\bar{e}_{x+1,y}\right]\end{aligned}\right\} \tag{35}$$

und

$$q^{1}_{x,y}=\frac{1}{2}\left[\frac{\bar{e}_{x-1,y}}{p_{x-1}}-p_x\,\bar{e}_{x+1,y}\right].$$

Hierbei ist die vollständige lebenslängliche und temporäre Lebenserwartung für das Paar (x) und (y) durch

$$\bar{e}_{x,y}=\int_{0}^{\infty}{}_tp_{x,y}\,dt,\qquad {}_{|n}\bar{e}_{x,y}=\int_{0}^{n}{}_tp_{x,y}\,dt \tag{36}$$

definiert, ganz in Analogie zu den bezüglichen Begriffsbildungen für ein

Leben. Hieraus ergibt sich

$$\left.\begin{aligned} \frac{d}{dx}\bar{e}_{x,y} &= \frac{d}{dx}\int_0^\infty {}_tp_{x,y}\,dt = \int_0^\infty \left(\frac{d}{dx}\,{}_tp_x\right){}_tp_y\,dt \\ &= \int_0^\infty {}_tp_{x,y}\,(\mu_x - \mu_{x+t})\,dt = \mu_x\,\bar{e}_{x,y} - q^1_{x,y} \end{aligned}\right\} \quad (37)$$

und damit auch

$$q^1_{x,y} = \mu_x\,\bar{e}_{x,y} - \frac{d}{dx}\bar{e}_{x,y} \cong \mu_x\,\bar{e}_{x,y} + \frac{1}{2}(\bar{e}_{x-1,y} - \bar{e}_{x+1,y}), \quad (38)$$

während für die entsprechende temporäre Überlebenswahrscheinlichkeit des $y$jährigen über den $x$jährigen auch

$${}_{|n}q^1_{x,y} = \mu_x\,{}_{|n}\bar{e}_{x,y} + \frac{1}{2}({}_{|n}\bar{e}_{x-1,y} - {}_{|n}\bar{e}_{x+1,y}) \quad (39)$$

geschrieben werden kann.

Unter der Annahme der gleichmäßigen Aufteilung der Todesfälle über die einzelnen Jahre kann auch gesetzt werden

$$\left.\begin{aligned} {}_{t|}q^1_{x,y} &= \frac{d_{x+t}}{l_x}\,\frac{l_{y+t+1/2}}{l_y} \\ {}_{|n}q^1_{x,y} &= \sum_0^{n-1}\frac{d_{x+t}}{l_x}\,\frac{l_{y+t+1/2}}{l_y} \\ q^1_{x,y} &= \sum_0^\infty \frac{d_{x+t}}{l_x}\,\frac{l_{y+t+1/2}}{l_y} \end{aligned}\right\} \quad (40)$$

und weil

$$d_{x+t} = l_{x+t} - l_{x+t+1}, \quad l_{y+t+1/2} = \frac{1}{2}(l_{y+t} + l_{y+t+1})$$

auch

$$\left.\begin{aligned} {}_{|n}q^1_{x,y} &= \sum_0^{n-1}({}_tp_x - {}_{t+1}p_x)\cdot\frac{1}{2}({}_tp_y + {}_{t+1}p_y) \\ &= \frac{1}{2}\sum_0^{n-1}({}_tp_{x,y} - {}_{t+1}p_{x,y} + {}_tp_x\,{}_{t+1}p_y - {}_{t+1}p_x\,{}_tp_y) \\ &= \frac{1}{2}\sum_0^{n-1}\left({}_tp_{x,y} - {}_{t+1}p_{x,y} + \frac{{}_{t+1}p_{x-1,y}}{p_{x-1}} - \frac{{}_{t+1}p_{x,y-1}}{p_{y-1}}\right) \\ &= \frac{1}{2}\left(1 - {}_np_{x,y} + \frac{{}_{|n}e_{x-1,y}}{p_{x-1}} - \frac{{}_{|n}e_{x,y-1}}{p_{y-1}}\right) \end{aligned}\right\} \quad (41)$$

und

$$q^1_{x,y} = \frac{1}{2}\left(1 - p_{x,y} + \frac{e_{x-1,y}}{p_{x-1}} - \frac{e_{x,y-1}}{p_{y-1}}\right).$$

Wenn die Reihenfolge des Ablebens durch Ziffern bezeichnet wird, so ist die Wahrscheinlichkeit, daß (x) als erster stirbt, gleich der Wahrscheinlichkeit, daß (y) als zweiter stirbt,

$$q_{\overset{1}{x},y} = q_{x,\overset{2}{y}} \quad \text{und} \quad q_{\overset{1}{x},y} + q_{x,\overset{1}{y}} = 1,$$

gleichgültig, in welchem Zeitraum das Ableben erfolgen soll. Es ist aber auch

$$_{|n}q_{\overset{2}{x},y} = \int_0^n (1 - {}_tp_y)\, {}_tp_x\, \mu_{x+t}\, dt = {}_{|n}q_x - {}_{|n}q_{\overset{1}{x},y}. \tag{42}$$

Die Wahrscheinlichkeit, daß (x) am Leben ist n Jahre nach dem Ableben von (y), ist auszudrücken durch

$$\left.\begin{aligned} \int_0^\infty {}_{t+n}p_x\, {}_tp_y\, \mu_{y+t}\, dt &= {}_np_x \int_0^\infty {}_tp_{x+n,\,y} \cdot \mu_{y+t}\, dt \\ &= {}_np_x \cdot q_{x+n,\,\overset{1}{y}}, \end{aligned}\right\} \tag{43}$$

oder bei Annahme gleichmäßiger Verteilung der Todesfälle

$$\left.\begin{aligned} \sum_0^\infty \frac{d_{y+t}}{l_y} \cdot \frac{l_{x+t+n+1/2}}{l_x} &= \frac{l_{x+n}}{l_x} \sum_0^\infty \frac{d_{y+t}}{l_y} \cdot \frac{l_{x+t+n+1/2}}{l_{x+n}} \\ &= {}_np_x \cdot q_{x+n,\,\overset{1}{y}}. \end{aligned}\right\} \tag{44}$$

Die Wahrscheinlichkeit, daß (x) vor (y) stirbt oder innerhalb von n Jahren nach dem Ableben von (y), ist das Komplement zu der Wahrscheinlichkeit, daß (x) n Jahre nach dem Tod von (y) noch am Leben ist, demnach

$$1 - {}_np_x\, q_{x+n,\,\overset{1}{y}},$$

und die Wahrscheinlichkeit, daß (x) innerhalb von n Jahren nach dem Tod von (y) stirbt,

$$\int_0^\infty ({}_tp_x - {}_{n+t}p_x)\, {}_tp_y\, \mu_{y+t}\, dt = q_{x,\overset{1}{y}} - {}_np_x\, q_{x+t,\,\overset{1}{y}}. \tag{45}$$

Ähnlich sind entsprechende Wahrscheinlichkeiten für drei und mehrere Personen leicht auszuwerten. Es sei nur beispielsweise angeführt:

$$\left.\begin{aligned} q_{\overset{1}{x},y,z} &= \int_0^\infty {}_tp_{x,y,z} \cdot \mu_{x+t}\, dt \cong \int_0^\infty {}_tp_{x,y,z}\, \frac{l_{x+t-1} - l_{x+t+1}}{2\, l_{x+t}}\, dt \\ &= \frac{1}{2}\left(\frac{\bar{e}_{x-1,\,y,\,z}}{p_{x-1}} - p_x\, \bar{e}_{x+1,\,y,\,z}\right) \end{aligned}\right\} \tag{46}$$

und

$$\left.\begin{aligned} q_{\overset{2}{x},\underset{1}{y},z} &= \int_0^\infty (1-{}_tp_y)\,{}_tp_{x,z}\,\mu_{x+t}\,dt \\ &= \int_0^\infty {}_tp_{x,z}\,\mu_{x+t}\,dt - \int_0^\infty {}_tp_{x,y,z}\,\mu_{x+t}\,dt = q_{\overset{1}{x},z} - q_{\overset{1}{x},y,z}. \end{aligned}\right\} \quad (47)$$

Hierbei ist

$$q_{\overset{2}{x},\underset{1}{y},z} = q_{x,\underset{1}{y},\overset{3}{z}},\quad q_{\overset{2}{x},y,z} = q_{\overset{2}{x},\underset{1}{y},z} + q_{\overset{2}{x},y,\underset{1}{z}} = q_{\overset{1}{x},z} + q_{\overset{1}{x},y} - 2\,q_{\overset{1}{x},y,z}.$$

Weiter erhält man

$$\left.\begin{aligned} q_{\overset{3}{x},y,z} &= \int_0^\infty (1-{}_tp_y)\,(1-{}_tp_z)\,{}_tp_x\,\mu_{x+t}\,dt \\ &= \int_0^\infty (1-{}_tp_y-{}_tp_z+{}_tp_{y,z})\,{}_tp_x\,\mu_{x+t}\,dt \\ &= 1 - q_{\overset{1}{x},y} - q_{\overset{1}{x},z} + q_{\overset{1}{x},y,z}. \end{aligned}\right\} \quad (48)$$

Die Wahrscheinlichkeit (48) besagt aber, daß der Überlebende von (y) und (z) vor (x) stirbt, so daß auch

$$q_{\overset{3}{x},y,z} = q_{x,\overset{1}{\overline{y,z}}}$$

geschrieben werden kann. Demnach ist die Wahrscheinlichkeit, daß (x) vor dem Überlebenden von (y) und (z) stirbt, das Komplement von (48)

$$q_{\overset{1}{x},\overline{y,z}} = 1 - q_{\overset{3}{x},y,z} = q_{\overset{1}{x},y} + q_{\overset{1}{x},z} - q_{\overset{1}{x},y,z}, \quad (49)$$

oder auch

$$\int_0^\infty {}_tp_x\,\mu_{x+t}\,{}_tp_{\overline{y,z}}\,dt = \int_0^\infty {}_tp_x\,\mu_{x+t}\,({}_tp_y + {}_tp_z - {}_tp_{y,z})\,dt = q_{\overset{1}{x},y} + q_{\overset{1}{x},z} - q_{\overset{1}{x},y,z}.$$

Die Wahrscheinlichkeit, daß das Paar (x) und (y) durch Ableben einer oder beider Personen innerhalb der Zeitspanne n zur Auflösung gelangt, ist

$${}_{|n}q_{x,y} = \int_0^n {}_tp_{x,y}\,\mu_{x+t,\,y+t}\,dt, \quad (50)$$

wenn mit $\mu_{x,y}$ die *Auflösungsintensität* des Paares bezeichnet wird. Weil aber

$${}_{|n}q_{\overset{1}{x},y} + {}_{|n}q_{x,\overset{1}{y}} = \int_0^n {}_tp_{x,y}\,(\mu_{x+t} + \mu_{y+t})\,dt$$

und

$${}_{|n}q_{x,y} = {}_{|n}q_{\overset{1}{x},y} + {}_{|n}q_{x,\overset{1}{y}},$$

so ergibt sich

$$\mu_{x+t,\,y+t} = \mu_{x+t} + \mu_{y+t}. \tag{51}$$

Natürlich kann dieses Resultat auch unmittelbar aus der Definition der Sterbensintensität erhalten werden. Denn aus

$$\mu_{x+t} = -\frac{1}{l_{x+t}}\frac{d}{dt}l_{x+t} = -\frac{d}{dt}\log l_{x+t}$$

und

$$\mu_{x+t,\,y+t} = -\frac{d}{dt}\log l_{x+t,\,y+t} = -\frac{d}{dt}\log(l_{x+t}.l_{y+t}),$$

$$= -\frac{d}{dt}\log l_{x+t} - \frac{d}{dt}\log l_{y+t} = \mu_{x+t} + \mu_{y+t}$$

folgt die Relation (51). Für eine beliebige Anzahl von m Personen aber ergibt sich als Auflösungsintensität der Gemeinschaft

$$\mu_{x,y,z,\ldots} = \mu_x + \mu_y + \mu_z + \ldots. \tag{52}$$

§ 44. Die Formel von GOMPERTZ und MAKEHAM.

Unter den sehr zahlreichen Formeln, welche die Funktionen der Absterbeordnung l_x, ${}_tp_x$, μ_x usw. durch einen geschlossenen mathematischen Ausdruck mit genügender Anpassung an das Beobachtungsmaterial darzustellen vermögen, hat die Formel von B. GOMPERTZ und W. M. MAKEHAM (1825, 1860) bis heute in der Mathematik der Lebensversicherung eine überragende Bedeutung behauptet. Dies nicht nur deshalb, weil sie für die für die Praxis wichtigeren Alter für die einfach nach dem Alter abgestuften Werte fast immer eine befriedigende Darstellung der Beobachtungswerte vermittelt, sondern vor allem auch deshalb, weil im Wege dieser Formel eine außerordentliche Vereinfachung bei der Berechnung der Versicherungswerte für mehrere Leben zu erzielen ist.

Die Formel beruht auf der Annahme, daß die relative Änderung der Sterbensintensität mit dem Alter konstant ist oder, mit andern Worten, daß die Änderung der Sterbensintensität in der Zeiteinheit jeweils proportional ist dem jeweils schon erreichten Wert der Sterbensintensität. Das ist aber eine Annahme, welche in gleicher Weise auch in der Zinstheorie, bei der barometrischen Höhenmessung usw. eine Rolle spielt und auch hier zum gleichen Integralgesetz, nämlich der Exponentialfunktion, führt. Nach der Annahme von GOMPERTZ ist

$$\mu_x = B c^x, \quad \mu_x = -\frac{d}{dx}\log l_x$$

zu setzen, woraus sich

$$-\log l_x = \int B c^x d_x$$

$$\log l_x = -\frac{Bc^x}{\log c} + \log k = \log g.c^x + \log k, \quad \log g = -\frac{B}{\log c}$$

und damit

$$l_x = k\, g^{c^x} \tag{53}$$

ergibt. Für die Erlebenswahrscheinlichkeit erhält man dann

$$_tp_x = g^{c^x(c^t-1)}$$

und

$$\log {_tp_x} = c^x (c^t - 1) \log g,$$

wobei der Parameter g stets < 1 und der Parameter c stets > 1 ist, so daß $(c^t - 1) \log g$ negativ ist und der Ausdruck für $_tp_x$ daher mit x und natürlich auch mit t abnimmt.

MAKEHAM fügte der Formel für μ_x noch ein konstantes Glied A, entsprechend einer über alle Alter konstant wirkenden Todesursache hinzu. Bezeichnet man dieses Glied mit $A = -\log s$, wobei s ein Parameter < 1 ist, so ergibt sich für den Logarithmus der Erlebenswahrscheinlichkeit

$$\begin{aligned} \log {_tp_x} &= t \log s + c^x (c^t - 1) \log g \\ &= \log k + (x + t) \log s + c^{x+t} \log g \\ &\quad - \log k - x \log s - c^x \log g, \end{aligned}$$

wo

$$\begin{aligned} \log k + (x + t) \log s + c^{x+t} \log g &= \log l_{x+t}, \\ \log k + x \log s + c^x \log g &= \log l_x \end{aligned}$$

und daher

$$l_x = k\, s^x g^{c^x}. \tag{54}$$

Man erhält so in der Tat

$$\left.\begin{aligned} \mu_x &= -\frac{d}{dx} \log l_x = -\log s - c^x \log c \log g \\ -\log s &= A, \quad -\log c \,.\, \log g = B \\ \mu_x &= A + B c^x \end{aligned}\right\} \tag{55}$$

und

$$_tp_x = s^t g^{c^x(c^t-1)}. \tag{56}$$

Die Ausarbeitung der Methoden für die Berechnung der drei wesentlichen Parameter der Formel s, g, c mit Hilfe der Methode der kleinsten Quadrate oder eines sonstigen Verfahrens auf Grund der Beobachtungsdaten ist Sache der mathematischen Statistik. Uns interessiert hier zunächst die Darstellung der verschiedenen Versicherungswerte unter Verwendung der Sterbeformel von GOMPERTZ-MAKEHAM. Sie ergibt z. B. für die Ablebensversicherung

$$\left.\begin{aligned} \bar{A}_x &= \int_0^\infty v^t\, {_tp_x}\, \mu_{x+t}\, dt = \int_0^\infty v^t\, {_tp_x} (A + B c^{x+t})\, dt \\ &= A\, \bar{a}_x + B\, c^x \int_0^\infty (v c)^t {_tp_x}\, dt = A\, \bar{a}_x + (\mu_x - A) \bar{a}_x' \end{aligned}\right\} \tag{57}$$

wobei wir also unter $\bar{a}_x'$ die kontinuierliche Leibrente, gerechnet mit dem Diskontierungsfaktor $v \cdot c$ zu verstehen haben. Im Falle der GOMPERTZschen Formel würde sich

$$\bar{A}_x = \mu \, \bar{a}_x'$$

ergeben. Eine konstante Erhöhung des Parameters A in μ_x wirkt daher auf die Leibrente wie eine Zinserhöhung. Denn ist f ein positiver Betrag < 1, $-\log f$ daher positiv, so ist

$$\mu_x' = -(\log s + \log f) - (\log g \cdot \log c)\, c^x,$$
$$l_x' = k\, s^x\, f^x\, g^{c^x} = f^x\, l_x,$$
$${}_t p_x' = f^t\, {}_t p_x$$

und daher

$$a_x' = \sum_1^\infty v^t f^t\, {}_t p_x = a_{x(j)}, \quad \frac{1}{1+j} = \frac{f}{1+i}, \quad j = \frac{1+i}{f} - 1.$$

Eine Erhöhung des Parameters B aber ist gleichwertig mit einer Alterserhöhung, denn für den Parameter $B\,c^h$ erhält man

$$\mu_x' = A + B\, c^{x+h} = \mu_{x+h}.$$

Unter Geltung der GOMPERTZschen Formel ist

$$\begin{aligned} {}_t p_{x,y,z \dots (m)} &= {}_t p_x \cdot {}_t p_y \cdot {}_t p_z \cdot \dots (m) \\ &= g^{(c^x + c^y + c^z + \dots)(c^t - 1)}. \end{aligned}$$

Ist also w so bestimmt, daß bei m Personen die Relation

$$r\, c^w = c^x + c^y + c^z + \dots (m)$$

erfüllt ist, dann gilt auch

$${}_t p_{x,y,z \dots (m)} = g^{r c^w (c^t - 1)} = {}_t p_{w,w, \dots (r)}, \tag{58}$$

die Erlebenswahrscheinlichkeiten für m verschiedene Alter sind demnach auf die Erlebenswahrscheinlichkeiten für r gleiche Alter zurückgeführt. Ist speziell $r = 1$, so ist

$$c^x + c^y + c^z + \dots (m) = c^w. \tag{59}$$

Für die Lebenserwartung ist unter Geltung der GOMPERTZschen Formel

$$e_{x,y,z, \dots (m)} = \sum_1^\infty {}_t p_{x,y,z, \dots (m)} = \sum_1^\infty {}_t p_w \cdot {}_t p_w \cdot \dots (r) = e_{w,w, \dots (r)}.$$

Unter Geltung der GOMPERTZ-MAKEHAMschen Formel aber ist

$${}_t p_{x,y,z, \dots (m)} = s^{mt}\, g^{(c^x + c^y + \dots)(c^t - 1)}$$

und wenn w so bestimmt wird, daß

$$m\, c^w = c^x + c^y + \dots (m), \tag{60}$$

so ist

$${}_t p_{x,y,z, \dots (m)} = s^{mt}\, g^{m c^w (c^t - 1)} = {}_t p_{w,w, \dots (m)} \tag{61}$$

und auch

$$e_{x,y,z, \dots (m)} = e_{w,w, \dots (m)}.$$

Multipliziert man (60) mit B und addiert $m\,A$, so erhält man

$$m\,(A + B\,c^{w}) = (A + B\,c^{x}) + (A + B\,c^{y}) + \ldots (m)$$

und damit

$$m\,\mu_{w} = \mu_{x} + \mu_{y} + \mu_{z} + \ldots (m). \tag{62}$$

Man kann also das Ersatzalter w auch aus einer Tafel der Sterbensintensitäten erhalten. Wesentlich ist, daß sich die Erlebenswahrscheinlichkeiten unter Geltung der GOMPERTZ-MAKEHAMschen Formel für eine Anzahl von m verschiedenen Personen durch eine gleiche Anzahl m von gleichaltrigen Personen eines leicht zu ermittelnden Ersatzalters w ausdrücken lassen. Das ist eine für die Versicherung mehrerer Leben zur Vereinfachung der Rechnung sehr wichtige Eigenschaft der genannten Formel, auf welche wir noch oft zurückzukommen haben.

Für die Wahrscheinlichkeit, daß (x) als erster von einer Anzahl von m Personen stirbt, ist für $A = 0$

$$\left.\begin{aligned} q^{1}_{x,y,z,\ldots(m)} &= \int_{0}^{\infty} {}_{t}p_{x,y,z,\ldots(m)}\, B\,c^{x+t}\,dt \\ &= \{c^{x}:[c^{x} + c^{y} + \ldots (m)]\} \int_{0}^{\infty} {}_{t}p_{x,y,\ldots(m)}\,\cdot \\ &\qquad \cdot\, B\,c^{t}\,[c^{x} + c^{y} + \ldots (m)]\,dt \\ &= \{c^{x}:[c^{x} + c^{y} + \ldots (m)]\} \int_{0}^{\infty} {}_{t}p_{x,y,\ldots(m)}\,\mu_{x+t,\,y+t,\ldots(m)}\,dt \\ &= \{c^{x}:[c^{x} + c^{y} + \ldots (m)]\} = \mu_{x}:[\mu_{x} + \mu_{y} + \ldots (m)]. \end{aligned}\right\} \tag{63}$$

Sind aber alle Personen gleichaltrig, so ist natürlich

$$q^{1}_{x,x,\ldots(m)} = \frac{1}{m}.$$

Wird die von MAKEHAM erweiterte Sterbeformel angewendet, so gilt

$$\left.\begin{aligned} q^{1}_{x,y,z,\ldots(m)} &= \int_{0}^{\infty} {}_{t}p_{x,y,z,\ldots(m)}\,(A + B\,c^{x+t})\,dt \\ &= A\,\bar{e}_{x,y,\ldots(m)} + \{c^{x}:[c^{x} + c^{y} + \ldots (m)]\}\,\cdot \\ &\qquad \cdot \int_{0}^{\infty} {}_{t}p_{x,y,\ldots(m)}\,B\,c^{t}\,[c^{x} + c^{y} + \ldots (m)]\,dt \\ &= A\,\bar{e}_{x,y,\ldots(m)} + \{c^{x}:[c^{x} + c^{y} + \ldots (m)]\}\,\cdot \\ &\qquad \cdot \int_{0}^{\infty} {}_{t}p_{x,y,\ldots(m)}\,(\mu_{x+t} + \mu_{y+t} + \ldots - m\,A)\,dt \\ &= A\,\bar{e}_{x,y,\ldots(m)} + \{c^{x}:[c^{x} + c^{y} + \ldots (m)]\} \\ &\qquad [1 - m\,A\,\bar{e}_{x,y,\ldots(m)}] \end{aligned}\right\} \tag{64}$$

und daher für

$$\left.\begin{aligned} m c^w &= c^x + c^y + \ldots (m) \\ q^{1}_{x,y,z,\ldots(m)} &= A\,\bar{e}_{w,w,\ldots(m)} + \frac{c^x}{m c^w}\left[1 - A\,\bar{e}_{w,w,\ldots(m)}\right] \\ &= \frac{c^x}{c^w}\left(\frac{1}{m} + \log s\,\bar{e}_{w,w,\ldots(m)}\right) - \log s\,\bar{e}_{w,w,\ldots(m)}. \end{aligned}\right\} \quad (65)$$

Sind alle Alter gleich, so ergibt sich für den Ausdruck rechts wieder $1/m$.

§ 45. Die Versicherungswerte für zwei und mehrere Leben.

Die Berechnung der Versicherungswerte für mehr als ein Leben, also insbesondere die Berechnung der Prämien und Prämienreserven, erfolgt nach denselben Grundsätzen und Methoden, die sich bei den bezüglichen Problemstellungen für ein Leben als notwendig und nützlich erwiesen haben. Im einzelnen aber ist hier der Kreis der zu behandelnden Aufgaben sehr erweitert. Dies ist teils in der Einführung neuer Rechnungsgrundlagen, teils darin begründet, daß zahlreiche Versicherungsarten für mehrere Personen nicht ohne weiteres in Analogie zur Versicherung auf ein Leben zu erledigen sind.

Wir wollen auch hier zunächst nach der elementaren Methode die einzelnen Versicherungsarten behandeln, im weiteren Verlauf der Darstellung aber auch die kontinuierliche Methode überall da heranziehen, wo dies im Hinblick auf Theorie und Praxis geboten erscheint.

Als einfachste Versicherungsart ist auch jetzt die *reine Erlebensversicherung eines Paares* (x) und (y) anzusehen, bei welcher das Kapital 1 zur Auszahlung gelangt, wenn beide Personen nach Ablauf von n Jahren am Leben sind. Zur Bewertung der Sterblichkeit benutzen wir für (x) und für (y) zwei Absterbeordnungen, die durchaus nicht gleich sein müssen. Es ergibt sich so für die einmalige Nettoprämie oder den Nettoerwartungswert der genannten Versicherung

$$\left.\begin{aligned} {}_nE_{x,y} &= {}_np_x \cdot {}_np_y{}' \cdot v^n = \frac{l_{x+n}}{l_x}\cdot\frac{l'_{y+n}}{l_y{}'}\,v^n \\ &= \frac{D_{x+n}}{D_x}\cdot\frac{l'_{y+n}}{l_y{}'} = \frac{l_{x+n}}{l_x}\cdot\frac{D'_{y+n}}{D_y{}'}. \end{aligned}\right\} \quad (66)$$

Hieraus ergibt sich sofort der Erwartungswert der *Verbindungsrente* auf die zwei Leben (x) und (y), welche solange im vorhinein ganzjährig zu zahlen ist, als beide Personen am Leben sind. Der Erwartungswert ist für die Rentenbeträge $e_0, e_1, e_2, \ldots$ durch

$$\left.\begin{aligned} &\frac{l_x l_y{}'}{l_x l_y{}'}\,e_0 + \frac{l_{x+1} l'_{y+1}}{l_x l_y{}'}\,e_1 v + \ldots = \\ &= \frac{1}{D_x l_y{}'}\left(e_0 D_x l_y{}' + e_1 D_{x+1} l'_{y+1} + \ldots\right) = \\ &= \frac{1}{l_x D_y{}'}\left(e_0 l_x D_y{}' + e_1 l_{x+1} D'_{y+1} + \ldots\right) \end{aligned}\right\} \quad (67)$$

gegeben. Wird die Sterblichkeit beider Personen nach derselben Absterbeordnung bemessen, so haben in den Formeln die zur Kennzeichnung der zweiten Tafel eingeführten Akzente zu entfallen. Zur praktischen Berechnung werden als diskontierte Zahlen für zwei verbundene Leben die Größen $l_x D_y'$, $l_{x+1} D'_{y+1}$, ... oder auch $D_x l_y'$, $D_{x+1} l'_{y+1}$, ... sowie ihre Summen und Doppelsummen in Analogie zu den Größen D_x, N_x, S_x benötigt. Für ihre Berechnung ist nur die Altersdifferenz von (x) und (y) wesentlich. Sind die beiden Tafeln verschieden, dann müssen die diskontierten Zahlen für alle positiven und negativen, praktisch in Betracht kommenden Altersdifferenzen berechnet werden. Sind beide Tafeln gleich, dann braucht die Berechnung nur für die positiven Altersdifferenzen $x - y$ einschließlich der Altersdifferenz Null durchgeführt zu werden. Es ergibt sich so in leicht verständlicher Bezeichnungsweise für die Erwartungswerte der lebenslänglichen, temporären und aufgeschobenen im vorhinein zahlbaren ganzjährigen Verbindungsrente

$$\left.\begin{aligned} \mathrm{a}_{x,y} &= \frac{\Sigma\, l_x D_y'}{l_x D_y'}, \quad \mathrm{a}_{x,y,\overline{n|}} = \frac{\Sigma\, l_x D_y' - \Sigma\, l_{x+n} D'_{y+n}}{l_x D_y'}, \\ {}_{n|}\mathrm{a}_{x,y} &= \frac{\Sigma\, l_{x+n} D'_{y+n}}{l_x D_y'}. \end{aligned}\right\} \qquad (68)$$

Neben der Verbindungsrente ist zunächst der Begriff der *Überlebensrente* (Witwenpension) von Interesse. Hier wird an die zu versorgende Person eine lebenslängliche Leibrente bezahlt, zum erstenmal zu Beginn des Versicherungsjahres, welches auf das Sterbejahr des Versorgers folgt. Aus $l_x l_y'$ vorhandenen Paaren der Alter x und y gehen aber im ersten Jahre $d_x l'_{y+1}$ Personen hervor, die am Ende dieses Jahres mit Anspruch auf Rente leben. Dem entspricht eine Wahrscheinlichkeit von $\frac{d_x l'_{y+1}}{l_x l_y'}$. Für das Ende des zweiten Jahres ist $\frac{d_{x+1} l'_{y+2}}{l_x l_y'}$ die analoge Wahrscheinlichkeit usw. Am Ende der einzelnen Jahre haben aber die zu versorgenden Personen den Anspruch auf die Zahlung einer lebenslänglichen Rente, deren Erwartungswerte für das Ende dieser Jahre a'_{y+1}, a'_{y+2}, ... usw. sind. Damit ergibt sich aber für den Erwartungswert der Überlebensrente 1

$$\left.\begin{aligned} \mathrm{a}_{x|y} &= \frac{d_x l'_{y+1}}{l_x l_y'} \mathrm{a}'_{y+1} v + \frac{d_{x+1}}{l_x} \frac{l'_{y+2}}{l_y'} \mathrm{a}'_{y+2} v^2 + \dots \\ &= (d_x D'_{y+1} \mathrm{a}'_{y+1} + d_{x+1} D'_{y+2} \mathrm{a}'_{y+2} + \dots) \frac{1}{l_x D_y'} \\ &= (d_x \Sigma D'_{y+1} + d_{x+1} \Sigma D'_{y+2} + \dots) \frac{1}{l_x D_y'} \\ &= [(l_x - l_{x+1}) \Sigma D'_{y+1} + (l_{x+1} - l_{x+2}) \Sigma D'_{y+2} + \dots] \frac{1}{l_x D_y'} \\ &= [l_x \Sigma D_y' - l_x D_y' - l_{x+1} \Sigma D'_{y+1} + \dots] \frac{1}{l_x D_y'} \\ &= [l_x \Sigma D_y' - \Sigma\, l_x D_y'] \frac{1}{l_x D_y'} = \frac{\Sigma D_y'}{D_y'} - \frac{\Sigma\, l_x D_y'}{l_x D_y'} = \mathrm{a}_y' - \mathrm{a}_{x,y} \end{aligned}\right\} \qquad (69)$$

und für den speziellen Fall, daß beide Tafeln gleich sind,

$$a_{x|y} = a_y - a_{x,y}. \tag{70}$$

Nimmt man an, daß in der Tafel für (y) alle q_y den Wert 0, demnach alle $_t p_y$ den Wert 1 besitzen, dann nehmen die Rentenwerte $a_{x|y}$, a_y, $a_{x,y}$ die Extremwerte $\frac{1}{d} A_x$, $\frac{1}{d}$, a_x an. Relation (70) geht dann in die bekannte Relation

$$A_x = 1 - d\, a_x$$

über.

Wir wollen weiter folgenden allgemeinen Rentenanspruch auf das Leben zweier verbundener Personen (x) und (y) betrachten. Solange beide Personen am Leben sind, sollen am Anfang der Versicherungsjahre die Beträge $e_0, e_1, e_2, \ldots$ zur Auszahlung gelangen. Wenn die Person (x) stirbt, soll die Person (y) vom Beginn des nächsten Versicherungsjahres ab solange sie lebt die Rentenbeträge $f_0, f_1, f_2, \ldots$ erhalten. Analog erhält (x) die Beträge $g_0, g_1, g_2, \ldots$, wenn (y) vorher sterben sollte. Sterben beide Personen im selben Versicherungsjahr, so werden am Ende dieser Jahre die Beträge $h_0, h_1, h_2, \ldots$ zur Auszahlung gebracht. Für den Erwartungswert dieses Anspruches erhält man

$$\left.\begin{aligned}
&\frac{1}{l_x l_y'}[l_x l_y' e_0 + l_{x+1} l'_{y+1} e_1 v + \ldots \\
&\quad + d_x l'_{y+1} f_0 v + d_{x+1} l'_{y+2} f_1 v^2 + \ldots \\
&\quad + l_{x+1} d_y' g_0 v + l_{x+2} d'_{y+1} g_1 v^2 + \ldots \\
&\quad + d_x d_y' h_0 v + d_{x+1} d'_{y+1} h_1 v^2 + \ldots] \\
&= \frac{1}{l_x D_y'}[e_0 l_x D_y' + e_1 l_{x+1} D'_{y+1} + \ldots \\
&\quad + f_0 d_x D'_{y+1} + f_1 d_{x+1} D'_{y+2} + \ldots \\
&\quad + g_0 l_{x+1} C_y' + g_1 l_{x+2} C'_{y+1} + \ldots \\
&\quad + h_0 d_x C_y' + h_1 d_{x+1} C'_{y+1} + \ldots]
\end{aligned}\right\} \tag{71}$$

Wir erhalten aus dieser Formel für die Werte $f_0 = a'_{y+1}, \ldots, e_i = g_i = h_i = 0$ den bereits behandelten Fall der Überlebensrente.

Fällt das Ableben der beiden Personen in dasselbe Jahr, so macht man die Annahme, daß in der Hälfte der Fälle das Ableben von (x) vor dem Ableben von (y) eintreten wird.

Für den Erwartungswert einer aufgeschobenen Überlebensrente ergibt sich

$$_{n|}a_{x|y} = \frac{l_{x+n} D'_{y+n}}{l_x D_y'} a_{x+n|y+n} = {}_nE_{x,y}\,(a'_{y+n} - a_{x+n,y+n}). \tag{72}$$

Es ist hierbei zu beachten, daß beide Personen nach n Jahren am Leben sein müssen, wenn ein Anspruch auf Rentenzahlung an (y) nach dem Ableben von (x) gegeben sein soll. Der temporäre Anspruch auf Überlebensrente ist dann durch

$$_{|n}a_{x|y} = a_{x|y} - {}_{n|}a_{x|y} = a_y' - a_{x,y} - {}_nE_{x,y}\,(a'_{y+n} - a_{x+n,y+n}) \tag{73}$$

definiert. Der Anspruch ist also hier auf n Jahre beschränkt, tritt aber das Ableben von (x) innerhalb dieser n Jahre ein, so erfolgt lebenslängliche Rentenzahlung an die Person (y).

Bei der temporären Versicherung einer temporär zahlbaren Überlebensrente (Waisenpension, Erziehungsrente) ist vereinbart, daß nach dem Ableben eines Versorgers (x) eine Rente im Betrage 1 an eine Person (y), solange diese am Leben ist, längstens jedoch bis zur Erreichung des Alters $y + n$ zu zahlen ist. In diesem Falle ist daher in der allgemeinen Formel (71) $f_0 = \mathrm{a}_{y+1,\overline{n-1}|}$, $f_1 = \mathrm{a}_{y+2,\overline{n-2}|}$, ..., $f_{n-2} = 1$, $f_{n-1} = 0$ zu setzen. Wir erhalten so:

$$\left.\begin{aligned}\mathrm{a}_{x|y,\overline{n}|} &= \frac{1}{l_x D_y'}\,[d_x(\Sigma D'_{y+1} - \Sigma D'_{y+n}) + \\ &\quad + d_{x+1}(\Sigma D'_{y+2} - \Sigma D'_{y+n}) + \ldots + d_{x+n-1}(\Sigma D'_{y+n} - \Sigma D'_{y+n})] \\ &= \frac{1}{D_y'}(\Sigma D_y' - \Sigma D'_{y+n}) - \frac{1}{l_x D_y'}(\Sigma l_x D_y' - \Sigma l_{x+n} D'_{y+n}) = \\ &\qquad = \mathrm{a}'_{y,\overline{n}|} - \mathrm{a}_{x,y,\overline{n}|}.\end{aligned}\right\} \quad (74)$$

Die Überlebensrenten ergeben sich daher stets als Differenz der Rente des zu Versorgenden und der Verbindungsrente auf beide Leben. Dies ist aber ganz unmittelbar einzusehen. Die Rente, deren Zahlung vereinbart ist, wird eben, solange beide Personen am Leben sind, zurückerstattet. Man sieht auch, daß hierbei die Beträge der einzelnen Rentenzahlungen unmittelbar zu berücksichtigen sind.

Ist eine Rentenzahlung vereinbart im Betrage 1, solange (x) und (y) am Leben sind, im Betrage α_1 als Überlebensrente an (y) und im Betrage α_2 als Überlebensrente an (x), so ergibt sich für diesen Anspruch als Erwartungswert

$$\begin{aligned}\mathrm{a}_{x,y} + \alpha_1(\mathrm{a}_y - \mathrm{a}_{x,y}) + \alpha_2(\mathrm{a}_x - \mathrm{a}_{x,y}) &= \\ = \alpha_1\mathrm{a}_y + \alpha_2\mathrm{a}_x + (1 - \alpha_1 - \alpha_2)\,\mathrm{a}_{x,y}.&\end{aligned} \quad (75)$$

Für den speziellen Fall $\alpha_1 = \alpha_2 = \alpha$ ergibt sich

$$\alpha(\mathrm{a}_x + \mathrm{a}_y) + (1 - 2\alpha)\,\mathrm{a}_{x,y}, \quad (76)$$

wobei für $\alpha = 1/2$ das Resultat

$$\frac{1}{2}(\mathrm{a}_x + \mathrm{a}_y) \quad (77)$$

folgt. Ist aber $\alpha = 1$, dann ist die Rente in voller Höhe bis zum Tode des zuletzt Sterbenden zu bezahlen, und ihr Erwartungswert ist

$$\mathrm{a}_{\overline{x,y}} = \mathrm{a}_x + \mathrm{a}_y - \mathrm{a}_{x,y}. \quad (78)$$

Bei einer *gegenseitigen Todesfallversicherung* (Kapitalversicherung auf den ersten Tod) ist vereinbart, daß am Ende der einzelnen Versicherungsjahre die Beträge $c_0, c_1, \ldots$ zur Zahlung gelangen, wenn das Ableben einer der beiden Personen (x) oder (y) in einem dieser Jahre erfolgt. Für die lebenslängliche Versicherung ist daher in (71) zu setzen $f_0 = g_0 = h_0 = c_0$, $f_1 = g_1 = h_1 = c_1, \ldots$ und der Erwartungswert des Anspruches daher

$$\frac{1}{l_x D_y'} [f_0 d_x D'_{y+1} + \ldots + \\ + g_0 l_{x+1} C_y' + \ldots + \\ + h_0 d_x C_y' + \ldots] = \frac{c_0}{l_x D_y'} (d_x D'_{y+1} + l_x C_y') + \ldots$$

und wegen

$$C_y' = v D_y' - D'_{y+1}$$

auch

$$\frac{1}{l_x D_y'} [c_0 (l_x D_y' v - l_{x+1} D'_{y+1}) + c_1 (l_{x+1} D'_{y+1} v - l_{x+2} D'_{y+2}) + \ldots].$$

Durch Hinzufügung des identisch verschwindenden Ausdrucks

$$\frac{1}{l_x D_y'} [c_0 l_x D_y' - c_0 l_x D_y' + c_1 l_{x+1} D'_{y+1} - c_1 l_{x+1} D'_{y+1} + \ldots]$$

erhält man auch

$$\frac{1}{l_x D_y'} [c_0 l_x D_y' + (c_1 - c_0) l_{x+1} D'_{y+1} + (c_2 - c_1) l_{x+2} D'_{y+2} + \ldots - \\ - (1 - v) (c_0 l_x D_y' + c_1 l_{x+1} D'_{y+1} + c_2 l_{x+2} D'_{y+2} + \ldots)]$$

und daher für den gesuchten Erwartungswert

$$A_{x,y} \{c_0, c_1, c_2, \ldots\} = \text{a}_{x,y} \{c_0, c_1 - c_0, c_2 - c_1, \ldots\} - \\ - (1 - v) \text{a}_{x,y} \{c_0, c_1, c_2, \ldots\}. \quad (79)$$

Es sei noch bemerkt, daß für die diskontierten Zahlen $l_x D_y$ auch die Bezeichnung $D_{x,y}$ in Verwendung ist.

Für die steigende pränumerando Verbindungsrente ergibt sich

$$(|\text{a})_{x,y} = \frac{1}{l_x D_y} (1 . l_x D_y + 2 l_{x+1} D_{y+1} + \ldots) = \frac{\Sigma\Sigma l_x D_y}{l_x D_y}, \quad (80)$$

wobei

$$\Sigma\Sigma l_x D_y = \Sigma l_x D_y + \Sigma l_{x+1} D_{y+1} + \ldots$$

gesetzt ist. Analog für die steigende temporäre Verbindungsrente

$$\frac{1}{l_x D_y} (\Sigma\Sigma l_x D_y - \Sigma\Sigma l_{x+n} D_{y+n} - n \Sigma l_{x+n} D_{y+n}) \quad (81)$$

und für die bis zu einem Maximum steigende Verbindungsrente

$$\frac{1}{l_x D_y} (\Sigma\Sigma l_x D_y - \Sigma\Sigma l_{x+n} D_{y+n}), \quad (82)$$

ganz wie in den für ein Leben behandelten Fällen.

Für die gegenseitige Todesfallversicherung auf die Beträge $c_0 = c_1 = \ldots = 1$, daher $c_1 - c_0 = 0, \ldots$ erhält man aus (79)

$$A_{x,y} = 1 - (1 - v) \text{a}_{x,y} \quad (83)$$

und für die gegenseitige temporäre Todesfallversicherung auf die Beträge 1

$$
\begin{aligned}
{}_{|n}A_{x,y} &= \frac{1}{l_x D_y}[l_x D_y + (c_n - c_{n-1})\, l_{x+n} D_{y+n}] - (1-v)\, \mathrm{a}_{x,y,\overline{n}|} \\
&= 1 - {}_nE_{x,y} - (1-v)\, \mathrm{a}_{x,y,\overline{n}|}.
\end{aligned}
\Bigg\} \quad (84)
$$

Damit ergibt sich als Erwartungswert der *gemischten Versicherung auf zwei verbundene Leben*

$$A_{x,y,\overline{n}|} = {}_{|n}A_{x,y} + {}_nE_{x,y} = 1 - (1-v)\, \mathrm{a}_{x,y,\overline{n}|}. \qquad (85)$$

Das Kapital 1 wird hier beim ersten Tod, spätestens nach n Jahren bezahlt, wenn dann beide Personen am Leben sind.

Bei einer gegenseitigen Todesfallversicherung auf Beträge, die bis zu einem Maximum ansteigen, ist in Formel (79) $c_0 = 1$, $c_1 = 2$, $c_2 = 3, \ldots,$ $c_{n-1} = c_n = \ldots = n$ zu setzen, und man erhält für den Erwartungswert des Anspruchs

$$
\begin{aligned}
&\frac{1}{l_x D_y}(\Sigma\, l_x D_y - \Sigma\, l_{x+n} D_{y+n}) - (1-v)\frac{1}{l_x D_y}(\Sigma\Sigma\, l_x D_y - \\
&\qquad\qquad - \Sigma\Sigma\, l_{x+n} D_{y+n}) \qquad (86) \\
&\qquad = \mathrm{a}_{x,y,\overline{n}|} - (1-v)\left(\overset{n}{|\mathrm{a}}\right)_{x,y}.
\end{aligned}
$$

Ist aber ein Maximum nicht vorgesehen, dann ergibt sich

$$(|A)_{x,y} = \mathrm{a}_{x,y} - (1-v)\,(|\mathrm{a})_{x,y}. \qquad (87)$$

Unter Benutzung der Erlebenswahrscheinlichkeiten wäre für die im vorhinein zahlbare Rente auf zwei Leben:

$$
\left.
\begin{aligned}
\mathrm{a}_{x,y} &= \sum_0^\infty v^t\, {}_tp_{x,y}, & \bar{a}_{x,y} &= \int_0^\infty v^t\, {}_tp_{x,y}\, dt, \\
\mathrm{a}_{x,y,\overline{n}|} &= \sum_0^{n-1} v^t\, {}_tp_{x,y}, & \bar{a}_{x,y,\overline{n}|} &= \int_0^n v^t\, {}_tp_{x,y}\, dt, \\
{}_{n|}\mathrm{a}_{x,y} &= \sum_n^\infty v^t\, {}_tp_{x,y}, & {}_{n|}\bar{a}_{x,y} &= \int_n^\infty v^t\, {}_tp_{x,y}\, dt
\end{aligned}
\right\} \qquad (88)
$$

und für eine Anzahl von m Personen

$$
\left.
\begin{aligned}
\mathrm{a}_{x,y,\ldots(m)} &= \sum_0^\infty v^t\, {}_tp_{x,y,\ldots(m)}, \\
\mathrm{a}_{x,y,\ldots(m)\overline{n}|} &= \sum_0^{n-1} v^t\, {}_tp_{x,y,\ldots(m)}, \\
{}_{n|}\mathrm{a}_{x,y,\ldots(m)} &= \sum_n^\infty v^t\, {}_tp_{x,y,\ldots(m)}
\end{aligned}
\right\} \qquad (89)
$$

zu schreiben.

Nach GRIFFITH-DAVIES wird für die diskontierten Zahlen der Lebenden bei zwei Personen $D_{x,y} = v^x\, l_x\, l_y$ oder auch $D_{x,y} = v^y\, l_x\, l_y$ gesetzt, wobei in der Regel die Diskontierung für das höhere Alter vorgenommen wird. Nach DE MORGAN benutzt man als diskontierte Zahl der Lebenden den symmetrischen Ausdruck

$$D_{x,y} = v^{\frac{1}{2}(x+y)}\, l_x\, l_y.$$

Es ist also nach der ersten Definition $D_{x+1,y} = v^{x+1}\, l_{x+1}\, l_y$ und nach der zweiten

$$D_{x+1,y} = v^{\frac{1}{2}(x+y+1)}\, l_{x+1}\, l_y.$$

Die Bildung der Summen und Doppelsummen erfolgt in beiden Fällen nach

$$N_{x,y} = \sum_0^\infty D_{x+t,y+t}.$$

Die Benutzung von doppelt abgestuften Tafeln erfolgt in gleicher Weise, wie bei der Versicherung eines Lebens auseinandergesetzt wurde.

Für die *bis zum Tode des zuletzt Sterbenden zahlbare Nachhineinrente* erhält man mittels der Erlebenswahrscheinlichkeiten

$$\left.\begin{aligned} a_{\overline{x,y}} &= \sum_1^\infty v^t\, {}_tp_{\overline{x,y}} \\ &= \sum_1^\infty v^t\,({}_tp_x + {}_tp_y - {}_tp_{x,y}) = a_x + a_y - a_{x,y}. \end{aligned}\right\} \tag{90}$$

Ist aber eine Nachhineinrente solange zu bezahlen, als von m Personen mindestens r am Leben sind, so erhält man auf Grund der in § 41 besprochenen Erlebenswahrscheinlichkeiten

$$\left.\begin{aligned} a^{r}_{\overline{x,y,\ldots(m)}} &= \sum_1^\infty v^t\, {}_tp^{r}_{\overline{x,y,\ldots(m)}} \\ &= \sum_1^\infty v^t\left[Z^r - r\,Z^{r+1} + \frac{r\,(r+1)}{1\,.\,2}\,Z^{r+2} - \ldots\right], \end{aligned}\right\} \tag{91}$$

wobei die Z mittels der Erlebenswahrscheinlichkeiten gebildet sind. Weil aber

$$\sum_1^\infty v^t\, {}_tp_{x,y,\ldots(k)} = a_{x,y,\ldots(k)},$$

so bleibt die Z-Formel auch für die Leibrente voll in Geltung, sofern Z aus den Rentenwerten in gleicher Weise zusammengesetzt wird wie früher aus den Wahrscheinlichkeiten. Es ist dann

$$\left.\begin{aligned} a^{r}_{\overline{x,y,\ldots(m)}} &= Z^r - r\,Z^{r+1} + \frac{r\,(r+1)}{1\,.\,2}\,Z^{r+2} - \ldots \\ &= \frac{Z^r}{(1+Z)^r} \end{aligned}\right\} \tag{92}$$

und demnach bei vier Personen

$$a_{\overline{x,y,z,w}} = \frac{Z}{1+Z} = Z - Z^2 + Z^3 - Z^4,$$

$$\overset{2}{a}_{\overline{x,y,z,w}} = \frac{Z^2}{(1+Z)^2} = Z^2 - 2Z^3 + 3Z^4,$$

$$\overset{3}{a}_{\overline{x,y,z,w}} = \frac{Z^3}{(1+Z)^3} = Z^3 - 3Z^4,$$

wobei die symbolischen Potenzen der Z wie folgt definiert sind:

$$Z = a_x + a_y + a_z + a_w,$$

$$Z^2 = a_{x,y} + a_{x,z} + a_{x,w} + a_{y,z} + a_{y,w} + a_{z,w},$$

$$Z^3 = a_{x,y,z} + a_{x,y,w} + a_{x,z,w} + a_{y,z,w},$$

$$Z^4 = a_{x,y,z,w}.$$

Ganz analog wäre für den Erwartungswert einer Leibrente auf m Personen, welche nur gezahlt wird, wenn gerade noch r dieser Personen am Leben sind, anzusetzen

$$\overset{[r]}{a}_{\overline{x,y,\ldots(m)}} = \frac{Z^r}{(1+Z)^{r+1}} = Z^r - (r+1)Z^{r+1} + \frac{(r+1)(r+2)}{1.2} Z^{r+2} - \ldots, \quad (93)$$

also beispielsweise

$$\overset{[2]}{a}_{\overline{x,y,z,w}} = \frac{Z^2}{(1+Z)^3} = Z^2 - 3Z^3 + 6Z^4.$$

Die Potenzen der Z sind auch hier wieder als die symmetrischen Grundfunktionen der Rentenwerte zu verstehen. Auf die Verwendung der Methode der unbestimmten Koeffizienten wird noch zurückzukommen sein.

Einige Vorsicht ist bei der Berechnung von aufgeschobenen Verbindungs- und Überlebensrenten nötig. Es kann hier sein, daß nach n Jahren entweder (x) oder (y) oder (x) und (y) am Leben ist. Der Erwartungswert für eine solche aufgeschobene Rente unter Einbeziehung aller drei Möglichkeiten wäre dann

$$\left.\begin{aligned} & v^n\, {}_np_x (1 - {}_np_y)\, a_{x+n} + v^n\, {}_np_y (1 - {}_np_x)\, a_{y+n} + \\ & \qquad + v^n\, {}_np_{x,y} (a_{x+n} + a_{y+n} - a_{x+n,\,y+n}) \\ & = v^n\, {}_np_x\, a_{x+n} + v^n\, {}_np_y\, a_{y+n} - v^n\, {}_np_{x,y}\, a_{x+n,\,y+n} \\ & = {}_{n|}a_x + {}_{n|}a_y - {}_{n|}a_{x,y} \\ & = {}_{n|}a_{\overline{x,y}}. \end{aligned}\right\} \quad (94)$$

Die Ansätze $v^n\, {}_np_{x,y}\, a_{\overline{x+n,\,y+n}}$ und $v^n\, {}_{n|}p_{\overline{x,y}}\, a_{\overline{x+n,\,y+n}}$ sind falsch.

Der Erwartungswert einer Nachhineinrente, welche solange zu zahlen ist, als (x) und (y) am Leben sind, und noch t Jahre nach dem Tod von (y), wenn (x) am Leben ist, wäre so zu bestimmen. Für die ersten t Jahre ist der Rentenwert jedenfalls $a_{x,\overline{t|}}$ auch dann, wenn das Ableben von (y) sofort erfolgt. Für das Ende des $t+r$ ten Jahres erfolgt eine Rentenzahlung dann, wenn (x) noch lebt und (y) vor t Jahren am Leben war. Der Erwartungswert dieser Zahlung wäre demnach

$$v^{t+r}\ {}_{t+r}p_x\ {}_rp_y$$

und damit der Erwartungswert der Rente für den Index $t+1, t+2, \ldots$

$$\sum_1^\infty{}_r v^{t+r}\ {}_{t+r}p_x\ {}_rp_y = v^t\ {}_tp_x \sum_1^\infty v^r\ {}_rp_{x+t,y} = v^t\ {}_tp_x\ a_{x+t,r}.$$

Demnach der ganze Erwartungswert

$$a_{x,\overline{t|}} + \frac{D_{x+t}}{D_x} a_{x+t,y} = a_x - \frac{D_{x+t}}{D_x}(a_{x+t} - a_{x+t,y}). \qquad (95)$$

Ähnlich wäre eine Rente zu berechnen, welche bezahlt wird, solange (x) und der Überlebende von (y) und (z) lebt und noch t Jahre nach dem Tod des Überlebenden von (y) und (z), wenn dann noch (x) am Leben ist. Es ist dann wieder $a_{x,\overline{t|}}$ der Erwartungswert der Rente für die ersten t Jahre und weiterhin

$$\begin{aligned}\sum_1^\infty v^{t+r}\ {}_{t+r}p_x\ {}_rp_{\overline{y,z}} &= v^t\ {}_tp_x \sum_1^\infty v^r\ {}_rp_{x+t}\,({}_rp_y + {}_rp_z - {}_rp_{y,z})\\ &= v^t\ {}_tp_x\,(a_{x+t,y} + a_{x+t,z} - a_{x+t,y,z}).\end{aligned}$$

Demnach der gesamte Rentenanspruch

$$\begin{aligned}a_{x,\overline{t|}} + \frac{D_{x+t}}{D_x}(a_{x+t,y} + a_{x+t,z} - a_{x+t,y,z}) &=\\ = a_x - \frac{D_{x+t}}{D_x}(a_{x+t} - a_{x+t,y} - a_{x+t,z} + a_{x+t,y,z}).\end{aligned} \qquad (96)$$

Die angewandten Methoden sind allgemein und gelten für Rentenansprüche auf eine beliebige Anzahl von Personen.

So ist z. B. der Erwartungswert einer Rente, die so lange zu zahlen ist, als eine Gruppe von drei Personen (a), (b), (c) gemeinsam mit einer Gruppe von drei Personen (x), (y), (z) existiert,

$$a_{(a,b,c)\,(x,y,z)} = a_{a,b,c,x,y,z}.$$

Hingegen ist

$$\left.\begin{aligned}a_{(a,b,c),\overline{x,y,z}} &= \sum_1^\infty v^t\ {}_tp_{\overline{x,y,z}} \cdot {}_tp_{a,b,c}\\ &= \sum_1^\infty v^t\ {}_tp_{a,b,c}\,({}_tp_x + {}_tp_y + {}_tp_z - {}_tp_{x,y} - {}_tp_{x,z} - {}_tp_{y,z} + {}_tp_{x,y,z})\\ &= a_{a,b,c,x} + a_{a,b,c,y} + a_{a,b,c,z} - a_{a,b,c,x,y} -\\ &\quad - a_{a,b,c,x,z} - a_{a,b,c,y,z} + a_{a,b,c,x,y,z}.\end{aligned}\right\} \qquad (97)$$

In diesem Falle wird also die Rente bis zum letzten Tod der zweiten Gruppe bezahlt, solange die erste Gruppe intakt vorhanden ist.

Die reine Ablebensversicherung, zahlbar zum ersten Tod von zwei Leben (x) und (y), kann auch so dargestellt werden

$$\left.\begin{aligned} A_{x,y} &= \sum_0^\infty v^{t+1}\,{}_{t|}q_{x,y} = \sum_0^\infty v^{t+1}\left({}_tp_{x,y} - {}_{t+1}p_{x,y}\right) \\ &= v\,\mathrm{a}_{x,y} - a_{x,y} = 1 - d\,\mathrm{a}_{x,y} \end{aligned}\right\} \tag{98}$$

Ganz ähnlich ist

$$_{|n}A_{x,y} = v\,\mathrm{a}_{x,y,\overline{n}|} - a_{x,y,\overline{n}|} \tag{99}$$

und

$$A_{x,y,\overline{n}|} = {}_{|n}A_{x,y} + {}_nE_{x,y} = v\,\mathrm{a}_{x,y,\overline{n}|} - a_{x,y,\overline{n-1}|} = 1 - d\,\mathrm{a}_{x,y,\overline{n}|}. \tag{100}$$

Für den Zeitpunkt t der Auflösung eines Paares (x) und (y) ist der Erwartungswert der Zahlung 1 $v^t\,{}_tp_{x,y}\left(\mu_{x+t} + \mu_{y+t}\right)dt$ oder $v^t\,{}_tp_{x,y}\,\mu_{x+t,\,y+t}\,dt$ und demnach nach der kontinuierlichen Methode der Erwartung der temporären Todesfallversicherung auf den ersten Tod

$$\left.\begin{aligned} {}_{|n}\overline{A}_{x,y} &= \int_0^n v^t\,{}_tp_{x,y}\,\mu_{x+t,y+t}\,dt = -\frac{1}{l_{x,y}}\int_0^n v^t \frac{d\,l_{x+t,y+t}}{dt}\,dt \\ &= -\frac{1}{l_{x,y}}\left[v^t\,l_{x+t,y+t} - \int v^t \log v\, l_{x+t,y+t}\,dt\right]_0^n \\ &= 1 - v^n\,{}_np_{x,y} - \delta\,\bar{a}_{x,y,\overline{n}|}. \end{aligned}\right\} \tag{101}$$

Also auch

$$\overline{A}_{x,y} = 1 - \delta\,\bar{a}_{x,y} \tag{102}$$

und

$$\overline{A}_{x,y,\overline{n}|} = 1 - \delta\,\bar{a}_{x,y,\overline{n}|}. \tag{103}$$

Für m Personen aber ist der Erwartungswert der reinen Ablebensversicherung zum ersten Tod durch

$$\left.\begin{aligned} A_{x,y,\ldots(m)} &= v\,\mathrm{a}_{x,y,\ldots(m)} - a_{x,y,\ldots(m)} \\ &= 1 - d\,\mathrm{a}_{x,y,\ldots(m)}. \end{aligned}\right\} \tag{104}$$

Soll das Todesfallkapital beim $r+1$ ten Tod von m Personen gezahlt werden, dann wäre der Erwartungswert dieser Zahlung

$$\left.\begin{aligned} &v\left(1 + a_{\overline{x,y,\ldots(m)}}^{\,m-r}\right) - a_{\overline{x,y,\ldots(m)}}^{\,m-r} \\ &= 1 - d\left(1 + a_{\overline{x,y,\ldots(m)}}^{\,m-r}\right). \end{aligned}\right\} \tag{105}$$

Die Kommutationswerte für Todesfallversicherungen können für mehrere Leben wieder ganz nach Analogie der betreffenden Werte für ein Leben gebildet werden. Hiernach ist nach GRIFFITH-DAVIES

$$C_{x,y} = v^{x+1}(l_x l_y - l_{x+1} l_{y+1}) \quad x \geqq y,$$

nach DE MORGAN

$$C_{x,y} = v^{\frac{x+y}{2}+1}(l_x l_y - l_{x+1} l_{y+1}).$$

Für die Summen aber gilt in beiden Fällen

$$M_{x,y} = \sum_0^\infty C_{x+t,\,y+t}.$$

Für die Ablebensversicherung auf zwei Leben, zahlbar beim letzten Tod, wäre

$$\left.\begin{aligned} A_{\overline{x,y}} &= 1 - d\,\mathrm{a}_{\overline{x,y}} = 1 - d(\mathrm{a}_x + \mathrm{a}_y - \mathrm{a}_{x,y}) \\ &= A_x + A_y - A_{x,y} \end{aligned}\right\} \qquad (106)$$

und für drei Leben

$$\left.\begin{aligned} A_{\overline{x,y,z}} &= 1 - d\,\mathrm{a}_{\overline{x,y,z}} = \\ &= 1 - d(\mathrm{a}_x + \mathrm{a}_y + \mathrm{a}_z - \mathrm{a}_{x,y} - \mathrm{a}_{x,z} - \mathrm{a}_{y,z} + \mathrm{a}_{x,y,z}) \\ &= A_x + A_y + A_z - A_{x,y} - A_{x,z} - A_{y,z} + A_{x,y,z}. \end{aligned}\right\} \qquad (107)$$

Überall dort, wo die Formeln

$$A = 1 - d\,\mathrm{a}, \quad P = \frac{1}{\mathrm{a}} - d$$

anwendbar sind, können auch bei den Versicherungswerten für mehrere Leben die Konversionstafeln zur Berechnung des einen Versicherungswertes aus den anderen Verwendung finden. Dieser Zusammenhang besteht immer dann, wenn es sich bei einer Todesfallversicherung um eine unbedingte Zahlung handelt, also insbesondere bei der Versicherung auf Ab- und Erleben (abgekürzte Todesfallversicherung zum ersten oder zum zweiten Tod, wenn es sich um zwei Personen handelt). Im ersten Fall entsprechen den Renten

$$\int_0^n v^t\,{}_tp_{x,y}\,dt, \quad \sum_0^{n-1} v^t\,{}_tp_{x,y} \qquad (108)$$

die Kapitalversicherungen

$$1 - \delta\,\bar{a}_{x,y,\overline{n|}}, \quad 1 - d\,\mathrm{a}_{x,y,\overline{n|}}, \qquad (109)$$

im zweiten den Renten

$$\int_0^n v^t\,{}_tp_{\overline{x,y}}\,dt, \quad \sum_0^{n-1} v^t\,{}_tp_{\overline{x,y}} \qquad (110)$$

die Kapitalversicherungen

$$1 - \delta\,\bar{a}_{\overline{x,y},\overline{n|}}, \quad 1 - d\,\mathrm{a}_{\overline{x,y},\overline{n|}}. \qquad (111)$$

§ 46. Die einseitige Todesfallversicherung (Überlebenskapital).

Bei dieser Versicherung ist vereinbart, daß das Kapital zur Zahlung gelangt, wenn das Ableben eines Versorgers (x) vor dem Ableben einer zu versorgenden Person (y) erfolgt. Setzt man in der allgemeinen Formel (71) $e_i = g_i = 0$, $f_0 = c_0$, $f_1 = c_1, \ldots$, $h_0 = \frac{c_0}{2}$, $h_1 = \frac{c_1}{2}, \ldots$, so erhält man für diesen Versicherungsanspruch

$$\frac{1}{l_x D_y}[c_0 d_x D_{y+1} + c_1 d_{x+1} D_{y+2} + \ldots] + $$
$$+ \frac{c_0}{2} d_x C_y + \frac{c_1}{2} d_{x+1} C_{y+1} + \ldots$$
$$= \frac{1}{l_x D_y}\left\{c_0 d_x\left(D_{y+1} + \frac{C_y}{2}\right) + c_1 d_{x+1}\left(D_{y+1} + \frac{C_{y+1}}{2}\right) + \ldots\right\}.$$

Nachdem aber

$$D_{y+1} + \frac{C_y}{2} = D_{y+1} + \frac{1}{2}(v D_y - D_{y+1}) = \frac{1}{2}(D_{y+1} + D_y v),$$

erhält man auch

$$\frac{1}{2 l_x D_y}[c_0 d_x (D_y v + D_{y+1}) + c_1 d_{x+1}(D_{y+1} v + D_{y+2}) + \ldots]$$
$$= \frac{1}{2 l_x D_y}[c_0 (l_x - l_{x+1})(D_y v + D_{y+1}) +$$
$$+ c_1 (l_{x+1} - l_{x+2})(D_{y+1} v + D_{y+2}) + \ldots]$$
$$= \frac{1}{2 l_x D_y}[c_0 (l_x D_y v - l_{x+1} D_{y+1}) + c_1 (l_{x+1} D_{y+1} v - l_{x+2} D_{y+2}) + \ldots$$
$$\ldots + (c_0 l_x D_{y+1} + c_1 l_{x+1} D_{y+2} + \ldots) -$$
$$- (c_0 l_{x+1} D_y + c_1 l_{x+2} D_{y+1} + \ldots) v].$$

Zur Berechnung benötigt man demnach Grundtafeln mit den Altersdifferenzen $x - y$, $x - y - 1$, $x - y + 1$. Für die einseitige Todesfallversicherung von (x) zugunsten von (y) kann also geschrieben werden

$$\left.\begin{aligned} 2 A_{x|y}\{c_0, c_1, \ldots\} &= A_{x,y}\{c_0, c_1, \ldots\} + \\ &+ \frac{c_0 l_x D_{y+1} + c_1 l_{x+1} D_{y+2} + \ldots}{l_x D_{y+1}} \cdot \frac{D_{y+1}}{D_y} - \\ &- \frac{c_0 l_{x+1} D_y + c_1 l_{x+2} D_{y+1} + \ldots}{l_{x+1} D_y} v \frac{l_{x+1}}{l_x} \\ &= A_{x,y}\{c_0, c_1, \ldots\} + {}_1E_y\, a_{x,y+1}\{c_0, c_1, \ldots\} - \\ &- {}_1E_x\, a_{x+1,y}\{c_0, c_1, \ldots\}. \end{aligned}\right\} \quad (112)$$

Die umgekehrte Versicherung von (y) zugunsten von (x) ist dann

$$2 A_{y|x}\{c_0, c_1, \ldots\} = A_{x,y}\{c_0, c_1, \ldots\} + {}_1E_x\, a_{x+1,y}\{c_0, c_1, \ldots\} -$$
$$- {}_1E_y\, a_{x,y+1}\{c_0, c_1, \ldots\}$$

und daher als selbstverständliche Beziehung auch

$$A_{x|y}\{c_0, c_1, \ldots\} + A_{y|x}\{c_0, c_1, \ldots\} = A_{x,y}\{c_0, c_1, \ldots\}.$$

Die Formeln gelten auch, wenn für (x) und (y) verschiedene Absterbeordnungen zur Verwendung gelangen. Sind aber beide Alter gleich, so ist

$$A_{x|x}\{c_0, c_1, \ldots\} = \frac{1}{2} A_{x, x}\{c_0, c_1, \ldots\}.$$

Für den speziellen Fall $c_0 = c_1 = \ldots = 1$ ergibt die Formel (112)

$$2\,A_{x|y} = A_{x,y} + {}_1E_y\,\mathrm{a}_{x,y+1} - {}_1E_x\,\mathrm{a}_{x+1,y} \qquad (113)$$

und für die beständig steigende Überlebenskapitalversicherung

$$\left.\begin{aligned} 2\,(|A)_{x|y} &= (|A)_{x,y} + {}_1E_y\,(|\mathrm{a})_{x,y+1} - {}_1E_x\,(|\mathrm{a})_{x+1,y} \\ &= \frac{1}{l_x D_y}[\Sigma\Sigma\, l_x D_{y+1} - v\,\Sigma\Sigma\, l_{x+1} D_y + \\ &\qquad + v\,\Sigma\Sigma\, l_x D_y - \Sigma\Sigma\, l_{x+1} D_{y+1}]. \end{aligned}\right\} \qquad (114)$$

Für die bis zu einem Maximum steigende Überlebenskapitalversicherung aber ist nach (112) der Anspruchswert für

$$c_0 = 1,\ c_1 = 2,\ \ldots,\ c_{n-1} = c_n = \ldots = n$$

$$\left.\begin{aligned} &\frac{1}{2}\left[\left(|\overset{n}{A}\right)_{x,y} + {}_1E_y\left(|\overset{n}{\mathrm{a}}\right)_{x,y+1} - {}_1E_x\left(|\overset{n}{\mathrm{a}}\right)_{x+1,y}\right] \\ &= \frac{1}{2\,l_x D_y}[(\Sigma\Sigma l_x D_{y+1} - \Sigma\Sigma l_{x+n} D_{y+n+1}) - (\Sigma\Sigma l_{x+1} D_y - \\ &\quad - \Sigma\Sigma l_{x+n+1} D_{y+n})\,v + (\Sigma\Sigma\, l_x D_y - \Sigma\Sigma l_{x+n} D_{y+n})\,v - \\ &\quad - (\Sigma\Sigma\, l_{x+1} D_{y+1} - \Sigma\Sigma l_{x+n+1} D_{y+n+1})]. \end{aligned}\right\} \qquad (115)$$

Aus der Überlebenskapitalversicherung von (x) zugunsten von (y) erhält man aber sofort den Erwartungswert der Todesfallversicherung, zahlbar, wenn (x) als zweiter stirbt, mit

$$A^{2}_{x,y} = A_x - A^{1}_{x,y} = A_x - A_{x|y}.$$

Mit Hilfe von eigens dazu berechneten diskontierten Zahlen läßt sich der Erwartungswert der einseitigen Todesfallversicherung auch so bestimmen. Unter der Annahme der gleichmäßigen Aufteilung der Todesfälle ist der Erwartungswert der Zahlung 1 für das Ende des $t+1$ ten Jahres im Falle des Ablebens von (x), wenn (y) am Leben ist,

$$\frac{v^{\frac{x+y}{2}+t+1}\, d_{x+t}\, l_{y+t+1/2}}{v^{\frac{x+y}{2}}\, l_x\, l_y} = \frac{C^{1}_{\overline{x+t},y+t}}{D_{x,y}}.$$

Man erhält dann

$$A^{1}_{x,y} = \frac{1}{D_{x,y}} \sum_{0}^{\infty} C^{1}_{\overline{x+t},y+t} = \frac{M^{1}_{\overline{x},y}}{D_{x,y}}. \qquad (116)$$

Hierzu können natürlich für steigende Ansprüche auch die

$$R^{1}_{x,y} = \sum_{0}^{\infty} M^{1}_{\overline{x+t},y+t}$$

tabelliert werden. Nach der Vorgangsweise von GRIFFITH-DAVIES könnte aber auch

$$\left.\begin{aligned} C^{1}_{\overline{x+t}, y+t} &= v^{x+t+1} d_{x+t} l_{y+t+1/2} \quad x > y \\ C^{1}_{\overline{x+t}, y+t} &= v^{y+t+1} d_{x+t} l_{y+t+1/2} \quad x < y \\ M^{1}_{\overline{x}, y} &= \sum_{0}^{\infty} C^{1}_{\overline{x+t}, y+t} \end{aligned}\right\} \tag{117}$$

definiert werden. In der Regel wird aber wegen der mühsamen Herstellung der zugehörenden Grundtafeln die Formel (112) vorzuziehen sein oder aber, wie noch zu besprechen ist, die Auswertung der Versicherungsansprüche mittels mechanischer Quadratur vorzunehmen sein.

Schreibt man nach der kontinuierlichen Methode für den Erwartungswert von

$$\bar{A}^{1}_{x, y} = \int_{0}^{\infty} v^t \, {}_t p_{x, y} \, \mu_{x+t} \, dt = \frac{1}{l_x l_y} \int_{0}^{\infty} v^t l_{x+t} l_{y+t} \mu_{x+t} \, dt, \tag{118}$$

so kann im Wege der Näherung

$$\mu_{x+t} \cong \frac{l_{x+t-1} - l_{x+t+1}}{2 \, l_{x+t}}$$

$$\left.\begin{aligned} \bar{A}^{1}_{x, y} &\cong \int_{0}^{\infty} v^t \, {}_t p_{x, y} \frac{l_{x+t-1} - l_{x+t+1}}{2 \, l_{x+t}} dt \\ &= \frac{1}{2} \left\{ \frac{l_{x-1}}{l_x} \int_{0}^{\infty} v^t \frac{l_{x-1+t}}{l_{x-1}} \cdot \frac{l_{y+t}}{l_y} dt - \frac{l_{x+1}}{l_x} \int_{0}^{\infty} v^t \frac{l_{x+1+t}}{l_{x+1}} \frac{l_{y+t}}{l_y} dt \right\} \\ &= \frac{1}{2} \left\{ \frac{\bar{a}_{x-1, y}}{p_{x-1}} - p_x \bar{a}_{x+1, y} \right\} \end{aligned}\right\} \tag{119}$$

als Näherung zugelassen werden. Hierbei wird auch stets die Annahme

$$A^{1}_{x, y} \cong v^{1/2} \bar{A}^{1}_{x, y}$$

praktisch zulässig erscheinen.

Wenn aber von der Näherung $\mu_{x+t} \cong q_{x+t}$ für alle in Betracht kommenden t Gebrauch gemacht wird, dann erhält man

$$\left.\begin{aligned} \bar{A}^{1}_{x, y} &= \int_{0}^{\infty} v^t \, {}_t p_{x, y} \frac{l_{x+t} - l_{x+t+1}}{l_{x+t}} dt \\ &= \bar{a}_{x, y} - p_x \bar{a}_{x+1, y}. \end{aligned}\right\} \tag{120}$$

Die Formel gibt, weil in der Regel $q_x > \mu_x$, zu hohe Werte.

Wiederum unter der Annahme gleichmäßiger Verteilung der Todesfälle könnte man auch bei der Bestimmung von $A^{1}_{x, y}$ so vorgehen. Der Erwartungswert der Kapitalzahlung für das Ende des $t + 1$ ten Jahres ist

$$v^{t+1} \frac{d_{x+t}}{l_x} \frac{l_{y+t+1/2}}{l_y}$$

und daher

$$A^{1}_{x,y} = \sum_{0}^{\infty} v^{t+1} \frac{d_{x+t}}{l_x} \frac{l_{y+t+1/2}}{l_y}.$$

Unter Heranziehung von Formel (41) ergibt sich aber

$$A^{1}_{x,y} = \frac{1}{2} \sum_{0}^{\infty} v^{t+1} \left\{ {}_t p_{x,y} - {}_{t+1}p_{x,y} + \frac{{}_{t+1}p_{x-1,y}}{p_{x-1}} - \frac{{}_{t+1}p_{x,y-1}}{p_{y-1}} \right\}$$

$$= \frac{1}{2} \left\{ v\, \mathrm{a}_{x,y} - a_{x,y} + \frac{a_{x-1,y}}{p_{x-1}} - \frac{a_{x,y-1}}{p_{y-1}} \right\}$$

$$= \frac{1}{2} \left\{ A_{x,y} + {}_1E_y\, \mathrm{a}_{x,y+1} - {}_1E_x\, \mathrm{a}_{x+1,y} \right\}$$

in Übereinstimmung mit dem bereits erhaltenen Resultat.

Wir vermerken uns noch die Formel

$$\left.\begin{aligned} \frac{d}{dx} \bar{a}_{x,y} &= \frac{d}{dx} \int_{0}^{\infty} v^t\, {}_t p_{x,y}\, dt = \int_{0}^{\infty} v^t\, {}_t p_{x,y} (\mu_x - \mu_{x+t})\, dt \\ &= \mu_x \bar{a}_{x,y} - \bar{A}^{1}_{x,y} \end{aligned}\right\} \quad (121)$$

und damit

$$\bar{A}^{1}_{x,y} = \mu_x \bar{a}_{x,y} - \frac{d}{dx} \bar{a}_{x,y} \cong \mu_x \bar{a}_{x,y} + \frac{1}{2} (\bar{a}_{x-1,y} - \bar{a}_{x+1,y}). \quad (122)$$

In vollständiger Analogie zu den erhaltenen Resultaten wäre auf dem gleichen Wege für die Überlebenskapitalversicherung eines Versorgers (x) zugunsten von zwei Personen (y) und (z), sofern beim Ableben von (x) beide am Leben sind,

$$\left.\begin{aligned} \bar{A}^{1}_{x,y,z} &= \int_{0}^{\infty} v^t\, {}_t p_{x,y,z}\, \mu_{x+t}\, dt \\ &\cong \frac{1}{2} \left\{ \frac{\bar{a}_{x-1,y,z}}{p_{x-1}} - p_x \bar{a}_{x+1,y,z} \right\} \cong \bar{a}_{x,y,z} - p_x \bar{a}_{x+1,y,z} \\ &\cong \mu_x \bar{a}_{x,y,z} + \frac{1}{2} (\bar{a}_{x-1,y,z} - \bar{a}_{x+1,y,z}) \end{aligned}\right\} \quad (123)$$

und für die Überlebenskapitalversicherung eines Paares von Versorgern (x) und (y) zugunsten von (z)

$$\left.\begin{aligned} \bar{A}^{1}_{\overline{x,y},z} &= \int_{0}^{\infty} v^t\, {}_t p_{x,y,z}\, \mu_{x+t,y+t}\, dt \\ &\cong \frac{1}{2} \left\{ \frac{\bar{a}_{x-1,y-1,z}}{p_{x-1,y-1}} - p_{xy}\, \bar{a}_{x+1,y+1,z} \right\} \\ &\cong (\mu_x + \mu_y) \bar{a}_{x,y,z} + \frac{1}{2} (\bar{a}_{x-1,y-1,z} - \bar{a}_{x+1,y+1,z}) \end{aligned}\right\} \quad (124)$$

zu erhalten. Die Versicherungssumme wird bei (124) beim Tod des zuerst sterbenden Versorgers gezahlt.

Aus dem Umstande, daß die Wahrscheinlichkeit $q^{1}_{x,y}$ für das Ableben von (x) vor (y) zu irgendeinem Zeitpunkt gleich ist der Wahrscheinlichkeit $q_{x,\overset{2}{y}}$ des Ablebens von (y) nach (x), darf keineswegs geschlossen werden, daß eine analoge Beziehung zwischen den bezüglichen Ablebensversicherungen besteht. Denn es ist

$$\overline{A}^{1}_{x,y} = \int_0^\infty v^t\, {}_tp_{x,y}\, \mu_{x+t}\, dt,$$

hingegen

$$\overline{A}_{x,\overset{2}{y}} = \int_0^\infty v^t (1 - {}_tp_x)\, {}_tp_y\, \mu_{y+t}\, dt = \overline{A}_y - \overline{A}_{x,\overset{1}{y}}.$$

Der Erwartungswert einer Kapitalversicherung, welche zahlbar ist, wenn (x) vor (y) oder innerhalb von n Jahren nach dem Tod von (y) stirbt, ist gleich $\overline{A}_x$ weniger dem Erwartungswert einer Todesfallversicherung, die nur zahlbar ist, wenn (x) mindestens n Jahre nach (y) stirbt. Demnach

$$\left.\begin{aligned} &\overline{A}_x - \int_0^\infty v^{t+n} (1 - {}_tp_y)\, {}_{n+t}p_x\, \mu_{x+n+t}\, dt \\ &= \overline{A}_x - v^n \overline{A}_{x+n} \int_0^\infty v^t (1 - {}_tp_y)\, {}_tp_{x+n}\, \mu_{x+n+t}\, dt = \\ &\qquad = \overline{A}_x - v^n\, {}_np_x \left(\overline{A}_{x+n} - \overline{A}^{1}_{\overline{x+n},\, y}\right) \end{aligned}\right\} \quad (125)$$

oder auch

$$_{|n}\overline{A}_x + \int_0^\infty v^{t+n}\, {}_{n+t}p_x\, {}_tp_y\, \mu_{x+n+t}\, dt.$$

Unmittelbar einzusehen ist die Korrektheit der folgenden Ansätze.

$$\left.\begin{aligned} &\overline{A}_{x,y} = \overline{A}^{1}_{x,y} + \overline{A}_{x,\overset{1}{y}}, \quad \overline{A}_{\overline{x,y}} = \overline{A}^{2}_{x,y} + \overline{A}_{x,\overset{2}{y}} \\ &\overline{A}^{2}_{x,\underset{1}{y},z} = \int_0^\infty v^t (1 - {}_tp_y) \cdot {}_tp_{x,z}\, \mu_{x+t}\, dt = \overline{A}^{1}_{x,z} - \overline{A}^{1}_{x,y,z} \\ &\overline{A}^{2}_{x,y,z} = \overline{A}^{2}_{x,\underset{1}{y},z} + \overline{A}^{2}_{x,y,\underset{1}{z}} = \overline{A}^{1}_{x,y} + \overline{A}^{1}_{x,z} - 2\,\overline{A}^{1}_{x,y,z} \\ &\qquad = \int_0^\infty v^t\, {}_tp_x ({}_tp_y + {}_tp_z - 2\, {}_tp_{y,z})\, \mu_{x+t}\, dt. \\ &\overline{A}^{3}_{x,y,z} = \int_0^\infty v^t (1 - {}_tp_y)(1 - {}_tp_z)\, {}_tp_x\, \mu_{x+t}\, dt \\ &= \int_0^\infty v^t (1 - {}_tp_y - {}_tp_z + {}_tp_{y,z})\, {}_tp_x\, \mu_{x+t}\, dt = \\ &\qquad = \overline{A}_x - \overline{A}^{1}_{x,y} - \overline{A}^{1}_{x,z} + \overline{A}^{1}_{x,y,z} \\ &\overline{A}^{3}_{x,y,z} = \overline{A}_x - \overline{A}^{1}_{x,y,z} - \overline{A}^{2}_{x,y,z} = \overline{A}_x - \overline{A}^{1}_{x,\overline{y,z}} \end{aligned}\right\} \quad (126)$$

und auch

$$\bar{A}_{\overset{1}{x},\overline{y,z}} = \int_0^\infty v^t \, {}_t p_{\overline{y,z}} \, {}_t p_x \, \mu_{x+t} \, dt = \bar{A}_{\overset{1}{x},y} + \bar{A}_{\overset{1}{x},z} - \bar{A}_{\overset{1}{x},y,z} = \bar{A}_x - \bar{A}_{\overset{3}{x},y,z}. \tag{127}$$

Soll aber 1 bezahlt werden beim zweiten Tod von (x) und (y), wenn dann noch (z) am Leben ist, so hat man

$$\bar{A}_{\overline{x,y},\overset{1}{z}} = \bar{A}_{\overset{2}{x},\underset{1}{y},z} + \bar{A}_{\underset{1}{x},\overset{2}{y},z} = \bar{A}_{\overset{1}{x},z} + \bar{A}_{\overset{1}{y},z} - \bar{A}_{\overset{1}{x},y,z} - \bar{A}_{x,y,\overset{1}{z}}. \tag{128}$$

Hierbei ist wieder zu beachten, daß zwar $q_{\overline{x,y},\overset{1}{z}} = q_{x,y,\overset{3}{z}}$, daß aber eine solche Beziehung keineswegs zwischen $A_{\overline{x,y},\overset{1}{z}}$ und $A_{x,y,\overset{3}{z}}$ besteht.

Für die aufgeschobene einseitige Todesfallversicherung gilt

$$\left.\begin{aligned}
{}_{n|}\bar{A}_{\overset{1}{x},y} &= \int_0^\infty v^{n+t} \, {}_{n+t}p_{x,y} \, \mu_{x+n+t} \, dt = v^n \, {}_n p_{x,y} \, \bar{A}_{\overset{1}{\overline{x+n}},y+n} \\
{}_{n|}\bar{A}_{\overset{2}{x},y} &= \int_0^\infty v^{n+t} \, {}_{n+t}p_x \, (1 - {}_{n+t}p_y) \, \mu_{x+n+t} \, dt = \\
&\qquad\qquad = v^n \, {}_n p_x \, \bar{A}_{x+n} - v^n \, {}_n p_{x,y} \, \bar{A}_{\overset{1}{\overline{x+n}},y+n} \\
&= {}_{n|}\bar{A}_x - {}_{n|}\bar{A}_{\overset{1}{x},y}.
\end{aligned}\right\} \tag{129}$$

Hierbei ist

$${}_{n|}\bar{A}_{\overset{1}{x},y} + {}_{n|}\bar{A}_{x,\overset{1}{y}} = {}_{n|}\bar{A}_{x,y}, \quad {}_{n|}\bar{A}_{\overset{2}{x},y} + {}_{n|}\bar{A}_{x,\overset{2}{y}} = {}_{n|}\bar{A}_{\overline{x,y}}.$$

Aus der lebenslänglichen und der aufgeschobenen Überlebenskapitalversicherung sind aber die Werte der analogen temporären Versicherung als Differenzen zu erhalten oder aber durch Integration zwischen 0 und n.

Die einseitige Überlebensrente kann stets als Überlebenskapitalversicherung auf den im Zeitpunkt des Ablebens fälligen Rentenwert aufgefaßt werden. Es ist demnach

$$\bar{a}_{y|x} = \int_0^\infty v^t \, {}_t p_{x,y} \, \mu_{y+t} \, \bar{a}_{x+t} \, dt, \tag{130}$$

aber auch

$$\bar{a}_{y|x} = \int_0^\infty v^t \, (1 - {}_t p_y) \, {}_t p_x \, dt = \bar{a}_x - \bar{a}_{x,y}. \tag{131}$$

Die Überführung des einen Ausdrucks in den anderen erfolgt durch Umformung des Doppelintegrals (130)

$$\begin{aligned}
\bar{a}_{y|x} &= \int_0^\infty {}_t p_y \, \mu_{y+t} \, dt \int_t^\infty v^s \, {}_s p_x \, ds \\
&= \int_0^\infty v^t \, {}_t p_x \, dt \int_0^t {}_s p_y \, \mu_{y+s} \, ds \\
&= \int_0^\infty v^t \, {}_t p_x \, (1 - {}_t p_y) \, dt.
\end{aligned}$$

In der internationalen Bezeichnungsweise sollen die zu den einzelnen Personen (x), (y), (z), ... oben und unten angesetzten Ziffern die Reihenfolge des Ablebens angeben, wobei die obenstehenden Ziffern stets die Personen bezeichnen, mit deren Ableben die Versicherungsleistung verbunden ist. Mit dieser Festsetzung sind die folgenden Versicherungswerte ohne weiteres verständlich.

$$\left.\begin{aligned}
\bar a_{y,\overset{1}{z}|x} &= \int_0^\infty v^t\,{}_tp_{x,y,z}\,\mu_{z+t}\,\bar a_{x+t}\,dt = \\
&= \frac{1}{l_{x,y,z}}\int_0^\infty v^t\,l_{x+t,y+t,z+t}\,\mu_{z+t}\,\bar a_{x+t}\,dt \\
\bar a^2_{y,z|x} &= \int_0^\infty v^t\,{}_tp_{x,y}\,(1-{}_tp_z)\,\mu_{y+t}\,\bar a_{x+t}\,dt \\
\bar a_{x,y,\overset{1}{z}|w} &= \int_0^\infty v^t\,{}_tp_{x,y,z,w}\,\mu_{z+t}\,\bar a_{w+t}\,dt \\
\bar a_{y,\overset{1}{z}|w,x} &= \int_0^\infty v^t\,{}_tp_{x,y,z,w}\,\mu_{z+t}\,\bar a_{w+t,x+t}\,dt \\
\bar a_{x,\overset{2}{y},\underset{1}{z}|w} &= \int_0^\infty v^t\,{}_tp_{x,y,w}\,(1-{}_tp_z)\,\mu_{y+t}\,\bar a_{w+t}\,dt \\
\bar a^2_{y,z|w,x} &= \int_0^\infty v^t\,{}_tp_{x,y,w}\,(1-{}_tp_z)\,\mu_{y+t}\,\bar a_{w+t,x+t}\,dt.
\end{aligned}\right\} \tag{132}$$

Analoges gilt von den Überlebenskapitalversicherungen, so daß z. B.

$$\left.\begin{aligned}
\bar A^3_{x,y,\underset{1}{z}} &= \int_0^\infty v^t\,{}_tp_{x,y}\,(1-{}_tp_z)\,\mu_{y+t}\,\bar A_{x+t}\,dt \\
\bar A^2_{w,x,y,\underset{1}{z}} &= \int_0^\infty v^t\,{}_tp_{x,y,w}\,(1-{}_tp_z)\,\mu_{w+t}\,dt.
\end{aligned}\right\} \tag{133}$$

§ 47. Die unterjährig zahlbare Verbindungsrente.

Für die Berechnung der $1/m$teljährig zahlbaren Verbindungsrente für zwei und mehrere Leben kommen genau dieselben Überlegungen in Betracht, welche unter der Annahme gleichmäßiger Aufteilung der Todesfälle zu den Formeln des § 18 geführt haben. Natürlich kann auch hier mit Vorteil die EULER-MACLAURINsche Summenformel Verwendung finden.

Statt der Annahme der linearen Verteilung der Todesfälle über die einzelnen Altersstufen wird man im Falle der Verbindungsrente auf zwei Leben die Annahme benutzen, daß die Zahlen der Abfallsordnung für zwei Personen $l_{x,y}$ für jedes x und y linear auf $l_{x+1,\,y+1}$ abfallen. Mit dieser Annahme erhält man für den Beginn des $k+1$ ten Versicherungsjahres

$$l_{x+k,\,y+k} + \left[l_{x+k,\,y+k} - \frac{1}{m}(l_{x+k,\,y+k} - l_{x+k+1,\,y+k+1})\right] v' + \ldots$$
$$+ \left[l_{x+k,\,y+k} - \frac{m-1}{m}(l_{x+k,\,y+k} - l_{x+k+1,\,y+k+1})\right] v'^{m-1};$$
$$v' = v^{\frac{1}{m}}$$

und unter Benutzung der im § 18 unter (55) eingeführten Zahlen

$$\beta_1 = \frac{1}{m}(1 + v' + v'^2 + \ldots + v'^{m-1}),$$

$$\beta_2 = \frac{1}{m^2}[1 \,.\, v' + 2 v'^2 + \ldots + (m-1) v'^{m-1}]$$

unter Festsetzung der die einzelnen Jahre betreffenden Rentenzahlungen mit $e_0, e_1, e_2, \ldots$ für den Erwartungswert der Zahlungen des $k+1$ ten Jahres

$$e_k v^k [l_{x+k,\,y+k}\beta_1 - \beta_2 (l_{x+k,\,y+k} - l_{x+k+1,\,y+k+1})] \frac{1}{l_{x,y}}$$

und damit

$$\mathrm{a}^{(m)}_{x,y}\{e_0, e_1, \ldots\} = \frac{1}{l_{x,y}}\{e_0[l_{x,y}\beta_1 - \beta_2(l_{x,y} - l_{x+1,\,y+1})] + \ldots +$$
$$+ e_k v^k [l_{x+k,\,y+k}\beta_1 - \beta_2(l_{x+k,\,y+k} - l_{x+k+1,\,y+k+1})] + \ldots\}$$

Es ergibt sich sonach für den gesuchten Rentenwert

$$\mathrm{a}^{(m)}_{x,y}\{e_0, e_1, \ldots\} = \beta_1 \mathrm{a}_{x,y}\{e_0, e_1, \ldots\} - \beta_2 r A_{x,y}\{e_0, e_1, \ldots\} \quad (134)$$

oder

$$\left.\begin{aligned} \mathrm{a}^{(m)}_{x,y}\{e_0, e_1, \ldots\} &= \beta_1 \mathrm{a}_{x,y}\{e_0, e_1, \ldots\} - \beta_2 r [\mathrm{a}_{x,y}\{e_0, e_1 - e_0, \ldots\} - \\ &\qquad - (1 - v)\, \mathrm{a}_{x,y}\{e_0, e_1, \ldots\}] \\ &= [\beta_1 + \beta_2 r - \beta_2]\, \mathrm{a}_{x,y}\{e_0, e_1, \ldots\} - \\ &\qquad - \beta_2 r\, \mathrm{a}_{x,y}\{e_0, e_1 - e_0, \ldots\}. \end{aligned}\right\} \quad (135)$$

Setzt man dann wieder

$$\beta_1 + \beta_2 r - \beta_2 \cong 1, \quad \beta_2 r \cong \frac{m-1}{2m},$$

so erhält man als Näherung

$$\mathrm{a}^{(m)}_{x,y}\{e_0, e_1, \ldots\} = \mathrm{a}_{x,y}\{e_0, e_1, \ldots\} - \frac{m-1}{2m}\mathrm{a}_{x,y}\{e_0, e_1 - e_0, \ldots\}. \quad (136)$$

Für die temporäre Verbindungsrente aber ist für $e_i = 1$

$$\mathrm{a}^{(m)}_{x,y,\overline{n}|} = \mathrm{a}_{x,y,\overline{n}|} - \frac{m-1}{2m}(1 - {}_nE_{x,y}). \tag{137}$$

Die $m$teljährig zahlbare Überlebensrente erhält man mit

$$\mathrm{a}^{(m)}_{x|y} = \mathrm{a}^{(m)}_{y} - \mathrm{a}^{(m)}_{x,y} = \mathrm{a}_y - \frac{m-1}{2m} - \mathrm{a}_{x,y} + \frac{m-1}{2m} = \mathrm{a}_{x|y} \tag{138}$$

und die Waisenrente mit

$$\left.\begin{aligned} \mathrm{a}^{(m)}_{x|y,\overline{n}|} &= \mathrm{a}^{(m)}_{y,\overline{n}|} - \mathrm{a}^{(m)}_{x,y,\overline{n}|} \\ &= \mathrm{a}_{y,\overline{n}|} - \frac{m-1}{2m}(1 - {}_nE_y) - \mathrm{a}_{x,y,\overline{n}|} + \frac{m-1}{2m}(1 - {}_nE_{x,y}) \\ &= \mathrm{a}_{y,\overline{n}|} - \mathrm{a}_{x,y,\overline{n}|} + \frac{m-1}{2m}({}_nE_y - {}_nE_{x,y}) \\ &= \mathrm{a}_{x|y,\overline{n}|} + \frac{m-1}{2m}\frac{D_{y+n}}{D_y}\left(1 - \frac{l_{x+n}}{l_x}\right). \end{aligned}\right\} \tag{139}$$

Benutzt man aber die EULER-MACLAURINsche Formel, so ist jetzt nur zu beachten, daß an Stelle der Sterbensintensität μ_x nunmehr die Sterbensintensität für zwei oder k verbundene Leben, demnach $\mu_x + \mu_y$, $\mu_x + \mu_y + \ldots (k)$ im zweiten Korrekturglied der Formel § 24 (19) berücksichtigt werden müssen. Wir erhalten so

$$\left.\begin{aligned} a^{(m)}_{x,y} &= a_{x,y} + \frac{m-1}{2m} - \frac{m^2-1}{12m^2}(\mu_x + \mu_y + \delta) \\ a^{(m)}_{x,y,\ldots(k)} &= a_{x,y,\ldots(k)} + \frac{m-1}{2m} - \frac{m^2-1}{12m^2}[\mu_x + \mu_y + \ldots (k) + \delta] \end{aligned}\right\} \tag{140}$$

und für die kontinuierliche Verbindungsrente

$$\left.\begin{aligned} \bar{a}_{x,y} &= a_{x,y} + \frac{1}{2} - \frac{1}{12}(\mu_x + \mu_y + \delta) \\ \bar{a}_{x,y,\ldots(k)} &= a_{x,y,\ldots(k)} + \frac{1}{2} - \frac{1}{12}[\mu_x + \mu_y + \ldots (k) + \delta]. \end{aligned}\right\} \tag{141}$$

Für die kontinuierliche Überlebensrente aber ergibt sich

$$\bar{a}_{x|y} = \bar{a}_y - \bar{a}_{x,y} = a_x - a_{x,y} + \frac{1}{12}\mu_x. \tag{142}$$

§ 48. Prämien und Prämienreserven bei Versicherungen auf mehrere Leben.

Auch bei der Berechnung der Prämien für die Versicherungen auf mehrere Leben ist das Äquivalenzprinzip maßgebend, ganz gleich, ob es sich hierbei um die Berechnung von Nettoprämien oder unter Einbeziehung der Verwaltungskosten um die Ermittlung von ausreichenden Prämien handelt. Im übrigen ergibt sich auch hier alles in vollständiger Analogie zu den Verhältnissen bei der Prämienberechnung für die Versicherungen eines Lebens. Es seien daher nur einige besondere Beispiele in Betracht gezogen.

Für die Überlebensrente erhält man als Jahresnettoprämie, zahlbar, solange beide Personen am Leben sind,

$$\frac{a_y - a_{x,y}}{a_{x,y}} = \frac{a_{x|y}}{a_{x,y}}. \tag{143}$$

Bei der Ablebensversicherung auf den ersten Tod ist

$$\frac{A_{x,y}}{a_{x,y}} = \frac{1}{a_{x,y}} - (1 - v) \tag{144}$$

und bei der gemischten Versicherung auf zwei Leben

$$\frac{A_{x,y,\overline{n}|}}{a_{x,y,\overline{n}|}} = \frac{1}{a_{x,y,\overline{n}|}} - (1 - v). \tag{145}$$

Für die Überlebenskapitalversicherung aber ist die Nettojahresprämie

$$\frac{A_{x|y}}{a_{x,y}}. \tag{146}$$

Auch hier ist die Zahlung nur für die Zeit des Vorhandenseins beider Personen zu leisten. Kürzere Zahlungsdauer oder Einmalprämien sind natürlich immer zulässig.

Auch bei der temporären Versicherung einer lebenslänglich zahlbaren Überlebensrente wird die Zahlungsdauer der Prämie die Versicherungsdauer nicht überschreiten dürfen.

$$\frac{{}_{|n}a_{x|y}}{a_{x,y,\overline{n}|}} = \frac{1}{a_{x,y,\overline{n}|}} (a_{x|y} - {}_nE_{x,y}\, a_{x+n|y+n}). \tag{147}$$

Für die temporäre Versicherung einer temporär zahlbaren Überlebensrente muß aber die Zahlungsdauer der Prämie kürzer angenommen werden als die Versicherungsdauer, da sonst am Anfang des $n$ten Jahres noch eine Prämie zu entrichten wäre, ohne daß weiterhin noch eine Versicherungsleistung in Betracht kommen kann. Demnach

$$\frac{a_{x|y,\overline{n}|}}{a_{x,y,\overline{m}|}} = \frac{a_{y,\overline{n}|} - a_{x,y,\overline{n}|}}{a_{x,y,\overline{m}|}} \qquad m < n. \tag{148}$$

Die einseitigen Versicherungen geben Anlaß zur Verbindung derselben mit einer Prämienrückgewähr für den Fall, daß es zu einer Versicherungsleistung nicht kommt. Bei der Überlebensrente würde es sich dann um die Rückerstattung der gezahlten Prämien handeln, wenn die zu versorgende Person vor dem Versorger stirbt. Es wäre dann bei Einmalprämie

$$\left.\begin{aligned} U &= a_{x|y} + \Pi\, A_{y|x}, & \Pi &= U(1+\varepsilon) \\ U &= a_{x|y} + U(1+\varepsilon)\, A_{y|x}, & U &= \frac{a_{x|y}}{1-(1+\varepsilon)\, A_{y|x}} \end{aligned}\right\} \tag{149}$$

und bei laufender Prämie

$$\left.\begin{aligned} &U = a_{x|y} + \pi\, (|A)_{y|x}, \quad \pi\, a_{x,y} = U(1+\varepsilon), \quad b\, a_{x,y} = U, \quad \pi = b(1+\varepsilon) \\ &U = b\, a_{x,y} = a_{x|y} + b(1+\varepsilon)\, (|A)_{y|x}, \quad b = \frac{a_{x|y}}{a_{x,y} - (1+\varepsilon)\, (|A)_{y|x}}. \end{aligned}\right\} \tag{150}$$

Für die Überlebenskapitalversicherung wäre in die beiden Formeln im Zähler statt $a_{x,y}$ die Größe $A_{x|y}$ zu setzen.

Bei der sogenannten Studiengeld- oder Aussteuerversicherung wird einer reinen Erlebensversicherung ${}_nE_y$ als Prämienleistung ${}_nE_y : \mathrm{a}_{x,y,\overline{n}|}$ gegenübergestellt. Die Prämienzahlung hört demnach mit dem Tode des Versorgers und auch mit dem vorzeitigen Ableben des zu Versorgenden auf.

Auch für die Prämienreserve bleiben bei Versicherung auf mehrere Leben alle früher gegebenen Definitionen und Prinzipien der Berechnung voll aufrecht. Es wird demnach z. B. für die Überlebensrente zum Termin t die Nettoprämienreserve durch

$$\mathrm{a}_{y+t} - \mathrm{a}_{x+t,\ y+t} \tag{151}$$

zu definieren sein, wenn es sich um Einmalprämie handelt und beide Personen noch am Leben sind. Nach dem Tode von (x) ist die Prämienreserve a_{y+t}, nach dem Tode von (y) ist sie Null. Bei laufender Zahlung ist die Prämienreserve

$$\mathrm{a}_{x+t|y+t} - \frac{\mathrm{a}_{x|y}}{\mathrm{a}_{x,y}} \cdot \mathrm{a}_{x+t,\ y+t} \tag{152}$$

und bei temporärer Zahlung

$$\begin{aligned} &\mathrm{a}_{x+t|y+t} - \frac{\mathrm{a}_{x|y}}{\mathrm{a}_{x,\ y,\overline{n}|}} \cdot \mathrm{a}_{x+t,\ y+t,\ \overline{n-t}|} && t < n, \\ &\mathrm{a}_{x+t|y+t} && t \geqq n. \end{aligned}$$

Für die gegenseitige Ablebensversicherung ist die Prämienreserve

$$\left.\begin{aligned} &A_{x+t,\ y+t} - P_{x,\ y}\,\mathrm{a}_{x+t,\ y+t} = \\ &= 1 - (1-v)\,\mathrm{a}_{x+t,\ y+t} - \left[\frac{1}{\mathrm{a}_{x,\ y}} - (1-v)\right]\mathrm{a}_{x+t,\ y+t} = 1 - \frac{\mathrm{a}_{x+t,\ y+t}}{\mathrm{a}_{x,\ y}} \end{aligned}\right\} \tag{153}$$

und für die gemischte Versicherung auf zwei Leben

$$A_{x+t,\ y+t,\ \overline{n-t}|} - P_{x,\ y,\ \overline{n}|} \cdot \mathrm{a}_{x+t,\ y+t,\ \overline{n-t}|} = 1 - \frac{\mathrm{a}_{x+t,\ y+t,\ \overline{n-t}|}}{\mathrm{a}_{x,\ y,\ \overline{n}|}}. \tag{154}$$

Die noch näher zu besprechenden besonderen Vereinfachungen, welche sich im Zusammenhange mit gewissen Absterbeformeln für die Berechnung der Versicherungswerte auf mehrere Leben ergeben, gelten in allen Fällen auch für die Berechnung der Prämienreserven. Auch die Rekursionsformeln und die Funktionalgleichungen des Deckungskapitals sind ohne weiteres für die Versicherung mehrerer Leben aufzustellen und ermöglichen hier meist ganz unmittelbar die Beantwortung zahlreicher Fragen, die sonst nur um den Preis umständlicher Umformungen der Ausdrücke für die Versicherungswerte zu erhalten wäre.

§ 49. Die Methode der unbestimmten Koeffizienten.

Die in § 42 zur Berechnung von Erlebenswahrscheinlichkeiten und Sterbenswahrscheinlichkeiten für eine beliebige Anzahl von m Personen zur Darstellung gelangte Methode der unbestimmten Koeffizienten ist mit großem Vorteil auch zur Berechnung von Versicherungswerten zu verwenden. Wir machen die Annahme, daß es sich hierbei um symmetrische Werte handelt, so daß also keine der Personen (x), (y), (z),... hinsichtlich der Art des Versicherungsanspruchs vor einer anderen ausgezeichnet erscheint. Die Versicherungswerte bestehen aber stets aus einem Aggregat von Erlebens- oder Todesfallansprüchen für die einzelnen Versicherungsjahre, die sich als Produkte von Wahrscheinlichkeiten mit den zugehörenden Diskontierungsfaktoren darstellen lassen. Sind demnach die allgemeinen Wahrscheinlichkeiten mit Hilfe der symmetrischen Grundfunktionen der Wahrscheinlichkeiten ${}_tp_x, {}_tp_y, \ldots, {}_tp_{x,y}, \ldots, {}_tp_{x,y,z}, \ldots$ darstellbar, so wird für allgemeine symmetrische Rentenansprüche eine ganz analoge Darstellung im Wege der Grundfunktionen

$$\begin{aligned} Z &= a_x + a_y + a_z + \ldots, \\ Z^2 &= a_{x,y} + a_{x,z} + a_{y,z} + \ldots, \\ Z^3 &= a_{x,y,z} + a_{x,z,u} + \ldots \end{aligned}$$

möglich sein, und Entsprechendes wird für die allgemeinen Todesfallansprüche für mehrere Leben gelten. Das Verfahren selbst ist überaus einfach und am besten an Hand einiger Beispiele zu übersehen.

Sei etwa eine Nachhineinrente zu bestimmen, welche zahlbar ist, solange von vier Leben mindestens drei am Leben sind. Die Grundfunktionen sind

$$\left.\begin{aligned} Z &= a_x + a_y + a_z + a_u \\ Z^2 &= a_{x,y} + a_{x,z} + a_{x,u} + a_{y,z} + a_{y,u} + a_{z,u} \\ Z^3 &= a_{x,y,z} + a_{x,y,u} + a_{x,z,u} + a_{y,z,u} \\ Z^4 &= a_{x,y,z,u}. \end{aligned}\right\} \tag{155}$$

Werden dann, je nachdem eine Zahlung erfolgen soll oder nicht, die Extremwerte der Erlebenswahrscheinlichkeiten mit 1 oder 0 in den allgemeinen Anspruchswert

$$A_1 Z + A_2 Z^2 + A_3 Z^3 + A_4 Z^4 \tag{156}$$

eingesetzt gedacht, so ergibt sich für unser Beispiel, je nachdem von den vier Personen vier, drei, zwei oder eine am Leben ist, das Gleichungssystem

$$\begin{aligned} 1 &= 4\,A_1 + 6\,A_2 + 4\,A_3 + A_4, \\ 1 &= 3\,A_1 + 3\,A_2 + A_3, \\ 0 &= 2\,A_1 + A_2, \\ 0 &= A_1, \end{aligned}$$

aus welchem sich sofort die Koeffizienten A_i mit

$$A_1 = 0,\ A_2 = 0,\ A_3 = 1,\ A_4 = -3$$

in Übereinstimmung mit der Z-Formel

$$\frac{Z^3}{(1+Z)^3} = Z^3 - 3\,Z^4$$

bestimmen.

Ist die Nachhineinrente zahlbar mit 4, wenn alle vier Personen am Leben sind, und mit 3, 2 und 0, wenn nur noch drei, zwei oder eine Person lebt, so ergibt sich das Gleichungssystem

$$\begin{aligned} 4 &= 4\,A_1 + 6\,A_2 + 4\,A_3 + A_4, \\ 3 &= 3\,A_1 + 3\,A_2 + A_3, \\ 2 &= 2\,A_1 + A_2, \\ 0 &= A_1 \end{aligned}$$

und als Lösung

$$A_1 = 0,\ A_2 = 2,\ A_3 = -3,\ A_4 = 4,$$

also

$$2\,(a_{x,y} + a_{x,z} + a_{x,u} + a_{y,z} + a_{y,u} + a_{z,u}) - \\ - 3\,(a_{x,y,z} + a_{x,y,u} + a_{x,z,u} + a_{y,z,u}) + 4\,a_{x,y,z,u}.$$

Für eine temporäre Rente, zahlbar, solange von vier Personen gerade zwei leben, erhält man den Ansatz

$$\begin{aligned} 0 &= 4\,A_1 + 6\,A_2 + 4\,A_3 + A_4, \\ 0 &= 3\,A_1 + 3\,A_2 + A_3, \\ 1 &= 2\,A_1 + A_2, \\ 0 &= A_1 \end{aligned}$$

und damit

$$A_1 = 0,\ A_2 = 1,\ A_3 = -3,\ A_4 = 6$$

und

$$({}_na_{x,y} + {}_na_{x,z} + {}_na_{x,u} + {}_na_{y,z} + {}_na_{y,u} + {}_na_{z,u}) - \\ - 3\,({}_na_{x,y,z} + {}_nu_{x,y,u} + {}_na_{x,z,u} + {}_na_{y,z,u}) + 6\,{}_na_{x,y,z,u}$$

in Übereinstimmung mit

$$\frac{Z^2}{(1+Z)^3} = Z^2 - 3\,Z^3 + 6\,Z^4.$$

Bei einer Ablebensversicherung wird der allgemeine Ansatz auf die Größen $A_x, \ldots A_{x,y} \ldots$ zu lauten haben und anzugeben sein, ob für die Extremwerte der Sterbewahrscheinlichkeiten eine Zahlung erfolgt oder nicht.

Soll bei einer Todesfallversicherung auf vier Leben die Summe 1 beim zweiten Tod bezahlt werden, so wäre

$$\begin{aligned} 1 &= 4\,A_1 + 6\,A_2 + 4\,A_3 + A_4, \\ 1 &= 3\,A_1 + 3\,A_2 + A_3, \\ 1 &= 2\,A_1 + A_2, \\ 0 &= A_1 \end{aligned}$$

und

$$A_1 = 0,\ A_2 = 1,\ A_3 = -2,\ A_4 = 3,$$

der Anspruchswert daher

$$(A_{x,y} + A_{x,z} + A_{x,u} + A_{y,z} + A_{y,u} + A_{z,u}) -$$
$$- 2\,(A_{x,y,z} + A_{x,y,u} + A_{x,z,u} + A_{y,z,u}) + 3\,A_{x,y,z,u}.$$

Soll aber bei jedem Tod von vier Personen die Summe 1 bezahlt werden, so ergibt sich

$$\begin{aligned} 4 &= 4\,A_1 + 6\,A_2 + 4\,A_3 + A_4, \\ 3 &= 3\,A_1 + 3\,A_2 + A_3, \\ 2 &= 2\,A_1 + A_2, \\ 1 &= A_1 \end{aligned}$$

und damit

$$A_1 = 1,\ A_2 = A_3 = A_4 = 0,$$

also

$$A_x + A_y + A_z + A_u.$$

Für eine Verbindungsrente auf vier Leben, welche mit den Beträgen r_1, r_2, r_3, r_4 zu zahlen ist, je nachdem vier, drei, zwei oder eine Person am Leben ist, erhält man

$$\begin{aligned} r_1 &= 4\,A_1 + 6\,A_2 + 4\,A_3 + A_4, \\ r_2 &= 3\,A_1 + 3\,A_2 + A_3, \\ r_3 &= 2\,A_1 + A_2, \\ r_4 &= A_1 \end{aligned}$$

und damit

$$A_1 = r_4,\ A_2 = r_3 - 2\,r_4,\ A_3 = r_2 - 3\,r_3 + 3\,r_4,$$
$$A_4 = r_1 - 4\,r_2 + 6\,r_3 - 4\,r_4.$$

Natürlich gilt genau derselbe Ansatz für eine reine Erlebensversicherung, bei welcher die Beträge e_1, e_2, e_3, e_4 zu zahlen sind, je nachdem von den vier Personen vier, drei, zwei oder eine den Erlebenstermin erreicht.

Soll aber bei einer Todesfallversicherung B_1 beim ersten Tod, B_2 beim zweiten, B_3 beim dritten und B_4 beim vierten Tod zur Auszahlung gelangen, dann erhält man das Gleichungssystem

$$\begin{aligned} B_1 + B_2 + B_3 + B_4 &= 4\,A_1 + 6\,A_2 + 4\,A_3 + A_4, \\ B_2 + B_3 + B_4 &= 3\,A_1 + 3\,A_2 + A_3, \\ B_3 + B_4 &= 2\,A_1 + A_2, \\ B_4 &= A_1 \end{aligned}$$

und als Lösung

$$A_1 = B_4,\ A_2 = B_3 - B_4,\ A_3 = B_2 - 2\,B_3 + B_4,$$
$$A_4 = B_1 - 3\,B_2 + 3\,B_3 - B_4.$$

Der Versicherungsanspruch lautet dann

$$\begin{aligned}&B_4 (A_x + A_y + A_z + A_u) + \\ &\quad + (B_3 - B_4) (A_{x,y} + A_{x,z} + A_{x,u} + A_{y,z} + A_{y,u} + A_{z,u}) + \\ &\quad + (B_2 - 2 B_3 + B_4) (A_{x,y,z} + A_{x,y,u} + A_{x,z,u} + A_{y,z,u}) + \\ &\qquad + (B_1 - 3 B_2 + 3 B_3 - B_4) A_{x,y,z,u}.\end{aligned}$$

Es ist hierbei gleichgültig, ob es sich um lebenslängliche, temporäre oder aufgeschobene Ansprüche handelt, wenn nur die Symmetrie der Werte in ihrer Abhängigkeit von x, y, z, ... stets gewahrt ist.

Soll also etwa bei einer Versicherung auf Ab- und Erleben auf vier Personen der Betrag 1 bezahlt werden beim zweiten Tod oder aber, wenn mindestens drei Personen den Ablaufstermin der Versicherung erleben, dann gilt sowohl für die Erlebensversicherung als auch für die temporäre Todesfallversicherung für die vier Personen der Ansatz

$$\begin{aligned}1 &= 4 A_1 + 6 A_2 + 4 A_3 + A_4, \\ 1 &= 3 A_1 + 3 A_2 + A_3, \\ 0 &= 2 A_1 + A_2, \\ 0 &= A_1\end{aligned}$$

und man erhält

$$A_1 = A_2 = 0, \; A_3 = 1, \; A_4 = -3$$

und

$$A_{x,y,z,\overline{n}|} + A_{x,z,u,\overline{n}|} + A_{x,y,u,\overline{n}|} + A_{y,z,u,\overline{n}|} - 3 A_{x,y,z,u,\overline{n}|}.$$

Wird aber bei einer Ab- und Erlebensversicherung auf drei Personen für jeden Todesfall 1 bezahlt und im Erlebensfall ebenfalls 1, gleichgültig wie viele Personen diesen Termin erleben, so ist

Erleben: $1 = 3 A_1 + 3 A_2 + A_3$, $1 = 2 A_1 + A_2$, $1 = A_1$,
Ableben: $3 = 3 A_1' + 3 A_2' + A_3'$, $2 = 2 A_1' + A_2'$, $1 = A_1'$

und daher

$$A_1 = 1, \; A_2 = -1, \; A_3 = 1; \; A_1' = 1, \; A_2' = A_3' = 0$$

und der Versicherungsanspruch

$$\begin{aligned}&{}_nA_x + {}_nA_y + {}_nA_z + \\ &\quad + ({}_nE_x + {}_nE_y + {}_nE_z) - ({}_nE_{x,y} + {}_nE_{x,z} + {}_nE_{y,z}) + {}_nE_{x,y,z}.\end{aligned}$$

Unter gewissen Voraussetzungen läßt sich das Verfahren auch auf nicht symmetrische Versicherungsansprüche ausdehnen. Doch soll dies hier nicht weiter verfolgt werden. Selbstverständlich ist es auch möglich, mit Hilfe der Z-Formeln bei komplizierteren Festsetzungen zum Ziele zu gelangen. Die Methode der unbestimmten Koeffizienten gibt aber hier stets den für die Praxis wichtigen Vorteil eines ganz mechanisch anzuwendenden Verfahrens.

§ 50. Die Anwendung der mechanischen Quadratur.

Die Berechnung von Versicherungswerten in allen jenen Fällen, wo die entsprechend tabellierten Werte der diskontierten Zahlen für ein und mehrere Leben nicht zur Hand sind, erfolgt im Zusammenhang mit der Darstellung dieser Werte durch bestimmte Integrale mit einer für die Praxis stets genügenden Annäherung im Wege der mechanischen Quadratur. Die hier zur Verfügung stehenden Formeln sind sehr zahlreich und es sollen aus ihnen nur drei herausgegriffen werden, die gerade für versicherungsmathematische Berechnungen besonders bewährt sind.

Als erste kommt hier die sogenannte SIMPSON*sche Regel* in Betracht. Zur angenäherten Berechnung von $\int_0^2 f(x)\,dx$ approximiert man die Funktion $f(x)$ durch die ganze rationale Funktion zweiten Grades

$$f(x) = a + bx + cx^2.$$

Man erhält dann

$$\int_0^2 f(x)\,dx = \int_0^2 (a + bx + cx^2)\,dx = \left[ax + \frac{bx^2}{2} + \frac{cx^3}{3}\right]_0^2$$

$$= 2a + 2b + \frac{8}{3}c$$

und wenn die Werte $f(0)$, $f(1)$, $f(2)$ bekannt sind, erhält man

$$f(0) = a, \quad f(1) = a + b + c, \quad f(2) = a + 2b + 4c$$

und damit für die Koeffizienten

$$a = f(0),$$

$$b = \frac{1}{2}[-3f(0) + 4f(1) - f(2)],$$

$$c = \frac{1}{2}[f(0) - 2f(1) + f(2)].$$

Sonach ist

$$\int_0^2 f(x)\,dx = \frac{1}{3}[f(0) + 4f(1) + f(2)]. \tag{157}$$

Ist aber zwischen den Grenzen n und $n + 2$ zu integrieren und sind die Werte $f(n)$, $f(n + 1)$, $f(n + 2)$ bekannt, so ist entsprechend

$$\int_n^{n+2} f(x)\,dx = \frac{1}{3}[f(n) + 4f(n + 1) + f(n + 2)].$$

Für die Integrationsgrenzen -1 und $+1$ ergibt sich

$$\int_{-1}^{+1} f(x)\,dx = \int_{-1}^{+1} (a + bx + cx^2)\,dx = \left[ax + \frac{bx^2}{2} + \frac{cx^3}{3}\right]_{-1}^{+1}$$
$$= 2a + \frac{2}{3}c = \frac{1}{3}[f(-1) + 4f(0) + f(+1)]$$

ein Resultat, das auch unter Verwendung einer ganzen rationalen Funktion dritten Grades erhalten worden wäre.

Durch Verwendung des Maßstabes n statt der Einheit werden die Grenzen des Integrals von 0 und 2 in 0 und $2n$ verwandelt und die Werte $f(0)$, $f(1)$, $f(2)$ in $f(0)$, $f(n)$, $f(2n)$. Die SIMPSONsche Formel geht dann in

$$\int_0^{2n} f(x)\,dx = \frac{1}{3} n [f(0) + 4f(n) + f(2n)]$$

über. Wird nun für den Bereich 0 bis $2n$ die Funktion stückweise von 0 bis 2, 2 bis 4, ..., $2n-2$ bis $2n$ durch ganze rationale Funktionen zweiten Grades dargestellt, so erhält man

$$\int_0^{2n} f(x)\,dx = \int_0^{2} f(x)\,dx + \int_2^{4} f(x)\,dx + \ldots + \int_{2n-2}^{2n} f(x)\,dx$$
$$= \frac{1}{3}[f(0) + 4f(1) + 2f(2) + 4f(3) + \ldots + f(2n)]$$

und damit

$$\int_0^{\infty} f(x)\,dx = \frac{n}{3}[f(0) + 4f(n) + 2f(2n) + 4f(3n) + \ldots]. \qquad (158)$$

Bei der sogenannten $^3/_8$-*Regel* wird eine ganze rationale Funktion dritten Grades verwendet und gesetzt

$$\int_{-3}^{+3} f(x)\,dx = \int_{-3}^{+3} (a + bx + cx^2 + dx^3)\,dx$$
$$= \left[ax + \frac{bx^2}{2} + \frac{cx^3}{3} + \frac{dx^4}{4}\right]_{-3}^{+3} = 6a + 18c.$$

Auf Grund von vier bekannten Werten $f(-1)$, $f(+1)$, $f(-3)$, $f(+3)$ erhält man

$$f(-1) + f(+1) = 2a + 2c,$$
$$f(-3) + f(+3) = 2a + 18c$$

und damit

$$a = \frac{1}{16}[9f(-1) + 9f(+1) - f(-3) - f(+3)],$$
$$c = \frac{1}{16}[f(-3) + f(+3) - f(-1) - f(+1)].$$

Für das Integral ergibt sich dann

$$\int_{-3}^{+3} f(x)\,dx = 6a + 18c$$
$$= \frac{3}{8}\,[6f(-1) + 6f(+1) + 2f(-3) + 2f(+3)],$$

und wenn hier die Grenzen nach 0 bis 6 verschoben werden und das Intervall auf die Hälfte verkleinert wird, so erhält man

$$\int_{0}^{3} f(x)\,dx = \frac{3}{8}\,[f(0) + 3f(1) + 3f(2) + f(3)].$$

Die am häufigsten verwendete Formel ist die unter der Bezeichnung 39 a des englischen Textbooks bekanntgewordene Näherung auf Grund einer ganzen rationalen Funktion fünften Grades:

$$f(x) = a + bx + cx^2 + dx^3 + ex^4 + fx^5.$$

Für das Integral in den Grenzen -3 und $+3$ erhält man

$$\int_{-3}^{+3} f(x)\,dx = 6a + 18c + \frac{486}{5}\,e,$$

während die als bekannt angenommenen Werte

$$f(0) = a,\quad f(-2) + f(+2) = 2a + 8c + 32e,$$
$$f(-3) + f(+3) = 2a + 18c + 162e$$

ergeben. Es ist sonach

$$\int_{-3}^{+3} f(x)\,dx = 2{,}2\,f(0) + 1{,}62\,[f(-2) + f(+2)] + 0{,}28\,[f(-3) + f(+3)]$$

und

$$\int_{0}^{6} f(x)\,dx = 2{,}2\,f(3) + 1{,}62\,[f(1) + f(5)] + 0{,}28\,[f(0) + f(6)]$$
$$= 0{,}28\,[f(0) + f(6)] + 1{,}62\,[f(1) + f(5)] + 2{,}2\,f(3).$$

Ist das Intervall aber nicht 1, sondern n, so ist

$$\int_{0}^{6n} f(x)\,dx = n\left\{0{,}28\,[f(0) + f(6n)] + 1{,}62\,[f(n) + f(5n)] + 2{,}2\,f(3n)\right\}$$

und weiter

$$\int_{6n}^{12n} f(x)\,dx = n\left\{0{,}28\,[f(6n) + f(12n)] + 1{,}62\,[f(7n) + f(11n)] + 2{,}2\,f(9n)\right\}$$

usw. Man erhält demnach

$$\int_0^\infty f(x)\,dx = \int_0^{6n} f(x)\,dx + \int_{6n}^{12n} f(x)\,dx + \ldots$$
$$= n\left\{0{,}28\,[f(0) + 2f(6n) + 2f(12n) + \ldots] + \right.$$
$$+ 1{,}62\,[f(n) + f(5n) + f(7n) + \ldots] +$$
$$\left. + 2{,}2\,[f(3n) + f(9n) + \ldots]\right\}.$$

Wird nun aber die Größe n so gewählt, daß $7n$ gegen das Tafelende fällt, wo die Argumente bei den versicherungsmathematischen Ausdrücken zu vernachlässigen sind, so können alle Glieder mit einem Index von $8n$ ab fortgelassen werden und man erhält den gesuchten Näherungswert mit

$$\left.\begin{aligned}\int_0^\infty f(x)\,dx &= n\,[0{,}28\,f(0) + 1{,}62\,f(n) + 2{,}2\,f(3n) + \\ &+ 1{,}62\,f(5n) + 0{,}56\,f(6n) + 1{,}62\,f(7n)].\end{aligned}\right\} \quad (159)$$

Enthält demnach das Argument die Zahlen der Lebenden, so wird man die Größe n auf Grund des höchsten der Werte $x, y, z, \ldots$ zu bestimmen haben, da dann der diesem Alter entsprechende Faktor zuerst Null wird.

Als Beispiel sei zunächst die lebenslängliche Verbindungsrente auf drei Leben der Alter 30, 35, 45 angeführt. Die Berechnung erfolge nach der Tafel H^M 3%. Rechnet man nach der Formel 39 a, so ist die Größe n aus $7n = 102 - 45$, demnach mit $n = 8$ zu bestimmen. Die numerische Berechnung ergibt dann für die Argumente

$$t = 0,\ 8,\ 24,\ 40,\ 48$$

für

$$\text{Koeff.}\ v^t\, l_{30+t} \cdot l_{35+t} \cdot l_{45+t} \cdot \frac{1}{l_{30} \cdot l_{35} \cdot l_{45}}$$

$$0{,}28 + 0{,}9836 + 0{,}2983 + 0{,}0044 + 0{,}0000 = 1{,}5663$$

und demnach

$$\bar{a}_{30,\,35,\,45} = 1{,}5663 \times 8 = 12{,}5304$$

und

$$a_{30,\,35,\,45} = \bar{a}_{30,\,35,\,45} - \frac{1}{2} + \frac{1}{12}(\mu_{30} + \mu_{35} + \mu_{45}) = 12{,}035.$$

Nach den gleichen Grundlagen erhält man für

$$\overline{A}_{x|y} = \int_0^\infty v^t\, {}_t p_{x,\,y} \cdot \mu_{x+t}\, dt = \frac{1}{l_x\, l_y}\int_0^\infty v^t\, l_{x+t}\, l_{y+t}\, \mu_{x+t}\, dt, \quad x = 30,\ y = 60,$$

auf Grund von

$$7n = 102 - 60, \quad n = 6,$$

$$0{,}00215 + 0{,}00907 + 0{,}00468 + 0{,}00028 + 0{,}00001 = 0{,}01619$$

den Wert 0,09714, während der korrekte Wert 0,0972 beträgt.

§ 51. Die Verwertung der Eigenschaften der Formel von GOMPERTZ-MAKEHAM zur Berechnung von Versicherungswerten.

In § 43 wurde gezeigt, daß bei Gültigkeit der Absterbeformel von GOMPERTZ die Erlebenswahrscheinlichkeit für k Personen ersetzt werden kann durch die Erlebenswahrscheinlichkeit von r *gleichaltrigen* Personen eines Ersatzalters w:

$$ {}_tp_{x,\,y,\,z,\,\ldots\,(k)} = {}_tp_{w,\,w,\,\ldots\,(r)} $$

und bei Gültigkeit der Absterbeformel von MAKEHAM die Erlebenswahrscheinlichkeit von k Personen ersetzt werden kann durch die Erlebenswahrscheinlichkeit von k gleichaltrigen Personen eines anderen Ersatzalters w:

$$ {}_tp_{x,\,y,\,z,\,\ldots\,(k)} = {}_tp_{w,\,w,\,\ldots\,(k)}. $$

Im speziellen kann bei der GOMPERTZschen Formel $r = 1$ gesetzt werden. Hierbei gilt für jedes beliebige m:

$$ \left.\begin{aligned} {}_{m+t}p_{x,\,y,\,\ldots\,(k)} &= s^{k\,(t+m)}\, g^{[c^x + c^y + \ldots (k)]\,(c^{t+m}-1)} \\ &= s^{k\,(t+m)}\, g^{kc^w (c^{t+m}-1)} \\ &= {}_{m+t}p_{w,\,w,\,\ldots\,(k)}. \end{aligned}\right\} \qquad (160) $$

Man nennt diese Eigenschaft der beiden Formeln — die GOMPERTZsche ist nur ein spezieller Fall der MAKEHAMschen — die *gleichmäßige Alterserhöhung*. Das Ersatzalter w kann in beiden Fällen aus einer Tafel der Werte der Sterbensintensitäten erhalten werden, da im Falle der Formel von GOMPERTZ

$$ \mu_w = \frac{1}{r}\left(\mu_x + \mu_y + \ldots_{(k)}\right), $$

und im Falle der Formel von MAKEHAM

$$ \mu_w = \frac{1}{k}\left(\mu_x + \mu_{y+}\ldots_{(k)}\right) $$

gilt. Man kann aber zur Vereinfachung der Berechnung des Ersatzalters auch ein für allemal berechnete Tafeln benutzen. Im Falle der GOMPERTZschen Formel folgt nämlich aus

$$ \left.\begin{aligned} c^w &= c^x + c^y = c^x\,(1 + c^{y-x}) \\ w - x &= \frac{\log\,(1 + c^{y-x})}{\log c}, \end{aligned}\right\} \qquad (161) $$

wenn die Formel für $r = 1$ benutzt wird und zwei Personen in Betracht kommen. Für gleiche Werte der Altersdifferenz $y - x$ bleibt demnach auch die Altersdifferenz $w - x$ ungeändert. Tabelliert man daher zu allen Altersdifferenzen $y - x$ die zugehörenden Werte von $w - x$, so ist in jedem Einzelfalle das Ersatzalter auch schon zur Verfügung.

Ganz analog wird man bei Geltung des MAKEHAMschen Gesetzes von der Formel

$$\left.\begin{aligned} 2\,c^w &= c^x + c^y = c^x\,(1 + c^{y-x}) \\ w - x &= \frac{\log\,(1 + c^{y-x}) - \log 2}{\log c} \end{aligned}\right\} \qquad (162)$$

Gebrauch zu machen haben. Auch hier bleiben für gleiche Werte von $y - x$ die entsprechenden Altersdifferenzen $w - x$ dieselben. In ganz gleicher Weise kann man aber verfahren, wenn es sich bei drei Leben um die Ermittlung der Ersatzalter handelt. Man hat hier zu setzen

$$3\,c^w = c^x + c^y + c^z$$

und ermittelt zunächst das Ersatzalter für die beiden Personen x und y aus $2\,c^u = c^x + c^y$ mit

$$u - x = \frac{\log\,(1 + c^{y-x}) - \log 2}{\log c}.$$

Hierauf aus der Relation

$$3\,c^w = 2\,c^u + c^z = c^u\,(2 + c^{z-u})$$

die Altersdifferenz $w - u$ mit

$$w - u = \frac{\log\,(2 + c^{z-u}) - \log 3}{\log c}.$$

Es kann demnach für alle Werte der Altersdifferenzen h und k eine Tafel für drei Personen so angefertigt werden, daß das Ersatzalter $x + t$ entsprechend der Formel

$$a_{x,\,x+h,\,x+h+k} = a_{x+t,\,x+t,\,x+t}$$

ohne weiteres durch Interpolation zwischen den tabellierten Werten zu erhalten ist.

Es ist aber noch darauf aufmerksam zu machen, daß bei Geltung der GOMPERTZ-MAKEHAMschen Formel zwei oder auch mehrere Personen durch eine ersetzt werden können, wenn zugleich eine Zinsänderung verfügt wird. Denn es ist ja

$$a_{x,y,\ldots(k)} = \sum_0^\infty v^t s^{kt} g^{[c^x + c^y + \ldots (k)]\,(c^t - 1)}$$

$$= \sum_0^\infty (v\,s^{k-1})^t\, s^t\, g^{c^w\,(c^t - 1)} = a'_w,$$

wobei

$$c^w = c^x + c^y + \cdots^{(k)}.$$

Hierbei wird a_w' zu einer Zinsrate j berechnet, so daß

$$v_j = v_i\,s^{k-1}, \quad \frac{1}{1+j} = \frac{s^{k-1}}{1+i}, \quad j = \frac{1+i}{s^{k-1}} - 1.$$

Die neue Zinsrate hängt demnach von der Anzahl der Personen k ab.

Auf Grund der Relationen zwischen den Erlebenswahrscheinlichkeiten gilt aber für Renten auf beliebige Beträge nach dem GOMPERTZschen Gesetz

$$\left.\begin{aligned} \sum_0^n v^t\, {}_tp_{x,y,z,\ldots(k)} &= \sum_0^n v^t\, {}_tp_{w,w,\ldots(r)} \quad r \neq k \\ \int_0^n v^t\, {}_tp_{x,y,z,\ldots(k)} &= \int_0^n v^t\, {}_tp_{w,w,\ldots(r)} \end{aligned}\right\} \tag{163}$$

und nach dem MAKEHAMschen Gesetz

$$\left.\begin{aligned} \sum_0^n v^t\, {}_tp_{x,y,z,\ldots(k)} &= \sum_0^n v^t\, {}_tp_{w,w,\ldots(k)} \\ \int_0^n v^t\, {}_tp_{x,y,z\ldots(k)} &= \int_0^n v^t\, {}_tp_{w,w,\ldots(k)}. \end{aligned}\right\} \tag{164}$$

Es gilt aber nach der letzteren Formel keineswegs auch für die bis zum Tod der zuletzt sterbenden von zwei Personen zahlbare Rente auch unter Geltung der MAKEHAMschen Formel

$$\bar{a}_{\overline{x,y}} = \bar{a}_{\overline{w,w}}.$$

Denn unter Geltung von

$$\mu_x + \mu_y = 2\,\mu_w,$$

$$\bar{a}_{x,y} = \bar{a}_{w,w}$$

müßte

$$\bar{a}_x + \bar{a}_y - \bar{a}_{x,y} = 2\,\bar{a}_w - \bar{a}_{w,w}$$

sein. Es ist aber

$$\int_0^\infty v^t\, {}_tp_x\, dt + \int_0^\infty v^t\, {}_tp_y\, dt = 2 \int_0^\infty v^t\, {}_tp_w\, dt$$

für jedes v und daher auch

$$\int_0^\infty v^t\, {}_tp_{x,y}\, dt = \int_0^\infty v^t\, {}_tp_{w,w}\, dt \quad \text{und} \quad {}_tp_w = \sqrt{{}_tp_{x,y}}.$$

Hieraus folgt aber

$${}_tp_x + {}_tp_y = 2\sqrt{{}_tp_x \cdot {}_tp_y}$$

und demnach $x = y$.

Zur Berechnung der Verbindungsrente auf drei Leben wird sehr häufig die sogenannte SIMPSON*sche Regel* herangezogen. Sie lautet: Wenn (A) die jüngste und (C) die älteste von drei Personen ist, dann wird der Wert der Verbindungsrente für (B) und (C) bestimmt und ein Alter (D) ermittelt, für welches der Wert der Leibrente gleichkommt dem Wert der Verbindungsrente für (B) und (C). Der gesuchte Rentenwert ist dann gleich dem Wert der Verbindungsrente für (A) und (D). Die Regel gibt im allgemeinen nur angenäherte Resultate. Die erhaltenen Werte sind in der Regel zu hoch, ausgenommen, wenn alle drei Alter hoch sind. Allerdings kann für jedes y und z ein Alter w ermittelt werden, so daß $a_w = a_{y,z}$ exakt gilt. Aber hieraus zu schließen, daß dann auch $a_{x,w} = a_{x,y,z}$ ist, heißt annehmen, daß für jedes n auch ${}_np_w = {}_np_{y,z}$ gilt, was durchaus nicht zutrifft.

Soll demnach die Relation ${}_tp_w = {}_tp_{y,z}$ für alle Werte von t in Geltung sein, so wird dies offenbar bei Voraussetzung der GOMPERTZschen Sterbeformel der Fall sein. Wir haben ja erkannt, daß hier die Erlebenswahrscheinlichkeiten allgemein für zwei Leben durch die eines Lebens exakt ersetzt werden können. Es bleibt aber noch die Frage offen, ob das GOMPERTZsche Gesetz auch definiert erscheint, wenn die SIMPSONsche Regel exakt gelten soll.

An sich ist es möglich, eine Anzahl von n Leben durch eine Anzahl von m Leben nach der Formel

$$c^u + c^v + c^w + \ldots (m) = c^x + c^y + c^z + \ldots (n) \tag{165}$$

zu ersetzen, wobei m kleiner, gleich oder größer als n sein kann. Für die m Ersatzalter ist dabei vom Standpunkte der Praxis der Fall besonders wichtig, in welchem alle Ersatzalter in gleicher Höhe gewählt werden. Es hat sich hier ergeben, daß wir bei allgemeinem m das Gesetz von GOMPERTZ und in dem speziellen Fall $m = n$ das Gesetz von MAKEHAM als Sterbeformeln zu betrachten haben, welche den verlangten Bedingungen genügen. Es wurde noch keineswegs entschieden, ob nicht andere Absterbeformeln Gleiches zu leisten vermögen. Ganz offen bleibt aber auch noch neben Entscheidung dieser Frage, wenn statt (165) allgemein die Zurückführung einer bestimmten Anzahl von Erlebenswahrscheinlichkeiten oder Sterbensintensitäten für n Leben auf eine andere Anzahl für m Leben in dem Sinne verlangt wird, daß dann n beliebige Alter auf m Ersatzalter zurückgeführt sind.

Um zunächst auf das speziellere Problem einzugehen, so sei also die Frage zu beantworten, welches Sterbegesetz der Forderung genügt, daß bei einer Rente für n verbundene Leben verschiedenen Alters m verbundene Leben gleichen Alters substituiert werden können.

Die Annahme setzt voraus, daß

$${}_tp_{w,w,\ldots(m)} = {}_tp_{x,y,z,\ldots(n)} \tag{166}$$

für alle Werte von t unter der Voraussetzung, daß $x, y, z, \ldots$ unabhängig voneinander sind, hingegen w von allen Altersvariabeln abhängt. Aus (166) folgt durch log. Differentiation nach t

$$m\,\mu_{w+t} = \mu_{x+t} + \mu_{y+t} + \mu_{z+t} + \ldots \tag{167}$$

für alle Werte von t. Nochmalige Differentiation nach t ergibt

$$m \frac{d\mu_{w+t}}{dt} = \frac{d\mu_{x+t}}{dt} + \frac{d\mu_{y+t}}{dt} + \dots$$

oder

$$m \frac{d\mu_{w+t}}{dw} = \frac{d\mu_{x+t}}{dx} + \frac{d\mu_{y+t}}{dy} + \dots. \tag{168}$$

Setzt man in (167) und (168) $t = 0$, so erhält man

$$m\mu_w = \mu_x + \mu_y + \dots, \tag{169}$$

$$m \frac{d\mu_w}{dw} = \frac{d\mu_x}{dx} + \frac{d\mu_y}{dy} + \dots. \tag{170}$$

Aus den beiden letzten Relationen aber erhält man durch Differentiation nach x

$$m \frac{d\mu_w}{dw} \cdot \frac{dw}{dx} = \frac{d\mu_x}{dx},$$

$$m \frac{d^2\mu_w}{dw^2} \cdot \frac{dw}{dx} = \frac{d^2\mu_x}{dx^2}$$

und damit

$$\frac{d^2\mu_x}{dx^2} : \frac{d\mu_x}{dx} = \frac{d^2\mu_w}{dw^2} : \frac{d\mu_w}{dw}.$$

Ganz analoge Relationen erhält man auch für alle übrigen unabhängigen Altersvariabeln $y, z, \dots$

$$\frac{d^2\mu_x}{dx^2} : \frac{d\mu_x}{dx} = \frac{d^2\mu_y}{dy^2} : \frac{d\mu_y}{dy} = \frac{d^2\mu_z}{dz^2} : \frac{d\mu_z}{dz} = \dots = \log c$$

wobei $\log c$ eine Konstante bedeutet. Man hat daher für jedes x

$$\frac{d^2\mu_x}{dx^2} : \frac{d\mu_x}{dx} = \log c, \tag{171}$$

woraus durch Integration

$$\log \frac{d\mu_x}{dx} = \log c^x + \log b \tag{172}$$

folgt, wenn $\log b$ die Integrationskonstante bedeutet. Aus (172) aber folgt

$$\frac{d\mu_x}{dx} = b\, c^x$$

und durch nochmalige Integration

$$\mu_x = A + \frac{b}{\log c} c^x$$

oder

$$\mu_x = A + B\, c^x \tag{173}$$

als Ausdruck für das Absterbegesetz. Aus (167), (169) und (173) aber erhält man

$$\left.\begin{aligned} mA + mBc^w &= nA + B\,(c^x + c^y + c^z + \dots) \\ mA + mBc^{w+t} &= nA + B\,(c^{x+t} + c^{y+t} + c^{z+t} + \dots). \end{aligned}\right\} \tag{174}$$

Aus den beiden letzten Relationen erhält man aber

$$m B (c^t - 1) c^w = B (c^t - 1) (c^x + c^y + c^z + \ldots) \tag{175}$$

und damit

$$m c^w = (c^x + c^y + c^z + \ldots). \tag{176}$$

Der Vergleich von (174) und (176) ergibt, daß entweder A mit Null angesetzt werden muß oder aber $m = n$. Der erste Ansatz ergibt $\mu_x = B c^x$ und damit die Sterbeformel von GOMPERTZ. Unter der Annahme $n = m$ braucht aber A nicht zu verschwinden und wir erhalten die Formel von MAKEHAM.

Werden also n Leben verschiedenen Alters durch eine beliebige Anzahl m gleichaltriger Leben oder auch ein Leben ersetzt, wobei n nicht gleich ist m, dann ist durch diese Forderung das GOMPERTZsche Gesetz definiert. Werden aber n Leben verschiedenen Alters durch die gleiche Anzahl gleichaltriger Leben ersetzt, dann gilt für die Sterblichkeit die MAKEHAMsche Formel. Damit ist die gestellte Frage in dem speziellen Fall, daß es sich um gleiche Ersatzalter handelt, beantwortet.

Zugleich erledigt sich damit die Frage nach der durch die SIMPSONsche Regel definierten Sterbeformel. Denn aus den vorhergehenden Betrachtungen geht hervor, daß durch diese Regel das GOMPERTZsche Gesetz definiert wird. Da aber die GOMPERTZsche Formel den Verlauf der Sterblichkeit für höhere Altersstufen besser darstellt als für jüngere, so wird man bei Anwendung der SIMPSONschen Regel zweckmäßig zur Bestimmung des Ersatzalters die beiden höheren der drei vorliegenden Alter heranzuziehen haben, um die größtmögliche Genauigkeit zu erzielen. Die Ersetzung dieser beiden Alter durch das Ersatzalter im Sinne der SIMPSONschen Regel ist also mit der Annahme der Gültigkeit der GOMPERTZschen Sterbeformel gleichbedeutend.

Die Verwertung der GOMPERTZ-MAKEHAMschen Formel zur Berechnung von Überlebenskapitalversicherungen wird im § 53 zu behandeln sein.

§ 52. Die Untersuchungen von A. QUIQUET.

Die durch die GOMPERTZsche und die MAKEHAMsche Formel gewährleistete Möglichkeit der Ersetzung einer bestimmten Anzahl von Leben durch eine beliebige Anzahl *gleichaltriger* Leben, bzw. durch die gleiche Anzahl von gleichaltrigen Leben eines ganz bestimmten Ersatzalters wird die *GOMPERTZsche bzw. die MAKEHAMsche Eigenschaft* genannt. Darüber hinausgehend ist aber noch die Frage zu beantworten, unter welchen Annahmen über das Sterblichkeitsgesetz die Überlebenswahrscheinlichkeit einer Gruppe von r Personen durch die Überlebenswahrscheinlichkeit desselben Index für eine Gruppe von ϱ Personen bestimmter anderer Alter ersetzt werden kann. Werden die Alter der ersten Gruppe mit

$x_1, x_2, \ldots, x_r$, die der zweiten mit $\xi_1, \xi_2, \ldots, \xi_\varrho$ bezeichnet, *so besagt der Satz von* QUIQUET, *daß für den verlangten Ersatz die notwendige und hinreichende Bedingung darin besteht, daß die erste Ableitung der Sterbensintensität μ_x einer linearen homogenen Differentialgleichung der Ordnung ϱ genügt.*

Ist demnach f eine Funktion von t und von $\xi_1, \xi_2, \ldots, \xi_\varrho$, so wird verlangt, daß die Überlebensfunktion die Relation erfüllt

$$\frac{l_{x_1+t}}{l_{x_1}} \cdot \frac{l_{x_2+t}}{l_{x_2}} \cdot \ldots \cdot \frac{l_{x_r+t}}{l_{x_r}} = f(\xi_1, \xi_2, \ldots, \xi_\varrho, t). \tag{177}$$

Durch logarithmische Ableitung nach t erhält man

$$\frac{l'_{x_1+t}}{l_{x_1+t}} + \frac{l'_{x_2+t}}{l_{x_2+t}} + \ldots + \frac{l'_{x_r+t}}{l_{x_r+t}} = \frac{f'}{f}(\xi_1, \xi_2, \ldots \xi_\varrho, t)$$

und, wenn

$$\frac{f'}{f} = -g$$

gesetzt wird, auch

$$\mu_{x_1+t} + \mu_{x_2+t} + \cdots + \mu_{x_r+t} = g(\xi_1, \xi_2, \ldots, \xi_\varrho, t). \tag{178}$$

Differenziert man nochmals nach t und bezeichnet man mit

$$g_0, g_1, \ldots, g_\varrho$$

die Werte der Funktion g und ihrer ersten ϱ Ableitungen für $t = 0$, so ergibt sich das Gleichungssystem

$$\left.\begin{array}{l} \mu_{x_1} + \mu_{x_2} + \cdots + \mu_{x_r} = g_0 \\ \mu'_{x_1} + \mu'_{x_2} + \cdots + \mu'_{x_r} = g_1 \\ \cdots\cdots\cdots\cdots\cdots\cdots\cdots\cdots \\ \mu^{(\varrho)}_{x_1} + \mu^{(\varrho)}_{x_2} + \cdots + \mu^{(\varrho)}_{x_r} = g_\varrho. \end{array}\right\} \tag{179}$$

Im Gleichungssystem (179) haben wir aber rechts $\varrho + 1$ Ausdrücke, die nur von ϱ Größen abhängig sind. Hieraus folgt aber, daß auch die Glieder links nicht voneinander unabhängig sind und die Funktionaldeterminante von je $\varrho + 1$ der r Variabeln der $\varrho + 1$ Funktionen identisch verschwinden muß. Demnach muß auch

$$\begin{vmatrix} \mu'_{x_1} & \mu'_{x_2} & \ldots\ldots & \mu'_{x_{\varrho+1}} \\ \mu''_{x_1} & \mu''_{x_2} & \ldots\ldots & \mu''_{x_{\varrho+1}} \\ \cdots & \cdots & \cdots & \cdots \\ \mu^{(\varrho+1)}_{x_1} & \mu^{(\varrho+1)}_{x_2} & \ldots\ldots & \mu^{(\varrho+1)}_{x_{\varrho+1}} \end{vmatrix} = 0 \tag{180}$$

sein. Hieraus folgt aber, wenn mit $a_0, a_1, \ldots, a_\varrho$ Konstanten bezeichnet werden, die Relation

$$a_0 \mu'_{x_i} + a_1 \mu''_{x_i} + \cdots + a_\varrho \mu^{(\varrho+1)}_{x_i} = 0, \qquad (i = 1, 2, \ldots, \varrho + 1). \tag{181}$$

Sind aber ϱ Alter vorgegeben, so ist das $\varrho + 1$te Alter bis auf einen konstanten Faktor bestimmt. Denn die Verhältnisse der ϱ von den $\varrho + 1$ Konstanten $a_0, a_1, \ldots, a_\varrho$ zu einer derselben können durch ein System von ϱ linearen Gleichungen definiert werden. Das $\varrho + 1$te Alter, das dem Gleichungssystem genügt, ist daher unabhängig von den übrigen ϱ Altern und daher ganz willkürlich. Daher wird die Relation

$$a_0 \mu_x' + a_1 \mu_x'' + \ldots + a_\varrho \mu_x^{(\varrho+1} = 0 \tag{182}$$

identisch in x erfüllt. Damit ist aber der Beweis der Behauptung erbracht.

Wir betrachten zunächst den Fall $\varrho = 1$. Dann ist

$$a_0 \mu_x' + a_1 \mu_x'' = 0. \tag{183}$$

Für

$$\frac{a_0}{a_1} = -\tau \neq 0$$

ist nach (183)

$$\mu_x' = e^{\alpha x}$$

mit der charakteristischen Gleichung $\alpha = \tau$.
Mittels der Integrationskonstanten $k\tau$ ergibt sich

$$\mu_x' = k\tau e^{\tau x}, \quad \mu_x = k e^{\tau x} + C$$

oder für $C = A,\ k = B,\ \tau = \log c$

$$\mu_x = A + B c^x$$

und damit für $A = 0$ die GOMPERTZsche und für $A \neq 0$ die MAKEHAMsche Formel.

Ist aber $a_0 = 0$, dann hat man

$$\mu_x'' = 0,$$

$$\mu_x' = b, \quad \mu_x = a + bx,$$

demnach die Linearfunktion. Sieht man von dieser ab, so sind demnach für $\varrho = 1$ nur die GOMPERTZsche und die MAKEHAMsche Formel möglich.

Ganz ähnlich ist der Fall $\varrho = 2$ zu untersuchen. Auf Grund der Differentialgleichung

$$a_0 \mu_x' + a_1 \mu_x'' + a_2 \mu_x''' = 0$$

erhält man unter verschiedener Verfügung über die Konstanten derselben für die Sterbensintensität die vier möglichen Ausdrücke

$$\left.\begin{array}{ll}
1. & \mu_x = \beta + \gamma_1 \alpha_1 e^{\alpha_1 x} + \gamma_2 \alpha_2 e^{\alpha_2 x} \\
2. & \mu_x = \alpha \gamma_1 e^{\alpha x} + \gamma_2 e^{\alpha x}(\alpha x - 1) + k \\
3. & \mu_x = \beta_1 + 2\beta_2 x + \gamma \alpha e^{\alpha x} \\
4. & \mu_x = \beta_1 + 2\beta_2 x + 3\beta_3 x^2.
\end{array}\right\} \tag{184}$$

Die weitere Untersuchung des Gegenstandes fällt aber wohl schon ganz in das Gebiet der mathematischen Statistik.

§ 53. Die Überlebenskapitalversicherung unter Anwendung der GOMPERTZ-MAKEHAMschen Formel.

Unter Geltung der Formel von GOMPERTZ-MAKEHAM ergeben sich für den Wert der einseitigen Überlebenskapitalversicherung mehrere interessante Ausdrücke. Anderseits vermittelt diese Sterbeformel einen bemerkenswerten Einblick in den Verlauf der Einmalwerte der genannten Versicherung. Bemerkenswert ist aber auch, daß gewisse Formeln der Überlebensversicherung auch umgekehrt *definierend für die Absterbeformel* sind.

Unter Einführung der GOMPERTZ-MAKEHAMschen Formel für die Sterbeintensität in die Formel für die Überlebenskapitalversicherung für eine Anzahl von k Personen erhält man

$$\left.\begin{aligned}\bar{A}^{1}_{x,y,z\ldots(k)} &= \int_0^\infty v^t\,{}_tp_{x,y,\ldots(k)}\,(A + B\,c^{x+t})\,dt\\ &= A\,\bar{a}_{x\,y,,\ldots(k)} + \\ &\quad + \frac{c^x}{c^x + c^y + \ldots(k)}\int_0^\infty v^t\,{}_tp_{x,y,\ldots(k)}\,B\,c^t\\ &\qquad\qquad [c^x + c^y + \ldots(k)]\,dt\\ &= A\,\bar{a}_{x,y,\ldots(k)} + \frac{c^x}{c^x + c^y + \ldots(k)}\\ &\qquad\qquad (\bar{A}_{x,y,\ldots(k)} - k\,A\,\bar{a}_{x,y,\ldots(k)}).\end{aligned}\right\} \tag{185}$$

Unter Beachtung von

$$B\,c^t[c^x + c^y + \ldots(k)] = [\mu_{x+t} + \mu_{y+t} + \ldots(k)] - k\,A$$

ist dann auch

$$\left.\begin{aligned}\bar{A}^{1}_{x,y,\ldots(k)} &= A\,\bar{a}_{w,w,\ldots(k)} + \frac{c^x}{k\,c^w}(\bar{A}_{w,w,\ldots(k)} - k\,A\,\bar{a}_{w,w,\ldots(k)})\\ &= \frac{c^x}{c^w}\left(\frac{1}{k}\bar{A}_{w,w,\ldots(k)} + \log s\,.\,\bar{a}_{w,w,\ldots(k)}\right) - \log s\,.\,\bar{a}_{w,w,\ldots(k)}.\end{aligned}\right\} \tag{186}$$

Dies ist die Formel von HUME und STOTT. Für die speziellen Fälle $k = 2, 3$ ergibt sich

$$\bar{A}^{1}_{x,y} = \frac{c^x}{c^w}\left(\frac{1}{2}\bar{A}_{w,w} + \log s\,.\,\bar{a}_{w,w}\right) - \log s\,.\,\bar{a}_{w,w} \tag{187}$$

und

$$\bar{A}^{1}_{x,y,z} = \frac{c^x}{c^w}\left(\frac{1}{3}\bar{A}_{w,w,w} + \log s\,.\,\bar{a}_{w,w,w}\right) - \log s\,.\,\bar{a}_{w,w,w}. \tag{188}$$

Wenn man bei zwei Leben die Größen

$$\log c^x,\quad \log\frac{1}{c^w}\left(\frac{1}{2}\bar{A}_{w,w} + \log s\,.\,\bar{a}_{w,w}\right),\quad -\log s\,.\,\bar{a}_{w,w}$$

tabelliert, dann gestaltet sich im Einzelfall die numerische Rechnung sehr einfach.

Es ist weiter leicht nachzuweisen, daß unter Geltung der GOMPERTZ-MAKEHAMschen Sterbeformel der Wert der einseitigen Überlebenskapitalversicherung für zwei Leben (x) und (y) einen konstanten, nur vom Parameter s der Formel und von der Zinsintensität δ abhängigen Wert besitzt, wenn die Altersdifferenz $x - y$ einen bestimmten, nur von s und δ abhängigen Betrag annimmt. Ganz analog gilt die gleiche Aussage für eine beliebige Anzahl von k Personen, unter welchen etwa (x) als Versorger gelten mag. Dann gibt es ein ganz bestimmtes Ersatzalter w, und die erwähnte Konstanz gilt dann für alle Alter $x, y, z, \ldots$, für welche die Altersdifferenz $x - w$ einen bestimmten, nur von s und δ abhängigen Betrag annimmt. Zu dieser Aussage gilt aber auch die Umkehrung und es soll im folgenden auch gezeigt werden, daß die erwähnte Konstanz für die Absterbeordnung definierend ist und nur die Linearfunktion und die GOMPERTZ-MAKEHAMsche Formel als Absterbegesetz der gestellten Forderung genügen.

Unter Geltung der letztgenannten Formel ist

$$\mu_x = A + Bc^x, \quad A = -\log s, \quad B = -\log g \,.\, \log c, \quad l_x = k\, s^x g^{c^x},$$

und wir behaupten, daß für die Überlebenskapitalversicherung auf zwei Leben (x) und (y) die Formel

$$\overline{A}_{x|y} = \frac{\log s}{2 \log s - \delta} \tag{189}$$

gilt, wenn x und y an die Relation

$$\frac{\mu_x - \mu_y}{\mu_x + \log s} = \frac{\delta}{\log s} \tag{190}$$

gebunden ist. Hierbei kann statt (190) auch

$$\frac{c^x - c^y}{c^x} = 1 - c^{y-x} = \frac{\delta}{\log s} \tag{191}$$

geschrieben werden, wobei die Bedingung der konstanten Altersdifferenz $y - x$ zum Ausdruck kommt. Für den Nachweis ist nur in (189) unsere Sterbeformel zu substituieren und man erhält

$$\overline{A}_{x|y} = \int_0^\infty v^t\, {}_tp_{x,y} \,.\, \mu_{x+t}\, dt = \int_0^\infty s^{2t}\, g^{(c^x + c^y)\,(c^t - 1)}\, \mu_{x+t} \,.\, v^t\, dt.$$

Aus (191) aber ergibt sich

$$c^x (A + \delta) = A\, c^y$$

und daher auch

$$c^x + c^y = c^x \left(\frac{\delta}{A} + 2\right).$$

Demnach erhält man wegen

$$s^{-\frac{\delta}{A}t} = e^{\log s \frac{\delta t}{\log s}} = v^{-t}$$

$$\bar{A}_{x|y} = \int_0^\infty s^{2t} g^{c^x\left(\frac{\delta}{A}+2\right)(c^t-1)} \mu_{x+t} v^t dt$$

$$= \int_0^\infty s^{-\frac{\delta}{A}t} {}_tp_x^{\frac{\delta}{A}+2} \mu_{x+t} v^t dt = -\frac{1}{\frac{\delta}{A}+2} \int_0^\infty \frac{d}{dt}\left({}_tp_x^{\frac{\delta}{A}+2}\right) dt$$

oder

$$\bar{A}_{x|y} = \frac{1}{\frac{\delta}{A}+2} = \frac{\log s}{2 \log s - \delta}. \tag{192}$$

Damit aber ist der gewünschte Nachweis erbracht. Denn für die durch (191) festgelegte Altersdifferenz ergibt sich in der Tat nach (192) für die Überlebenskapitalversicherung ein konstanter Betrag.

Ganz analog erhält man bei k Leben

$$\bar{A}_{x|y,z\ldots(k)} = \frac{\log s}{k \log s - \delta} \tag{193}$$

unter der Bedingung

$$\frac{(k-1)\mu_x - \mu_y - \mu_z - \ldots (k)}{\mu_x + \log s} = \frac{\delta}{\log s}, \tag{194}$$

wobei

$$c^x + c^y + \ldots (k) = c^x\left(\frac{\delta}{A} + k\right),$$

$$k c^w = c^x\left(\frac{\delta}{A} + k\right), \quad c^w = c^x\left(\frac{\delta}{kA} + 1\right),$$

$$w - x = \frac{\log\left(\frac{\delta}{kA} + 1\right)}{\log c}.$$

Wir beweisen nun umgekehrt, daß die gestellte Forderung das Absterbegesetz definiert. Es zeigt sich übrigens, daß in der Gompertz-Makehamschen Formel dann nur der Parameter s festgelegt wird, während die Parameter g und c unbestimmt bleiben.

Soll der Barwert der Überlebenskapitalversicherung für eine bestimmte Altersdifferenz $y - x$ einer Konstante α gleich sein, dann folgt aus der Differentialgleichung dieser Versicherung (Differentialgleichung der Prämienreserve)

$$\frac{d}{dt}\bar{A}_{x+t|y+t} = \bar{A}_{x+t|y+t}(\mu_{x+t} + \mu_{y+t} + \delta) - \mu_{x+t},$$

für

$$\bar{A}_{x+t|y+t} = \alpha$$

die Relation

$$\alpha\,(\mu_{x+t} + \mu_{y+t} + \delta) - \mu_{x+t} = 0$$

und nach zweimaliger Differentiation nach t

$$\frac{\mu''_{x+t}}{\mu'_{x+t}} = \frac{\mu''_{y+t}}{\mu'_{y+t}}$$

und damit auch

$$\mu_x'' = \text{konst.}\,\mu_x'. \tag{195}$$

Als Lösung von (195) kommt aber nur

$$\mu_x = a + b\,x \quad \text{und} \quad \mu_x = A + \mathrm{B}\,c^x$$

in Betracht, womit die Behauptung bewiesen ist. Es ist dann, wenn

$$y = x + \varkappa, \quad \gamma = c^{\varkappa}$$

gesetzt wird,

$$A + Bc^{x+\varkappa} = A + \gamma\,B\,c^x = A\,\frac{1-\alpha}{\alpha} + B\,c^x\,\frac{1-\alpha}{\alpha} - \delta$$

und damit

$$A\left(2 - \frac{1}{\alpha}\right) + \delta = \left(\frac{1-\alpha}{\alpha} - \gamma\right) B\,c^x.$$

Da diese Relation identisch erfüllt sein muß, erhält man

$$A = \frac{\delta\,\alpha}{1 - 2\,\alpha}, \quad \alpha = \frac{A}{2\,A + \delta}, \quad \gamma = \frac{1-\alpha}{\alpha}. \tag{196}$$

Es ist also A und damit s durch α und δ bestimmt, während γ und damit $\varkappa$ bei vorgegebenem c durch α allein festgelegt ist oder aber bei gegebenem $\varkappa$ der Parameter c durch α bestimmt erscheint.

Ganz analog schließt man in dem Fall, wo

$$\bar{A}_{x+t\,|\,y+t,\,\ldots\,(k)} = \alpha \tag{197}$$

konstant sein soll. Denn auf Grund der Differentialgleichung

$$\frac{d}{d\,t}\bar{A}_{x+t\,|\,y+t,\,\ldots\,(k)} = \bar{A}_{x+t\,|\,y+t,\,\ldots\,(k)}\,[\mu_{x+t} + \mu_{y+t} + \ldots (k) + \delta] - \mu_{x+t} \tag{198}$$

erhält man aus (197)

$$\mu_{x+t} + \mu_{y+t} + \ldots (k) = \frac{1}{\alpha}\,\mu_{x+t} - \delta \tag{199}$$

und hieraus nach dem QUIQUETschen Satz wieder

$$\mu_x = a + b\,x \quad \text{und} \quad \mu_x = A + B\,c^x$$

als einzige Lösungen. Für die Bestimmung der Parameter aber gilt jetzt

$$(k-1)\,A + B\,[c^y + c^z + \ldots (k-1)] = (k-1)\,A + (k-1)\,c^w,$$
$$= A\,\frac{1-\alpha}{\alpha} + B\,c^x\,\frac{1-\alpha}{\alpha} - \delta$$

und, wenn

$$w = x + \varkappa, \quad \gamma = c^{\varkappa}$$

gesetzt wird,

$$A\left(k-\frac{1}{\alpha}\right)+\delta=\left(\frac{1-\alpha}{\alpha}-(k-1)\gamma\right)Bc^x,$$

eine Identität, aus der

$$A=\frac{\delta\alpha}{1-k\alpha},\quad \alpha=\frac{A}{kA+\delta},\quad \gamma=\frac{1}{k-1}\cdot\frac{1-\alpha}{\alpha} \tag{200}$$

erhalten wird. Ist demnach die Konstante α und der Zins δ gegeben, so folgt, daß hierdurch A und damit s und das Ersatzalter w bei vorgegebenem c bestimmt sind. Anderseits folgt für gegebene $x, y, z, \ldots$ das Ersatzalter w und damit $\varkappa$ und γ und auch α und A.

In jüngster Zeit wurde für die Überlebenskapitalversicherung von A. W. EVANS unter Geltung der GOMPERTZ-MAKEHAMschen Formel ein sehr einfacher Ausdruck mitgeteilt. Er beruht auf dem Umstand, daß in den beiden Darstellungen der Kapitalversicherung auf den ersten Tod und der Überlebenskapitalversicherung

$$_{|t}\bar{A}_{x,y,z,\ldots(k)}=(\mu_{x+\Theta}+\mu_{y+\Theta}+\ldots)\,\bar{a}_{x,y,\ldots(k),\overline{t|}} \tag{201}$$

$$_{|t}\bar{A}_{x|y,z,\ldots(k)}=\mu_{x+\Theta}\cdot\bar{a}_{x,y,\ldots(k),\overline{t|}} \tag{202}$$

die Größe Θ denselben Wert besitzt. Dieser Wert ist natürlich abhängig von t und den Parametern $x, y, z, \ldots$ und δ. Dividiert man (201) durch die Rente, so ergibt sich

$$\mu_{x+\Theta}+\mu_{y+\Theta}+\ldots(k)={}_{|t}\bar{P}_{x,y,\ldots(k)},$$

so daß der Wert von Θ unmittelbar entnommen werden kann.

Die Richtigkeit der Aussage ergibt sich ganz unmittelbar aus der Anwendung des ersten Mittelwertsatzes der Integralrechnung. Durch Einsetzen von

$$\mu_x=A+Bc^x$$

in den Ausdruck für die Überlebenskapitalversicherung

$$\int_0^t v^t\,{}_tp_{x,y,\ldots}\,\mu_{x+t}\,dt=\mu_{x+\Theta}\int_0^t v^t\,{}_tp_{x,y,\ldots}\,dt$$

ergibt sich nämlich

$$\int_0^t (vc)^t\,{}_tp_{x,y,\ldots}\,dt=c^\Theta\int_0^t v^t\,{}_tp_{x,y,\ldots}\,dt \tag{203}$$

oder auch

$$\bar{a}'_{x,y,\ldots,\overline{t|}}=c^\Theta\,\bar{a}_{x,y,\ldots,\overline{t|}}.$$

Hier ist die Rente links mit dem Diskontierungsfaktor vc, rechts mit v gerechnet. Der ausgezeichnete Parameter x ist dann aus (203) nicht mehr zu entnehmen und es gilt auch, wenn $y, z, \ldots$ zur Altersvariabeln des Versorgers genommen wird, in ganz gleicher Weise

$$\int_0^t v^t \, {}_t p_{x,y,\ldots} \, \mu_{y+t} \, dt = \mu_{y+\Theta} \int_0^t v^t \, {}_t p_{x,y,\ldots} \, dt,$$

$$\cdots\cdots\cdots\cdots\cdots\cdots\cdots\cdots\cdots\cdots\cdots$$

und daher auch durch Addition der Relationen

$$_{|t}\bar{A}_{x,y,\ldots} = (\mu_{x+\Theta} + \mu_{y+\Theta} + \ldots) \, \bar{a}_{x,y,\ldots,\overline{t|}}.$$

Damit ist aber die Behauptung bewiesen.

Für die umgekehrte Behauptung, daß die EVANSsche Relation das Sterblichkeitsgesetz definiert, wollen wir uns für die Beweisführung auf zwei Personen (x) und (y) beschränken, da im allgemeinen Fall sich an dem Gedankengang nichts ändert.

Wir erhalten aus

$$\int_0^t v^t \, {}_t p_{x,y} \, \mu_{x+t} \, dt = \mu_{x+\Theta} \int_0^t v^t \, {}_t p_{x,y} \, dt \tag{204}$$

durch Differentiation nach der oberen Integralgrenze

$${}_t p_{x,y} \, v^t \mu_{x+t} = \frac{d}{dt} \mu_{x+\Theta} \cdot \bar{a}_{x,y,\overline{t|}} + \mu_{x+\Theta} \, {}_t p_{x,y} \, v^t$$

und

$${}_t p_{x,y} \, v^t (\mu_{x+t} - \mu_{x+\Theta}) = \frac{d}{dt} \mu_{x+\Theta} \cdot \bar{a}_{x,y,\overline{t|}}$$

oder

$$\frac{\frac{d}{dt} \mu_{x+\Theta}}{\mu_{x+t} - \mu_{x+\Theta}} = \frac{{}_t p_{x,y} \, v^t}{\bar{a}_{x,y,\overline{t|}}} = \bar{P}({}_tE_{x,y}) = \frac{d}{dt} \log \bar{a}_{x,y,\overline{t|}}. \tag{205}$$

Der Ausdruck links entspricht also der laufenden Prämie für die reine Erlebensversicherung für die beiden verbundenen Leben auf die Dauer t. Ganz analog erhält man aber aus

$$\int_0^t v^t \, {}_t p_{x,y} \, \mu_{y+t} \, dt = \mu_{y+\Theta} \int_0^t v^t \, {}_t p_{x,y} \, dt$$

auf dem gleichen Wege

$$\frac{\frac{d}{dt} \mu_{y+\Theta}}{\mu_{y+t} - \mu_{y+\Theta}} = \frac{{}_t p_{x,y} \, v^t}{\bar{a}_{x,y,\overline{t|}}} = \bar{P}({}_tE_{x,y}). \tag{206}$$

Es gilt daher für jedes t und die Parameter x, y, δ die Relation

$$\frac{\frac{d}{dt} \mu_{x+\Theta}}{\mu_{x+t} - \mu_{x+\Theta}} = \frac{\frac{d}{dt} \mu_{y+\Theta}}{\mu_{y+t} - \mu_{y+\Theta}}. \tag{207}$$

Wenn man demnach annimmt, daß in beiden Fällen, sowohl wenn x als wenn y als Altersvariable des Versorgers angesehen wird, der Wert von Θ derselbe ist, dann muß die Relation (207) zwischen den Sterbensintensitäten in Geltung sein. Nun bedeuten aber die Ausdrücke (207) nach dem Obigen Erlebensprämien. Verändert man daher etwa die Größe y in u, so kann durch eine entsprechende Änderung von δ stets bewirkt werden, daß der Ausdruck links in (207) und damit auch die Größe Θ ganz ungeändert bleibt. Rechts aber bleibt dann Θ ungeändert, während statt y die Größe u einzusetzen ist. Sonach ergibt sich die Relation

$$\frac{\frac{d}{dt}\mu_{x+\Theta}}{\mu_{x+t}-\mu_{x+\Theta}}=\frac{\frac{d}{dt}\mu_{u+\Theta}}{\mu_{u+t}-\mu_{u+\Theta}}, \tag{208}$$

in welcher u ganz beliebig angenommen werden kann. Es folgt demnach auf Grund von (208) aus

$${}_tp_{x,y}\,v^t\mu_{x+t}=\frac{d}{dt}\mu_{x+\Theta}\cdot\bar{a}_{x,y,\overline{t|}}+\mu_{x+\Theta}\,{}_tp_{x,y}\,v^t$$

auch

$${}_tp_{x,y}\,v^t\mu_{u+t}=\frac{d}{dt}\mu_{u+\Theta}\cdot\bar{a}_{x,y,\overline{t|}}+\mu_{u+\Theta}\,{}_tp_{x,y}\,v^t$$

und hieraus durch Integration unter Wegfall der Konstanten

$$\int_0^t {}_tp_{x,y}\,v^t\,\mu_{u+t}\,dt=\mu_{u+\Theta}\int_0^t {}_tp_{x,y}\,v^t\,dt. \tag{209}$$

Es erscheint daher in der Relation (204) der Parameter x nicht nur gegenüber dem Parameter y hinsichtlich der Bestimmung von Θ nicht ausgezeichnet — das war unsere Annahme —, sondern die Relation (209) gilt überhaupt für jeden beliebigen Wert von u. Hieraus ist aber der gewünschte Nachweis leicht zu erhalten.

Differenziert man (209) nach u, so ergibt sich

$$\int_0^t {}_tp_{x,y}\,v^t\frac{d}{du}\mu_{u+t}\,dt=\frac{d}{du}\mu_{u+\Theta}\int_0^t {}_tp_{x,y}\,v^t\,dt. \tag{210}$$

Durch Differentiation von (209) und (210) nach t erhält man

$$\frac{\frac{d}{dt}\mu_{u+\Theta}}{\mu_{u+t}-\mu_{u+\Theta}}=\frac{\frac{d}{dt}\frac{d}{du}\mu_{u+\Theta}}{\frac{d}{du}\mu_{u+t}-\frac{d}{du}\mu_{u+\Theta}}$$

oder auch

$$\frac{\frac{d}{d\Theta}\mu_{u+\Theta}\cdot\frac{d\Theta}{dt}}{\mu_{u+t}-\mu_{u+\Theta}}=\frac{\frac{d}{d\Theta}\frac{d}{du}\mu_{u+\Theta}\cdot\frac{d\Theta}{dt}}{\frac{d}{du}\mu_{u+t}-\frac{d}{du}\mu_{u+\Theta}}.$$

Ersetzt man die Differentiation nach Θ, weil die beiden Variabeln u und Θ nur in der Verbindung $u + \Theta$ vorkommen, durch die Differentiation nach u, da Θ von u unabhängig ist, so ergibt sich

$$\frac{\frac{d^2}{du^2}\mu_{u+\Theta}}{\frac{d}{du}\mu_{u+\Theta}} = \frac{\frac{d}{du}\mu_{u+t} - \frac{d}{du}\mu_{u+\Theta}}{\mu_{u+t} - \mu_{u+\Theta}},$$

Vertauschung von t und Θ läßt aber hier den Ausdruck rechts ungeändert, und es muß daher auch

$$\frac{\frac{d^2}{du^2}\mu_{u+t}}{\frac{d}{du}\mu_{u+t}} = \frac{\frac{d^2}{du^2}\mu_{u+\Theta}}{\frac{d}{du}\mu_{u+\Theta}} \tag{211}$$

gelten, für jeden Wert, den Θ zufolge seiner Abhängigkeit von x, y, t und δ annehmen kann. Hieraus aber folgt die Konstanz des Quotienten links in (211) und daher auch für $t = 0$ die Relation

$$\mu_x'' = \alpha \mu_x'. \tag{212}$$

Als Lösung dieser Differentialgleichung ergibt sich für $\alpha = 0$ und $\alpha \neq 0$

$$\mu_x = a + bx \quad \text{und} \quad \mu_x = A + Bc^x.$$

Für die Beweisführung war nur die Annahme nötig, daß μ_x zweimal stetig differenzierbar ist. Man sieht auch, daß sich am Gang der Ableitung nichts ändert, wenn diese auf eine beliebige Anzahl von Überlebenden ausgedehnt wird.

VIII. Risikotheorie.

§ 54. Das Urnenschema.

Die Betrachtungen, wie sie bisher im Rahmen der Lebensversicherungsmathematik angestellt wurden, gründen sich ausnahmslos auf den Begriff des Erwartungswertes und auf das Äquivalenzprinzip. Aus der Gleichheit des Erwartungswertes von Leistung und Gegenleistung ergibt sich die Bedeutung des Schemas der Gewinn- und Verlustrechnung für alle versicherungsmathematischen Relationen. Man kann aber auch statt der Erwartungswerte von Einnahmen und Ausgaben des Versicherten oder des Versicherers die jeweiligen Saldi dieser Erwartungswerte für die einzelnen Jahre oder für sonstwie definierte Zeitintervalle den Untersuchungen zugrunde legen. Statt der Erwartungswerte der Einnahmen und Ausgaben werden dann die Erwartungswerte der sich nach den Rechnungsgrundlagen ergebenden Gewinne und Verluste für die einzelnen Zeitabschnitte das formelmäßige Bild beherrschen, ohne hinsichtlich der bisher für die Berechnungen in Anwendung gebrachten Prinzipe etwas zu ändern. Wohl aber ergeben sich auf diesem Wege für die Vertiefung der bisher gewonnenen Erkenntnisse neue und wertvolle Ansätze, und überdies erhält man durch den Begriff der Gewinn- und Verlusterwartung die Möglichkeit, über die Höhe des mit der Versicherung hinsichtlich des Verlaufes der Sterblichkeit verbundenen Wagnisses ziffernmäßige Aussagen machen zu können.

Die Verwertung aller aus einer Theorie des Risikos zu gewinnenden Erkenntnisse liegt außerhalb des Rahmens dieses Buches. (Vgl. auch „Prinzipien", S. 1—63.) Wohl aber soll im folgenden das zur Darstellung gelangen, was für die Begriffsbildung und Problemstellung der Versicherungsmathematik nützlich oder gar unentbehrlich erscheint. Wir beschränken uns hierbei durchaus auf die bereits entwickelten mathematischen Unterlagen und vermeiden auch jede in das Gebiet der höheren Wahrscheinlichkeitstheorie abzweigende Betrachtung. Hierbei sei hervorgehoben, daß vielfach diesem letztgenannten Gebiet angehörende Untersuchungen früherer Tage in jüngster Zeit in das Gebiet der elementaren Versicherungsmathematik eingegliedert werden konnten.

Wir wollen zunächst, um die Betrachtungsweise der Versicherungsmathematik und die der Risikotheorie näher zu umschreiben, auf ein zweifaches Urnenschema Bezug nehmen, das als Bild desselben Vorganges zu werten ist.

Jedem in der Sterbetafel verzeichneten Alter soll eine Urne entsprechen und jede Urne soll schwarze und weiße Kugeln enthalten. Die dem Alter x zugehörende Urne soll im ganzen l_x Kugeln, und zwar d_x schwarze und $l_x - d_x$ weiße enthalten. Die Versicherungsdauer sei n; die Prämien P_i und die versicherten Summen A_i und T. Der Versicherte zieht zunächst aus der seinem Alter entsprechenden Urne eine Kugel. Ist sie schwarz, so ist die „Versicherung" beendet. Ist sie weiß, so wird aus der Urne des nächsthöheren Alters eine Kugel gezogen usw. Dies wird so lange fortgesetzt, bis eine schwarze Kugel gezogen ist, höchstens jedoch durch n Ziehungen. Nach Beendigung derselben zahlt der Versicherte als Einsatz die Summe der fällig gewordenen und entsprechend diskontierten Prämien. Die Bank aber bezahlt die entsprechend diskontierte Versicherungssumme nach Maßgabe des Termins, zu dem der Eintritt des versicherten Ereignisses zu verzeichnen war.

Bei einem zweiten Urnenschema kann jeder solche Lebensversicherungsvertrag durch einmalige Ziehung aus einer Urne entschieden werden. Ist x wieder das Beitrittsalter und n die Versicherungsdauer, so hat die mit (x, n) bezeichnete Urne l_x Kugeln zu enthalten, und zwar d_x Kugeln mit der Nummer 1, d_{x+1} Kugeln mit der Nummer 2, ..., d_{x+n-1} Kugeln mit der Nummer n und l_{x+n} Kugeln ohne Nummer. Zieht der Versicherte die Kugel mit der Nummer i, so bedeutet das den Tod im $i$ten Versicherungsjahr, das Ziehen einer Kugel ohne Nummer bedeutet das Erleben des Termins n.

Das erste Schema entspricht dem gewöhnlichen Ansatz der Versicherungsmathematik mittels Erwartungswerten von Ein- und Auszahlungen. Das zweite Schema entspricht dem Ansatz der Risikotheorie mittels Erwartungswerten von Gewinnen oder Verlusten für die einzelnen Versicherungsjahre.

In der Tat haben wir nach dem ersten Schema im Sinne des Äquivalenzprinzips

$$\sum_{1}^{n} l_{x+i-1} P_i v^{i-1} - \sum_{1}^{n} d_{x+i-1} A_i v^i - l_{x+n} T v^n = 0. \tag{1}$$

Stirbt aber der Versicherte im $i$ten Versicherungsjahr, so ist

$$A_i v^i - \sum_{1}^{i} P_s v^{s-1} = f_i, \quad i = 1, 2, \ldots, n \tag{2}$$

der auf den Zeitpunkt des Versicherungsbeginns diskontierte Verlust ($f_i > 0$) oder Gewinn ($f_i < 0$) des Versicherers. Der Verlust des Versicherers für den Termin n ist aber, wiederum bezogen auf den Beginn der Versicherung,

$$T v^n - \sum_{1}^{n} P_i v^{i-1} = f_{n+1}. \tag{3}$$

Setzt man

$$\left.\begin{aligned} \frac{d_{x+i-1}}{l_x} = w_i, \quad \frac{l_{x+n}}{l_x} = w_{n+1}, \\ \frac{l_{x+i}}{l_x} = 1 - \sum_{1}^{i} w_s = \sum_{i+1}^{n+1} w_s, \end{aligned}\right\} \tag{4}$$

so bezeichnet w_i für einen bei Versicherungsbeginn $x$jährigen die Wahrscheinlichkeit, im $i$ten Versicherungsjahr zu sterben, und w_{n+1} die Wahrscheinlichkeit, das Ende des $n$ten Versicherungsjahres zu erleben.

Setzt man die Ausdrücke (4) in (1) ein, so ergibt sich

$$\sum_{1}^{n+1} w_i f_i = 0, \tag{5}$$

$$\sum_{1}^{n+1} w_i = 1. \tag{6}$$

Der Inhalt der Relation (1) und der beiden Relationen (5) und (6) ist formal vollständig gleichwertig, und unsere späteren Betrachtungen werden sich auch stets auf diese beiden Möglichkeiten des versicherungsmathematischen Ansatzes zu beziehen haben. Darüber hinausgehend kann aber der Inhalt von (5) und (6) noch in einer anderen, der Wahrscheinlichkeitstheorie entsprechenden Form gedeutet werden. Um den

Unterschied in den beiden Auffassungen klar hervortreten zu lassen, sei im folgenden im Anschluß an O. GRUDER die wahrscheinlichkeitstheoretische Methode noch etwas näher ausgeführt.

Wir bezeichnen mit w die Wahrscheinlichkeit eines Ereignisses. E sei der vom Spieler zu leistende Einsatz und C der für den Fall des Eintrittes des Ereignisses von der Bank zu zahlende Betrag. Tritt das Ereignis ein, so ist $C - E$ der Verlust der Bank und $w(C - E) = R$ ist für den Fall eines Spielers als das mathematische Risiko der Bank zu bezeichnen. Die mathematische Gewinnerwartung der Bank ist $(1 - w) E = -H$, und es ist $R + H = 0$, wenn die Bedingung $E = C w$ erfüllt ist. Wird bei s Spielern angenommen, daß der wahrscheinlichste Fall eintritt, demnach das Ereignis in $s w$ Fällen beobachtet, so ist unter dieser Annahme der Verlust der Bank $s w C - s E = 0$.

Bei den Gleichungen (5) und (6) hat es sich bei l_x Personen um $n + 1$ Möglichkeiten gehandelt, und es sollte für jede Person nur eine dieser Möglichkeiten in Betracht kommen. Die Wahrscheinlichkeit für den Eintritt des $i$ten Falles war w_i. Tritt dieser Fall für irgendeine Person ein, so hat diese den Einsatz E_i zu leisten und erhält dafür den Betrag C_i. Die Werte E_i und C_i sind dabei durch die Ausdrücke (2) und (3) gegeben. Hierbei ist

$$E_i = P_1 + P_2 v + \dots + P_i v^{i-1}, \quad E_{n+1} = E_n, \quad i = 1, 2, \dots, n,$$
$$C_i = A_i v^i, \quad C_{n+1} = T v^n, \quad i = 1, 2, \dots, n$$

zu setzen.

Die Relation (1) besagt nun, daß mit jenem Verlauf der Ereignisse gerechnet wird, welcher als der wahrscheinlichste zu bezeichnen ist. Denn in (1) wird angenommen, daß von den l_x Personen gerade $d_x = l_x \cdot w_1$ für die erste Möglichkeit, $d_{x+1} = l_x w_2$ für die zweite Möglichkeit usw. in Betracht kommen. Die Gleichung (5) sagt aber dann unter dieser Annahme aus, daß die Bank weder einen Gewinn, noch einen Verlust erleidet.

Aus Gleichung (5) geht hervor, daß die Bank auch dann keinen Gewinn oder Verlust hat, wenn alle bei den l_x Personen möglichen Kombinationen von $n + 1$ Fällen, und zwar jede Kombination unter Berücksichtigung der Wahrscheinlichkeit ihres Eintreffens, in Rechnung gezogen werden. Dies wäre der Inhalt der Aussage der Relation (5) im Sinne der Wahrscheinlichkeitstheorie.

Die Richtigkeit der Behauptung ergibt sich aus folgender Betrachtung. Setzt man $l_x = s$ und

$$a_1 + a_2 + \dots + a_{n+1} = s, \tag{7}$$

so soll jede Lösung dieser Gleichung in ganzen, nicht negativen Zahlen $a_1, a_2, \dots, a_{n+1}$ wie folgt berücksichtigt werden. Eine spezielle Lösung $a_1, a_2, \dots, a_{n+1}$ bezeichne jenen Verlauf in der Reihenfolge des Absterbens der s Personen, bei welchem beliebige a_1 Personen $(a_1 \geqq 0)$ im ersten

Versicherungsjahr, beliebige a_2 Personen ($a_2 \geqq 0$) im zweiten Versicherungsjahr usw. sterben und beliebige den Endzeitpunkt erleben. Die Wahrscheinlichkeit für das Absterben *bestimmter* $a_1, a_2, \ldots$ Personen im ersten, zweiten, ... Versicherungsjahr ist dann nach dem Multiplikationssatz der Wahrscheinlichkeitstheorie

$$w_1^{a_1} w_2^{a_2} \ldots w_{n+1}^{a_{n+1}}$$

und die Wahrscheinlichkeit, daß *beliebige* $a_1, a_2, \ldots$ Personen im ersten, zweiten, ... Versicherungsjahr sterben, nach dem Additionssatz

$$\frac{s!}{a_1!\, a_2! \ldots a_{n+1}!} w_1^{a_1} w_2^{a_2} \ldots w_{n+1}^{a_{n+1}}. \tag{8}$$

Bei der durch eine spezielle Lösung von (7) gegebenen Folge des Absterbens der s Personen ist aber durch

$$A = a_1 f_1 + a_2 f_2 + \ldots + a_{n+1} f_{n+1} \tag{9}$$

der Verlust oder Gewinn der Bank, je nachdem $A \gtrless 0$, dargestellt. Es wäre daher zunächst der Ausdruck

$$\sum \frac{s!}{a_1!\, a_2! \ldots a_{n+1}!} w_1^{a_1} w_2^{a_2} \ldots w_{n+1}^{a_{n+1}} (a_1 f_1 + a_2 f_2 + \ldots + a_{n+1} f_{n+1}) \tag{10}$$

erstreckt über alle ganzen, nicht negativen Zahlen $a_1, a_2, \ldots, a_{n+1}$, für welche

$$a_1 + a_2 + \ldots + a_{n+1} = s$$

erfüllt ist, zu berechnen. Wir betrachten zu diesem Zweck die Funktion

$$w_1 x^{f_1} + w_2 x^{f_2} + \ldots + w_{n+1} x^{f_{n+1}} = F(x). \tag{11}$$

Auf Grund von (5) und (6) ist

$$F(1) = 1, \quad \left(\frac{dF(x)}{dx}\right)_{x=1} = F'(1) = 0. \tag{12}$$

Weiter ist

$$[F(x)]^s = \sum \frac{s!}{a_1!\, a_2! \ldots a_{n+1}!} w_1^{a_1} w_2^{a_2} \ldots w_{n+1}^{a_{n+1}} x^{a_1 f_1 + a_2 f_2 + \ldots + a_{n+1} f_{n+1}}, \tag{13}$$

wobei die Summe über dieselben Werte von $a_1, a_2, \ldots, a_{n+1}$ zu erstrecken ist wie die Summe (10). Die letztere Summe ist aber gleich dem Wert von

$$\frac{d}{dx}[F(x)]^s = s\,[F(x)]^{s-1} F'(x)$$

für $x = 1$. Wegen (12) ist aber

$$s\,[F(1)]^{s-1} F'(1) = 0, \tag{14}$$

womit der Beweis erbracht ist.

Wir haben also zu vermerken, daß durch (1) das Äquivalenzprinzip zum Ausdruck gebracht ist, durch (5) die Bedingung des gerechten Spieles, wenn es sich um eine einzige Versicherung, betrachtet als Durchschnittsversicherung, handelt. Für eine beliebige Anzahl von s gleichartigen Versicherungen aber ist die genau entsprechende Bedingung durch

$$\sum \frac{s!}{a_1!\, a_2! \ldots a_{n+1}!}\, w_1^{a_1} w_2^{a_2} \ldots w_{n+1}^{a_{n+1}} (a_1 f_1 + \cdots + a_{n+1} f_{n+1}) = 0 \qquad (15)$$

definiert.

Aus dem Vorhergehenden folgt, daß aus dem Verschwinden des Ausdruckes (1) dasselbe auch für den Ausdruck (5) folgt, während der Ausdruck links in (6) der Einheit gleich wird. Während auf Grund von (5) die Prämie für die Einzeldurchschnittsversicherung zu berechnen ist, ergibt sich aus (15) die Prämie für eine Gesamtheit von gleichartigen Versicherungen. Aus (15) folgt aber auch umgekehrt (5). Denn der Ausdruck (14) ist als Produkt von s und (5) aufzufassen. Anderseits ist aber der Ausdruck (14) identisch mit dem Ausdruck (15). Das Verschwinden von (15) bedingt daher auch das Verschwinden von (5). Hierdurch ist die Bestimmung der Prämie für mehrere gleichartige Versicherungen auf die Bestimmung der Prämie einer Versicherung zurückgeführt. Damit ist aber der Zusammenhang zwischen dem Ansatz mittels des Äquivalenzprinzips, mittels der Gewinn- und Verlusterwartung und im Sinne der Wahrscheinlichkeitstheorie aufgezeigt. Der erste führt stets zu dem Schema der Gewinn- und Verlustrechnung. Der zweite operiert mit den Gewinn- und Verlusterwartungen für die einzelnen Zeitintervalle, beide benutzen also den Begriff des Erwartungswertes. Nur der dritte verzichtet gänzlich auf jede im Sinne eines Erwartungswertes aufzufassende Durchschnittsbildung.

§ 55. Das durchschnittliche Risiko.

Für einen bestimmten Zeitmoment t soll ein Versicherungsbestand Γ gegeben sein. Die zu verwendenden Rechnungsgrundlagen Zins und Sterblichkeit sollen dem zu erwartenden Verlauf möglichst entsprechen. Die Verwaltungskosten als Rechnungsgrundlage werden in den folgenden Betrachtungen in der Regel nicht berücksichtigt, doch ist dies stets ohne prinzipielle Änderungen möglich. Wir wollen ferner annehmen, daß die in dem Bestande vertretenen Versicherungen gänzlich unabhängig voneinander sind. Die Behandlung der einzelnen Fragen im Wege der in Betracht kommenden Methoden soll ohne Bevorzugung des einen oder anderen Verfahrens erfolgen. Dies gilt im besonderen von der Anwendung elementarer Betrachtungen und der Heranziehung der kontinuierlichen Methode.

Schreiben wir im Sinne der Formel (15) des § 54 jedem der Versicherten des Bestandes ein bestimmtes Sterbejahr zu, so kann damit eine bestimmte Gruppierung aller im Bestande zu erwartenden Sterbefälle festgelegt werden. Die Anzahl aller denkbaren Gruppierungen ist dann für den

Bestand Γ eine endliche, und diese Gruppierungen können nach irgendeinem Prinzip geordnet und numeriert werden. Jeder dieser Gruppierungen kann dann eine bestimmte Wahrscheinlichkeit $\mathfrak{q}$ zugeordnet werden. Wir beziehen uns auf eine bestimmte Zeitperiode (t_1, t_2), die mit dem Zeitpunkt t_1 beginnt und mit t_2 endet. Unter den während dieser Zeitperiode seitens des Versicherers an den Bestand zu erbringenden Leistungen sollen nur die Zahlungen der versicherten Kapitalien und die für das Ende der Zeitperiode in Betracht kommende Zurückstellung des Deckungskapitals berücksichtigt werden. Die auf den Zeitpunkt t bezogenen Werte dieser Leistungen sollen mit $\mathfrak{A}$ bezeichnet werden. Als Einnahmen des Versicherers für diese Zeitperiode soll aber das Deckungskapital zu Beginn derselben und die Prämien während derselben verstanden sein und der auf den Zeitpunkt t bezogene Wert dieser Beträge soll mit $\mathfrak{E}$ bezeichnet werden. Einer bestimmten, durch den Index n charakterisierten Gruppierung der Todesfälle entsprechen dann die auf den Zeitpunkt t bezogenen Werte von $\mathfrak{A}_n$ und $\mathfrak{E}_n$. Die Differenzen $\mathfrak{A}_n - \mathfrak{E}_n$ können dann positiv oder negativ sein und demzufolge einem Gewinn des Bestandes gegenüber der Gesellschaft entsprechen oder umgekehrt.

Bilden wir das durchschnittliche Mittel aller möglichen Verluste der Gesellschaft, so erhalten wir als Ausdruck für das *durchschnittliche Risiko* der Gesellschaft gegenüber dem Bestande

$$\mathfrak{D}' = \sum^n \mathfrak{q}_n (\mathfrak{A}_n - \mathfrak{E}_n), \quad \mathfrak{A}_n > \mathfrak{E}_n \tag{16}$$

und analog

$$\mathfrak{D}'' = \sum^n \mathfrak{q}_n (\mathfrak{E}_n - \mathfrak{A}_n), \quad \mathfrak{E}_n > \mathfrak{A}_n \tag{16 a}$$

als Ausdruck für das durchschnittliche Risiko des Bestandes gegenüber der Gesellschaft.

Bei Bestehen der Gleichheit von Leistung und Gegenleistung gilt $\mathfrak{D}' = \mathfrak{D}'' = \mathfrak{D}$ und daher

$$\sum_{\mathfrak{A}_n > \mathfrak{E}_n}^n \mathfrak{q}_n (\mathfrak{A}_n - \mathfrak{E}_n) + \sum_{\mathfrak{A}_n < \mathfrak{E}_n}^n \mathfrak{q}_n (\mathfrak{A}_n - \mathfrak{E}_n) = 0. \tag{17}$$

Unter Einführung der absoluten Beträge $|\mathfrak{A}_n - \mathfrak{E}_n|$ der Differenzen $\mathfrak{A}_n - \mathfrak{E}_n$ kann das durchschnittliche Risiko auch

$$\mathfrak{D} = \frac{1}{2} \sum^n \mathfrak{q}_n |\mathfrak{A}_n - \mathfrak{E}_n| \tag{18}$$

geschrieben werden. Unter Bestehen des Äquivalenzprinzips aber kann jetzt auch

$$\left.\begin{aligned} \mathfrak{D} &= \sum^n \mathfrak{q}_n (\mathfrak{A}_n - \mathfrak{E}_n), \quad \mathfrak{A}_n > \mathfrak{E}_n \\ &= \sum^n \mathfrak{q}_n (\mathfrak{E}_n - \mathfrak{A}_n), \quad \mathfrak{A}_n < \mathfrak{E}_n \end{aligned}\right\} \tag{19}$$

definiert werden.

Bezieht man sich jetzt nicht auf den Versicherungsbestand, sondern auf die Einzelversicherung als Durchschnittsversicherung, und ist m die Versicherungsdauer, n der laufende Index für die einzelnen Versicherungsjahre, q_x die Sterbenswahrscheinlichkeit für den $x$jährigen, und bezeichnen die Größen $\widetilde{A}_n$ die auf den Beginn der Versicherung diskontierten Werte der für die einzelnen Versicherungsjahre am Ende derselben zur Auszahlung gelangenden Beträge bzw. des Deckungskapitals am Ende der Versicherungsdauer, während die Größen $\widetilde{E}_n$ den auf den Beginn der Versicherung diskontierten Wert der bis zum $n$ten Versicherungsjahr zu bezahlenden Beiträge bedeuten. Dann ist das durchschnittliche Risiko für den Beginn der Versicherung

$$D = \sum^n {}_{n-1|}q_x (\widetilde{A}_n - \widetilde{E}_n), \quad \widetilde{A}_n > \widetilde{E}_n. \tag{20}$$

Soll aber das sogenannte fernere durchschnittliche Risiko für die restliche Versicherungsdauer berechnet werden, und zwar für den Termin t, dann hätte man das zu Beginn des $t+1$ten Versicherungsjahres vorhandene Deckungskapital unter den Einnahmen zu berücksichtigen.

Der Ausdruck (20) kann auch

$$\sum^n {}_{n-1|}q_x (\widetilde{E}_n - \widetilde{A}_n), \quad \widetilde{A}_n < \widetilde{E}_n \tag{21}$$

oder

$$\frac{1}{2} \sum_1^m {}_{n-1|}q_x \, |\widetilde{A}_n - \widetilde{E}_n| \tag{22}$$

geschrieben werden. Hierbei ist aber ${}_{m-1|}q_x$ richtig als Wahrscheinlichkeit zu verstehen, daß der $x$jährige im $m$ten Versicherungsjahr stirbt oder aber das Ende dieses Jahres erlebt. Dies gilt natürlich nur für den Fall, daß die versicherten Kapitalien für den Fall des Ablebens im letzten Jahre und den Erlebensfall übereinstimmen.

Mit dem Begriff des durchschnittlichen Risikos eng verbunden ist der Begriff der *kritischen Zahl* (kritische Dauer, mathematische Dauer, Risikodauer). Sie ist als größte ganze Zahl $N = E(k)$ zu verstehen, welche in der Wurzel k der Gleichung $\widetilde{A}_k - \widetilde{E}_k = 0$ enthalten ist, wobei k als Unbekannte gilt. Diese Gleichung wird jedoch an die Bedingung zu binden sein, daß sie eine eindeutige Lösung ergibt, was offenbar dann der Fall ist, wenn die Differenz $A_n - E_n$ mit n beständig wächst oder beständig abnimmt, wie dies in der Regel der Fall ist. Dann definiert die kritische Zahl jene Bestandsdauer der Versicherung, für welche beiderseits weder Gewinn noch Verlust zu verzeichnen ist. Für die temporäre Leibrente ergibt sich die kritische Zahl aus

$$a_{x,\overline{m}|} = a_{\overline{k}|}, \quad a_{\overline{k}|} = \frac{1 - v^k}{1 - v}.$$

Da aber

$$A_{x,\overline{m}|} = 1 - (1 - v)\,\mathrm{a}_{x,\overline{m}|}$$

und

$$v^k = 1 - (1 - v)\mathrm{a}_{\overline{k}|},$$

so ist

$$A_{x,\overline{m}|} - v^k = 0$$

und

$$N = E(k) = E\left(\frac{\log A_{x,\overline{m}|}}{\log v}\right).$$

Die beiden kritischen Zahlen für die temporäre Leibrente und die Versicherung auf Ab- und Erleben fallen demnach zusammen. Bei jährlicher Zahlung gilt

$$P_{x,\overline{m}|} \,.\, \mathrm{a}_{\overline{k}|} = v^k.$$

Es folgt aber aus

$$P_{x,\overline{m}|} \,.\, \mathrm{a}_{x,\overline{m}|} = A_{x,\overline{m}|}$$

wieder

$$P_{x,\overline{m}|}(\mathrm{a}_{\overline{k}|} - \mathrm{a}_{x,\overline{m}|}) = v^k - A_{x,\overline{m}|} = 0,$$

so daß auch hier die kritische Zahl dieselbe bleibt. Bei der Versicherung mit bestimmter Verfallszeit bestimmt sich die kritische Zahl aus

$$P \,.\, \mathrm{a}_{\overline{k}|} = v^m.$$

Auch hier folgt wegen

$$P \,.\, \mathrm{a}_{x,\overline{m}|} = \frac{v^m}{\mathrm{a}_{\overline{k}|}} \,.\, \mathrm{a}_{x,\overline{m}|} = v^m$$

derselbe Wert für N. Ist aber die kritische Zahl ermittelt, dann kann dic Berechnung des durchschnittlichen Risikos durch Multiplikation der für die einzelnen Jahre in Betracht kommenden Wahrscheinlichkeiten mit den bezüglichen Werten der möglichen Gewinne oder Verluste an Hand der allgemeinen Formeln durch Summation dieser Produkte über die kritische Dauer erfolgen. Wir erhalten damit ein durch die verwendeten Rechnungsgrundlagen, die Art der Versicherung und das in Betracht gezogene Zeitintervall bestimmtes Risikomaß. Für die numerische Berechnung ist es kaum geeignet. Um hier Zweckmäßigeres zu erhalten, wollen wir etwas anders verfahren. Vorher aber sei noch für die allgemeine Versicherung auf Ab- und Erleben aus dem Ansatz des gerechten Spieles für die ganze Versicherungsdauer, sie heiße jetzt wieder n, das Äquivalenzprinzip abgeleitet.

Die Gewinn- und Verlusterwartung für die Dauer n ist bei Anwendung der kontinuierlichen Methode

$$\left.\begin{array}{c}\displaystyle\int_0^n {}_{t|}q_x\, v^t \left(A_t - \int_0^t \overline{P}_s e^{\delta(t-s)} ds\right) dt + {}_n p_x\, v^n \left(T - \int_0^n \overline{P}_s e^{\delta(n-s)} ds\right) = 0 \\ T = A_n. \end{array}\right\} \qquad (23)$$

Hierbei ist also den zur Auszahlung gelangenden Versicherungskapitalien A_t stets der Diskontierungsfaktor beigesetzt und die Prämieneinnahme auf den Beginn diskontiert. Für die Relation (23) erhält man aber durch eine leichte Umformung

$$\bar{A}_{x,\overline{n}|}\{A_t\} + \int_0^n \frac{d\,l_{x+t}}{d\,t} \cdot \frac{1}{l_x} e^{-\delta t} dt \int_0^t \bar{P}_s\, e^{\delta(t-s)} ds - \frac{l_{x+n}}{l_x} \int_0^n \bar{P}_s e^{-\delta s} ds$$

$$= \bar{A}_{x,\overline{n}|}\{A_t\} + \int_0^n \frac{d\,l_{x+t}}{d\,t} \cdot \frac{1}{l_x} dt \int_0^t \bar{P}_s\, e^{-\delta s} ds - \frac{l_{x+n}}{l_x} \int_0^n \bar{P}_s e^{-\delta s} ds$$

$$= \bar{A}_{x,\overline{n}|}\{A_t\} + \int_0^n \bar{P}_t e^{-\delta t} \frac{l_{x+n} - l_{x+t}}{l_x} dt - \frac{l_{x+n}}{l_x} \int_0^n \bar{P}_s\, e^{-\delta s} ds$$

$$= \bar{A}_{x,\overline{n}|}\{A_t\} - \int_0^n \bar{P}_t\, e^{-\delta t}\, {}_t p_x\, dt = \bar{A}_{x,\overline{n}|}\{A_t\} - \bar{a}_{x,\overline{n}|}\{\bar{P}_t\} = 0$$

und damit das Prinzip von der Gleichheit von Leistung und Gegenleistung.

Die Gültigkeit des Äquivalenzprinzips für jeden innerhalb der Versicherungsdauer liegenden Zeitpunkt t bedingt dann die Einführung des Nettodeckungskapitals. Es gilt

$$\bar{A}_{x+t,\,\overline{n-t}|}\{A_s\} = \int_t^n \bar{P}_s \frac{l_{x+s}}{l_{x+t}} e^{-\delta(s-t)} ds + {}_t\bar{V}$$

bzw.

$$\int_0^t {}_{s|}q_x\, v^s A_s\, ds = \int_0^t \bar{P}_s \frac{l_{x+s}}{l_x} v^s\, ds - \frac{l_{x+t}}{l_x} v^t\, {}_t\bar{V}.$$

Vom Standpunkt der Theorie des durchschnittlichen Risikos hätte man aber das Nettodeckungskapital als jenen Betrag zu bezeichnen, welcher zum Zeitpunkt t von dem Wert der eingezahlten Prämien samt Zins verbleibt, wenn der Versicherte vom Vertrag zurücktritt. Denn der vom Versicherten vom Beginn bis zum Termin t zu leistende Einsatz ist

$$D(t) = \int_0^t {}_{s|}q_x\, (\tilde{A}_s - \tilde{E}_s)\, ds.$$

Tritt der Versicherte zu diesem Zeitpunkt vom Vertrag zurück, dann erhält er offenbar nur den Betrag, welcher der Summe der aufgezinsten Prämien abzüglich des für das getragene Risiko verausgabten Betrages in der Höhe von

$$D(t)\, e^{\delta t} \frac{l_x}{l_{x+t}}$$

gleichkommt. Für den Beginn der Versicherung ist demnach

$$D(t) = (\widetilde{E}_t - e^{-\delta t}\, {}_t\overline{V}) \frac{l_{x+t}}{l_x} \tag{24}$$

für jedes innerhalb der Versicherungsdauer gelegene t, und daher ist auch für die kritische Dauer k

$$D = (\widetilde{E}_k - e^{-\delta k}\, {}_k\overline{V}) \frac{l_{x+k}}{l_x}. \tag{25}$$

Wir haben den letzteren Ausdruck als das durchschnittliche Risiko zu bezeichnen. Unter $\widetilde{E}_t$ ist hierbei der auf den Beginn bezogene Barwert der bis zum Termin t bezahlten Prämien zu verstehen. Der Ausdruck (24) soll auch durchschnittliches Risiko für die Versicherungsdauer t genannt werden. Die beiden Ausdrücke (24) und (25) geben eine ganz allgemein geltende einfache Darstellung des durchschnittlichen Risikos, die auch für numerische Berechnungen sehr gut geeignet ist. Die Richtigkeit der beiden Formeln läßt sich sehr leicht erweisen.

Aus der Definition des durchschnittlichen Risikos folgt durch die mittels partieller Integration zu erfolgende Umformung

$$D(t) = -\int_0^t \frac{d\, l_{x+t}}{l_x} e^{-\delta t} \left(A_t - \int_0^t \overline{P}_s\, e^{\delta(t-s)}\, ds\right) dt,$$

$$\int_0^t \frac{d\, l_{x+s}}{l_x} \int_0^s \overline{P}_\lambda\, e^{-\delta\lambda}\, d\lambda = \frac{l_{x+t}}{l_x} \int_0^t \left(1 - \frac{l_{x+s}}{l_{x+t}}\right) \overline{P}_s\, e^{-\delta s}\, ds,$$

$$D(t) = \frac{l_{x+t}}{l_x} e^{-\delta t} \left[\int_0^t \overline{P}_s\, e^{\delta(t-s)}\, ds - \right.$$
$$\left. - \left(\int_0^t \frac{l_{x+s}}{l_{x+t}} \overline{P}_s\, e^{\delta(t-s)}\, ds + \int_0^t \frac{d l_{x+s}}{l_{x+t}} e^{\delta(t-s)} A_s\, ds\right)\right].$$

Hierbei sind aber die beiden letzten Integrale nichts anderes als der retrospektive Ausdruck für das Nettodeckungskapital, so daß wir auch schreiben können

$$D(t) = \frac{l_{x+t}}{l_x} e^{-\delta t} \left[\int_0^t \overline{P}_s\, e^{\delta(t-s)}\, ds - {}_t\overline{V}\right]$$
$$= (\widetilde{E}_t - e^{-\delta t}\, {}_t\overline{V}) \frac{l_{x+t}}{l_x}$$

in Übereinstimmung mit (24).

Wir können die wichtige Formel (24) noch durch eine andere Betrachtung erhalten, wobei wir uns der diskontinuierlichen Methode bedienen. Aus der Definitionsformel des retrospektiven Nettodeckungskapitals

$$\sum_1^t l_{x+i-1} P_i v^{i-1} - \sum_1^t d_{x+i-1} A_i v^i = l_{x+t} v^t {}_tV$$

ergibt sich auch

$$\sum_1^t \left(\frac{d_{x+i-1}}{l_x} A_i v^i + \frac{l_{x+t}}{l_x} P_i v^{i-1} - \frac{l_{x+i-1}}{l_x} P_i v^{i-1} \right) =$$
$$= \frac{l_{x+t}}{l_x} \left(\sum_1^t P_i v^{i-1} - v^t {}_tV \right)$$

und damit unter Verwendung der Wahrscheinlichkeiten (4)

$$\sum_1^t [w_i A_i v^i - (w_i + w_{i+1} + \ldots + w_t) P_i v^{i-1}] =$$
$$= \frac{l_{x+t}}{l_x} \left(\sum_1^t P_i v^{i-1} - v^t {}_tV \right). \quad (26)$$

Nach Umformung der Doppelsumme links und unter Rücksicht auf die Bedeutung der Größen f_i erhält man für den Ausdruck links in (26)

$$\sum_1^t w_i A_i v^i - \sum_1^t w_i \sum_1^i P_s v^{s-1} = \sum_1^t w_i f_i$$

und damit für das durchschnittliche Risiko

$$D(t) = \sum_1^t w_i f_i = \frac{l_{x+t}}{l_x} \left(\sum_1^t P_i v^{i-1} - v^t {}_tV \right) \quad (27)$$

und

$$D(N) = \sum_1^N w_i f_i = \frac{l_{x+N}}{l_x} \left(\sum_1^N P_i v^{i-1} - v^N {}_NV \right) \quad (28)$$

in völliger Übereinstimmung mit den bei Anwendung der kontinuierlichen Methode bereits erhaltenen Resultaten.

Für die Größe des Risikos ist das Produkt des möglichen Verlustes mit seiner Wahrscheinlichkeit bestimmend, demnach die Größen $f w$. Die letzte Ableitung hat dies deutlich erkennen lassen. Zu beachten ist aber, daß für die Größe des durchschnittlichen Risikos für die ganze Versicherung dann erst nach Hinzufügung des letzten Gliedes $f_{n+1} w_{n+1}$ Null resultiert, wenn dieses als $\Sigma w_i f_i$ dargestellt wird.

Schreibt man die Gleichung für das durchschnittliche Risiko

$$l_x D(t) = l_{x+t}\left(\sum_{1}^{t} P_i v^{i-1} - v^t {}_tV\right), \tag{29}$$

so hat man links den Gesamtwert der auf den Beginn bezogenen Verluste für alle l_x Versicherten, die während der Dauer von t Jahren für den Versicherer zu erwarten sind, weil er $l_x - l_{x+t}$ Todesfälle zu gewärtigen hat. Demgegenüber steht aber rechts der Gesamtverlust für die Überlebenden l_{x+t} Versicherten, wenn sie zum Termin t das Vertragsverhältnis lösen.

Schreiben wir das durchschnittliche Risiko für den Zeitraum t nochmals in der Gestalt

$$D(t) = \int_0^t {}_{t|}q_x (\widetilde{A}_t - \widetilde{E}_t)\, dt,$$

so ist unmittelbar zu sehen, daß die kritische Dauer k auch dadurch definiert werden kann, daß wir verlangen, für diese Dauer solle der Risikoausdruck ein Maximum werden. Denn dieses Maximum ist ja durch Differentiation des obigen Ausdruckes durch Auflösung von

$$\widetilde{A}_t - \widetilde{E}_t = 0$$

nach k gegeben. Wir können daher das durchschnittliche Risiko auch als das Maximum des Erwartungswertes aller Verluste für die ganze Versicherungsdauer definieren. Gerade diese Definition des durchschnittlichen Risikos als Maximum eines bestimmten Erwartungswertes wird später noch von Bedeutung werden. Hierbei ist stets vorausgesetzt, daß die Risikodauer eindeutig definiert ist, ein solches Maximum also auch wirklich existiert. Aus der Definition des durchschnittlichen Risikos der Dauer t in der Form

$${}_tE_x\left(\int_0^t \overline{P}_s e^{\delta(t-s)}\, ds - {}_t\overline{V}\right) \tag{30}$$

ergibt sich als Bedingungsgleichung für das Maximum

$$A_t - \int_0^t \overline{P}_s e^{\delta(t-s)}\, ds = 0, \tag{31}$$

eine Gleichung, welche unter den gemachten Voraussetzungen nur für den Wert $t = k$ erfüllt ist.

Wenn wir beachten, daß sich die Nettoprämienreserve als Summe der aufgezinsten Sparprämien darstellt, so können wir das durchschnittliche Risiko der Dauer t auch in der Form darstellen

$$D(t) = {}_tE_x\left(\int_0^t \overline{P}_s e^{\delta(t-s)}\, ds - \int_0^t \overline{SP}_s e^{\delta(t-s)}\, ds\right) = {}_tE_x \int_0^t \overline{RP}_s e^{\delta(t-s)}\, ds. \tag{32}$$

Das durchschnittliche Risiko ist demnach gleich dem Wert einer Erlebensversicherung der Dauer t auf den Betrag aller bis zu diesem Termin zu entrichtenden und bis dahin aufgezinsten Risikoprämien.

Auf Grund der Definition des durchschnittlichen Risikos durch die Gleichung (32) können wir dieses auch als Maximum des Verlustes auffassen, den ein Versicherter zu erwarten hat, wenn er vorzeitig unter Vergütung der Prämienreserve aus dem Vertrage ausscheidet. Denn der Verlust besteht dann aus der Summe der bis zum Ausscheiden bezahlten Risikoprämien samt Zins, und der Erwartungswert dieses Verlustes ist daher

$$ {}_tE_x \int_0^t \overline{RP}_s e^{\delta(t-s)} ds = {}_tE_x \left(\int_0^t \bar{P}_s e^{\delta(t-s)} ds - {}_t\bar{V} \right). \tag{33} $$

Differenziert man zur Bestimmung des Maximums dieser Verlusterwartung nach t, so ergibt sich

$$ -(\mu_{x+t} + \delta)\, {}_tE_x \left(\int_0^t \bar{P}_s e^{\delta(t-s)} ds - {}_t\bar{V} \right) + {}_tE_x \,.\, \bar{P}_t + \delta\, {}_tE_x \int_0^t \bar{P}_s e^{\delta(t-s)} ds - $$

$$ - {}_tE_x [{}_t\bar{V}(\mu_{x+t} + \delta) + \bar{P}_t - \mu_{x+t} A_t] = 0 $$

und daher

$$ A_t = \int_0^t P_s e^{\delta(t-s)} ds, $$

somit die Relation (32), die wir Risikogleichung nennen. Voraussetzungsgemäß genügt sie zur eindeutigen Bestimmung der kritischen Dauer k.

Mit (33) verwandt ist die Darstellung des durchschnittlichen Risikos für die Dauer t durch den Ausdruck

$$ {}_{|t}\bar{A}_x \{A_s\} + {}_tp_x \bar{a}_{\overline{t}|} \{\bar{P}_s\} - \bar{a}_{x,\overline{t}|} \{\bar{P}_s\}. \tag{34} $$

Hier bedeutet das erste Glied die kurze Todesfallversicherung, die beiden anderen aber sind der Barwert der Prämienzahlung auf der Zeitstrecke t unter der Voraussetzung, daß der Tod auf dieser Zeitstrecke eintritt. In der Tat ist $\bar{a}_{x,\overline{t}|} \{\bar{P}_s\}$ der Wert der temporären Rente auf der Zeitstrecke t für die Beträge $\bar{P}_s$ und ${}_tp_x \bar{a}_{\overline{t}|} \{P_s\}$ der Barwert der Zeitrente auf die angeführten Beträge für den Fall, daß der Zeitpunkt t erlebt wird, die Differenz daher von der angegebenen Bedeutung. Die Verlusterwartung besteht für den Versicherer tatsächlich in der Erwartung der Todesfallbeträge abzüglich der von den Gestorbenen bis zum Ablebenstermin geleisteten Prämienzahlung.

Zur Bestimmung des kritischen Termins erhalten wir aus (34) durch Differentiation wieder die Risikogleichung. Die Identität der beiden Ausdrücke für das durchschnittliche Risiko der Dauer k

$$\int_0^k {}_t p_x \mu_{x+t}\, e^{-\delta t}\left(A_t - \int_0^t \overline{P}_s\, e^{\delta(t-s)}\, ds\right) dt \tag{35}$$

und (34) ergibt sich leicht aus

$$\int_0^k {}_t p_x \mu_{x+t}\, e^{-\delta t} A_t\, dt - \int_0^k {}_t p_x \mu_{x+t}\, dt \int_0^t \overline{P}_s\, e^{-\delta s}\, ds$$

$$= {}_{|k}\overline{A}_x \{A_t\} + \int_0^k \overline{P}_t\, e^{-\delta t}\, dt \int_t^k \frac{d}{ds}\, {}_s p_x\, ds$$

$$= {}_{|k}\overline{A}_x \{A_t\} + \int_0^k \overline{P}_t\, e^{-\delta t}\, ({}_k p_x - {}_t p_x)\, dt \tag{36}$$

$$= {}_{|k}\overline{A}_x \{A_t\} + {}_k p_x\, \bar{a}_{\overline{k}|} \{\overline{P}_t\} - \bar{a}_{x,\overline{k}|} \{\overline{P}_t\}. \tag{37}$$

Nur durch eine andere Zusammenfassung der Glieder in (36) erhält man aber

$${}_k p_x\, e^{-\delta k} \left[\int_0^k \overline{P}_t\, e^{\delta(k-t)}\, dt + \frac{1}{{}_k p_x\, e^{-\delta k}} \left(\int_0^k {}_t p_x \mu_{x+t}\, e^{-\delta t} A_t\, dt - \right.\right.$$

$$\left.\left. - \int_0^k \overline{P}_t\, e^{-\delta t}\, {}_t p_x\, dt\right)\right] = {}_k E_x \left(\int_0^k \overline{P}_t\, e^{\delta(k-t)}\, dt - {}_t\overline{V}\right),$$

demnach wieder die Darstellung (33). Für den speziellen Fall $A_t = 1$, $\overline{P}_t = \overline{P}$ erhält man aus (37)

$$D(\overline{P}) = 1 - \delta\, \bar{a}_{x,\overline{k}|} - {}_k p_x\, v^k + \overline{P}\, {}_k p_x\, \bar{a}_{\overline{k}|} - \overline{P}\, \bar{a}_{x,\overline{k}|}$$

$$= 1 - (\overline{P} + \delta)\, \bar{a}_{x,\overline{k}|} - {}_k p_x\, (v^k - \overline{P}\, \bar{a}_{\overline{k}|})$$

und für n statt m wegen

$$\bar{a}_{\overline{k}|} = \bar{a}_{x,\overline{n}|}, \quad v^k = \overline{A}_{x,\overline{n}|}$$

auch

$$D(\overline{P}) = 1 - \frac{\bar{a}_{x,\overline{k}|}}{\bar{a}_{x,\overline{n}|}}.$$

Vermittels der diskontierten Zahlen, also im Wege der diskontinuierlichen Methode, ergibt sich als Risikoungleichung

$$A_N - \sum_1^N P_i\, r^{N-i+1} \geqq 0 > A_{N+1} - \sum_1^{N+1} P_i\, r^{N-i+2} \tag{38}$$

und für das durchschnittliche Risiko der Dauer N

$$D(P_i) = \sum_1^N \frac{C_{x+i-1}}{D_x}\left(A_i - \sum_1^i P_k\, r^{i-k+1}\right). \tag{39}$$

Zufolge der Identität

$$\sum_{i=1}^{N} \frac{C_{x+i-1}}{D_x} \sum_{k=1}^{i} P_k r^{i-k+1} = \sum_{i=1}^{N} P_i \frac{D_{x+i-1}}{D_x} - \frac{D_{x+N}}{D_x} \sum_{i=1}^{N} P_i r^{-Ni+1}$$

erhält man

$$D(P_i) = \sum_{1}^{N} \frac{C_{x+i-1}}{D_x} A_i + \frac{D_{x+N}}{D_x} \sum_{1}^{N} P_i r^{N-i+1} - \sum_{1}^{N} P_i \frac{D_{x+i-1}}{D_x}$$

und damit die (34) völlig entsprechende Relation

$$D(P_i) = {}_{|N}A_x \{A_i\} + {}_N p_x \, \mathrm{a}_{\overline{N}|} \{P_i\} - \mathrm{a}_{x,\overline{N}|} \{P_i\}. \tag{40}$$

Hieraus aber nur durch andere Schreibweise

$$D(P_i) = \frac{D_{x+N}}{D_x} \sum_{1}^{N} P_i r^{N-i+1} -$$

$$- \frac{D_{x+N}}{D_x} \left(\sum_{1}^{N} P_i \frac{D_{x+i-1}}{D_{x+N}} - \sum_{1}^{N} \frac{C_{x+i-1}}{D_{x+N}} A_i \right)$$

und daher den bekannten Ausdruck

$$D(P_i) = {}_N E_x \left(\sum_{1}^{N} P_i r^{N-i+1} - {}_N V \right).$$

Für den speziellen Fall $A_i = 1$, $P_i = P_{x,\overline{n}|}$ ist demnach aus (40)

$$D(P_{x,\overline{n}|}) = {}_{|N}A_x - P_{x,\overline{n}|} (\mathrm{a}_{x,\overline{N}|} - {}_N p_x \, \mathrm{a}_{\overline{N}|}),$$

$$D(P_{x,\overline{n}|}) = {}_N E_x \left(P_{x,\overline{n}|} \, r \, \frac{r^N - 1}{r - 1} - {}_N V \right)$$

zu erhalten.

Aus (34) folgt für die Einmalprämienversicherung

$${}_k\bar{A}_x \{ A_t \} - (1 - {}_k p_x) \, \bar{A}_{x,\overline{n}|} \{ A_t \}$$

und für die temporäre Rente

$$- (1 - {}_k p_x) \, \bar{a}_{x,\overline{n}|} \{ r_t \} + \bar{a}_{x,\overline{k}|} \{ r_t \} - {}_k p_x \, \bar{a}_{\overline{k}|} \{ r_t \}$$

$$= - \left[\bar{a}_{\overline{k}|} \{ r_t \} - \bar{a}_{x,\overline{k}|} \{ r_t \} \right].$$

Für den speziellen Fall $A_t = 1$, $r_t = 1$, $\bar{P}_t = \bar{P}_{x,\overline{n}|}$ aber

$$D(\bar{P}_{x,\overline{n}|}) = {}_{|k}\bar{A}_x + {}_k p_x \, \bar{P}_{x,\overline{n}|} \, \bar{a}_{\overline{k}|} - \bar{P}_{x,\overline{n}|} \, \bar{a}_{x,\overline{k}|}$$

und

$$D(\bar{A}_{x,\overline{n}|}) = {}_{|k}\bar{A}_x + {}_k p_x \, \bar{A}_{x,\overline{n}|} - \bar{A}_{x,\overline{n}|} = D(\bar{P}_{x,\overline{n}|}) - \bar{P}_{x,\overline{n}|} (\bar{a}_{x,\overline{n}|} - \bar{a}_{x,\overline{k}|}).$$

Benutzt man aber die Risikogleichung in der Gestalt

$$ {}_k p_x \, \bar{a}_{\overline{k|}} \{ \overline{P}_t \} = {}_k E_x \, . \, A_k, $$

so erhält man

$$ D(\overline{P}_t) = {}_{|k}\overline{A}_x \{ A_t \} + {}_k E_x \, . \, A_k - \bar{a}_{x,\overline{k|}} \{ \overline{P}_t \}, $$

$$ = \overline{A}_{x,\overline{k|}} \{ A_t \} - \bar{a}_{x,\overline{k|}} \{ \overline{P}_t \} $$

und für den speziellen Fall

$$ D(\overline{P}_{x,\overline{n|}}) = \overline{A}_{x,\overline{k|}} - \overline{P}_{x,\overline{n|}} \, \bar{a}_{x,\overline{k|}} $$

und auch

$$ D(\overline{A}_{x,\overline{n|}}) = \overline{A}_{x,\overline{k|}} - \overline{A}_{x,\overline{n|}}. $$

Für die numerische Berechnung ist die Formel (28) besonders geeignet. Man erhält aus ihr durch spezielle Verfügung je nach der Versicherungsart und der Prämienzahlung

$$ \left. \begin{aligned} D(\mathrm{a}_x) &= \mathrm{a}_{\overline{N|}} - \mathrm{a}_{x,\overline{N|}} \\ D(A_x) &= d \, D(\mathrm{a}_x) \\ D(P_x) &= \frac{1}{\mathrm{a}_x} D(\mathrm{a}_x) \\ D(\mathrm{a}_{x,\overline{n|}}) &= \mathrm{a}_{\overline{N_1|}} - \mathrm{a}_{x,\overline{N_1|}} \\ D(\mathrm{A}_{x,\overline{n|}}) &= d \, D(\mathrm{a}_{x,\overline{n|}}) \\ D(P_{x,\overline{n|}}) &= \frac{1}{\mathrm{a}_{x,\overline{n|}}} D(\mathrm{a}_{x,\overline{n|}}) \\ D\left(\frac{v^n}{\mathrm{a}_{x,\overline{n|}}}\right) &= v^n \, D(P_{x,\overline{n|}}) \\ D(A_{x,\overline{n|}}) &= \frac{d}{P_{x,\overline{n|}} + d} D(P_{x,\overline{n|}}) \\ D(\mathrm{a}_{x,\overline{n|}}) &= \frac{1}{P_{x,\overline{n|}} + d} D(P_{x,\overline{n|}}). \end{aligned} \right\} \qquad (41) $$

Die Relationen sind sämtlich ohne weiteres einzusehen. Bei einer Ab- und Erlebensversicherung besteht z. B. für den Versicherer das Risiko, bei vorzeitigem Ableben des Versicherten den Zins des vorzeitig zur Auszahlung gebrachten Kapitals und auch die restlichen Prämien zu verlieren, demnach einen Verlust zu erleiden in der Höhe der temporären Rente auf Zins und Prämie. Das gerade besagt aber die Formel. Ganz ähnlich überlegt man in allen anderen Fällen.

Für die bisherigen Betrachtungen ganz wesentlich war die Erkenntnis, daß das durchschnittliche Risiko für eine beliebige Dauer t in gleicher Weise als Erwartungswert der Gewinne der Bank oder des Versicherten für das gleiche Zeitintervall dargestellt werden konnte. In dem einen

Fall ergab sich die Definitionsformel (5), in dem anderen die Formel (28). Für die Auswertung des Risikos erwies sich nur die letztere zweckmäßig. Hierzu sei noch folgendes bemerkt.

Der Versicherer sei ganz allgemein verpflichtet, vom Zeitpunkt t der Zahlungen abhängige Beträge A_t dann zu zahlen, wenn innerhalb der Dauer n zum Zeitpunkt t ein bestimmtes Ereignis eintritt, dessen Eintreten nach Maßgabe einer Intensitätsfunktion $\varphi(t)$ zu bewerten ist. Der auf den Beginn des Vertragsverhältnisses diskontierte Wert der Zahlungen A_t sei mit a_t bezeichnet. Demgegenüber sei die Verpflichtung zur Zahlung dieser Beträge an die Verpflichtung des Versicherten zur Zahlung von Beiträgen P_t gebunden. Bei Ablauf der Versicherung sei die Summe A_n fällig. Der Barwert aller bis zum Zeitpunkt t zu entrichtenden Beiträge für den Beginn sei B_t. Wird aber zum Zeitpunkt t das Vertragsverhältnis gelöst, so soll die Bank an den Versicherten einen Betrag ${}_tV$ bezahlen, dessen auf den Beginn bezogener Barwert v_t sei.

Soll dann die Verlusterwartung der Bank bis zum Zeitpunkt t gleich sein der Verlusterwartung des Versicherten für den Fall der Auflösung des Vertragsverhältnisses zum Zeitpunkt t, beide Werte bezogen auf den Beginn der Versicherung, dann gilt offenbar die Relation

$$\int_0^t \varphi(t)\,(a_t - B_t)\,dt = [1 - \int_0^t \varphi(t)\,dt]\,(B_t - v_t). \tag{42}$$

Hierbei bedeutet der erste Faktor rechts die Wahrscheinlichkeit, daß das Ereignis bis zum Zeitpunkt t nicht eingetreten ist. Wir haben in (42) die ganz allgemeine Aussage für die Gleichheit der beiderseitigen Verlusterwartungen zu erblicken. Für unser spezielles Beispiel einer gemischten Versicherung hätten wir zu setzen

$$B_t = \int_0^t \bar{P}_s\,e^{-\delta s}\,ds, \quad v_t = e^{-\delta t}\,{}_t\bar{V}, \quad a_t = e^{-\delta t} A_t$$

und

$$\varphi(t) = {}_tp_x\,\mu_{x+t}, \quad \psi(t) = \mu_{x+t}, \quad 1 - \int_0^t \varphi(t)\,dt = {}_tp_x;$$

wir erhalten dann aus (42) sofort unsere Fundamentalrelation

$$\int_0^t {}_tp_x\,\mu_{x+t}\,e^{-\delta t}\,(A_t - \int_0^t \bar{P}_s\,e^{\delta(t-s)}\,ds)\,dt = {}_tp_x\,e^{-\delta t}\left(\int_0^t P_s\,e^{\delta(t-s)}\,ds - {}_t\bar{V}\right). \tag{43}$$

Differenziert man aber die Relation (42) nach t, so erhält man

$$\varphi(t)\,(a_t - B_t) = -\,\varphi(t)\,(B_t - v_t) + \left[1 - \int_0^t \varphi(t)\,dt\right]\frac{d}{dt}(B_t - v_t)$$

und, wenn

$$\psi(t) = \frac{\varphi(t)}{1 - \int_0^t \varphi(t)\, dt} = -\frac{d}{dt} \log \left[1 - \int_0^t \varphi(t)\, dt)\right]$$

gesetzt wird,

$$\frac{d}{dt}(B_t - v_t) = \psi(t)(a_t - v_t). \tag{44}$$

Verfügen wir wieder über die Größen wie vordem, so erhalten wir

$$\frac{d}{dt}\left[e^{-\delta t}\left(\int_0^t \bar{P}_s\, e^{\delta(t-s)}\, ds - {}_t\bar{V}\right)\right] = \mu_{x+t}\, e^{-\delta t}(A_t - {}_t\bar{V})$$

und damit

$$\frac{d}{dt}\, {}_t\bar{V} = {}_t\bar{V}(\mu_{x+t} + \delta) + \bar{P}_t - \mu_{x+t} A_t,$$

demnach die Differentialgleichung des Nettodeckungskapitals. Man sieht, daß die Relation (42) in der Tat für die Versicherungsmathematik sehr weittragende Ansätze vermittelt. Man erkennt aber auch wieder, daß für die Betrachtungen im Sinne der Theorie des durchschnittlichen Risikos in keiner Weise eine Erweiterung der Annahmen erforderlich ist, die aus der auf dem Äquivalenzprinzip aufgebauten Versicherungsmathematik ohnehin geläufig sind.

§ 56. Das mittlere Risiko.

Neben dem durchschnittlichen Risiko kommt dem Begriff des mittleren Risikos umfassende Bedeutung zu. Dies liegt vor allem daran, daß seine Berechnung für eine beliebige Anzahl von Versicherungen auf Grund der Werte für das mittlere Risiko der Einzelversicherungen ohne weiteres möglich ist.

Es seien wieder m die Versicherungsdauer und $\widetilde{A}_n$ und $\widetilde{E}_n$ die auf den Beginn der Versicherung bezogenen Werte der nach Maßgabe von Wahrscheinlichkeiten ${}_{n-1|}q$ zu zahlenden versicherten Beträge sowie der auf den Beginn bezogene Wert der bis zum Termin n zu zahlenden Beiträge. Wird die ganze Versicherungsdauer m in Betracht gezogen, so versteht man unter dem mittleren Risiko den Ausdruck

$$M^2 = \sum_1^m {}_{n-1|}q\, (\widetilde{A}_n - \widetilde{E}_n)^2. \tag{45}$$

Man muß hierbei wieder beachten, daß wir bei temporären Versicherungen unter ${}_{m-1|}q$ die Wahrscheinlichkeit zu verstehen haben, daß der Versicherte im letzten Jahre stirbt oder das Ende der Versicherungsdauer erlebt. Haben wir das mittlere Risiko für zwei Versicherungen der

Dauern m und m', der Beitrittsalter x und x' und der versicherten Barbeträge $\widetilde{A}$ und $\widetilde{A}'$ und der Prämienbarwerte $\widetilde{E}$ und $\widetilde{E}'$ zu bestimmen, so wird man hierfür den Ausdruck

$$l_x \,.\, l_{x'}\, M^2_{x,\,x'} = \sum_{k=1}^{m} \sum_{\lambda=1}^{m'} d_{x+k-1} \,.\, d_{x'+\lambda-1}\,(\widetilde{A}_k + \widetilde{A}'_\lambda - \widetilde{E}_k - \widetilde{E}'_\lambda)^2$$

anzusetzen haben. Wir haben hierbei vorauszusetzen, daß die beiden Versicherungen vollständig unabhängig voneinander sind. Für die letzten Versicherungsjahre sind aber unter d_{x+m-1} und $d_{x'+m'-1}$ nicht die Totenzahlen, sondern die Anzahlen der Lebenden zu *Beginn* des letzten Versicherungsjahres zu verstehen, wenn angenommen ist, daß die Todesfallsumme des letzten Versicherungsjahres und die Erlebenssumme übereinstimmen. Es gilt sonach

$$\frac{1}{l_x} \sum_{k=1}^{m} d_{x+k-1} = \frac{1}{l_{x'}} \sum_{\lambda=1}^{m'} d_{x'+\lambda-1} = 1. \tag{46}$$

Zufolge der Definition der Einzelrisiken

$$l_x\, M_x{}^2 = \sum_{k=1}^{m} d_{x+k-1}\,(\widetilde{A}_k - \widetilde{E}_k)^2,$$

$$l_{x'}\, M_x{}^2 = \sum_{\lambda=1}^{m'} d_{x'+\lambda-1}\,(\widetilde{A}'_\lambda - \widetilde{E}'_\lambda)^2$$

und der Relation

$$\sum_{\lambda=1}^{m} d_{x+k-1}\,(\widetilde{A}_k - \widetilde{E}_k) = \sum_{\lambda=1}^{m'} d_{x'+\lambda-1}\,(\widetilde{A}'_\lambda - \widetilde{E}'_\lambda) = 0$$

ergibt sich aber unter Beachtung von (46) aus (45) der Ausdruck

$$M_{x\,x'}{}^2 = M_x{}^2 + M_{x'}{}^2, \tag{47}$$

so daß sich das *Quadrat des mittleren Risikos für zwei Versicherungen aus den Quadraten der Risiken der Einzelversicherungen additiv zusammensetzt.* Weil die Beträge $\widetilde{A}$ und $\widetilde{E}$ nur an das Äquivalenzprinzip gebunden sind, können wir die Beträge $\widetilde{E}$ stets so deuten, daß etwa nach $t$jährigem Bestand der Versicherung, wenn das Risiko für den Termin t berechnet werden soll, die dann vorhandene Prämienreserve bei den Einnahmen in $\widetilde{E}$ mitverrechnet wird. Der Satz von der Addition der Quadrate gilt daher ganz allgemein und ist natürlich sofort auf eine beliebige Anzahl von Versicherungen auszudehnen. Im besonderen gilt der Satz auch für einjährige Versicherungen.

Im letzteren Fall kann für eine bestimmte Person am Ende des Jahres der Erwartungswert des Ablebens mit

$$q_x \cdot 1 + (1 - q_x) \cdot 0 = q_x$$

und die mittlere Abweichung vom Erwartungswert mit

$$q_x (q_x - 1)^2 + (1 - q_x)(q_x - 0)^2 = q_x (1 - q_x) = q_x \cdot p_x$$

bestimmt werden. Ist q_{x+n} und p_{x+n} die Sterbens- und Erlebenswahrscheinlichkeit für das $n+1$te Versicherungsjahr, ${}_nV$ das Nettodeckungskapital nach n Jahren und P_{n+1} die zu Beginn des $n+1$ten Jahres zahlbare Prämie, dann ist das Quadrat des mittleren Risikos dieses Versicherungsjahres, berechnet für den Beginn desselben, wenn A_{n+1} die im Todesfall zur Auszahlung gelangende Summe bedeutet,

$$q_{x+n} (v A_{n+1} - {}_nV - P_{n+1})^2 + p_{x+n} ({}_{n+1}V \cdot v - {}_nV - P_{n+1})^2.$$

Wegen der Rekursionsformel des Deckungskapitals

$${}_nV + P_{n+1} = q_{x+n}\, v\, A_{n+1} + p_{x+n}\, v\; {}_{n+1}V$$

erhalten wir für diesen Ausdruck

$$q_{x+n} (v\, A_{n+1} - v\, q_{x+n} A_{n+1} - v\, p_{x+n} \cdot {}_{n+1}V)^2 + \\ + p_{x+n} (v\; {}_{n+1}V - v\, q_{x+n} A_{n+1} - v\, p_{x+n} \cdot {}_{n+1}V)^2$$

oder

$$q_{x+n} \cdot p_{x+n} \cdot v^2 (A_{n+1} - {}_{n+1}V)^2, \tag{48}$$

während sich für den Durchschnittswert

$$q_{x+n} (v\, A_{n+1} - {}_nV - P_{n+1}) + p_{x+n} (v\; {}_{n+1}V - {}_nV - P_{n+1}) = 0$$

ergibt. Das mittlere Risiko ist hierbei auf den Anfang des Jahres bezogen, was sich in dem Faktor v^2 ausdrückt.

Betrachtet man wieder den Fall einer allgemeinen Versicherung auf Ab- und Erleben, so wird man für das Quadrat des mittleren Risikos in Analogie zu den bezüglichen Ausdrücken für das durchschnittliche Risiko, jetzt aber für die ganze Versicherungsdauer n anzusetzen haben

$$\left.\begin{aligned} M^2 = \sum_1^n \frac{d_{x+\lambda-1}}{l_x} v^{2\lambda} \left(A_\lambda - \sum_1^\lambda P_k r^{\lambda-k+1}\right)^2 \\ + \frac{l_{x+n}}{l_x} v^{2n} \left(T - \sum_1^n P_k r^{n-k+1}\right)^2. \end{aligned}\right\} \tag{49}$$

Bei Anwendung der kontinuierlichen Methode ergibt sich

$$\left.\begin{aligned} M^2 = \int_0^n {}_tp_x \mu_{x+t} e^{-2\delta t} \left(A_t - \int_0^t \bar{P}_s e^{\delta(t-s)}\, ds\right)^2 \\ + {}_np_x e^{-2n\delta} \left(T - \int_0^n \bar{P}_s e^{\delta(n-s)}\, ds\right)^2. \end{aligned}\right\} \tag{50}$$

Um für (49) einen einfacheren Ausdruck anzustreben, sei beachtet, daß wir in den Ausdrücken stets Glieder mit den Faktoren r und r^2 und solche, die von solchen Faktoren frei sind, erhalten werden, demnach Ausdrücke der Gestalt

$$\alpha_\lambda, \ \beta_\lambda r^\lambda, \ \gamma_\lambda r^{2\lambda}.$$

Das mittlere Risiko wird sich daher aus Gliedern

$$\sum_1^n \frac{d_{x+\lambda-1}}{l_x} v^{2\lambda} \cdot \alpha_\lambda, \ \sum_1^n \frac{d_{x+\lambda-1}}{l_x} v^\lambda \cdot \beta_\lambda, \ \sum_1^n \frac{d_{x+\lambda-1}}{l_x} \cdot \gamma_\lambda$$

zusammensetzen. Hier ist das mittlere Glied der Wert einer Todesfall- oder auch gemischten Versicherung auf die Beträge β_λ, das erste Glied ein ganz ähnlich gebauter Ausdruck, jedoch unter Verwendung des Diskontierungsfaktors v^2. Bei der Todesfallversicherung auf die Summe 1 mit Einmalprämie hat der Klammerausdruck die Gestalt

$$(1 - r^\lambda A_x)^2 = 1 - 2 r^\lambda A_x + r^{2\lambda} A_x^2,$$

und daher ist

$$\alpha_\lambda = 1, \ \beta_\lambda = -2 A_x, \ \gamma_\lambda = A_x^2$$

und das mittlere Risiko

$$M^2 (A_x) = A_x' - 2 A_x^2 + A_x^2 = A_x' - A_x^2, \tag{51}$$

wobei A_x' den Einmalwert der Todesfallversicherung gerechnet mit dem Diskontierungsfaktor v^2 bedeutet. Die mit diesem Faktor gerechneten diskontierten Zahlen der Lebenden und Toten sind dann

$$D_x' = l_x v^{2x}, \ C_x' = d_x v^{2x+2}.$$

Man kann aber von der Ablebensversicherung sofort zur Versicherung auf Ab- und Erleben gelangen, wenn man sich die Tafel der Lebenden mit dem Alter $x + n$ abgebrochen denkt. Man erhält dann

$$M^2 (A_{x,\overline{n|}}) = A'_{x,\overline{n|}} - A^2_{x,\overline{n|}}.$$

Bei der Ablebensversicherung mit jährlicher Prämie ergibt sich für den Klammerausdruck

$$\left(1 - P_x r \frac{r^\lambda - 1}{r - 1}\right)^2 = r^{2\lambda} \left(v^\lambda - P_x \frac{1 - v^\lambda}{1 - v}\right)^2 = r^{2\lambda} \left(\frac{P_x + d}{d}\right)^2 (v^\lambda - A_x)^2$$

und demnach für das mittlere Risiko

$$M^2 (P_x) = \left(\frac{P_x + d}{d}\right)^2 (A_x' - A_x^2) \tag{52}$$

und für die gemischte Versicherung mit jährlicher Prämie ganz analog

$$M^2 (P_{x,\overline{n|}}) = \left(\frac{P_{x,\overline{n|}} + d}{d}\right)^2 (A'_{x,\overline{n|}} - A^2_{x,\overline{n|}}). \tag{53}$$

Bei der Leibrente ist der Klammerausdruck

$$\left(a_x r^\lambda - r\frac{r^\lambda - 1}{r - 1}\right)^2 = r^{2\lambda}\frac{1}{d^2}(v^\lambda - A_x)^2$$

und demnach

$$M^2(a_x) = \frac{1}{d^2}(A_x{}' - A_x{}^2), \quad M^2(a_{x,\overline{n}|}) = \frac{1}{d^2}(A'_{x,\overline{n}|} - A^2_{x,\overline{n}|}). \tag{54}$$

Aus den Resultaten erhellt, daß zwischen den bezüglichen mittleren Risiken unter den gemachten Voraussetzungen hinsichtlich Kapital und Prämienzahlung dieselben Beziehungen bestehen wie beim durchschnittlichen Risiko. Ebenso gilt für die Versicherung mit bestimmter Verfallszeit

$$M\left(\frac{v^n}{a_{x,\overline{n}|}}\right) = v^n M(P_{x,\overline{n}|}). \tag{55}$$

Für einen innerhalb der Versicherungsdauer gelegenen Termin berechnet sich das mittlere Risiko, indem man so wie beim durchschnittlichen Risiko die Versicherung in eine solche gegen Einmalprämie — als solche ist das vorhandene Deckungskapital aufzufassen — und eine gegen laufende Prämie zerlegt. Nach einem Verfahren von K. Hausdorff kann man auch von einer kombinierten Versicherung ausgehen und eine kurze Rente der Dauer n und eine Versicherung auf Ab- und Erleben der gleichen Dauer, erstere auf den Betrag e_1, letztere auf den Betrag e_2, heranziehen. Nach t Jahren ist das Alter des Versicherten $x + t$ und das Nettodeckungskapital

$${}_tV = e_1\, a_{x+t,\overline{n-t}|} + e_2\, A_{x+t,\overline{n-t}|}.$$

Bezeichnet man die Wahrscheinlichkeiten

$${}_{0|}q_{x+t},\ {}_{1|}q_{x+t},\ \ldots,\ {}_{n-t-1|}q_{x+t} + {}_{n-t}p_{x+t}$$

mit

$$w_1, w_2, \ldots, w_{n-t-1}, w_{n-t}, \quad \sum_1^{n-t} w_\lambda = 1,$$

so ist die der Wahrscheinlichkeit w_λ entsprechende Auszahlung auf den Termin t diskontiert

$$\bar{A}_\lambda = e_1\, a_{\overline{\lambda}|} + e_2 v^\lambda = \frac{e_1}{d} + \left(e_2 - \frac{e_1}{d}\right) v^\lambda.$$

Das Deckungskapital kann dann

$${}_tV = \sum_1^{n-t} w_\lambda \bar{A}_\lambda = \frac{e_1}{d} + \left(e_2 - \frac{e_1}{d}\right)\sum_1^{n-t} w_\lambda v^\lambda$$

geschrieben werden. Demnach ist das mittlere Risiko

$$M_t{}^2 = \sum_1^{n-t} w_\lambda (\bar{A}_\lambda - {}_\lambda V)^2 = \left(e_2 - \frac{e_1}{d}\right)^2 \sum_1^{n-t} w_k \left(\sum_1^{n-k} w_\lambda v^\lambda - v^k\right)^2$$

$$= \left(e_2 - \frac{e_1}{d}\right)^2 \left[\sum_1^{n-t} w_\lambda v^{2\lambda} - \left(\sum_1^{n-t} w_\lambda v^\lambda\right)^2\right].$$

Nun ist aber

$$\sum_{1}^{n-t} w_\lambda v^\lambda = A_{x+t,\overline{n-t|}}, \qquad \sum_{1}^{n-t} w_\lambda v^{2\lambda} = A'_{x+t,\overline{n-t|}},$$

und es ergibt sich daher

$$M_t^2 = \left(e_2 - \frac{e_1}{d}\right)^2 \left(A'_{x+t,\overline{n-t|}} - A^2_{x+t,\overline{n-t|}}\right). \tag{56}$$

Für die speziellen Verfügungen

$$e_2 = 0,\ e_1 = 1;\quad e_1 = 0,\ e_2 = 1;\quad e_2 = 1,\ e_1 = -P$$

ergeben sich dann die Formeln

$$\left.\begin{aligned} M_t^2(\mathrm{a}_{x,\overline{n|}}) &= \frac{1}{d^2}\left(A'_{x+t,\overline{n-t|}} - A^2_{x+t,\overline{n-t|}}\right) \\ M_t^2(A_{x,\overline{n|}}) &= A'_{x+t,\overline{n-t|}} - A^2_{x+t,\overline{n-t|}} \\ M_t^2(P_{x,\overline{n|}}) &= \left(\frac{P_{x,\overline{n|}} + d}{d}\right)^2 \left(A'_{x+t,\overline{n-t|}} - A^2_{x+t,\overline{n-t|}}\right). \end{aligned}\right\} \tag{57}$$

Die Verhältnisse der Risiken sind daher für die ganze Versicherungsdauer konstant. Nimmt man aber an, daß die Versicherung erst mit dem Alter $x + t$ beginnt und die Dauer $n - t$ ist, dann ergeben sich ganz analoge Beziehungen des mittleren Risikos nach einem Bestande von t Jahren und des Risikos für das aufgerückte Alter und die Restdauer, wie sie auch beim durchschnittlichen Risiko zu erhalten sind. Es ergibt sich

$$\left.\begin{aligned} M_t(\mathrm{a}_{x,\overline{n|}}) &= M(\mathrm{a}_{x+t,\overline{n-t|}}) \\ M_t(A_{x,\overline{n|}}) &= M(A_{x+t,\overline{n-t|}}) \\ M_t(P_{x,\overline{n|}}) &= M(P_{x+t,\overline{n-t|}})\,\frac{\mathrm{a}_{x+t,\overline{n-t|}}}{\mathrm{a}_{x,\overline{n|}}}. \end{aligned}\right\} \tag{58}$$

Die HAUSDORFFschen Formeln sind nur unter speziellen Voraussetzungen erhalten worden. Sie sind sehr weitgehend zu verallgemeinern, wobei insbesondere zu erkennen sein wird, daß diesen Formeln ein fast selbstverständlicher Sachverhalt zugrunde liegt.

§ 57. Der HATTENDORFsche Satz.

In seinem dem VI. internationalen Kongreß für Versicherungswissenschaft erstatteten Bericht über die Theorie des mittleren Risikos sagt BOHLMANN: K. HATTENDORF hat die wichtige Entdeckung gemacht, daß das mittlere Risiko $M(0, n)$ einer Versicherung für ihre ganze Dauer sich auf einfache Weise aus den mittleren Risiken für die einzelnen Versicherungsjahre zusammensetzt. Es ist nämlich immer

$$M^2(0, n) = M^2(0, 0, 1) + M^2(0, 1, 2) + \ldots + M^2(0, n-1, n). \tag{59}$$

Analog wird das fernere mittlere Risiko $M^2(m, n)$ einer bereits m Jahre bestehenden Versicherung

$$M^2(m, n) = M^2(m, m, m+1) + M^2(m, m+1, m+2) + \dots \\ \dots + M^2(m, n-1, n). \quad (60)$$

Die Tatsache des Bestehens dieser einfachen Relation bezeichnet BOHLMANN als den HATTENDORFschen Satz. Hierbei sind in der Formel (59) sämtliche Risiken auf den Beginn der Versicherung — Zeitpunkt 0 — in Formel (60) auf den Zeitpunkt m bezogen. Der Satz wurde aber erst in jüngster Zeit auf verschiedene Art einwandfrei bewiesen. Die früheren Beweise benutzten sämtlich zum Beweis den Satz von der Addition der Quadrate der mittleren Risiken. Voraussetzung für die Anwendbarkeit desselben ist aber die Unabhängigkeit der Einzelrisiken. Gerade diese kann aber für die Risiken der einzelnen Versicherungsjahre einer Versicherung bestimmter Dauer nicht behauptet werden, das gerade Gegenteil ist vielmehr der Fall. Wir haben also gerade in der Tatsache, daß der Satz von der Addition der Quadrate trotz der Abhängigkeit der Einzelrisiken in diesem Falle besteht, den Inhalt der HATTENDORFschen Aussage zu erblicken.

Wir geben im folgenden einen Beweis unter Verwendung der diskontinuierlichen Methode und einen auf einer sehr einfachen Umformung beruhenden nach der kontinuierlichen Methode. Der Satz liegt aber keineswegs tief und erfordert keinesfalls irgendwelche besonderen Hilfsmittel aus der Wahrscheinlichkeitstheorie zu seinem Beweise. Dies wird aus einer Überlegung hervorgehen, welche die Formel (24) der Theorie des durchschnittlichen Risikos und die HATTENDORFsche Umformung als rein formale Beziehungen erweist, die erst durch das Äquivalenzprinzip ihren für die Versicherungsmathematik bedeutsamen Inhalt bekommen.

In diskontinuierlicher Darstellung ist das Quadrat des mittleren Risikos für die Dauer n — diese Dauer gleich oder kleiner als die Dauer der Versicherung angenommen —

$$M^2(0, n) = \sum_0^{n-1} {}_\lambda p_x \, q_{x+\lambda} \left(A_{\lambda+1} v^{\lambda+1} - \sum_0^{\lambda} v^k P_{k+1} \right)^2 + \\ + {}_n p_x \left({}_n V \, v^n - \sum_0^{n-1} v^k P_{k+1} \right)^2. \quad (61)$$

Nachdem die Nettoprämien P_{k+1} in die beiden Bestandteile Sparprämie und Risikoprämie zerlegt werden können

$$\left. \begin{aligned} P_{k+1} &= S\,P_{k+1} + R\,P_{k+1} \\ &= {}_{k+1}V\,v - {}_kV + q_{x+k}\,v\,(A_{k+1} - {}_{k+1}V) \end{aligned} \right\} \quad (62)$$

und mit Rücksicht auf den Umstand, daß die aufgezinsten Sparprämien das Nettodeckungskapital ergeben, gilt

$$\sum_0^{\lambda} v^k P_{k+1} = {}_{\lambda+1}V \, v^{\lambda+1} + \sum_0^{\lambda} v^k \, R\,P_{k+1}. \quad (63)$$

Demnach ist auch

$$M^2(0,n) = \sum_0^{n-1} {}_\lambda p_x\, q_{x+\lambda} \left(A_{\lambda+1}\, v^{\lambda+1} - {}_{\lambda+1}V\, v^{\lambda+1} - \sum_0^{\lambda} v^k\, R\, P_{k+1} \right)^2 + \\ + {}_n p_x \left(\sum_0^{n-1} v^k\, R\, P_{k+1} \right)^2 \qquad (64)$$

und für den Index $n + 1$

$$M^2(0,n+1) = \sum_0^{n} {}_\lambda p_x\, q_{x+\lambda} \left(A_{\lambda+1}\, v^{\lambda+1} - {}_{\lambda+1}V\, v^{\lambda+1} - \right. \\ \left. - \sum_0^{\lambda} v^k\, R\, P_{k+1} \right)^2 + {}_{n+1} p_x \left(\sum_0^{n} v^k\, R\, P_{k+1} \right)^2. \qquad (65)$$

Die Differenz von (65) und (64) ergibt dann

$$M^2(0,n+1) - M^2(0,n) = {}_n p_x\, q_{x+n} \left(A_{n+1}\, v^{n+1} - {}_{n+1}V\, v^{n+1} - \right. \\ \left. - \sum_0^{n} v^k\, R\, P_{k+1} \right)^2 + {}_{n+1} p_x \left(\sum_0^{n} v^k\, R\, P_{k+1} \right)^2 - \\ - {}_n p_x \left(\sum_0^{n} v^k\, R\, P_{k+1} - v^n\, R\, P_{n+1} \right)^2. \qquad (66)$$

Im Hinblick auf

$${}_n p_x\, q_{x+n} + {}_n p_x\, p_{x+n} - {}_n p_x = 0$$

ist aber die Differenz (66) auch

$$\left. \begin{aligned} & {}_n p_x\, q_{x+n}\, v^{2n+2} (A_{n+1} - {}_{n+1}V)^2 - 2\, {}_n p_x\, q_{x+n}\, v^{n+1} (A_{n+1} - \\ & - {}_{n+1}V) \sum_0^{n} v^k R\, P_{k+1} + 2\, {}_n p_x\, q_{x+n}\, v^{n+1} (A_{n+1} - {}_{n+1}V) \sum_0^{n} v^k R\, P_{k+1} - \\ & \qquad - {}_n p_x\, q_{x+n}^2\, v^{2n+2} (A_{n+1} - {}_{n+1}V)^2 \\ & = {}_n p_x\, q_{x+n}\, p_{x+n}\, v^{2n+2} (A_{n+1} - {}_{n+1}V)^2 \\ & = M^2(0, n, n+1). \end{aligned} \right\} \quad (67)$$

Gilt daher der HATTENDORFsche Satz für den Index n:

$$M^2(0,n) = \sum_0^{n-1} M^2(0, k, k+1),$$

so gilt er auch für $n + 1$:

$$M^2(0, n+1) = \sum_0^{n} M^2(0, k, k+1).$$

Nachdem er aber für $n = 1$ richtig ist, ist der Satz bewiesen.

Unter Verwendung einer beliebigen oberen Integralgrenze τ wäre die Aussage des HATTENDORFschen Satzes im Wege der kontinuierlichen Methode wie folgt anzuschreiben:

$$\int_0^\tau {}_tp_x\mu_{x+t}e^{-2\delta t}(A_t-{}_t\overline{V})^2dt=\int_0^\tau {}_tp_x\mu_{x+t}e^{-2\delta t}\left(A_t-\int_0^t e^{\delta(t-\lambda)}\overline{P}_\lambda d\lambda\right)^2dt+ \\ +{}_\tau p_x\left(\int_0^\tau e^{-\delta t}\overline{P}_t\,dt-e^{-\delta\tau}{}_\tau\overline{V}\right)^2. \quad (68)$$

Benutzt man jetzt die Zerlegung der Nettoprämie in Risikoprämie und Sparprämie:

$$\int_0^\tau e^{-\delta t}\overline{P}_t\,dt=\int_0^\tau \mu_{x+t}e^{-\delta t}(A_t-{}_t\overline{V})\,dt+e^{-\delta\tau}{}_\tau\overline{V}, \quad (69)$$

so kann das erste Glied rechts in (68) auch in der Gestalt

$$\int_0^\tau {}_tp_x\mu_{x+t}e^{-2\delta t}(A_t-{}_t\overline{V})^2d\,t-2\int_0^\tau {}_tp_x\mu_{x+t}e^{-\delta t}(A_t-{}_t\overline{V})\int_0^t\mu_{x+\lambda}e^{-\delta\lambda}(A_\lambda- \\ -{}_\lambda\overline{V})\,d\lambda\,dt+\int_0^\tau {}_tp_x\mu_{x+t}\left[\int_0^t\mu_{x+\lambda}e^{-\delta\lambda}(A_\lambda-{}_\lambda\overline{V})\,d\lambda\right]^2dt$$

dargestellt werden. Nun ist aber für das letzte Integral in diesem Ausdruck durch partielle Integration auch

$$-{}_\tau p_x\left[\int_0^\tau e^{-\delta\lambda}\mu_{x+\lambda}(A_\lambda-{}_\lambda\overline{V})\,d\lambda\right]^2+2\int_0^\tau {}_tp_x\mu_{x+t}e^{-\delta t}(A_t- \\ -{}_t\overline{V})\int_0^t e^{-\delta\lambda}\mu_{x+\lambda}(A_\lambda-{}_\lambda\overline{V})\,d\lambda\,dt$$

zu erhalten, so daß sich auf der rechten Seite von (68) alle Glieder bis auf

$$\int_0^\tau {}_tp_x\mu_{x+t}e^{-2\delta t}(A_t-{}_t\overline{V})^2\,dt$$

tilgen. Damit ist aber auch schon die Gleichheit der beiden Ausdrücke rechts und links in (68) erwiesen. Von den zahlreichen Beweisen des HATTENDORFschen Theorems dürfte diese direkte Umformung am besten den Verzicht auf jedes fremde Hilfsmittel erkennen lassen.

Wir müssen aber besonders beachten, daß die HATTENDORFsche Relation (68) die Prämienreserve definiert und daß gerade in dieser Umkehrung der Aussage wieder der Inhalt des HATTENDORFschen Satzes zu sehen ist. Wir stehen hier vor demselben Sachverhalt wie bei der der Theorie des durchschnittlichen Risikos eigenen Relation

$$\int_0^\tau {}_tp_x\mu_{x+t}e^{-\delta t}\left(A_t-\int_0^t e^{\delta(t-\lambda)}\overline{P}_\lambda\,d\lambda\right)dt={}_\tau p_x\left(\int_0^\tau \overline{P}_t\,e^{-\delta t}\,dt-e^{-\delta\tau}{}_t\overline{V}\right), \quad (70)$$

die uns früher vielfach beschäftigt hat.

Aus beiden Relationen (70) und (68) erhält man nämlich durch Differentiation nach der oberen Grenze τ nach leichten Reduktionen die durch das Äquivalenzprinzip gegebene Relation (69) und aus dieser durch nochmalige Differentiation

$$\mu_{x+\tau}\, e^{-\delta\tau} (A_\tau - {}_\tau\overline{V}) = e^{-\delta\tau}\, \overline{P}_\tau - \frac{d_\tau \overline{V}}{d\tau} e^{-\delta\tau} + \delta\, e^{-\delta\tau}\, {}_\tau\overline{V}$$

und damit die Differentialgleichung der Prämienreserve

$$\frac{d_\tau \overline{V}}{d\tau} = (\mu_{x+\tau} + \delta)\, {}_\tau\overline{V} + \overline{P}_\tau - \mu_{x+\tau} A_\tau.$$

Damit ist aber auch der Inhalt des HATTENDORFschen Satzes wieder ganz in den Rahmen rein versicherungsmathematischer Aussagen zurückgeführt.

Um die rein formal mathematische Seite des Ganzen zu unterstreichen, seien noch folgende Bemerkungen angefügt:

Es sei $q_t\, dt$ die Wahrscheinlichkeit für das Eintreffen des Ereignisses zum Zeitpunkt t,

$$p_t = 1 - \int_0^t q_t\, dt$$

die Wahrscheinlichkeit dafür, daß das Ereignis bis zum Zeitpunkt t nicht eintritt. Es sei dann eine Funktion

$$\psi_\tau = \int_0^\tau \frac{q_t}{p_t} a_t\, dt, \tag{71}$$

und wir setzen voraus, daß das Integral für jedes in Betracht kommende τ definiert ist. Aus (71) folgt durch Differentiation nach der oberen Grenze

$$q_\tau\, a_\tau = p_\tau\, \psi_\tau' \tag{72}$$

und auch

$$q_\tau\, (a_\tau - \psi_\tau) = - q_\tau\, \psi_\tau + p_\tau\, \psi_\tau'$$

und wegen

$$p_\tau' = - q_\tau$$

durch Integration

$$\int_0^\tau q_t\, (a_t - \psi_t)\, dt = p_\tau\, \psi_\tau, \tag{73}$$

wobei die Integrationskonstante wegen $\psi_0 = 0$ wegfällt.

Multiplikation von (72) mit $2\,\psi_\tau$ gibt

$$2\, q_\tau\, a_\tau\, \psi_\tau = 2\, p_\tau\, \psi_\tau\, \psi_\tau'$$

und auch

$$q_\tau\, a_\tau^2 = q_\tau\, (a_\tau - \psi_\tau)^2 - q_\tau\, \psi_\tau^2 + 2\, p_\tau\, \psi_\tau\, \psi_\tau'$$

eine Relation, aus welcher wieder unter Wegfall der Integrationskonstanten

$$\int_0^\tau q_t\, a_t^2\, dt = \int_0^\tau q_t\, (a_t - \psi_t)^2\, dt + p_\tau\, \psi_\tau^2 \tag{74}$$

folgt.

Wir dürfen die beiden Relationen (73) und (74) als grundlegende für die Versicherungsmathematik ansehen. Denn setzt man jetzt

$$q_t = {}_tp_x \mu_{x+t}, \qquad p_t = {}_tp_x$$

und daher

$$-\frac{d}{dt} \log p_t = \frac{q_t}{p_t} = \mu_{x+t}$$

und weiter

$$a_t = e^{-\delta t} (A_t - {}_t\overline{V}),$$

wobei A_t den auf den Todesfall versicherten Betrag und ${}_t\overline{V}$ das Nettodeckungskapital bedeutet, so erhält man für (71)

$$\psi_\tau = \int_0^\tau \mu_{x+t} e^{-\delta t} (A_t - {}_t\overline{V}) \, dt. \tag{75}$$

Der Ausdruck entspricht daher dem diskontierten Wert der bis zum Zeitpunkt τ zu zahlenden Risikoprämien. Durch die gleiche Substitution ergibt sich aber aus (73)

$$\int_0^\tau {}_tp_x \mu_{x+t} [e^{-\delta t} (A_t - {}_t\overline{V}) - \psi_t] \, dt = {}_\tau p_x \psi_\tau \tag{76}$$

und aus (74)

$$\int_0^\tau {}_tp_x \mu_{x+t} e^{-2\delta t} (A_t - {}_t\overline{V})^2 \, dt =$$

$$= \int_0^\tau {}_tp_x \mu_{x+t} [e^{-\delta t} (A_t - {}_t\overline{V}) - \psi_t]^2 \, dt + {}_\tau p_x \psi_\tau^2. \tag{77}$$

Die Relationen (76) und (77) sind rein formal. Einen versicherungsmathematischen Inhalt erhalten sie erst durch Einführung eines die Ein- und Auszahlungen regulierenden Prinzips. Verfügt man daher über den Versicherungswert ψ_τ im Sinne des Äquivalenzprinzips, so erhält man aus (76) und (77) sofort die beiden Fundamentalrelationen der Risikotheorie. Wir wählen unter den vielen Möglichkeiten für das Äquivalenzprinzip die Aussage, daß die Prämienreserve als Summe der aufgezinsten Prämien abzüglich der Summe der aufgezinsten Risikoprämien zu erhalten ist, demnach

$$\psi_\tau = \int_0^\tau \overline{P}_t e^{-\delta t} \, dt - e^{-\delta \tau} {}_\tau\overline{V} \tag{78}$$

oder im Hinblick auf (75)

$$\int_0^\tau e^{-\delta t} \overline{P}_t \, dt = \int_0^\tau \mu_{x+t} e^{-\delta t} (A_t - {}_t\overline{V}) \, dt + e^{-\delta \tau} {}_\tau\overline{V}. \tag{79}$$

Dann erhält man aus (76)

$$\int_0^\tau {}_tp_x \mu_{x+t} e^{-\delta t} \left(A_t - \int_0^t e^{\delta(t-\lambda)} \overline{P}_\lambda d\lambda\right) = {}_\tau p_x \left(\int_0^\tau \overline{P}_t e^{-\delta t} dt - e^{-\delta\tau} {}_\tau V\right) \quad (80)$$

und aus (77)

$$\int_0^\tau {}_tp_x \mu_{x+t} e^{-2\delta t} (A_t - {}_t\overline{V})^2 dt = \int_0^\tau {}_tp_x \mu_{x+t} e^{-2\delta t} \left(A_t - \int_0^t e^{\delta(t-\lambda)} \overline{P}_\lambda d\lambda\right)^2 dt +$$

$$+ {}_\tau p_x \left(\int_0^\tau e^{-\delta t} \overline{P}_t dt - e^{-\delta\tau} {}_t\overline{V}\right)^2. \quad (81)$$

Wir beachten noch, daß der letzte Ausdruck rechts in den Ausdruck links übergeht, wenn man rechts an Stelle der Prämien die Sparprämien eingesetzt denkt. Es kann also der HATTENDORFsche Satz auch so ausgedrückt werden: Der Wert des mittleren Risikos bleibt ungeändert, wenn man in dem hierfür geltenden mathematischen Ausdruck die Prämien durch die Sparprämien ersetzt.

§ 58. Das durchschnittliche Risiko für eine beliebige Anzahl von Versicherungen.

Die Ableitung eines der numerischen Rechnung leicht zugänglichen Ausdrucks aus dem allgemeinen Ansatz für das durchschnittliche Risiko einer beliebigen Anzahl gleichartiger Versicherungen gelingt ohne weiteres für den Fall, daß die Betrachtungen auf ein Versicherungsjahr abgestellt sind. In diesem Falle ist das Problem dasselbe wie bei der Frage der durchschnittlichen Verlusterwartung gegenüber einer Anzahl von Spielern, von denen jeder für den Fall des Eintritts des Ereignisses die Summe 1 erhält, während im Falle des Nichteintretens nichts gezahlt wird. Hierbei sei das Eintreten des Ereignisses mit der Wahrscheinlichkeit q zu erwarten.

Für ein Versicherungsjahr gilt ja in jedem Falle der Ansatz

$$l_x P - d_x A v - l_{x+1} T v = 0. \quad (82)$$

Es bezeichnet hier P die Summe aus der Nettoprämie und der am Anfang des Versicherungsjahres vorhandenen Prämienreserve, A die am Ende des Jahres im Ablebensfalle zu zahlende Summe und T die Summe aus der Prämienreserve am Ende des Jahres und einer etwaigen Leistung für den Fall des Erlebens. Im Hinblick auf die Definition der Sterbenswahrscheinlichkeit $q = d_x/l_x$ folgt aus (82)

$$P - v T = q v (A - T), \quad (83)$$

wofür auch $E = C q$ geschrieben werden kann. Damit ist also (82) auf den Ansatz der Wahrscheinlichkeitstheorie zurückgeführt, nach welchem q die Wahrscheinlichkeit für das Eintreten des Ereignisses, E den von jedem der s Spieler zu leistenden Einsatz und C den Preis bedeutet, den das Unternehmen an jene Personen zu zahlen hat, für welche das Ereignis eingetreten ist. Die Aufgabe besteht nun darin, für dieses Spiel das durchschnittliche Risiko zu bestimmen.

Die Aufgabe ist mehrfach gelöst worden. Es besteht die Wahrscheinlichkeit

$$\binom{s}{a} q^a (1-q)^{s-a}$$

dafür, daß das Ereignis bei beliebigen a Personen eintrifft. Nach der Definition des durchschnittlichen Risikos ist dieses dann bei s Personen durch den Ausdruck

$$\sum_{a=k}^{s} \binom{s}{a} q^a (1-q)^{s-a} (a\,C - s\,E) \tag{84}$$

definiert, wobei k jene ganze Zahl bedeutet, für welche

$$(k-1)\,C < s\,E \leqq k\,C. \tag{85}$$

Statt des Ausdrucks (84) soll für die variable untere Summengrenze der Wert

$$\sum_{a=t}^{s} \binom{s}{a} q^a (1-q)^{s-a} (a - s\,q)\,C \tag{86}$$

bestimmt werden, der das durchschnittliche Risiko des Unternehmens für die Fälle $a = t,\ t+1,\ t+2, \ldots, s$ bedeutet. Es soll nun gezeigt werden, daß der Ausdruck (86) für $C = 1$ in den Ausdruck

$$t \binom{s}{t} q^t (1-q)^{s-t} (1-q) \tag{87}$$

überführt werden kann. Man ersieht dies sogleich aus den folgenden einfachen Umformungen

$$\left.\begin{aligned}
&\sum_{t}^{s} \binom{s}{a} q^a (1-q)^{s-a} (a - s\,q) \\
&= q \left[\sum_{t}^{s} a \binom{s}{a} q^{a-1} p^{s-a} - \sum_{t}^{s} (s - a + a) \binom{s}{a} q^a p^{s-a}\right], \quad p = 1 - q \\
&= q \left[\sum_{t}^{s} a \binom{s}{a} q^{a-1} p^{s-a} - q \sum_{t}^{s} a \binom{s}{a} q^{a-1} p^{s-a} - \sum_{t}^{s} (a+1) \binom{s}{a+1} q^a p^{s-a}\right] \\
&= q\,p \left[\sum_{t}^{s} a \binom{s}{a} q^{a-1} p^{s-a} - \sum_{t+1}^{s} a \binom{s}{a} q^{a-1} p^{s-a}\right] \\
&= t \binom{s}{t} q_t (1-q)^{s-t} (1-q).
\end{aligned}\right\} \tag{88}$$

Es ist demnach auch für

$$k - 1 < s q \leqq k$$

$$\sum_{k}^{s} \binom{s}{a} q^a (1 - q)^{s-a} (a - s q) = k \binom{s}{k} q^k (1 - q)^{s-k} (1 - q). \qquad (89)$$

Man zeigt sehr leicht, daß es sich bei (89) um das Maximum des Ausdrucks (88) handelt. Denn für dieses gelten die Bedingungen

$$(a - 1) \binom{s}{a-1} q^{a-1} (1 - q)^{s-a+1} < a \binom{s}{a} q^a (1 - q)^{s-a}$$

und

$$(a + 1) \binom{s}{a+1} q^{a+1} (1 - q)^{s-a-1} < a \binom{s}{a} q^a (1 - q)^{s-a}.$$

Demnach auch

$$a \frac{s - a + 1}{a} \frac{q}{1 - q} > a - 1$$

und

$$(a + 1) \frac{s - a}{a + 1} \frac{q}{1 - q} < a.$$

Man erhält sonach die beiden Ungleichungen

$$s \,.\, q > a - 1 \quad \text{und} \quad s \,.\, q < a$$

oder

$$a - 1 < s q < a$$

zur Bestimmung von k.

Wir erhalten sonach auch in dem Falle der Bestimmung des durchschnittlichen Risikos einer beliebigen Anzahl gleichartiger einjähriger Versicherungen dieses als Maximum des zu erwartenden Verlustbetrages. Bezeichnet dann wieder A die am Ende des Jahres etwa fällige Todesfallsumme und P den am Anfang des Jahres zu zahlenden Prämienbetrag samt vorhandener Prämienreserve, so lautet der Ausdruck für das durchschnittliche Risiko der s gleichartigen einjährigen Versicherungen

$$k \binom{s}{k} q^k (1 - q)^{s-k} (v A - P). \qquad (90)$$

Ist aber die Verlusterwartung für das Unternehmen durch den Ausdruck (88) gegeben, wenn es sich hierbei um den Eintritt des Ereignisses in mindestens t von s möglichen Fällen handelt, so ist die Verlusterwartung für die $s - t$ nicht zum Zug gelangten Spieler ganz analog durch Vertauschung von q und $1 - q$ und von t und $s - t$ durch den Ausdruck

$$(s - t) \binom{s}{t} q^t (1 - q)^{s-t} q \qquad (91)$$

gegeben.

Es ist noch zu bemerken, daß die Relation (88) die Binomialverteilung definiert. Denn ist $\varphi(a)$ eine unbekannte Verteilungsfunktion, so folgt aus

$$\sum_{t}^{s} \varphi(a)(a - s q) = t \varphi(t)(1 - q)$$

für $t + 1$ statt t

$$\sum_{t+1}^{s} \varphi(a)(a - s q) = (t + 1) \varphi(t + 1)(1 - q)$$

und durch Subtraktion

$$\frac{\varphi(t+1)}{\varphi(t)} = \frac{q}{1-q} \frac{s-t}{t+1}$$

eine Differenzengleichung, deren allgemeine Lösung

$$\varphi(t) = \binom{s}{t} q^t (1 - q)^{s-t}$$

ist, wenn die Bedingung

$$\sum_{1}^{s} \varphi(t) = 1$$

erfüllt sein soll.

Wir heben nochmals hervor, daß, wie sich im Falle einer Versicherung das durchschnittliche Risiko als Maximum der Verlusterwartung ergeben hat, nunmehr im Falle beliebig vieler Versicherungen gleicher Art für ein Jahr das durchschnittliche Risiko wiederum als Maximum des Erwartungswertes erhalten wurde, und zwar hinsichtlich der Verlusterwartung der $s - t$ nicht zum Zuge gekommenen Spieler oder gemäß dem Äquivalenzprinzip als Maximum der Gewinnerwartung der t Spieler, für welche das Ereignis eingetreten ist. Die Gleichheit der beiden Ausdrücke

$$t \binom{s}{t} q^t (1 - q)^{s-t} (1 - q) \quad \text{und} \quad (s - t) \binom{s}{t} q^t (1 - q)^{s-t} q$$

wird hierbei nur gegeben sein, wenn $t = s q = k$ ganzzahlig ist.

Zur Ableitung der Funktionalgleichung (88) oder der ihr in der kontinuierlichen Methode entsprechenden

$$\int_{t}^{s} \varphi(t)(t - s q)\, dt = t \varphi(t)(1 - q)$$

kann man auch auf folgendem Wege gelangen. Es sei $\varphi(t)$ eine Verteilungsfunktion, und es soll der Erwartungswert durch

$$\int_{0}^{s} \varphi(t)\, t\, dt = s q \tag{92}$$

und die Streuung durch

$$\int_0^s \varphi(t)\,(t - s\,q)^2\,dt = s\,q\,(1 - q) \tag{93}$$

gegeben sein. Für die Streuung gilt aber auch der Ausdruck

$$\int_0^s dt \int_t^s \varphi(\lambda)\,(\lambda - s\,q)\,d\lambda, \tag{94}$$

denn man erhält aus diesem unter Heranziehung des Verschiebungssatzes der Wahrscheinlichkeitstheorie

$$\int_0^s \varphi(t)\,(t - s\,q)\,dt \int_0^t d\lambda = \int_0^s \varphi(t)\,t^2\,dt - s\,q \int_0^s \varphi(t)\,t\,dt$$

$$= \int_0^s \varphi(t)\,t^2\,dt - s^2 q^2 = \int_0^s \varphi(t)\,(t - s\,q)^2\,dt = s\,q\,(1 - q).$$

Demnach gilt die Relation

$$\int_0^s dt \int_t^s \varphi(\lambda)\,(\lambda - s\,q)\,d\lambda = (1 - q)\,s\,q = (1 - q) \int_0^s \varphi(t)\,t\,dt. \tag{95}$$

Durch die vorgegebenen Werte für Erwartungswert und Streuung ist natürlich die Verteilung noch nicht definiert. Sie wird es aber, wenn wir verlangen, daß die Relation (95) identisch erfüllt sein soll. Denn dann folgt aus ihr

$$\int_t^s \varphi(t)\,(t - s\,q)\,dt = (1 - q)\,\varphi(t)\,.\,t.$$

Ganz analog kann man im Falle des Beweises der Relation (88) schließen.

Die Behandlung des wahrscheinlichkeitstheoretischen Ansatzes für das durchschnittliche Risiko beliebig vieler Versicherungen, wenn diese nicht einjährige Versicherungen sind, ist wiederholt versucht worden. Die Schwierigkeit besteht vor allem darin, daß hier der Begriff der kritischen Dauer versagt. Denn schon bei zwei Versicherungen ist zu sehen, daß der Versicherer einen Verlust erleidet, wenn beide Personen vor Ablauf der kritischen Dauer sterben, aber auch dann, wenn eine Person vor, die andere aber nach Ablauf der kritischen Dauer stirbt und hierbei der in dem einen Fall erlittene Verlust nicht durch den in dem anderen Fall erzielten Gewinn aufgewogen wird. Gewisse Spezialisierungen bei der Begriffsbildung des allgemeinen durchschnittlichen Risikos können hier Erfolg bringen, aber bisher immer nur um den Preis des Verzichts auf die Allgemeinheit der Betrachtungen. Auch der Begriff des Maximums des Erwartungswerts des Verlustes der Versicherten bei vorzeitiger Lösung des Vertragsverhältnisses verspricht hier einen erfolgverheißenden

Ansatz. Wir haben gesehen, daß es im Falle des durchschnittlichen Risikos einer Versicherung und des durchschnittlichen Risikos einer beliebigen Anzahl gleichartiger einjähriger Versicherungen ohne weiteres gelingt, den Nachweis für die Gleichheit der beiden Definitionen zu erbringen. Aber auch für den allgemeinen Fall gelingt es, den durch den Maximalwert der Erwartung geschaffenen Risikobegriff auf den allgemeinen Fall zu übertragen.

Handelt es sich aber um eine sehr große Anzahl von Versicherungen, dann sind die vorliegenden Verhältnisse durch die allgemeinen Untersuchungen der Wahrscheinlichkeitstheorie klargestellt. Denn für diesen Fall gilt, wenn die Unabhängigkeit der Versicherungen vorausgesetzt ist, der Satz, daß das durchschnittliche Risiko und das mittlere Risiko stets in dem Verhältnis $1 : \sqrt{2\pi}$ stehen. Dies folgt aus der Tatsache, daß unter den gegebenen Voraussetzungen hinsichtlich Anzahl und Unabhängigkeit der Versicherungen für die Abweichungen vom Erwartungswert stets eine Gauss-Verteilung definiert ist. Für eine solche Verteilung, die durch

$$\varphi(x) = \frac{h}{\sqrt{\pi}} e^{-h^2 x^2} \tag{96}$$

definiert ist, wobei $\varphi(x)$ die Größe der Fehlerwahrscheinlichkeit bedeutet, erhalten wir aber aus bekannten Resultaten der Wahrscheinlichkeitstheorie für das arithmetische Mittel der Fehler — den wahrscheinlichen Fehler, Erwartungswert oder Durchschnittswert —

$$\frac{h}{\sqrt{\pi}} \int_{-\infty}^{+\infty} x\, e^{-h^2 x^2}\, dx = 0,$$

für den wahrscheinlichen Wert der absoluten Beträge $|x|$

$$\frac{h}{\sqrt{\pi}} \int_{-\infty}^{+\infty} |x|\, e^{-h^2 x^2}\, dx = \frac{1}{h\sqrt{\pi}}$$

und für den mittleren Fehler

$$\frac{h}{\sqrt{\pi}} \int_{-\infty}^{+\infty} x^2\, e^{-h^2 x^2}\, dx = \frac{1}{2h^2}. \tag{97}$$

Sonach ergibt sich unter Gültigkeit des Gaussschen Gesetzes für das durchschnittliche und mittlere Risiko

$$D = \frac{1}{2h\sqrt{\pi}}, \quad M = \frac{1}{h\sqrt{2}}$$

und demnach die Relation

$$M = D\sqrt{2\pi}. \tag{98}$$

Sie gilt, um es nochmals hervorzuheben, nur dann, wenn die Versicherungen voneinander unabhängig sind und ihre Zahl sehr groß ist.

Praktisch handelt es sich in der Tat meist um eine große, bei einer Gesellschaft gedeckte Anzahl von Versicherungen. Hinsichtlich ihrer Unabhängigkeit ist die notwendige Voraussetzung allerdings nicht ohne weiteres erfüllt. Für die numerische Berechnung sind aber durch den Satz von der Addition der Quadrate der mittleren Risiken alle Bedingungen für eine Durchführbarkeit der Rechnung auch für große Bestände gegeben.

§ 59. Die mittlere Prämienreserve und der Verschiebungssatz.

Vom Standpunkt der Wahrscheinlichkeitstheorie kann eine Lebensversicherung als ein über ein bestimmtes Zeitintervall erstrecktes Spielsystem angesehen werden. Bei diesem werden Einsätze des Spielers oder der Spieler, wenn es sich um eine Versicherung auf mehrere Leben handelt, Auszahlungen der Bank gegenübergestellt und die beiderseitigen Zahlungen werden nach vorgegebenen Verteilungsfunktionen geregelt. In der Lebensversicherung kommen hierfür die für die Sterblichkeitsmessung in Betracht kommenden Funktionen als Verteilungsfunktionen in Frage. Wenn aber das Spielsystem gerecht sein soll, dann muß für die Ein- und Auszahlungen noch weiter ein regulatives Prinzip festgelegt werden. Hierbei wird auch der Zins bei der Bewertung aller Zahlungen eine bestimmte Rolle spielen. Wir haben im Sinne eines solchen Prinzips die Gleichheit von Leistung und Gegenleistung im Sinne versicherungsmathematischer Erwartungswerte gefordert, und es ist nur ein anderer Ausdruck für dieselbe Sache, wenn verlangt wird, daß der Erwartungswert der Gewinne und der Verluste für den Spieler und die Bank für den Beginn der Versicherung Null sein muß. Es spielt hierbei keine Rolle vom prinzipiellen Standpunkt der Untersuchungen, ob die Verwaltungskosten und die Verwaltungskostenzuschläge im Sinne von Leistungen und Gegenleistungen mitberücksichtigt werden oder nicht. Ihre Einbeziehung in die Betrachtungen kann, wie wir noch sehen werden, stets ohne weiteres erfolgen.

Für die Prämienreserve wurden im Verlaufe dieser Vorlesungen mehrere Definitionen gegeben. Vom Standpunkt der Risikotheorie wird ihnen eine weitere anzufügen sein, welche statt der Erwartungswerte der Ausgaben und Einnahmen für die restliche Versicherungsdauer den Erwartungswert der Gewinne und Verluste für die einzelnen Versicherungsjahre besonders berücksichtigt. Der Begriff, der bisher für die Prämienreserve verwendet wurde, soll übrigens weiterhin noch ausdrücklich als *durchschnittliche* Prämienreserve näher bezeichnet sein. Ist diese für die ganze Versicherungsdauer stets Null, dann ist jedes einzelne Spiel des Spielsystems gerecht. Das Spiel verläuft dann nach dem System des natürlichen Beitrages.

Neben dem Erwartungswert werden in der wahrscheinlichkeitstheoretischen Behandlung der Lebensversicherung auch die vom Erwartungswert aus gerechnete Abweichung und ihr Mittelwert oder *Streuung* zur näheren Charakterisierung eines vom Zufall abhängigen Vorganges herangezogen. Darüber noch hinausgehend wohl auch die beiden nächsthöheren Momente, die als *Schiefe* und *Exzeß* bezeichnet werden. Wird bei wahrscheinlichkeitstheoretischen Betrachtungen die Streuung nicht vom Erwartungswert aus gerechnet, d. h. die Abweichungen — Gewinne und Verluste — von einem anderen ein für allemal definierten Ausgangswert bestimmt, so sind diese verschiedenen Streuungswerte aufeinander in sehr einfacher Weise durch den sogenannten *Verschiebungssatz* bezogen. In der Versicherungsmathematik entspricht dem auf den Erwartungswert bezogenen Begriff der Streuung der Begriff des mittleren Risikos. Da der Erwartungswert der künftigen Gewinne und Verluste aber mit der Prämienreserve des betreffenden Termins identisch ist, wird hier für einen Termin t die Streuung als Abweichung von der Prämienreserve gerechnet. Andere Streuungswerte scheinen bisher nicht berücksichtigt worden zu sein. Es liegt da zunächst nahe, statt des Erwartungswertes der künftigen Gewinne und Verluste in der restlichen Versicherungsdauer für einen bestimmten Zeitpunkt das quadratische Mittel der zu erwartenden Gewinne und Verluste, gerechnet jedoch nicht von der durchschnittlichen Prämienreserve, sondern vom Wert Null aus, als Streuungsmaß einzuführen. Wir wollen diesen neuen Begriff im Unterschiede zur durchschnittlichen Prämienreserve als *mittlere Prämienreserve* bezeichnen. Ganz in Analogie zur Wahrscheinlichkeitstheorie gilt dann hier ein Verschiebungssatz, welcher besagt, daß die mittlere Prämienreserve für jeden innerhalb der Versicherungsdauer gelegenen Zeitpunkt als Hypotenuse eines rechtwinkligen Dreiecks aufgefaßt werden kann, dessen beide Katheten durch die für denselben Zeitpunkt bestimmten Werte der durchschnittlichen Prämienreserve und des mittleren Risikos für die restliche Versicherungsdauer gegeben sind.

Es läßt sich dann leicht zeigen, daß das Quadrat der mittleren Prämienreserve stets auch als gewöhnliche durchschnittliche Prämienreserve für den gleichen Zeitpunkt einer sonst gleichartigen Versicherung aufgefaßt werden kann, für welche der Rechnungszins, die Werte der versicherten Kapitalien und auch die Prämien in ganz bestimmter Weise mit den bezüglichen Werten der ursprünglichen Versicherung verbunden sind. Aus diesem Umstand folgt dann auf Grund des Verschiebungssatzes ein Ausdruck für die mittlere Prämienreserve und damit auch für das fernere mittlere Risiko, der für eine ganz allgemeine Versicherung gültig ist und dessen sehr spezieller Fall auf die in § 57 abgeleiteten HAUSDORFFschen Formeln führt.

Auf Grund des Verschiebungssatzes aber erhält man für die durchschnittliche Prämienreserve die folgende Definition: Die durchschnittliche Prämienreserve ist jene technische Rücklage, für welche das fernere mittlere Risiko bis zum Ende der Versicherungsdauer stets ein Minimum ergibt. Diese Definition ist irgendeiner anderen, auf Grund des Äquivalenzprinzips gegebenen, völlig gleichwertig. Sie setzt die enge Verbundenheit der gewöhnlichen Überlegungen der Versicherungsmathematik mit der risikotheoretischen Auffassung der Probleme in unmittelbare Evidenz. Sie entspricht aber vielleicht am meisten der Mentalität des Versicherers, welcher stets geneigt ist, in der Prämienreserve nicht nur eine durch die dauernde Gültigkeit des Äquivalenzprinzips bedingte Rücklage, sondern auch eine mit risikotheoretischen Erwägungen zusammenhängende Reserve zu erblicken.

Dies wird noch deutlicher aus der Tatsache abzuleiten sein, daß die mittlere Prämienreserve für einen großen Bestand gleichartiger Versicherungen die bezügliche durchschnittliche Prämienreserve zur Asymptote hat. Da aber die mittlere Prämienreserve als Maß der Streuung, die durchschnittliche Prämienreserve aber als Erwartungswert der künftigen Gewinne und Verluste zu definieren sind, so ist gerade in der asymptotischen Näherung der beiden Größen für einen großen Versicherungsbestand das Gesetz der großen Zahl als Fundament der Versicherung in einer ganz bestimmten Weise zum Ausdruck gebracht.

Um nun all diese Zusammenhänge näher zur Darstellung zu bringen, seien zunächst wieder für eine ganz allgemeine Versicherung auf den Ab- und Erlebensfall der Dauer n das Ablebenskapital mit A_t, das Erlebenskapital mit T, die laufenden Prämien mit $\overline{P}_t$ und das Nettodeckungskapital mit ${}_t\overline{V}$ bezeichnet. Wäre es bekannt, daß das Ableben zu dem innerhalb der Versicherungsdauer liegenden Zeitpunkt $t + \lambda$ erfolgt, dann wäre die individuelle Prämienreserve für den Zeitpunkt t als Barwert der Auszahlung abzüglich des Barwertes der vom Zeitpunkt t bis zum Zeitpunkt $t + \lambda$ noch zu zahlenden Prämien, demnach mit

$$v^{\lambda}\left(A_{t+\lambda} - \int_0^{\lambda} v^{s-\lambda}\, \overline{P}_{t+s}\, ds\right) \tag{99}$$

gegeben. Ganz analog wäre, wenn das Erleben des Endtermins der Versicherung feststünde, für den gleichen Zeitpunkt t die individuelle Prämienreserve

$$v^{n-t}\left(T - \int_0^{n-t} v^{s-n+t}\, \overline{P}_{t+s}\, ds\right). \tag{100}$$

Um die durchschnittliche Prämienreserve zu berechnen, bezeichnen wir den nach Maßgabe der Wahrscheinlichkeiten ${}_tp_x \mu_{x+t}\, dt$ und ${}_np_x$

berechneten Erwartungswert der durch obige Größen definierten Gewinne oder Verluste für den Zeitpunkt t mit ${}_t\overline{V}$ und haben hierfür anzusetzen:

$$\left.\begin{aligned}{}_t\overline{V} &= \frac{1}{{}_tp_x v^t}\left[\int_t^n {}_\lambda p_x \mu_{x+\lambda}\, v^\lambda \left(A_\lambda - \int_0^\lambda v^{s-\lambda}\, \overline{P}_s\, ds\right) d\lambda + \right.\\ &\qquad\qquad \left. + {}_np_x\, v^n \left(T - \int_t^n v^{s-n}\, \overline{P}_s\, ds\right)\right]\\ &= \int_0^{n-t} {}_\lambda p_{x+t}\, \mu_{x+t+\lambda}\, v^\lambda \left(A_{t+\lambda} - \int_0^\lambda v^{s-\lambda}\, \overline{P}_{t+s}\, ds\right) d\lambda + \\ &\qquad\qquad + {}_{n-t}p_{x+t}\, v^{n-t}\left(T - \int_0^{n-t} v^{s-n+t}\, \overline{P}_{t+s}\, ds\right).\end{aligned}\right\} \tag{101}$$

Wenn wir beachten, daß es sich hier um den Erwartungswert einer Ab- und Erlebensversicherung auf die Beträge

$$A_{t+\lambda} - \int_0^\lambda v^{s-\lambda}\, \overline{P}_{t+s}\, ds \quad \text{und} \quad T - \int_0^{n-t} v^{s-n+t}\, \overline{P}_{t+s}\, ds \tag{102}$$

des Alters $x + t$ und der Dauer $n - t$ handelt, so kann der Ausdruck (101) auch einfacher

$${}_t\overline{V} = \overline{A}_{x+t,\,\overline{n-t|}} \left\{A_{t+\lambda} - \int_0^\lambda v^{s-\lambda}\, \overline{P}_{t+s}\, ds\right\} \tag{103}$$

geschrieben werden.

Faßt man die Zahlung der Prämien als Rentenzahlung auf, so kann die Vereinbarung getroffen werden, daß die Zahlung der Prämien nicht bar zu erfolgen hat, sondern daß statt dessen am Ablebens- oder Erlebenstermin eine Zahlung zu erfolgen hat, welche der Summe der bis zu diesen Terminen aufgezinsten Prämien gleichzukommen hat. Eine solche Festsetzung wäre natürlich praktisch meist nicht brauchbar, entspräche aber formelmäßig durchaus dem getroffenen Schema. Trennt man daher die beiden Bestandteile in der geschlungenen Klammer von (103) und berücksichtigt man nach dem Gesagten, daß eine gemischte Versicherung auf die aufgezinsten Prämienbeträge nichts anderes ist als eine temporäre Leibrente auf die Prämien, so erhält man aus (103) sofort

$${}_t\overline{V} = \overline{A}_{x+t,\,\overline{n-t|}}\{A_{t+\lambda}\} - \bar{a}_{x+t,\,\overline{n-t|}}\{\overline{P}_{t+\lambda}\} \tag{104}$$

und damit die Darstellung der durchschnittlichen Nettoprämienreserve in der prospektiven Gestalt. Wir können dabei immer annehmen, daß eine eventuelle einmalige Prämie in $\overline{P}_0$ enthalten ist, in welchem Falle dann natürlich alle übrigen laufenden Prämien zu entfallen haben.

Für den Beginn der Versicherung ist durch Zerlegung in die beiden Dauern t und $n-t$

$$\left.\begin{aligned} 0 &= {}_{|t}\overline{A}_x\{A_\lambda\} - \bar{a}_{x,\overline{t|}}\{\overline{P}_\lambda\} + {}_t p_x v^t\big[\overline{A}_{x+t,\overline{n-t|}}\{A_{t+\lambda}\} - \\ &\qquad\qquad\qquad\qquad - \bar{a}_{x+t,\overline{n-t|}}\{\overline{P}_{t+\lambda}\}\big] \\ &= \overline{A}_{x,\overline{n|}}\{A_\lambda\} - \bar{a}_{x,\overline{n|}}\{\overline{P}_\lambda\} \end{aligned}\right\} \quad (105)$$

zu erhalten und es folgt daher aus (104) und (105)

$${}_t\overline{V} = \frac{1}{{}_t p_x v^t}\left[\bar{a}_{x,\overline{t|}}\{\overline{P}_\lambda\} - {}_{|t}\overline{A}_x\{A_\lambda\}\right] \quad (106)$$

und damit die retrospektive Gestalt der durchschnittlichen Prämienreserve.

Nun hat aber die Einmalprämie der Versicherung auf Ab- und Erleben für die Beträge $A_t = T = 1$ und für den Zins $\delta = 0$ stets den Wert 1. Es kann daher die Relation (103), mit welcher die durchschnittliche Prämienreserve als Erwartungswert der Gewinne und Verluste für die restliche Versicherungsdauer definiert ist, auch

$$0 = \overline{A}_{x+t,\overline{n-t|}}\left\{A_{t+\lambda} - \int_0^\lambda v^{s-\lambda}\,\overline{P}_{t+s}\,ds - v^{-\lambda}\,{}_t\overline{V}\right\} \quad (107)$$

geschrieben werden. Aus dieser Relation geht hervor, *daß die durchschnittliche Prämienreserve auch als jene Rücklage definiert werden kann, für welche der Erwartungswert der künftigen Gewinne und Verluste stets Null ist, wenn hierbei diese Gewinne und Verluste unter Berücksichtigung dieser Rücklage gerechnet werden.* Es wird also ein Verlust für die Gesellschaft dann zu verzeichnen sein, wenn die Kapitalszahlung zum Termin $t+\lambda$ den Betrag der restlichen aufgezinsten Prämien für das Zeitintervall t bis $t+\lambda$ und den Betrag der für das gleiche Zeitintervall aufgezinsten Prämienreserve ${}_t\overline{V}$ übersteigt.

Für den Beginn der Versicherung ist der Erwartungswert der Gewinne und Verluste bis zum Zeitpunkt t

$$\left.\begin{aligned} &\int_0^t {}_\lambda p_x\,\mu_{x+\lambda}\,v^\lambda\left(\int_0^\lambda v^{s-\lambda}\,\overline{P}_s\,ds - A_\lambda\right)d\lambda + {}_t p_x\,v^t\int_0^t v^{s-t}\,\overline{P}_s\,ds \\ &= \int_0^t v^\lambda\,\overline{P}_\lambda\,d\lambda\int_\lambda^t {}_s p_x\,\mu_{x+s}\,ds - {}_{|t}\overline{A}_x\{A_\lambda\} + {}_t p_x\int_0^t v^s\,\overline{P}_s\,ds \\ &= \bar{a}_{x,\overline{t|}}\{\overline{P}_\lambda\} - {}_{|t}\overline{A}_x\{A_\lambda\}, \end{aligned}\right\} \quad (108)$$

woraus durch Division durch ${}_t p_x\,v^t$ wieder der Ausdruck (106) erhalten wird.

Die Relationen (103) bis (108) gelten in formal ganz gleicher Art auch für ganzjährige oder unterjährige Prämienzahlung bei entsprechender

Auszahlung der Todesfallkapitalien am Ende der Jahre oder unterjährigen Intervalle, ein Umstand, auf den im folgenden nicht mehr eigens verwiesen werden wird.

Die Streuung wird in der Versicherungsmathematik, wenn sie auf den Erwartungswert der Gewinne und Verluste ${}_t\overline{V}$ bezogen wird, als *Quadrat des mittleren Risikos* bezeichnet. Sie ist nichts anderes als eine allgemeine gemischte Versicherung auf die Quadrate der in (107) stehenden Argumente und daher gerechnet vom Zeitpunkt t bis zum Ende der Versicherungsdauer n

$$\overline{M}^2(t, n) = \bar{A}'_{x+t,\overline{n-t}|}\left\{A_{t+\lambda} - \int_0^\lambda v^{s-\lambda}\bar{P}_{t+s}\,ds - v^{-\lambda}\,{}_t\overline{V}\right\}^2 \tag{109}$$

und für den Beginn der Versicherung

$$\overline{M}^2(0, n) = \bar{A}'_{x,\overline{n}|}\left\{A_\lambda - \int_0^\lambda v^{s-\lambda}\bar{P}_s\,ds\right\}^2.$$

Hierbei ist aber wohl zu beachten, daß die Quadrierung der Argumente bedingt, daß in unseren Formeln statt des Diskontierungsfaktors v der Faktor v^2 zur Verwendung gelangt, ein Umstand, der durch die Akzentuierung der Versicherungswerte angezeigt wird. Im übrigen besteht aber zwischen den Ausdrücken (107) und (109) vollständige Analogie. Der erstere ist stets Null, eine Folge des Äquivalenzprinzips. Der letztere im allgemeinen nur Null für $t = n$, weil die Argumente der Einmalprämie der gemischten Versicherung als Quadrate nur positiv oder Null sein können.

Beziehen wir aber die Streuung nicht auf die Rücklage ${}_t\overline{V}$, sondern auf die Rücklage Null, so bezeichnen wir sie als mittlere Prämienreserve. Ihr Quadrat ist dann definiert durch

$$\overline{M}_t^2 = \bar{A}'_{x+t,\overline{n-t}|}\left\{A_{t+\lambda} - \int_0^\lambda v^{s-\lambda}\bar{P}_{t+s}\,ds\right\}^2. \tag{110}$$

Aus (109) und (110) ergibt sich aber durch Subtraktion

$$\overline{M}_t^2 - \overline{M}^2(t, n) = 2\,{}_t\overline{V}\,.\,\bar{A}_{x+t,\overline{n-t}|}\left\{A_{t+\lambda} - \int_0^\lambda v^{s-\lambda}\bar{P}_{t+s}\,ds\right\} - {}_t\overline{V}^2$$

und im Hinblick auf (103)

$$\overline{M}_t^2 = \overline{M}^2(t, n) + {}_t\overline{V}^2. \tag{111}$$

Die mittlere Prämienreserve ist daher für jedes t Hypotenuse eines rechtwinkligen Dreieckes mit den beiden Katheten mittleres Risiko M (t, n) und durchschnittliche Prämienreserve ${}_t\overline{V}$.

Beziehen wir aber die Streuung nicht auf die Rücklage ${}_t\overline{V}$ wie in (109), sondern auf eine andere Rücklage R_t, dann ergibt sich aus der so definierten Streuung

$$\widetilde{M}^2(t, n) = \overline{A}'_{x+t, \overline{n-t|}} \left\{ A_{t+\lambda} - \int_0^\lambda v^{s-\lambda} \overline{P}_{t+s}\, ds - v^{-\lambda} R_t \right\}^2 \tag{112}$$

im Verein mit (109) und (103)

$$\left. \begin{aligned} \widetilde{M}^2(t, n) &= \overline{M}^2(t, n) - 2\,(R_t - {}_t\overline{V})\, {}_t\overline{V} + R_t^2 - {}_t\overline{V}^2 \\ &= \overline{M}^2(t, n) + (R_t - {}_t\overline{V})^2. \end{aligned} \right\} \tag{113}$$

Den durch die Relation (113) zum Ausdruck gebrachten Zusammenhang nennen wir den *Verschiebungssatz der Versicherungsmathematik* in Übereinstimmung mit der in der Wahrscheinlichkeitstheorie eingeführten Terminologie. Aus (113) folgt aber; daß die Streuung ein Minimum wird, wenn sie auf die durchschnittliche Prämienreserve als den Erwartungswert der künftigen Gewinne und Verluste bezogen ist. Hieraus folgt aber für die durchschnittliche Prämienreserve die Definition: *Die durchschnittliche Prämienreserve ist jene Rücklage, für welche für jeden Zeitpunkt der Versicherungsdauer das mittlere Risiko für die restliche Versicherungsdauer ein Minimum wird.* Es ergibt sich demnach für die durchschnittliche Prämienreserve als Rücklage stets ein Minimum der Verlusterwartung, während die durchschnittliche Verlusterwartung als Erwartungswert der künftigen Gewinne und Verluste stets Null ist.

Da die Streuung, bezogen auf die Rücklage Null, nach Definition gleich ist der mittleren Prämienreserve, so folgt aus dem Verschiebungssatz (113) für $R_t = 0$ als spezieller Fall der Dreiecksatz (111).

Setzt man in dem Ausdruck für die mittlere Prämienreserve (110) für $\overline{P}_t = 0$, so wird

$$\overline{M}_t^2 = \overline{A}'_{x+t, \overline{n-t|}} \{ A^2_{t+\lambda} \},$$

und weil dann

$${}_t\overline{V} = \overline{A}_{x+t, \overline{n-t|}} \{ A_{t+\lambda} \},$$

im Hinblick auf (111)

$$\overline{M}^2(t, n) = \overline{A}'_{x+t, \overline{n-t|}} \{ A^2_{t+\lambda} \} - \overline{A}^2_{x+t, \overline{n-t|}} \{ A_{t+\lambda} \}. \tag{114}$$

Man erhält daher auf diesem Wege für das mittlere Risiko die für ganz beliebige A_t verallgemeinerte HAUSDORFFsche Formel für die Einmalprämienversicherung.

Wir erhalten für die mittlere Prämienreserve eine Umformung, aus der der Charakter als Prämienreserve in retrospektiver und prospektiver

Gestalt für das Quadrat derselben deutlich hervorgeht, indem wir den Ausdruck (110)

$$\overline{M}_t^2 = \frac{1}{{}_tp_x v^{2t}} \left[\int_t^n {}_\lambda p_x \mu_{x+\lambda} v^{2\lambda} \left(A_\lambda - \int_0^\lambda v^{s-\lambda} \overline{P}_s \, ds \right)^2 d\lambda + \right.$$

$$\left. + {}_np_x v^{2n} \left(T - \int_t^n v^{s-n} \overline{P}_s \, ds \right)^2 \right] \qquad (115)$$

schreiben. Aus ihm folgt nämlich durch Differentiation nach t

$$\frac{d}{dt} \overline{M}_t^2 = (\mu_{x+t} + 2\,\delta)\, \overline{M}_t^2 + \frac{1}{{}_tp_x v^{2t}} \left[- {}_tp_x \mu_{x+t} v^{2t} A_t^2 + \right.$$

$$+ 2\, {}_np_x v^{n+t} \overline{P}_t \left(T - \int_t^n v^{s-n} \overline{P}_s \, ds \right) +$$

$$\left. + 2\, \overline{P}_t v^t \int_t^n {}_\lambda p_x \mu_{x+\lambda} v^\lambda \left(A_\lambda - \int_0^\lambda v^{s-\lambda} \overline{P}_s \, ds \right) \right]$$

und wegen (102) auch

$$\frac{d}{dt} \overline{M}_t^2 = (\mu_{x+t} + 2\,\delta)\, \overline{M}_t^2 + 2\, \overline{P}_t \, {}_t\overline{V} - \mu_{x+t} A_t^2 \qquad (116)$$

als Differentialgleichung für $\overline{M}_t^2$. Durch Integration von (116) erhält man

$$\overline{M}_t^2 = \frac{1}{{}_tp_x v^{2t}} \left[\int_0^t {}_\lambda p_x \, v^{2\lambda} \left(2\, \overline{P}_\lambda \, {}_\lambda\overline{V} - \mu_{x+\lambda} A_\lambda^2 \right) d\lambda + C \right], \qquad (117)$$

wobei für $t = 0$

$$C = \overline{M}_0^2 = \overline{M}^2 (0, n) + {}_0V^2$$

erhalten wird. Anderseits ist für $t = n$ wegen $\overline{M}_n^2 = {}_n\overline{V}^2 = T^2$

$$T^2 = \frac{1}{{}_np_x v^{2n}} \left[\int_0^n {}_\lambda p_x \, v^{2\lambda} \left(2\, \overline{P}_\lambda \, {}_\lambda\overline{V} - \mu_{x+\lambda} A_\lambda^2 \right) d\lambda + C \right] \qquad (118)$$

und man erhält aus (117) und (118)

$$\overline{M}_t^2 = \overline{A}_{x+t, \overline{n-t}|} \left\{ A_{t+\lambda}^2 \right\} - \bar{a}'_{x+t, \overline{n-t}|} \left\{ 2\, \overline{P}_{t+\lambda} \cdot {}_{t+\lambda}\overline{V} \right\}. \qquad (119)$$

In (117) und (119) ist die retrospektive und prospektive Gestalt des Quadrats der mittleren Prämienreserve gegeben. Wir sehen eine vollständige formale Analogie in der Differentialgleichung (116) und ihren Integralen zur Differentialgleichung der durchschnittlichen Prämienreserve

$$\frac{d}{dt} {}_t\overline{V} = (\mu_{x+t} + \delta)\, {}_t\overline{V} + \overline{P}_t - \mu_{x+t} A_t$$

und der Darstellung von ${}_t\overline{V}$ in retrospektiver und prospektiver Gestalt. Hierbei entsprechen den Größen δ, A_t, T, $\overline{P}_t$ bei der Berechnung der durchschnittlichen Prämienreserve die Größen $2\,\delta$, A_t^2, T^2, $2\,\overline{P}_t \cdot {}_t\overline{V}$ bei der Berechnung der mittleren Prämienreserve, wobei immer zu beachten ist, daß hier $\overline{M}_t^2$ an die Stelle von ${}_t\overline{V}$ tritt. Die zahlreich vorhandenen weiteren formalen Analogien könnten noch weiter verfolgt werden.

Ist aber im besonderen $A_t = T = 1$, so erhält man wegen

$$\overline{A}'_{x+t,\overline{n-t}|} = 1 - 2\,\delta\,\bar{a}'_{x+t,\overline{n-t}|}$$

aus (119)

$$\overline{M}_t^2 = 1 - 2\,\bar{a}'_{x+t,\overline{n-t}|}\left\{{}_{t+\lambda}\overline{V}.\,\overline{P}_{t+\lambda} + \delta\right\} \tag{120}$$

eine Formel, welche

$${}_t\overline{V} = 1 - \bar{a}_{x+t,\overline{n-t}|}\left\{\overline{P}_{t+\lambda} + \delta\right\}$$

formal entspricht.

Aus der Differentialgleichung (116) für $\overline{M}_t^2$ und der Differentialgleichung der durchschnittlichen Prämienreserve in der Gestalt

$$\frac{d}{d\,t}\,{}_t\overline{V}^2 = 2\,(\mu_{x+t} + \delta)\,{}_t\overline{V}^2 + 2\,\overline{P}_t\,{}_t\overline{V} - 2\,\mu_{x+t}\,A_t\,{}_t\overline{V}$$

folgt auf Grund von (111) und (116)

$$\frac{d}{d\,t}\,\overline{M}^2(t, n) = (\mu_{x+t} + 2\,\delta)\,\overline{M}^2(t, n) - \mu_{x+t}\,(A_t - {}_t\overline{V})^2 \tag{121}$$

und hieraus durch Integration

$$\overline{M}^2(t, n) = \frac{1}{{}_tp_x\,v^{2t}}\left[-\int_0^t {}_\lambda p_x\,\mu_{x+\lambda}\,v^{2\lambda}\,(A_\lambda - {}_\lambda\overline{V})^2\,d\,\lambda + M^2(0, n)\right]$$

oder auch

$$\overline{M}^2(0, n) = \overline{M}^2(0, t) + {}_tp_x\,v^{2t}\,\overline{M}^2(t, n) \tag{122}$$

als Ausdruck für das Hattendorfsche Theorem.

Da nach dem Gesagten das Quadrat der mittleren Prämienreserve als durchschnittliche Prämienreserve und damit als Erwartungswert

$$\overline{M}_t^2 = \frac{1}{{}_tp_x\,v^{2t}}\left[\int_t^n {}_\lambda p_x\,\mu_{x+\lambda}\,v^{2\lambda}\left(A_\lambda^2 - 2\int_0^\lambda v^{2(s-\lambda)}\,\overline{P}_s\,{}_s\overline{V}\,d\,s\right)d\,\lambda + {}_np_x\,v^{2n}\left(T^2 - 2\int_t^n v^{2(s-n)}\,\overline{P}_s\,{}_s\overline{V}\,d\,s\right)\right] \tag{123}$$

aufgefaßt werden kann, so werden die Ausdrücke (123) und (110) bzw. (115) einander gleichgesetzt definierend für ${}_t\overline{V}$ sein. In der Tat ist aus einer solchen Relation durch Differentiation nach t für ${}_t\overline{V}$ der definierende Ausdruck (101) zu erhalten.

Unter Benutzung des Satzes von HATTENDORF erhält man bei Anwendung der diskontinuierlichen Methode aus der Rekursionsformel für das Quadrat des mittleren Risikos

$$p_{x+t}\, v^2 M^2 (t+1, n) = M^2 (t, n) - q_{x+t}\, p_{x+t}\, v^2 (A_{t+1} - {}_{t+1}V)^2 \quad (124)$$

und der Rekursionsformel für die durchschnittliche Prämienreserve

$$p_{x+t}\, v\; {}_{t+1}V = {}_tV + P_{t+1} - q_{x+t}\, v\, A_{t+1}, \quad (125)$$

nach leichter Rechnung im Hinblick auf (111) die Rekursionsformel für das Quadrat der mittleren Prämienreserve

$$p_{x+t}\, v^2 M^2_{t+1} = M_t^2 + 2\left({}_tV + \frac{1}{2} P_{t+1}\right) P_{t+1} - q_{x+t}\, v^2 A^2_{t+1}. \quad (126)$$

Sie ist zur rekurrenten Berechnung der mittleren Prämienreserve in gleicher Weise geeignet, wie die auf dem HATTENDORFschen Satz beruhende Formel (124) zur Berechnung des mittleren Risikos. Für den speziellen Fall konstanter A_t vorzuziehen ist aber die Formel

$$1 - M^2_{t+1} = \frac{1}{p_{x+t}\, v^2}\left[1 - M_t^2 - 2\, P_{t+1}\left({}_tV + \frac{1}{2} P_{t+1}\right) - (1 - v)^2\right], \quad (127)$$

die aus (126) durch eine leichte Umformung zu erhalten ist. Formel (127) ist ganz analog der Rekursionsformel für die durchschnittliche Prämienreserve

$$1 - {}_{t+1}V = \frac{1}{p_{x+t}\, v}\left[1 - {}_tV - P_{t+1} - (1 - v)\right]$$

bei konstantem A_t, auf die an früherer Stelle hingewiesen worden ist.

§ 60. Zur Berechnung des mittleren Risikos.

Die Darstellung des Quadrats der mittleren Prämienreserve und damit auch zufolge des *Dreieckssatzes* die des mittleren Risikos durch den Ausdruck (119) gewinnt eine für die praktische Berechnung besonders hervortretende Bedeutung dadurch, daß es im Wege einer leichten Umformung gelingt, das letzte, die Beträge $2\, \overline{P}_t\, {}_t\overline{V}$ enthaltende Glied in (119) zum Verschwinden zu bringen.

Zunächst sei bemerkt, daß sich aus der Differentialgleichung für die durchschnittliche Prämienreserve eine bemerkenswerte Darstellung für ${}_t\overline{V}$ ergibt, wenn man unter Heranziehung einer differenzierbaren Funktion a_t, über welche noch zu verfügen sein wird, die genannte Differentialgleichung

$$\frac{d}{dt}({}_t\overline{V} + a_t) = (\mu_{x+t} + \delta)\,({}_t\overline{V} + a_t) + \left(\overline{P}_t + \frac{d}{dt} a_t - \delta\, a_t\right) -$$
$$- \mu_{x+t}\,(A_t + a_t) \quad (128)$$

schreibt. Denn verfügt man über die a_t so, daß die Relation

$$\frac{d}{dt} a_t = \delta a_t - \overline{P}_t \tag{129}$$

und damit

$$a_t = \frac{1}{v^t}\left[a_0 - \int_0^t v^\lambda \overline{P}_\lambda \, d\lambda\right] \tag{130}$$

erfüllt ist, wo a_0 unbestimmt bleibt, so folgt aus (128)

$$\frac{d}{dt}({}_t\overline{V} + a_t) = (\mu_{x+t} + \delta)({}_t\overline{V} + a_t) - \mu_{x+t}(A_t + a_t)$$

und

$${}_t\overline{V} + a_t = \frac{1}{{}_tp_x v^t}\left[-\int_0^t {}_\lambda p_x \mu_{x+\lambda} v^\lambda (A_\lambda + a_\lambda)\, d\lambda + {}_0V + a_0\right]$$

oder auch prospektiv

$${}_t\overline{V} + a_t = \overline{A}_{x+t,\overline{n-t|}}\{A_{t+\lambda} + a_{t+\lambda}\}. \tag{131}$$

Sind die a_t aber konstant $a_t = a$, und das ist der praktisch am meisten interessierende Fall, so folgt aus (129)

$$a = \frac{\overline{P}}{\delta}$$

und damit

$${}_t\overline{V} = \overline{A}_{x+t,\overline{n-t|}}\left\{A_{t+\lambda} + \frac{\overline{P}}{\delta}\right\} - \frac{\overline{P}}{\delta}. \tag{132}$$

Die Darstellungen der durchschnittlichen Prämienreserve (131) und (132) sind an sich beachtlich, im besonderen aber im Zusammenhang mit der folgenden Darstellung des mittleren Risikos.

Denn aus (121) ist zu erkennen, daß eine Veränderung der A_t in $A_t + a_t$ und zugleich eine Veränderung der ${}_t\overline{V}$ in ${}_t\overline{V} + a_t$ die Werte des ferneren mittleren Risikos völlig ungeändert läßt. Man erhält daher aus (119) im Hinblick auf den Dreieckssatz (111)

$$\overline{M}^2(t,n) = \overline{A}'_{x+t,\overline{n-t|}}\{A_{t+\lambda} + a_{t+\lambda}\}^2 -$$

$$-2\int_0^{n-t} {}_\lambda p_{x+t} v^{2\lambda}\left(\overline{P}_{t+\lambda} + \frac{d}{dt} a_{t+\lambda} - \delta a_{t+\lambda}\right)({}_{t+\lambda}\overline{V} + a_{t+\lambda})\, d\lambda - ({}_t\overline{V} + a_t)^2 \tag{133}$$

und wegen (129) und (131) auch

$$\overline{M}^2(t,n) = \overline{A}'_{x+t,\overline{n-t|}}\{A_{t+\lambda} + a_{t+\lambda}\}^2 - \overline{A}^2_{x+t,\overline{n-t|}}\{A_{t+\lambda} + a_{t+\lambda}\}. \tag{134}$$

Für den speziellen Fall konstanter a_t aber ergibt sich hieraus

$$\left.\begin{aligned}\overline{M}^2(t,n) &= \overline{A}'_{x+t,\overline{n-t|}}\left\{A_{t+\lambda} + \frac{\overline{P}}{\delta}\right\}^2 - \left({}_t\overline{V} + \frac{\overline{P}}{\delta}\right)^2 \\ &= \overline{A}'_{x+t,\overline{n-t|}}\left\{A_{t+\lambda} + \frac{\overline{P}}{\delta}\right\}^2 - \overline{A}^2_{x+t,\overline{n-t|}}\left\{A_{t+\lambda} + \frac{\overline{P}}{\delta}\right\}.\end{aligned}\right\} \tag{135}$$

Sind die versicherten Kapitalien $A_t = T = 1$, so erhält man

$$\left.\begin{aligned} {}_t\overline{V} &= \left(1 + \frac{\overline{P}}{\delta}\right)\overline{A}_{x+t,\overline{n-t}|} - \frac{\overline{P}}{\delta} \\ \overline{M}^2(t, n) &= \left(1 + \frac{\overline{P}}{\delta}\right)^2 \overline{A}'_{x+t,\overline{n-t}|} - \left({}_t\overline{V} + \frac{\overline{P}}{\delta}\right)^2 \\ &= \left(1 + \frac{\overline{P}}{\delta}\right)^2 \left[\overline{A}'_{x+t,\overline{n-t}|} - \overline{A}^2_{x+t,\overline{n-t}|}\right] \end{aligned}\right\} \quad (136)$$

Wir haben in der Formel (134) die für den Fall ganz allgemeiner A_t und $\overline{P}_t$ gültige Darstellung des mittleren Risikos zu erblicken, als deren ganz spezielle Fälle die bereits bekannten HAUSDORFFschen Formeln erhalten werden. Die Umformung (134) gilt hierbei ganz allgemein, wobei die Größen a_t durch (129) definiert sind.

Man erhält als spezielle Fälle aus der Formel (135) für $A_t = 0$, $T = 1$ die Formel für das mittlere Risiko der Erlebensversicherung. Für die Versicherung auf Ab- und Erleben ist zu setzen $A_t = T = 1$. Für die Versicherung mit bestimmter Verfallszeit $A_t = T = 0$, ${}_tV = -v^{n-t}$. Bei einmaliger Prämienzahlung wäre $\overline{P} = 0$ und ${}_t\overline{V}$ gleich der Einmalprämie zu setzen. Für die Rente aber ist $\overline{P} = -1$, $A_t = T = 0$, ${}_t\overline{V} = \bar{a}_{x+t,\overline{n-t}|}$. Die Formeln gelten für jedes t.

Nach der gegebenen Ableitung erhält man die wesentliche Formel (119) aus dem Begriffe der mittleren Prämienreserve. Es ist aber sehr zu beachten, daß die Formeln (131) für die durchschnittliche Prämienreserve und (134) für das mittlere Risiko auch ganz ohne Rechnung erhalten werden können. Es bedarf hierzu der folgenden Überlegung:

Ein Versicherter habe eine allgemeine, durch A_t, T bestimmte Versicherung auf Ab- und Erleben gegen laufende Prämien $\overline{P}_t$ abgeschlossen. Neben dieser Versicherung legt er Beträge in einem zum gleichen Zins δ wie die Versicherung verzinslichen Sparguthaben an, und es soll die jeweilige Sparsumme für die einzelnen Zeitpunkte der Versicherungsdauer den Betrag a_t ausmachen. Für den Fall des Ablebens und des Erlebens stehen dann neben den versicherten Beträgen A_t und T noch die Sparsummen a_t bzw. a_n zur Verfügung. Die abreifenden Zinsen der Sparsummen a_t im Betrage von $\delta\, a_t$ werden zur Ermäßigung der Prämien $\overline{P}_t$ verwendet und auch die durch Bareinlagen oder Abhebungen erfolgenden Veränderungen der Sparsumme zusammen mit den Prämien verrechnet, so daß sich eine laufende Beitragsleistung für Versicherung und Sparguthaben von

$$\overline{P}_t + \frac{d}{dt} a_t - \delta\, a_t$$

ergibt.

Bei einer entsprechenden Bareinlage a_0 für das Sparguthaben zu Beginn der Versicherung kann aber offenbar stets bewirkt werden, daß sich für jeden Zeitpunkt innerhalb der Versicherungsdauer die laufenden Beitragsleistungen für die Versicherung, die Einlagen und Abhebungen von Sparguthaben und die Zinsen des Sparguthabens gerade auf Null aufheben. Es muß daher stets die vorhandene Prämienreserve samt Sparguthaben einer Einmalprämie auf die versicherten Kapitalien $A_t + a_t$ bzw. $T + a_n$ entsprechen. Durch die Vereinigung der beiden Operationen ändert sich aber an dem Risiko nichts, da ja die Sparversicherung gänzlich risikolos verläuft. Man kann daher in den Formeln für das mittlere Risiko die vorkommenden Größen durch die entsprechenden Größen für die vereinigte Operation ersetzen, ohne an dem Risikowert etwas zu ändern. Das aber ist der Sinn der Formeln (131) und (134).

§ 61. Das ausreichende mittlere Risiko.

Die angestellten Betrachtungen bezogen sich durchaus auf die Nettomethode unter Ausschaltung der Verwaltungskosten. Wir haben schon erwähnt, daß sich unter Berücksichtigung derselben prinzipiell an den Untersuchungen nichts ändert. Bezieht man sich also auf die Methode der ausreichenden Prämien und ausreichenden Deckungskapitale, so kann formelmäßig alles ungeändert bleiben, wenn man so überlegt:

Ist die ausreichende Prämie mit Änderung der Indizes

$$^{a}\bar{P}_t = P_t + \frac{\alpha}{\mathrm{a}_{x;\,\overline{n}|}} + \beta\, {}^{a}P_t + \gamma$$

und werden die für Unkosten entfallenden Beträge jeweils gleich von den ausreichenden Prämien abgesetzt, so verbleiben Prämien

$$\widetilde{P}_0 = P_0 - \alpha + \frac{\alpha}{\mathrm{a}_{x,\,\overline{n}|}} \qquad \text{und} \qquad \widetilde{P}_t = P_t + \frac{\alpha}{\mathrm{a}_{x,\,\overline{n}|}},$$

welche offenbar nur zur Deckung der Nettoleistung bestimmt sind, während die auf Grund dieser Prämien resultierenden Nettoprämienreserven gerade den ausreichenden Deckungskapitalien entsprechen müssen. In der Tat ist dann

$$A_{x,\overline{n}|}\{A_\lambda\} = \mathrm{a}_{x,\overline{n}|}\{{}^{a}P_\lambda\} - \alpha - \beta\, \mathrm{a}_{x,\overline{n}|}\{{}^{a}P_\lambda\} - \gamma\, \mathrm{a}_{x,\overline{n}|} = \mathrm{a}_{x,\overline{n}|}\{\widetilde{P}_\lambda\} \tag{137}$$

und

$$\left.\begin{aligned} {}^{a}V_t &= A_{x+t,\,\overline{n-t}|}\{A_\lambda\} + \beta\, \mathrm{a}_{x+t,\,\overline{n-t}|}\{{}^{a}P_\lambda\} + \gamma\, \mathrm{a}_{x+t,\,\overline{n-t}|} - \\ &\qquad\qquad - \mathrm{a}_{x+t,\,\overline{n-t}|}\{{}^{a}P_\lambda\} \\ &= A_{x+t,\,\overline{n-t}|}\{A_\lambda\} - \mathrm{a}_{x+t,\,\overline{n-t}|}\{\widetilde{P}_\lambda\}. \end{aligned}\right\} \tag{138}$$

Es kann sonach jedes ausreichende Deckungskapital als Nettodeckungskapital mit den Prämien $\widetilde{P}_t$ gedeutet werden. Hiermit folgt aber schon aus (103) auch

$$^{a}\bar{V}_t = \bar{A}_{x+t,\overline{n-t}|}\left\{A_{t+\lambda} - \int_0^\lambda v^{s-\lambda}\,\widetilde{\bar{P}}_{t+s}\,ds\right\} \tag{139}$$

und aus (107)

$$0 = \overline{A}_{x+t,\overline{n-t|}} \left\{ A_{t+\lambda} - \int_0^\lambda v^{s-\lambda}\, \overline{\widetilde{P}}_{t+s}\, ds - v^{-\lambda}\, {}^a\overline{V}_t \right\}. \qquad (140)$$

Man kann sonach das ausreichende Deckungskapital als jene Rücklage definieren, für welche der Erwartungswert der künftigen Gewinne und Verluste unter voller Berücksichtigung der Unkosten immer Null ist.

Ganz analog würde sich, auf den Erwartungswert ${}^a\overline{V}_t$ bezogen, die Streuung als

$${}^a\overline{M}^2(t, n) = \overline{A}'_{x+t,\overline{n-t|}} \left\{ A_{t+\lambda} - \int_0^\lambda v^{s-\lambda}\, \overline{\widetilde{P}}_{t+s}\, ds - v^{-\lambda}\, {}^a\overline{V}_t \right\}^2 \qquad (141)$$

und das mittlere ausreichende Deckungskapital als

$${}^a\overline{M}_t^2 = \overline{A}'_{x+t,\overline{n-t|}} \left\{ A_{t+\lambda} - \int_0^\lambda v^{s-\lambda}\, \widetilde{P}_{t+s}\, ds \right\}^2 \qquad (142)$$

ergeben. Aus (141) und (142) aber ergibt sich wieder der Dreieckssatz

$${}^a\overline{M}_t^2 = {}^a\overline{M}^2(t, n) + {}^a\overline{V}_t^2. \qquad (143)$$

Auf Grund eines (113) ganz analogen Verschiebungssatzes ergibt sich dann die Aussage, daß das *ausreichende Deckungskapital jene Rücklage ist, für welche für jeden Zeitpunkt der Versicherungsdauer das mittlere Risiko unter Einbeziehung der Unkosten ein Minimum wird.*

Die Übertragung der Resultate auf die Methode der ausreichenden Prämien gelingt einfach dadurch, daß früher die Prämien P_t völlig allgemein gehalten worden sind und nichts hindert, hierunter auch ausreichende Prämien zu verstehen, wenn nur das Äquivalenzprinzip unangetastet bleibt. Zu diesem Behufe muß dann offenbar der Erwartungswert der gesamten Leistung des Versicherers für irgend einen Zeitpunkt der Versicherungsdauer stets dem Erwartungswert der Prämienleistung zuzüglich dem vorhandenen ausreichenden Deckungskapital entsprechen.

Auf einen Unterschied bei Anwendung der kontinuierlichen und der diskontinuierlichen Methode war im vorhergehenden an keiner Stelle aufmerksam zu machen und wir haben Formeln nach beiden Methoden im Text oft ohne weitere Bemerkung nebeneinander verwendet. Einige Vorsicht ist nur dann geboten, wenn in der Risikotheorie der Begriff der kritischen Dauer Verwendung findet. Er ist für exakte Rechnung stets nur der kontinuierlichen Methode vorbehalten.

§ 62. Das relative mittlere Risiko.

Für eine einzelne Versicherung ist der Zusammenhang der drei Größen $M(t, n)$, ${}_tV$ und M_t durch den Dreieckssatz (111) gegeben. Für eine Gesamtheit von Versicherungen wird das Quadrat der mittleren Prämienreserve als Summe der Quadrate des mittleren Risikos und des

Quadrats der durchschnittlichen Prämienreserve für diese Gesamtheit zu definieren sein. Handelt es sich hierbei um eine Gesamtheit von m gleichen Versicherungen und bezeichnet man mit $M_{t,\,m}$ die mittlere Prämienreserve dieser Gesamtheit, so ist

$$M^2_{t,\,m} = m\,M^2\,(t, n) + m^2\,{}_tV^2. \tag{144}$$

Da für das Ende der Versicherungsdauer das mittlere Risiko Null ist, so folgt aus (111) und (144), daß für das Ende der Versicherungsdauer die mittlere und die durchschnittliche Prämienreserve einander gleich sind. Für den Beginn der Versicherung ist aber

$$M^2_{0,\,m} = m\,M^2\,(0, n) + m^2\,{}_0V^2$$

und daher bei laufender Prämie die mittlere Prämienreserve für diesen Termin gleich dem mittleren Risiko. Bei einem Bestande von m gleichen Versicherungen entfällt auf die Einzelversicherung ein Betrag an mittlerer Prämienreserve von

$$\frac{1}{m}\sqrt{m\,M^2\,(t, n) + m^2\,{}_tV^2} \tag{145}$$

und daher für großes m der Betrag

$$\lim_{m \to \infty} \frac{1}{m}\,M_{t,\,m} = {}_tV.$$

Für einen großen Bestand gleichartiger Versicherungen stimmen daher, wie aus dem Grenzübergang für $m \to \infty$ hervorgeht, die auf die Einzelversicherung als Durchschnittsversicherung entfallende mittlere und durchschnittliche Prämienreserve überein. Die mittlere Gesamtprämienreserve nähert sich aber asymptotisch der durchschnittlichen Gesamtprämienreserve. In dieser Tatsache kommt das der Versicherung zugrunde liegende Gesetz der großen Zahl zum präzisen Ausdruck.

Man versteht unter dem *relativen mittleren Risiko* den Quotienten des Betrages des mittleren Risikos durch eine geeignet gewählte Zahl, für welche die Prämie, die Prämienreserve u. a. in Betracht kommen kann. Das relative Risiko kann hierbei auf die Einzelversicherung oder den Versicherungsbestand bezogen sein. Die näheren hierauf bezüglichen Begriffe und Untersuchungen, z. B. über die Minimalzahl der Versicherten, über das Maximum des Eigenbehalts usw., gehören durchaus dem Gebiete der praktischen Versicherungstechnik an. Der Begriff der mittleren Prämienreserve vermittelt aber auch einen neuen, theoretisch und auch praktisch interessanten Begriff eines relativen Risikos. Wir definieren ihn als Quotienten des mittleren Risikos durch die mittlere Prämienreserve. Für die Einzelversicherung und für einen Bestand von m gleichartigen Versicherungen ergibt sich hierfür

$$\frac{M\,(t, n)}{M_t} \quad \text{und} \quad \frac{M\,(t, n)}{\sqrt{M^2\,(t, n) + m\,{}_tV^2}}.$$

Gegenüber anders definierten relativen Risikomaßen hat diese Größe die besondere Eigenschaft, stets zwischen 1 und 0 zu liegen. Sie ist stets Null für das Ende der Versicherungsdauer und 1 für deren Beginn bei laufender Zahlung der Prämien. Für eine reine Risikoversicherung, wo stets ${}_tV = 0$ ist, ergibt sich stets 1, gleichgültig, um welchen Bestand es sich handelt. Für die reine Sparversicherung, bei welcher stets $M(t, n) = 0$ ist, ist sie immer Null. Im allgemeinen fällt diese Größe von einem Ausgangswert $M(0, n) : M_0$, der bei laufender Zahlung 1 ist, monoton bis zum Endwert 0 ab. Der Abfall ist aber für eine Gesamtheit gleichartiger Versicherungen um so steiler, je größer m ist. Für $m \to \infty$ ist dieses relative Risikomaß stets 0, wenn einmal die erste Prämie bezahlt ist. Die dieses relative Risiko in seiner Abhängigkeit von t darstellenden Kurven vermitteln einen klaren Vergleich der Risikoverhältnisse verschiedener Versicherungsarten bei gleichem x und n. Ebenso aber auch für sonst gleichartige Versicherungsbestände für verschiedenes m. Aus der folgenden Tabelle ist der Verlauf des Risikomaßes bei einem Bestande von m gemischten Versicherungen des Beitrittsalters 35 und der Dauer 20, gerechnet nach der Tafel M_S^G, mit einem Zins von 4% zu entnehmen.

	$m = 1$	$m = 10$	$m = 100$	$m = 1000$
1	1,000	1,000	1,000	1,000
2	0,983	0,863	0,475	0,186
3	0,932	0,629	0,248	0,080
4	0,849	0,453	0,158	0,051
5	0,644	0,257	0,084	0,027
6	0,544	0,201	0,056	0,020
7	0,455	0,160	0,051	0,016
8	0,377	0,128	0,040	0,013
9	0,309	0,102	0,032	0,010
10	0,251	0,082	0,026	0,008
11	0,201	0,065	0,020	0,006
12	0,149	0,051	0,016	0,005
13	0,123	0,038	0,012	0,004
14	0,092	0,028	0,009	0,003
15	0,066	0,021	0,006	0,002
16	0,043	0,013	0,004	0,001
17	0,026	0,008	0,002	0,001
18	0,011	0,003	0,001	0,000
19	0,000	0,000	0,000	0,000
	7,814	4,438	2,361	1,451

Die mittleren Prämienreserven sind hierbei nach der Rekursionsformel (127) gerechnet. Die Summen der angeführten Ziffernreihen sind als ein Flächenmaß des relativen Risikos für die ganze Versicherungsdauer anzusehen.

Literaturverzeichnis.

BERGER, A.: Die Prinzipien der Lebensversicherungstechnik, Bd. I, II. Berlin 1923, 1925.

BÖHM, F.: Versicherungsmathematik I. Berlin: Göschen, 1937.

BOHLMANN, G.: Lebensversicherungs-Mathematik, Encyklopädie der mathem. Wiss. I D 4 b. Leipzig 1900—1904.

—, H. POTERIN DU MOTEL: Technique de l'assurance sur la vie. Encyclopédie des sciences mathém. I 4. Paris-Leipzig 1911.

BRAUN, H.: Geschichte der Lebensversicherung und der Lebensversicherungstechnik. Nürnberg 1925.

BROGGI, H.: Versicherungsmathematik. Leipzig 1911.

CANTOR, M.: Politische Arithmetik. Leipzig 1898.

CZUBER, E.: Wahrscheinlichkeitsrechnung, Bd. I, II. Leipzig 1908, 1910.

FÖRSTER, E.: Politische Arithmetik. Berlin: Göschen, 1924.

FREEMAN, H.: An elementary treatise on actuarial mathematics. Cambridge 1931.

GALBRUN, H.: Assurances sur la vie, Bd. I, II. Paris 1924, 1927.

GROSSMANN, W.: Versicherungsmathematik. Leipzig 1902.

HÖCKNER, G.: Änderung der Rechnungsgrundlagen. Leipzig 1907.

INSOLERA, F.: Corso di matematica finanziaria. Torino 1937.

Institute of Actuaries: Catalogue of the library. London 1935.

— — Index to the transactions of ten internat. actuarial congresses. Cambridge 1936.

JÖRGENSEN, N. R.: Grundzüge einer Theorie der Lebensversicherung. Jena 1913.

KARUP, J.: Die Reform des Rechnungswesens der Gothaer Lebensversicherungsbank a. G. Jena 1903.

KING, G.: The theory of finance. London 1898.

— Institute of Actuaries Text-Book. Part. II. London 1902.

LOEWY, A.: Versicherungsmathematik. Berlin 1924.

LANDRÉ, C.: Mathematisch-technische Kapitel zur Lebensversicherung. Jena, 5. A., 1921.

MAINGIE, L.: Les opérations viagères. Namur 1932.

— La théorie des opérations viagères. Bruxelles 1922.

— La théorie de l'intérêt et ses applications. Bruxelles 1911.

SPURGEON, E. F.: Life contingencies. London 1922.

ROBERTSON, W. and F. A. ROSS: Actuarial theory. Edinburgh 1920.

STEFFENSEN, J. F.: Forsikringsmatematik. Kobenhavn 1934.

— Some recent researches, etc. Cambridge 1930.

TODHUNTER, R.: Text-book on compound interest and annuities-certain. 3. ed. by R. C. Simmonds and T. P. Thomson. Cambridge 1931.

ZILLMER, A.: Die mathematischen Rechnungen bei Lebens- und Rentenversicherungen. Berlin 1887.

Sachverzeichnis.